J. N. Spencer・G. M. Bodner・L. H. Rickard

スペンサー 基礎化学
物質の成り立ちと変わりかた
― 下 ―

渡辺 正 訳

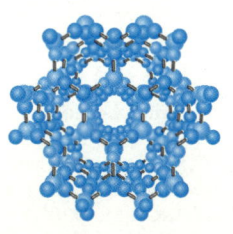

東京化学同人

CHEMISTRY
Structure and Dynamics
Fifth Edition

JAMES N. SPENCER
Franklin and Marshall College

GEORGE M. BODNER
Purdue University

LYMAN H. RICKARD
Millersville University

Copyright © 2012 John Wiley & Sons, Inc. All rights reserved.
This translation published under license.
Japanese translation edition © 2012 by Tokyo Kagaku Dozin Co., Ltd.

まえがき

　大学用一般化学カリキュラムの刷新が必須とみた米国化学会の化学教育部門は，1989年に改革作業部会を発足させた．私たち3名は同部会のメンバーとなり，その成果の一つとして本書を刊行した（初版1999年）．

　化学の理解に欠かせない基礎概念を盛りこんだ本書は，理数系の大学（と高校の上級クラス）でとる一般化学の単位に見合う．基礎概念を押さえつつ進み，必要なら"発展"も学ぶ．本書で身につけた基礎概念は，大学の専門課程や卒業後の職業にそのままつながる．

　本書はつぎのような特色をもつ．

- **簡 潔 さ**　簡潔を旨とし，約630ページの本文，約60ページの"発展"に納めた．
- **柔 軟 性**　学生や生徒のレベルに合わせ，発展を自由に学べる．
- **新 し さ**　通常の教科書にまだ載っていない新しいモデルや発想を盛った．
- **統 一 性**　全巻を基礎概念で貫き，統一ある姿にした．
- **広 汎 性**　暮らしで出会う化学現象や生化学の話題もバランスよく散りばめた．
- **考察重視**　チェック，例題，章末問題（日本語版では演習編に収録）には，択一式や計算のほか，論述式の問いも加えた．

本書を貫く3本の糸

　概念や原理のからみ合いを浮き彫りにするため，以下3本の糸で全巻を織り上げた．

- **1の糸：化学の方法**　化学の理論あれこれは，実験データが生んできた．そういう化学者の営みをつかむため，理論や原理の背後にあった実験をできるだけ多く紹介する．
- **2の糸：マクロ世界とミクロ世界の対比**　"マクロ世界の観察からミクロ世界のできごとを突きとめたあと，マクロ世界に戻って物質の性質を解釈・予測・制御する"という化学の本質を，折りに触れて紹介する．
- **3の糸：物質のミクロな成り立ち**　原子の電子軌道を3〜5章でじっくり眺め，以後も繰返し使いつつ，物質が示す性質の根元に光を当てる．

　従来の教科書は，本書と同じ基礎概念を扱いながらも話題を増やしすぎ，読者を迷路に誘いかねない．本書では，実験事実に即した基礎概念を鍵に使って話題を精選し，生活に密着した話題もなるべく紹介するよう心がけた．

本書の構成

全巻 (17章) のうち, 2章以外は配列順の学習を想定している. 2章 (モル計算と化学量論) は3〜5章と直結しないので (モル概念は3〜5章でも使うが), 計算の技法は, 6章以降に進んだあと振り返ってもよい.

一部の章 (4, 6, 8, 9, 11, 12, 14章) には, 本文を補強する"発展"を添えた. たとえば4章 (共有結合) の発展では, 本文に述べたルイス構造や分子形状, 極性の知識をもとに, 原子価結合理論, 軌道の混成, 分子軌道理論を解説する (発展は, 続く章の中身に直結しないため, スキップしてもかまわない).

新しいキー概念

本書には, 類書がまず載せていない以下3種類のキー概念を盛りこんだ.

実験にもとづくキー概念　1977年の**光電子分光** (PES) データを基礎量子論で解剖した電子配置 (3章) が好例になる. 上記した**1の糸** (化学の方法) にも通じ, 実験の大切さを実感させる素材でもある. 抽象的な量子数から出発する場合に比べ, 原子の電子配置を具体的に (むろん正しく) つかめよう. 気体の法則 (6章) も, 実験データのグラフ化から紹介した. 同じ6章に述べた気体分子運動論は以後のあらゆる関連箇所で使い, 温度や熱, 化学平衡の理解を助ける.

最新理論にもとづくキー概念　分子形状の予測には従来, 原子価殻電子対反発 (VESPR) 理論が使われた. 本書では, ギレスピー (J. Gillespie) が1992年に提案した**電子ドメイン** (ED) **モデル**を使う (4章). また, 共有結合性・イオン結合性・金属結合性の分類には, 1990年代に洗練された**結合タイプ三角形**を利用する (5章). 結合タイプ三角形は以後も, 物質の物理的・化学的性質をつかみ, 未知物質の性質を予想する場面で何度か使う.

伝統を一新するキー概念　生成エンタルピーという伝統の概念よりも, **原子結合エンタルピー** (提案は1970年代) のほうがわかりやすいと考え, 本書では後者を主役 (生成エンタルピーは脇役) にする. 真空中の孤立原子集団を仲立ちにして, 反応のエネルギー変化を考える発想だ. どんな化学変化も結合の切断・生成により進む. まず反応物の結合がすべて切れたあと, 原子たちがつながり合って生成物になるイメージは, まことに単純明快で力強い (7章).

生成エンタルピーは (生成ギブズエネルギーも), "常温・常圧で安定な単体"を基準にする. 単体は生身の物質だから (しかも気体・液体・固体がある), "結合の切断・生成"というイメージに余計なものが入りこむ. また, "生成"量のとき考える絶対エントロピーは, 別の基準をもとにした量だから, 初学者はいよいよ混乱しよう.

原子結合エンタルピー・エントロピー・ギブズエネルギーに，そうした混乱はない．米国では，本書を使う講義は，教員側が当初ややとまどうものの，学生の評判はなかなかよい．

もう一つ，電子のふるまいを考える量として，1989年に発表された**平均価電子エネルギー**(AVEE)も使う(3章)．光電子分光(PES)にもとづくAVEE値は，電子の束縛強度を表し，元素のイオン化しやすさを定量的に示す．また，AVEE値から決めた**最新の電気陰性度**（1991年）は，やはり実験が根元だから実感しやすい(4章)．同じPESデータが電子配置と電気陰性度につながり，その電気陰性度は，原子の酸化数や部分電荷，形式電荷の考察に役立つ．本書では一貫して最新の電気陰性度を使い，酸化還元や共鳴構造，結合の極性を統一的に説明した．

学生・生徒諸君に

本書は，どの化学教科書とも違う特色をもつ．基礎概念の理解に必要十分な内容を盛り，新しいキー概念を使って基礎事項をわかりやすく述べた．新しいキー概念が，見た目はバラバラな話題あれこれをきちんと結びつけ，全巻を1本の糸にしている．

中身は1〜17章の順に読んでほしい．大切な基礎概念も組込んだチェックと例題には，ぜひ挑戦しよう．挑戦すれば，受け身ではなく能動的に本文を読める．なかでもチェックは，出会ったばかりの知識や発想を定着させてくれる．

今回の改版にあたっては，"内容の精選，自由な素材選択，最新情報"という本書の三大特色を保ちつつ，使い勝手をさらによくした．第4版からの改善点は以下のとおり．

- ルシャトリエの法則，溶解度，緩衝液，指示薬，酸塩基滴定の説明を充実させた．
- 1章と2章を組み直し，単位系，単位の換算，指数表現，有効数字の解説を入れた．
- ドルトンの分圧の法則を充実させた（6章）．
- 仕事の説明をわかりやすくした（7章）．
- 緩衝液の説明を増やし，ヘンダーソン-ハッセルバルヒの式も紹介した（11章）．
- NaCl溶融塩の電解，水の電解，NaCl水溶液の電解を詳しく説明した（12章）．
- 水の凝固と融解を例に，系と外界に注目して熱力学第二法則の説明を充実させた（13章）．
- 律速段階の解説を加えた（14章）．
- 新たに有機化学の章を設けた（16章）．
- 例題，"チェック"，章末問題（日本語版では演習編に収録）を改訂した．

謝　辞

本書執筆の機会をくれた一般化学カリキュラム改革作業部会のメンバー諸氏と，原稿の査読を通じ貴重な意見を寄せた下記の方々に感謝する．

Janice Alexander
Flathead Valley Community College
Linda Allen
Louisiana State University
Dennis M. Anjo
California State University, Long Beach
Chris Bailey
Wells College
David W. Ball
Cleveland State University
Jay Bardole
Vincennes University
William Bare
Randolph-Macon Woman's College
Jack Barbera
Northern Arizona University
Elisabeth Bell-Loncella
University of Pittsburgh, Johnstown
Steven D. Bennett
Bloomsburg University
Debra Boehmler
University of Maryland
Chris Bowers
Ohio Northern University
Thomas R. Burkholder
Central Connecticut State University
Bruce Burnham
Rider University
Sheila Cancella
Raritan Valley Community College
Feng Chen
Rider University
David A. Cleary
Gonzaga University
Martin Cowie
University of Alberta
Paul H. Davis
Santa Clara University
Michael Doyle
University of Maryland
Robert Eierman
University of Wisconsin-Eau Claire
William Evans
University of California, Irvine

Deniel Freedman
SUNY New Paltz
Larry Gerdom
Trevecca Nazarene University
Tom Gilbert
Northeastern University
L. Peter Gold
Pennsylvania State University
Stan Grenda
University of Nevada, Las Vegas
Eugene Grimley III
Elon College
Thomas Grover
Gustavus Adolphus College
Alexander Grushow
Rider University
Keith Hansen
Lamar University
Lee Hansen
Brigham Young University
Paul Hanson
University of New Orleans
David Harvey
DePauw University
Craig Hoag
SUNY Pittsburgh
Mike Iannone
Millersville University
John Jefferson
Luther College
Pamela St. John
SUNY New Paltz
Keith Kester
Colorado College
Leslie Kinsland
University of Southwestern Louisiana
Nancy Konigsberg-Kerner
University of Michigan, Ann Arbor
George Kraus
College of Southern Maryland
David Lewis
Colgate University
Robert Loeschen
California State University, Long Beach

Baird Lloyd
Miami University of Ohio
David MacInnes, Jr.
Guilford College
Asoka Marasinghe
Minnesota State University
Doug Martin
Sonoma State University
Claude Mertzenich
Luther College
Patricia Metz
Texas Tech University
David Millican
Guilford College
Susan Morante
Mont Royal College
Edward Paul
Stockton College
Michael Prushan
La Salle University
Olga Rinco
Luther College
E. B. Robertson
University of Calgary
Carey Rosenthal
Drexel University
Doug Rustad
Sonoma State University
Patricia Schroeder
Johnson County Community College

Tim Schroeder
Southern Arkansas University
Karl D. Sienerth
Elon University
Karl Sohlberg
Drexel University
Larry Spreer
University of the Pacific
William Stanclift
Northern Virginia Community College, Annandale
Wayne E. Steinmetz
Pomona College
Robert Stewart, Jr.
Miami (OH) University
Wesley Stites
University of Arkansas
Duane Swank
Pacific Lutheran University
Robert L. Swofford
Wake Forest University
Sandra Turchi
Millersville University
John B. Vincent
University of Alabama
Gloria Brown Wright
Central Connecticut State University
John Woolcock
Indiana University of Pennsylvania
Andrew Zanella
Claremont College

Franklin and Marshall カレッジの John Farrell と Rick Moog, McMaster 大学の Ron Gillespie, Harvard 大学の Dudley Herschbach, Princeton 大学の Lee Allen, South Carolina 大学 Beaufort 校の Gordon Sproul, Rider 大学の Alex Grushow にはとりわけお世話になった.

原稿の校閲と出版に尽力いただいた John Wiley & Sons 社編集部の Nick Ferrari, Karen Gulliver, Aly Rentrop, Catherine Donovan, Patricia McFadden, Suzanne Ingrao にお礼申し上げる.

本書の執筆を見守り, 激励してくれた妻たち, Kathy, Christine, Lynette にも深謝する.

James N. Spencer
George M. Bodner
Lyman H. Rickard

訳者まえがき

化学の大事な問いかけを 2 点に絞ると，訳者の私見ではこうなります．
   ① 原子どうしは，なぜつながり合うのか？
   ② ある反応は，なぜその向きに進むのか？

①はミクロ世界の"成り立ち(structure)"につながり，②は"変わりかた(dynamics)"に迫る問いです．訳者とスタンスが似ているらしく原著者たちは，一般化学教育に向けた本書の副題を"Structure and Dynamics"としています．

"ミクロ世界のできごとは電子のふるまいが決め，反応の向きは粒子集団のふるまいが決める．電子のふるまいをつかさどるのは量子論で，粒子集団のふるまいをつかさどるのは熱力学．それぞれの勘どころを押さえれば化学はわかる"という姿勢を貫いて，広汎な化学現象を系統的に解剖・解説したのが本書です．

日本なら高校化学の復習にあたる 1・2 章を経た 3～5 章では，①の理解に欠かせない"電子のふるまい"をじっくり見つめ，以後の章へとつなげます．光（電磁波）と"やさしい量子論"の話は，電子のふるまいをつかむのに，ひいては大学化学の習得に必須ですから，散りばめてある"チェック"や"例題"に挑戦しながら身につけてください．

基礎になる 3～5 章のあとは，分子の動きを思い浮かべながら気体の性質を考える 6 章，結合の生成・切断に注目して熱の出入りを解き明かす 7 章，原子・分子どうしの引き合いをもとに液体・溶液・固体を見つめる 8・9 章へと続きます（ここまでが上巻）．

下巻は最初の 4 章を化学平衡にあて，平衡とは何か（10 章），酸・塩基平衡（11 章），酸化還元と平衡のかかわり（12 章），平衡の基礎理論（13 章）を扱います．以後は反応速度論（14 章）と，速度論を使う核化学（15 章）が続き，電子のふるまいを主眼にした有機化学（16 章），実験と暮らしに深くかかわる化学分析（17 章）に終わります．

大学の基礎化学として必要十分な内容を盛りこんだ本書は，どんな専門分野の学習にも研究にも大いに役立つことでしょう．

なお原著者は，今回の改訂にあたり旧版の最終章"化学分析"を"有機化学"に入れ替えました．けれど"化学分析"を切るのは"もったいない"と思い，原出版社とも協議のうえ，"化学分析"の章を少しスリム化し，17 章としてあります．

原著まえがきにもあるとおり，原著者は類書にない新機軸をいくつも採り入れました．どれも化学の理解に有用ですが，二つだけをここで強調しておきましょう．

一つが**電気陰性度**．元祖ポーリング（1932 年）以来 13 種類も提案されてきた電気陰性度のうち，1991 年の論文にある最新版を使いました（4 章と後ろ見返し）．その根元は光電子分光（PES）の実測データですから，推測が忍びこむ余地はないうえ，貴ガスを含む 57 元素に小数点以下 2 桁の値が決まっています．

最新の電気陰性度を全巻いたるところで使いつつ，原子間結合の性質から酸化還元まで解き明かすところに，上記 ① の真髄を見る思いがしました．

もう一つが，上記 ② にからむエネルギーの出入りを教える"**原子結合**"量です（7 章）．昔ながらの生成エンタルピー（$\Delta_f H°$）・生成ギブズエネルギー・絶対エントロピー（$S°$）に代え，原子結合エンタルピー（$\Delta_{ac} H°$）・同エントロピー・同ギブズエネルギーを主役に立てました．"真空中の孤立原子集団"という（仮想とはいえ）すかっとした基準状態を考える発想は，明快そのものの流儀だといえます．

とはいえ原著者も完全移行は時期尚早とみたのか，"生成"量を使う伝統の流儀（§13・15）も併記したうえ，両方のデータを付録（物質が共通の表 B・13 と表 B・16）に載せています（流儀間の違いについては，13 章の末尾に少し補足しておきました）．これから"生成"量 ⟶ "原子結合"量 の切替えが進むかは未知数ながら（個人的には切替えたいと思いますが），議論のタネを提供する点だけでも，本書には一読の価値がありましょう．

さて原著者はまえがきに，本書は"高校の上級クラス"も念頭においたと書いています．日本の高校化学は量子論や熱力学と縁遠いため，首をひねる読者もいるでしょう．米国では，教育制度の関係上，高校生の一部も大学レベルの基礎化学を学ぶのです．そして本書は，高校用の教科書としても高い評価を得てきました．むろん日本の高校でも，大学につながる化学を学びたい生徒諸君が本書に挑戦すれば，本物の化学力が身につく——と訳者は確信します．

本書出版にあたり，訳者の愚見あれこれに耳を傾けていただき，本書の出版を手際よく進めてくださった東京化学同人の高林ふじ子さんと池田浩一氏に心よりお礼申し上げます．

2011 年 12 月

渡辺　正

要 約 目 次

上 巻

- 第1章　元素と物質
- 第2章　量と濃度
- 第3章　原子と電子
- 第4章　共有結合
- 第5章　イオン結合と金属結合
- 第6章　気　体
- 第7章　化学変化と熱の出入り
- 第8章　液体と溶液
- 第9章　固　体

下 巻

- 第10章　化学変化と平衡
- 第11章　酸と塩基
- 第12章　酸化還元反応
- 第13章　化学熱力学
- 第14章　反応速度論
- 第15章　核 化 学
- 第16章　有機化学
- 第17章　化学分析

目　　次

10. 化学変化と平衡

- 10・1　進みきらない反応 …………… 359
- 10・2　気体反応 ………………………… 361
- 10・3　反応の速度 ……………………… 364
- 10・4　気体反応の衝突理論 …………… 366
- 10・5　平衡定数の表式 ………………… 368
- 10・6　反応商と平衡の判定 …………… 373
- 10・7　平衡に向かう濃度変化 ………… 374
- 10・8　平衡計算の技法 その1:
　　　　微小量の無視 ……………… 378
- 10・9　平衡計算の技法 その2:
　　　　微小量づくり ……………… 382
- 10・10　平衡定数と温度 ………………… 384
- 10・11　ルシャトリエの法則 …………… 385
- 10・12　ルシャトリエの法則と
　　　　ハーバー法 ………………… 390
- 10・13　固体の溶解 ……………………… 391
- 10・14　溶解度積 ………………………… 392
- 10・15　固体の溶解度積と溶解度 ……… 394
- 10・16　イオン積を使う溶解度計算 …… 397
- 10・17　共通イオン効果 ………………… 399
- 10・18　選択的沈殿 ……………………… 402

11. 酸と塩基

- 11・1　酸と塩基の性質 ………………… 403
- 11・2　アレニウスの定義 ……………… 403
- 11・3　ブレンステッドの定義 ………… 404
- 11・4　共役酸と共役塩基 ……………… 407
- 11・5　水の活躍 ………………………… 409
- 11・6　水の電離平衡 …………………… 410
- 11・7　pH ………………………………… 413
- 11・8　酸と塩基の強弱 ………………… 416
- 11・9　共役酸・塩基の強弱 …………… 419
- 11・10　酸・塩基の強弱と解離定数 …… 420
- 11・11　酸・塩基の強弱と分子構造 …… 424
- 11・12　pHの計算: 強酸 ………………… 428
- 11・13　pHの計算: 弱酸 ………………… 429
- 11・14　pHの計算: 塩基 ………………… 434
- 11・15　緩衝液 …………………………… 439
- 11・16　緩衝能 …………………………… 440
- 11・17　生体内の緩衝作用 ……………… 446
- 11・18　酸と塩基の反応 ………………… 446
- 11・19　pH滴定曲線 ……………………… 448

11章の発展 …………………………………… 456

- 11A・1　多価の酸 ………………………… 456
- 11A・2　多価の塩基 ……………………… 459
- 11A・3　酸にも塩基にもなる物質 ……… 461

12. 酸化還元反応

- 12・1 身近な酸化還元反応 ………… 464
- 12・2 酸化数の確認 ………………… 466
- 12・3 酸化と還元の判別 …………… 467
- 12・4 ガルバニ電池 ………………… 471
- 12・5 酸化剤と還元剤 ……………… 474
- 12・6 標準電極電位 ………………… 476
- 12・7 標準電極電位データが語ること ………………… 480
- 12・8 実用電池 ……………………… 484
- 12・9 ネルンストの式 ……………… 488
- 12・10 電解: ファラデーの法則 …… 493
- 12・11 NaCl 溶融塩の電解 ………… 496
- 12・12 NaCl 水溶液の電解 ………… 497
- 12・13 水の電解 …………………… 499
- 12・14 水素と社会 ………………… 500

12章の発展 ……………………… 502
- 12A・1 酸化還元反応の係数合わせ … 502
- 12A・2 酸性水溶液中の酸化還元 … 502
- 12A・3 塩基性水溶液中の酸化還元 … 506
- 12A・4 有機分子の酸化還元 ……… 507

13. 化学熱力学

- 13・1 自発変化 …………………… 509
- 13・2 エントロピーと乱雑さ …… 510
- 13・3 熱力学第二法則 …………… 512
- 13・4 標準反応エントロピー …… 514
- 13・5 熱力学第三法則 …………… 515
- 13・6 化学反応とエントロピー変化 …………… 516
- 13・7 ギブズエネルギー ………… 521
- 13・8 反応ギブズエネルギーと温度 ……………………… 526
- 13・9 温度の微妙な効果 ………… 527
- 13・10 標準反応ギブズエネルギー … 527
- 13・11 分圧で表す平衡定数 ……… 528
- 13・12 標準状態の姿 ……………… 531
- 13・13 ギブズエネルギーと平衡定数: 化学熱力学の基本式 … 532
- 13・14 平衡定数と温度 …………… 536
- 13・15 標準生成ギブズエネルギーと絶対エントロピー ……… 540

14. 反応速度論

- 14・1 熱力学と速度論 …………… 544
- 14・2 反応の速度 ………………… 545
- 14・3 反応の進みと速度 ………… 546
- 14・4 反応の瞬間速度 …………… 548
- 14・5 速度式と速度定数 ………… 549
- 14・6 反応式と速度式 …………… 550
- 14・7 反応次数 …………………… 551
- 14・8 分子の衝突と律速段階 …… 553
- 14・9 反応機構 …………………… 555
- 14・10 ゼロ次反応 ………………… 557
- 14・11 反応次数の決定 …………… 558
- 14・12 ゼロ次・一次・二次反応の速度式の積分形 …………………… 560

14・13	積分形を使う反応次数の決定 …… 563	14・17	活性化エネルギーの測定 …… 571
14・14	擬一次反応 …… 566	14・18	酵素反応 …… 573
14・15	反応の活性化エネルギー …… 566	**14章の発展** …… 576	
14・16	触媒と反応速度 …… 569	14A・1	速度式の積分 …… 576

15. 核 化 学

15・1	放射線 …… 578	15・8	電離放射と非電離放射 …… 593
15・2	原子のつくり …… 580	15・9	電離放射の生体影響 …… 595
15・3	放射壊変の種類 …… 581	15・10	自然放射能と誘導放射能 …… 598
15・4	中性子過剰核と中性子不足核 …… 584	15・11	核分裂 …… 602
15・5	核子の結合エネルギー …… 586	15・12	核融合 …… 605
15・6	放射壊変の速度論 …… 589	15・13	元素の起源 …… 607
15・7	放射壊変と年代測定 …… 592	15・14	核医学 …… 609

16. 有 機 化 学

16・1	有機化合物 …… 611	16・11	アルカンのハロゲン化 …… 637
16・2	飽和炭化水素（アルカン） …… 613	16・12	アルコールとエーテル …… 639
16・3	C−C 単結合の回転 …… 617	16・13	アルデヒドとケトン …… 642
16・4	アルカンの命名法 …… 618	16・14	カルボニル基の反応性 …… 644
16・5	不飽和炭化水素（アルケンとアルキン） …… 620	16・15	カルボン酸 …… 646
16・6	芳香族炭化水素 …… 622	16・16	エステル …… 649
16・7	石油の化学 …… 625	16・17	アミン，アルカロイド，アミド …… 650
16・8	石炭の化学 …… 628	16・18	アルケンの立体異性 …… 653
16・9	官能基 …… 630	16・19	立体化学 …… 656
16・10	有機化合物の酸化還元 …… 634	16・20	光学活性 …… 659

17. 化 学 分 析

17・1	化学分析のあらまし …… 663	17・3	高速液体クロマトグラフィー …… 664
17・2	クロマトグラフィー …… 664		

17・4 ガスクロマトグラフィー
　　　と質量分析 ……………667
17・5 電気泳動とDNA型鑑定 ……672
17・6 光の吸収と透過 ……………676
17・7 紫外・可視分光 ……………677
17・8 赤外分光 ……………………680
17・9 核磁気共鳴 …………………684
17・10 原子吸光分析 ………………688

付録 A 単位系と測定値の処理 ………………………………………………691
付録 B 物質の基礎データ ……………………………………………………701
付録 C "チェック"の解答 ……………………………………………………724
掲載写真出典 …………………………………………………………………730
索　　引 ………………………………………………………………………731

化学変化と平衡 10

10・1	進みきらない反応	10・10	平衡定数と温度
10・2	気体反応	10・11	ルシャトリエの法則
10・3	反応の速度	10・12	ルシャトリエの法則とハーバー法
10・4	気体反応の衝突理論	10・13	固体の溶解
10・5	平衡定数の表式	10・14	溶解度積
10・6	反応商と平衡の判定	10・15	溶解度積と溶解度
10・7	平衡に向かう濃度変化	10・16	イオン積を使う溶解度計算
10・8	平衡計算の技法 その1: 微小量の無視	10・17	共通イオン効果
		10・18	選択的沈殿
10・9	平衡計算の技法 その2: 微小量づくり		

10・1 進みきらない反応

"マグネシウムリボンを燃やすと白い粉になる．マグネシウム 2.00 g から何 g の粉ができるか計算したい．どうすればよいか？" と問われたら，つぎのように考えていく人が多いだろう．

- 点火したとき，マグネシウムは酸素と反応する．
- 生じる白い粉は酸化マグネシウムで，化学式は MgO と書ける．
- 以上から，反応式はつぎのようになる．

$$2Mg(s) + O_2(g) \longrightarrow 2MgO(s)$$

- 2.00 g の Mg が何 mol なのか計算する．

$$2.00 \text{ g Mg} \times \frac{1 \text{ mol Mg}}{24.31 \text{ g Mg}} = 0.0823 \text{ mol Mg}$$

- 反応式をもとに，生じる MgO が何 mol なのか計算する．

$$0.0823 \text{ mol Mg} \times \frac{2 \text{ mol MgO}}{2 \text{ mol Mg}} = 0.0823 \text{ mol MgO}$$

- MgO の式量を使い，"mol → g" の換算をする．

$$0.0823 \text{ mol MgO} \times \frac{40.30 \text{ g MgO}}{1 \text{ mol MgO}} = 3.32 \text{ g MgO}$$

これで本当にいいのか．計算のとき仮定した以下 3 点に，問題はなかったのだろうか？

①マグネシウムリボンは純粋な Mg だった．
②マグネシウムは空気中の酸素とだけ反応して MgO になった（窒素との反応で窒化物 Mg_3N_2 になる可能性は無視した）．
③マグネシウムはすべて反応した．

①の補正はやさしい．②も，たとえば Mg の 5% が Mg_3N_2 になったなら簡単に補正できる．だが③はどうなのだろう？ それが本章の大切なテーマになる．

いまの計算では Mg を制限試薬（§2・11 参照）とみて，その全量が消えるまで反応が続くとした．なるほど，大量の濃硝酸に 1 セント銅貨を入れたときの反応は，銅貨が溶けきるまで続くように見える*．

銅貨が濃硝酸と反応し，褐色の気体（NO_2）が発生する．

けれど，進みきらない化学反応もある．つぎの反応は途中で止まってしまう．

$$2NO_2(g) \longrightarrow N_2O_4(g)$$

25℃ で 1.00L の容器に 1mol の NO_2 を入れると，NO_2 の 95% が N_2O_4 になった時点で，見た目の変化は止まる．制限試薬の全量がなくならずに止まる反応を，"**平衡**（equilibrium）になった反応"という．

平衡になる反応は，制限試薬がなくなって止まるわけではない．銅貨と濃硝酸の反応なら，制限試薬がなくなるまで続くため，右向きの矢印を使って書く．

$$Cu(s) + 4HNO_3(aq) \longrightarrow Cu(NO_3)_2(aq) + 2NO_2(g) + 2H_2O(l)$$

かたや平衡になる反応は，両向きの矢印を使ってつぎのように書く．

$$2NO_2(g) \rightleftharpoons N_2O_4(g)$$

---

* 訳注：日本では法律に従い，硬貨を実験に使ってはいけない．

平衡になる反応では成分の量が時々刻々と変わるから，成分の濃度も変わっていく．以下，ある時刻 t での濃度を[ ]$_t$ という記号で表す．

　　[NO_2]$_t$: 時刻 t で NO_2 が示す濃度（M 単位）

また，平衡時の濃度には，添字なしの記号[ ]を使う．

　　[NO_2]: 平衡時に NO_2 が示す濃度（M 単位）

平衡になる反応を考えるときは，つぎの問いを頭におこう．
- 反応物がまだ残っているのに，反応はなぜ止まるのか？
- 進みきる反応と，平衡になる反応は，どこが違うのか？
- ある反応が進みきるのか，平衡になるかは，予測できるのか？
- 反応条件が変わると，平衡になったとき成分の濃度はどう変わるのか？

反応が平衡になる姿と理由をつかむには，反応をモデル化して考える．そんなモデルを使い，気体反応を次節でみていこう．溶液中の平衡は次章で扱う（一部を本章の後半で扱う）．

▶チェック
　25℃の真空容器に $N_2O_4(g)$ を入れて平衡になったとき，容器内にはどんな物質が存在するか．

10・2　気 体 反 応

単純な反応の一例に，*cis*-2-ブテンと *trans*-2-ブテンの異性化反応がある．

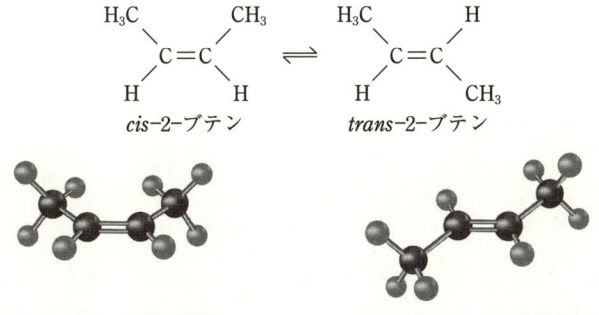

異性体どうしは融点・沸点に差がある（シス体：－139℃・4℃，トランス体：－106℃・1℃）．異性化は高温のもと C=C 二重結合が回転して起こるため（室温では回転しない），*cis*-2-ブテンを熱すれば，一部が *trans*-2-ブテンに変わる．

1.000 mol のシス体を 10.0 L の容器に入れて 400℃ に熱し，組成の変化を追いかけると表 10・1 の結果になった．時間とともにシス体が減り，トランス体が増える．

表 10・1　2-ブテンの異性化実験データ（温度 400℃，体積 10.0 L）

経過時間	*cis*-2-ブテン（mol）	*trans*-2-ブテン（mol）
0	1.000	0
5.00 日	0.919	0.081
10.00 日	0.848	0.152
15.00 日	0.791	0.209
20.00 日	0.741	0.259
40.00 日	0.560	0.440
60.00 日	0.528	0.472
120.00 日	0.454	0.546
1 年	0.441	0.559
2 年	0.441	0.559
3 年	0.441	0.559

シス体とトランス体が変わり合うだけだから，総量（1.000 mol）はいつも等しい．トランス体の量は，1.000 mol からシス体の量を引いた値になる．

始状態は 1.000 mol のシス体だった．ある時点でシス体の量が $1.000-x$ だとする．

$$n_{シス} = 1.000 - x$$

むろん x はトランス体の量に等しい．

$$n_{トランス} = x$$

表 10・1 のデータをグラフ化すると図 10・1 ができる．ある時点でシス体が 0.441 mol，トランス体が 0.559 mol になり，以後は変わらない（平衡）．

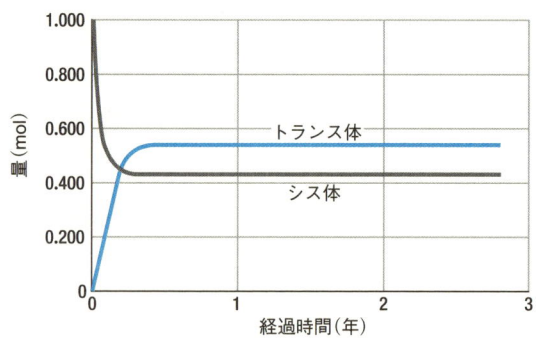

図 10・1　表 10・1 のデータのグラフ化

10・2 気体反応

以下，シス体，トランス体の平衡濃度（M 単位）を［シス体］，［トランス体］と書こう．平衡濃度そのものは実験の条件でさまざまに変わるけれど，一定温度なら"平衡濃度の比"はいつも一定の値になる．始状態のシス体が多くても少なくても，また"シス体＋トランス体の混合物"でも，400℃で平衡になったあと，トランス体とシス体の濃度比は 1.27 で変わらない．

平衡濃度の間に成り立つ関係を**平衡定数の表式**＊（equilibrium constant expression）といい，**平衡定数**（equilibrium constant）を K_c と書く．平衡定数 K_c に添えた文字 c は濃度（concentration, c）を意味する．

$$K_c = \frac{[トランス体]}{[シス体]} = 1.27$$

▶ **チェック**

純粋な *trans*-2-ブテン 1.0 mol を容器に入れて 400℃に保った．平衡になったとき，トランス体とシス体の濃度比はいくらか．

例題 10・1 以下の実験結果 ① と ② につき，それぞれ "*cis*-2-ブテン $\rightleftharpoons$ *trans*-2-ブテン" の平衡定数を計算せよ．

① 400℃でシス体 5.00 mol を 10.0 L の容器に入れた．平衡時のトランス体は 2.80 mol だった．

② 400℃でシス体 0.100 mol を 25.0 L の容器に入れた．平衡時のトランス体は 0.0559 mol だった．

【答】 ① シス体は 5.00 mol − 2.80 mol = 2.20 mol で，体積は 10.0 L だから，異性体それぞれの濃度はつぎのようになる．

$$[トランス体] = \frac{2.80\,\text{mol}}{10.0\,\text{L}} = 0.280\,\text{M}$$

$$[シス体] = \frac{2.20\,\text{mol}}{10.0\,\text{L}} = 0.220\,\text{M}$$

以上から平衡定数は 1.27 だとわかる．

$$K_c = \frac{[トランス体]}{[シス体]} = \frac{0.280\,\text{M}}{0.220\,\text{M}} = 1.27$$

＊ 訳注: 日本では"質量作用の法則 mass action law"とよぶが，本書では原著の訳"平衡定数の表式"を用いる．

② 上と同様に，濃度を計算する．

$$[トランス体] = \frac{0.0559\,\text{mol}}{25.0\,\text{L}} = 0.00224\,\text{M}$$

$$[シス体] = \frac{0.0441\,\text{mol}}{25.0\,\text{L}} = 0.00176\,\text{M}$$

濃度それぞれの値は ① と大差があるけれど，平衡定数は同じ 1.27 になる．

$$K_c = \frac{[トランス体]}{[シス体]} = \frac{0.00224\,\text{M}}{0.00176\,\text{M}} = 1.27$$

10・3 反応の速度

表 10・1 にデータを載せたような実験を，**反応速度論** (chemical kinetics) の実験という (kinetics の語源はギリシャ語の *kineo* ＝ 動く)．速度論の実験では，反応物が生成物になっていく速さ，つまり**反応速度** (rate of reaction) を求める．

速度 (rate) とは，単位時間の変化量をいう．インフレの速度は，一定期間に上がった平均物価からわかる．物体が空間を進む速度は，1 秒間や 1 時間あたりの移動距離を指す．

反応の速度 (反応速度) は通常，ある成分の濃度が変わる速さを表す．時刻 t で成分 X が示す濃度を $[X]_t$，Δt 後の濃度変化を $\Delta[X]_t$ と書けば，$\Delta[X]_t$ を経過時間 Δt で割った値が速度になる．

$$速度 = \frac{\Delta[X]_t}{\Delta t} \quad (\text{X は生成物のどれか})$$

記号 Δ は，終状態 (<u>f</u>inal) の値から始状態 (<u>i</u>nitial) の値を引く操作を表すので，$\Delta[X]_t$ はこう書ける．

$$\Delta[X]_t = [X]_f - [X]_i$$

$\Delta[X]_t$ は，X が生成物なら (増えるので) 正値をとる．しかし反応物なら (減るので) 負値になるため，速度を表す式には負号がつく．

$$速度 = -\frac{\Delta[X]_t}{\Delta t} \quad (\text{X は反応物のどれか})$$

表 10・1 のデータを使い，純粋な *cis*-2-ブテンを始状態とする異性化反応の速度を，つぎのような区間 (時間領域) で計算しよう．

① 10.0 L の容器内でシス体が 1.000 mol → 0.919 mol と減る区間
② シス体が 0.919 mol → 0.848 mol と減る区間
③ シス体が 0.848 mol → 0.791 mol と減る区間

ふつう反応速度は，量（mol 単位）ではなく濃度（M=mol/L 単位）を使って表す．まず，始状態で 10.0L の容器内にあったシス体（1.000mol）の濃度は 0.1000M だった．区間 ① では，つぎの計算により反応速度が $1.6×10^{-3}$ M/日になる．

$$速度 = -\frac{\Delta[X]_t}{\Delta t} = -\frac{(0.0919 M - 0.1000 M)}{(5.00 日 - 0 日)} = 1.6×10^{-3} M/日$$

区間 ② では，少し小さいつぎの速度になる．

$$速度 = -\frac{\Delta[X]_t}{\Delta t} = -\frac{(0.0848 M - 0.0919 M)}{(10.00 日 - 5.00 日)} = 1.4×10^{-3} M/日$$

区間 ③ では，速度がさらに落ちる．

$$速度 = -\frac{\Delta[X]_t}{\Delta t} = -\frac{(0.0791 M - 0.0848 M)}{(15.00 日 - 10.00 日)} = 1.1×10^{-3} M/日$$

このように反応速度は時間とともに変わり，反応物が減るほどに小さくなる．むろん，測定中にも小さくなっていくから測定誤差も出る．

誤差を減らすには，ごく短い時間内の速度を測ればよい．反応物 X の濃度が時刻 t から微小時間（dt）後に少しだけ変化（$d[X]_t$）したとき，$d[X]_t$ を dt で割った値を，反応の瞬間速度という．

$$速度 = -\frac{d[X]_t}{dt}$$

瞬間速度は，反応物（や生成物）の濃度変化を表す曲線から計算できる．2-ブテンの異性化を図 10・2 に描いた．ある瞬間の速度は，曲線に引いた接線の傾き（の絶対値）に等しい．

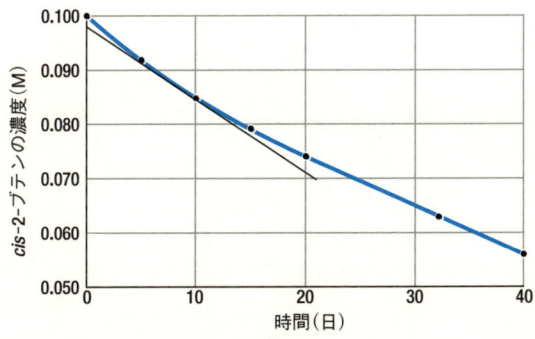

図 10・2　2-ブテンが異性化するときの濃度変化．接線の傾きが瞬間速度．

よく調べてみると，図 10・2 の曲線から計算した瞬間速度は，その瞬間（時刻 t）に存在する cis-2-ブテンの濃度に比例している．

$$\text{速度} = k[cis\text{-2-ブテン}]_t$$

上の式を**速度式**（rate equation），比例係数 k を**速度定数**（rate constant）という．

▶ チェック

ある生体物質の代謝反応について下表のデータを得た．温度が上がると反応の速度はどうなるか．

温 度（℃）	速度定数（s^{-1}）
15	2.5×10^{-2}
20	4.5×10^{-2}
25	8.1×10^{-2}
30	1.6×10^{-1}

10・4 気体反応の衝突理論

反応が平衡になる理由をつかむため，別の例として，$ClNO_2$ 分子から NO 分子に Cl 原子が移る（NO_2 と ClNO ができる）気体反応を考えよう．

$$ClNO_2(g) + NO(g) \longrightarrow NO_2(g) + ClNO(g)$$

4 成分のルイス構造から，反応のありさまがわかる．NO も NO_2 も奇数個の電子をもつため，Cl と結合すれば全部の電子が対になる．つまりこの反応では，分子が Cl 原子を受け渡す（図 10・3）．

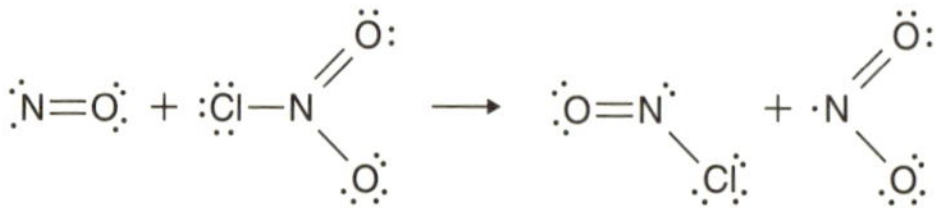

図 10・3　ルイス構造で見る Cl 移動反応

時間とともに $ClNO_2$ が減って NO_2 が増える（図 10・4）．実験データを整理してみると，時刻 t でつぎの速度式が成り立つ．

$$\text{速度} = k[ClNO_2]_t[NO]_t$$

速度式によると，$ClNO_2$ と NO から NO_2 と ClNO ができる反応の速度は，反応物の濃度の積に比例する．反応の初期は速度が大きいけれど，反応が進むにつれて $ClNO_2$ と NO が減るため，速度は落ちていく．

"$ClNO_2$ と NO がなくなって反応は止まる"と思いたくなるが，現実にはその手前で止まる．この反応はたいへん速く，開始後 1 秒で $ClNO_2$ の濃度が半分になる．ただし，

10・4 気体反応の衝突理論

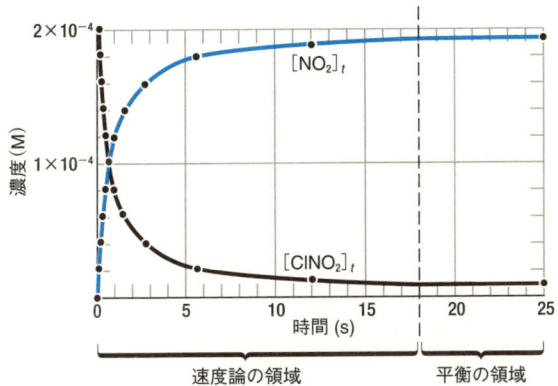

図 10・4 反応 $ClNO_2 + NO \longrightarrow NO_2 + ClNO$ に伴う $ClNO_2$ と NO_2 の濃度変化. 経過時間は"速度論の領域"と"平衡の領域"に分かれる.

以後いくら待っても一部の $ClNO_2$ と NO は残ってしまう.

図 10・4 の曲線は,**速度論の領域** (kinetic region) と**平衡の領域** (equilibrium region) に区分できる.速度論の領域では成分の濃度が変わっていく.平衡の領域では濃度が変わらず,反応が止まったように見える.

なぜそうなるのかは,反応の**衝突理論** (collision theory) で説明できる.$ClNO_2$ 分子から NO 分子へ Cl 原子が移るためには,両分子が衝突しなければいけない.衝突の確率は $ClNO_2$ の濃度と NO の濃度の積に比例するので,速度はつぎの形に書ける.

$$\text{速度} = k[ClNO_2]_t[NO]_t$$

反応が進んで $[ClNO_2]_t$ と $[NO]_t$ が減ると衝突回数が減り,速度も落ちていく.

最初は $ClNO_2$ と NO だけがある(NO_2 も ClNO もない)としよう.まずつぎの反応が起こる.

$$ClNO_2(g) + NO(g) \longrightarrow NO_2(g) + ClNO(g)$$

やがて生成物の NO_2 と ClNO がぶつかり,逆反応も起こり始める.

$$ClNO_2(g) + NO(g) \longleftarrow NO_2(g) + ClNO(g)$$

速度が反応物の濃度の積に比例するなら,いまの場合,時刻 t で右に向かう正反応 (forward reaction) の速度は,反応物の濃度と速度定数 k_f でつぎの形に書ける*.

$$\text{正反応の速度} = k_f[ClNO_2]_t[NO]_t$$

---

* 訳注: 仕組みがわかっている単純な反応だからそれでよいが,実験から得られる速度式が,反応式から書ける速度式と一致するとはかぎらない.

時刻 t で左に向かう逆反応（reverse reaction）の速度は，生成物の濃度と速度定数 k_r でこう書ける．

$$\text{逆反応の速度} = k_r[\text{NO}_2]_t[\text{ClNO}]_t$$

最初は $ClNO_2$ と NO が多く，NO_2 も ClNO も少ないため，正反応は逆反応より速い．

初期段階： 正反応の速度 ＞ 逆反応の速度

時間とともに $ClNO_2$ と NO が減って正反応の速度は落ち，NO_2 と ClNO が増えて逆反応の速度が上がるため，ついには両向きの速度がつり合う．

最終段階： 正反応の速度 ＝ 逆反応の速度

そのとき生成物も反応物も濃度が変わらなくなる．分子レベルでいうと，$ClNO_2$ と NO の消失速度が，逆反応による再生速度と等しい（NO_2 と ClNO も同様）．両向きの速度がつり合うと，見た目は反応物も生成物も濃度が変わらない（平衡状態）．

以上から，平衡状態はつぎのどちらかで表現できる．

- 反応物の濃度も生成物の濃度も変わらなくなった状態（マクロな観測の世界）
- 正反応の速度と逆反応の速度が等しくなった状態（ミクロなモデル化の世界）

▶ チェック ────────────────
ある瞬間に逆反応が正反応より速ければ，逆反応の速度定数が正反応の速度定数より大きいといえるか．

10・5 平衡定数の表式

平衡状態は，反応が止まった状態ではなく，両向きの速度がつり合って反応物も生成物も量が変わらない状態を表す．"静的なつり合い"ではなく"動的なつり合い"だといえる．

ある温度で，先ほどの反応が平衡になったとしよう．

$$\text{ClNO}_2(g) + \text{NO}(g) \rightleftharpoons \text{NO}_2(g) + \text{ClNO}(g)$$

平衡だから正反応と逆反応の速度が等しい．

平衡： 正反応の速度 ＝ 逆反応の速度

ある時刻 t での速度式を使えば，つぎのように書ける．

平衡： $k_f[\text{ClNO}_2]_t[\text{NO}]_t = k_r[\text{NO}_2]_t[\text{ClNO}]_t$

ただし平衡だから，濃度記号には $[\ ]_t$ ではなく $[\ ]$ を使う（前述）．

平衡： $k_f[\text{ClNO}_2][\text{NO}] = k_r[\text{NO}_2][\text{ClNO}]$

書き直せばつぎの関係が成り立つ．

$$\frac{k_f}{k_r} = \frac{[\text{NO}_2][\text{ClNO}]}{[\text{ClNO}_2][\text{NO}]}$$

10・5 平衡定数の表式

k_f も k_r も定数なので，比 k_f/k_r も定数になる．以上は，p.363 に述べた**平衡定数** K_c と**平衡定数の表式**を多成分の平衡反応に拡張したものだといえる．つまり，つぎのように表せる．

平衡定数の表式

$$K_c = \frac{k_f}{k_r} = \frac{[NO_2][ClNO]}{[ClNO_2][NO]}$$

平衡定数

始状態で反応物と生成物の濃度がどうだろうと，平衡定数の表式が K_c に等しくなったとき，反応は平衡に達する．始状態で $ClNO_2$ が NO よりずっと多くても，逆に NO が $ClNO_2$ よりずっと多くてもかまわない．一定温度なら，上の式が成り立つとき平衡になる．いまの反応だと，25℃で K_c は 1.3×10^4 という値をもつ．

$$K_c = \frac{[NO_2][ClNO]}{[ClNO_2][NO]} = 1.3 \times 10^4 \quad (25℃で)$$

K_c は無次元の（単位のない）数で表す．ただし K_c 値の計算には，生成物と反応物のモル濃度（M＝mol/L 単位）を用いる*．

平衡には逆側からも近づける．始状態で生成物（NO_2 と ClNO）だけがあるとしよう．時間 t での正反応と逆反応の速度式は，先ほどと変わらない．

正反応の速度 $= k_f[ClNO_2]_t[NO]_t$

逆反応の速度 $= k_r[NO_2]_t[ClNO]_t$

ただし今度は，初期段階で正反応の速度が逆反応よりずっと小さい．

初期段階： 正反応の速度 ≪ 逆反応の速度

逆反応はしだいに遅くなり，正反応は速くなって，ついには両方がつり合う．それが平衡状態にほかならない．

平衡： $k_f[ClNO_2][NO] = k_r[NO_2][ClNO]$

書き直せば，先ほどと同じ平衡定数の表式になる．

$$K_c = \frac{k_f}{k_r} = \frac{[NO_2][ClNO]}{[ClNO_2][NO]} = \frac{[生成物群]}{[反応物群]}$$

つまり平衡反応の表式は，始状態のありさまに関係しない．

---

* 訳注：平衡計算にはモル濃度の数値だけを代入する．つまり，モル濃度は，基準値の "1M" で割った "無次元の数" とみて計算する．p.393 参照．

例題 10・2 25℃でつぎの反応の速度定数は，k_f が $7.3\times10^3\,\text{L/(mol·s)}$，$k_r$ が $0.55\,\text{L/(mol·s)}$ だとわかっている．平衡定数を計算せよ．

$$\text{ClNO}_2(g) + \text{NO}(g) \rightleftharpoons \text{NO}_2(g) + \text{ClNO}(g)$$

【答】 平衡になったとき，正反応と逆反応の速度は等しい．

　　　　平衡：　正反応の速度 ＝ 逆反応の速度

速度式ではこう書ける．

　　　　平衡：　$k_f[\text{ClNO}_2][\text{NO}] = k_r[\text{NO}_2][\text{ClNO}]$

平衡定数の表式はつぎの形になる．

$$K_c = \frac{k_f}{k_r} = \frac{[\text{NO}_2][\text{ClNO}]}{[\text{ClNO}_2][\text{NO}]}$$

以上から平衡定数は，つぎの計算で 1.3×10^4 だとわかる．

$$K_c = \frac{k_f}{k_r} = \frac{7.3\times10^3\,\text{L/(mol·s)}}{0.55\,\text{L/(mol·s)}} = 1.3\times10^4$$

▶ **チェック**
正反応の速度定数が逆反応の2倍なら，平衡定数はいくらか．

平衡定数の表式は，つぎのルールに従って書く．

平衡定数の表式を書くルール
- 反応式に書かれた右側の物質群を"生成物"，左側の物質群を"反応物"とみる．
- 生成物の濃度を，掛け算の形で分数式の分子におく．
- 反応物の濃度を，掛け算の形で分数式の分母におく．
- 気体や溶質の濃度は，もれなく表式中に書く．
- 反応式中の係数が n の物質は，濃度を n 乗して表式の中に書く．

例題 10・3 つぎの反応につき，平衡定数の表式を書け．
① $2\text{NO}_2(g) \rightleftharpoons \text{N}_2\text{O}_4(g)$
② $2\text{SO}_3(g) \rightleftharpoons 2\text{SO}_2(g) + \text{O}_2(g)$
③ $\text{N}_2(g) + 3\text{H}_2(g) \rightleftharpoons 2\text{NH}_3(g)$

【答】 上記のルールに従い，それぞれの平衡定数はつぎのように書ける．

① $K_c = \dfrac{[\text{N}_2\text{O}_4]}{[\text{NO}_2]^2}$　　② $K_c = \dfrac{[\text{SO}_2]^2[\text{O}_2]}{[\text{SO}_3]^2}$　　③ $K_c = \dfrac{[\text{NH}_3]^2}{[\text{N}_2][\text{H}_2]^3}$

10・5 平衡定数の表式

例題 10・4 体内で代謝されるときのブドウ糖（グルコース）は，まずリン酸イオン（PO_4^{3-}）と結合してグルコース 6-リン酸になる．生化学の習慣に従ってリン酸イオンを P_i（添字 i は inorganic＝無機）と略記すれば，初期反応はつぎのように書ける．

$$\text{グルコース(aq)} + P_i(aq) \rightleftharpoons \text{グルコース 6-リン酸(aq)}$$

この反応につき，平衡定数の表式を書け．

【答】 p.370 のルールは水溶液中の生化学反応にも当てはまる．物質3種のモル濃度を使った平衡定数の表式はつぎのようになる．

$$K_c = \frac{[\text{グルコース 6-リン酸}]}{[\text{グルコース}][P_i]}$$

反応を逆向きに書いたら，平衡定数の値はどうなるのだろう？ 再びつぎの反応を考える．

$$ClNO_2(g) + NO(g) \rightleftharpoons NO_2(g) + ClNO(g)$$

前にも書いたとおり，平衡定数の表式と値はこうなる．

$$K_c = \frac{[NO_2][ClNO]}{[ClNO_2][NO]} = 1.3 \times 10^4 \quad (25\,°C\text{ で})$$

さて反応を逆向きに書こう．

$$NO_2(g) + ClNO(g) \rightleftharpoons ClNO_2(g) + NO(g)$$

平衡定数を K_c' として，平衡定数の表式はつぎのようになる．

$$K_c' = \frac{[ClNO_2][NO]}{[NO_2][ClNO]}$$

K_c の表式に比べ，分子と分母が反転しているから，つぎの関係が成り立つ．

$$K_c' = \frac{1}{K_c} = \frac{1}{1.3 \times 10^4} = 7.7 \times 10^{-5}$$

平衡定数 K_c がわかっている複数の反応を組合わせると，別の反応の平衡定数も計算できる．200°C で進むつぎの気体反応は，それぞれ平衡定数がわかっている．

$$N_2(g) + O_2(g) \rightleftharpoons 2NO(g) \qquad K_{c1} = \frac{[NO]^2}{[N_2][O_2]} = 2.3 \times 10^{-19}$$

$$2NO(g) + O_2(g) \rightleftharpoons 2NO_2(g) \qquad K_{c2} = \frac{[NO_2]^2}{[NO]^2[O_2]} = 3 \times 10^6$$

二つを足せば，N_2 と O_2 から NO_2 ができる反応になる．

$$N_2(g) + O_2(g) \rightleftharpoons 2NO(g)$$
$$+\ 2NO(g) + O_2(g) \rightleftharpoons 2NO_2(g)$$
$$\overline{N_2(g) + 2O_2(g) \rightleftharpoons 2NO_2(g)} \quad K_c = ?$$

総反応の平衡定数は，平衡定数の表式 2 個を掛け合わせた形に書ける．

$$K_c = K_{c1} \times K_{c2}$$
$$= \frac{[NO]^2}{[N_2][O_2]} \times \frac{[NO_2]^2}{[NO]^2[O_2]} = \frac{[NO_2]^2}{[N_2][O_2]^2}$$

具体的な値 2 個を使い，総反応の平衡定数はこうなる．

$$K_c = K_{c1} \times K_{c2}$$
$$= (2.3 \times 10^{-19}) \times (3 \times 10^6) = 7 \times 10^{-13}$$

例題 10・5 つぎのデータがある．

$$N_2(g) + \tfrac{1}{2}O_2(g) \rightleftharpoons N_2O(g) \quad K_{c1} = 2.7 \times 10^{-18}$$
$$N_2(g) + O_2(g) \rightleftharpoons 2NO(g) \quad K_{c2} = 2.3 \times 10^{-19}$$

それを使って，つぎの反応の K_c 値を計算せよ．

$$N_2(g) + 2NO(g) \rightleftharpoons 2N_2O(g) \quad K_c = ?$$

【答】 まず，反応 2 個の和が目的の反応になるよう，与えられた反応を書き直す．生成物には $2NO_2$ が必要なので，最初の反応を 2 倍する（そのとき濃度項と平衡定数が 2 乗される）．

$$2 \times (N_2(g) + \tfrac{1}{2}O_2(g) \rightleftharpoons N_2O(g)) \quad K'_{c1} = (2.7 \times 10^{-18})^2$$
$$2N_2(g) + O_2(g) \rightleftharpoons 2N_2O(g) \quad K'_{c1} = 7.3 \times 10^{-36}$$

2 番目の反応に現れる NO は，目的の反応では反応物だから，2 番目の反応を逆向きに書く（そのとき平衡定数の値も変わる）．

$$2NO(g) \rightleftharpoons N_2(g) + O_2(g) \quad K'_{c2} = 1/(2.3 \times 10^{-19}) = 4.3 \times 10^{18}$$

以上を組合わせ，つぎの結果が得られる．

$$2N_2(g) + O_2(g) \rightleftharpoons 2N_2O(g) \quad K'_{c1} = 7.3 \times 10^{-36}$$
$$\underline{2NO(g) \rightleftharpoons N_2(g) + O_2(g) \quad K'_{c2} = 4.3 \times 10^{18}}$$
$$2N_2(g) + \cancel{O_2(g)} + 2NO(g) \rightleftharpoons 2N_2O(g) + \cancel{N_2(g)} + \cancel{O_2(g)}$$
$$N_2(g) + 2NO(g) \rightleftharpoons 2N_2O(g)$$

$$K_c = K'_{c1} \times K'_{c2}$$
$$= (7.3 \times 10^{-36}) \times (4.3 \times 10^{18}) = 3.1 \times 10^{-17}$$

10・6 反応商と平衡の判定

平衡とは，正反応と逆反応の速度が等しく（分子レベル），生成物も反応物も見た目の濃度変化がない状況だった（マクロ現象）．

分子レベルのモデルは，反応がどちらに進んで平衡に向かうかの予想にも使える．反応物の濃度が十分に高いと，正反応のほうが逆反応より速く，反応物が減りながら平衡に向かうだろう．かたや，生成物の濃度が十分に高ければ，逆反応のほうが正反応より速く，生成物が反応物に戻りながら平衡に向かう．

反応がどう進んで平衡になるかは，ある瞬間の**反応商**（reaction quotient, Q_c）という量を，平衡定数（K_c）と比べて判断できる．反応商は平衡定数と同じ表式をもつけれど，Q_c の計算には成分の瞬間濃度を使う（K_c は平衡濃度で計算する）．

つぎの気体反応を例に，反応商の意味と使いかたをつかもう．

$$H_2(g) + I_2(g) \rightleftharpoons 2HI(g)$$

ヨウ素分子が関係する反応は，ヨウ素が示す濃紫色の出現・消失をみて進みを追える．

平衡定数の表式はこうなる．

$$K_c = \frac{[HI]^2}{[H_2][I_2]} = 60 \quad (350℃ で)$$

同じ反応の反応商はつぎのように書く．

$$Q_c = \frac{[HI]_0^2}{[H_2]_0[I_2]_0}$$

平衡定数と反応商の表式は，つぎの点が異なる．まず，平衡定数の表式では濃度を記号 [ ] で書く．かたや反応商の表式では，平衡に向かう出発点（時刻 0）の濃度を使い，[ ]$_0$ で書く．さらに，平衡定数 K_c の値は一つに決まるが，Q_c は 0 から無限大までのどんな値もとれる．

HI が多く，H_2 と I_2 がずっと少ないなら，反応商はたいへん大きい．逆に HI が少なく，H_2 と I_2 が多ければ，反応商は小さい．

反応の途中では，以下三つのどれかになる．

- $Q_c < K_c$：生成物よりも反応物が多い．Q_c が増えながら平衡に向かうため，正反応が進んで反応物が減っていく．
- $Q_c = K_c$：反応は平衡にある．
- $Q_c > K_c$：反応物よりも生成物が多い．Q_c が減りながら平衡に向かうため，逆反応が進んで生成物が減っていく．

例題 10・6 つぎの反応を考えよう．どの瞬間にも H_2, I_2, HI の濃度を測れるものとする．

$$H_2(g) + I_2(g) \rightleftharpoons 2HI(g) \quad K_c = 60 \quad (350℃で)$$

三つの反応段階で測った濃度はつぎのようになった．反応は平衡に達しているか．もし達していないなら，どちら向きに進んで平衡に向かうか．

① $[H_2]_0 = [I_2]_0 = [HI]_0 = 0.010\,M$
② $[HI]_0 = 0.30\,M,\ [H_2]_0 = 0.010\,M,\ [I_2]_0 = 0.15\,M$
③ $[H_2]_0 = [HI]_0 = 0.10\,M,\ [I_2]_0 = 0.0010\,M$

【答】 ① 反応商 Q_c を計算して K_c 値と比べる．

$$Q_c = \frac{[HI]_0^2}{[H_2]_0[I_2]_0} = \frac{(0.010)^2}{(0.010)(0.010)} = 1.0 < K_c$$

$Q_c < K_c$ だから，Q_c が増える（H_2 と I_2 が消費される）右に進んで平衡になる．
② $Q_c = K_c$ だから，平衡になっている．

$$Q_c = \frac{[HI]_0^2}{[H_2]_0[I_2]_0} = \frac{(0.30)^2}{(0.010)(0.15)} = 60 = K_c$$

③ $Q_c > K_c$ だから，Q_c が減る（HI が H_2 と I_2 に戻る）左に進んで平衡になる．

$$Q_c = \frac{[HI]_0^2}{[H_2]_0[I_2]_0} = \frac{(0.10)^2}{(0.10)(0.0010)} = 1.0 \times 10^2 > K_c$$

10・7 平衡に向かう濃度変化

Q_c 値を K_c 値と比べれば，平衡になっているかどうかがわかる．非平衡なら，変化の向きと，平衡までの変化量もわかる．つぎの反応（水性ガスシフト反応）を調べよう．

$$CO(g) + H_2O(g) \rightleftharpoons CO_2(g) + H_2(g)$$

水性ガス（water gas）とは，赤熱した石炭に空気（または酸素）と水蒸気を交互に触れさせてできる CO と H_2 の混合気体をいう．"石炭 $+ O_2 \rightarrow CO + CO_2$" の反応で出る熱が，"$H_2O +$ 石炭" の反応（吸熱変化）を助ける．水性ガスは，気体燃料や液体燃料

（ガソリンなど）の合成原料になるので"合成ガス"ともよぶ．アンモニア合成用の水素も水性ガスシフト反応でつくれる．

触媒を使い，400℃でCOとH_2Oを反応させると水性ガスシフト反応が進む．
$$CO(g) + H_2O(g) \longrightarrow CO_2(g) + H_2(g)$$

400℃での平衡定数は0.080だとわかっている．初期濃度はCOもH_2Oも0.100M（CO_2とH_2はゼロ）として，平衡時のCO, H_2O, CO_2, H_2の濃度を計算しよう．

まず情報を整理する．反応式，平衡定数，初期濃度から，成分の平衡濃度を求めるのだった．

$$CO(g) + H_2O(g) \rightleftharpoons CO_2(g) + H_2(g) \qquad K_c = \frac{[CO_2][H_2]}{[CO][H_2O]} = 0.080$$

始状態：　0.100M　　0.100M　　　0　　　　0
平衡状態：　？　　　　？　　　　　？　　　　？

系が平衡かどうかみるため，反応商（Q_c）を計算して平衡定数（K_c）と比べる．

$$Q_c = \frac{[CO_2]_0[H_2]_0}{[CO]_0[H_2O]_0} = \frac{(0)(0)}{(0.100)(0.100)} = 0 < K_c$$

Q_cは0だから，K_c（8.0×10^{-2}）よりも小さい．つまり，COとH_2Oが減ってCO_2とH_2が増す向きに反応が進み，平衡になるだろう．その途上，CO, H_2O, CO_2, H_2の濃度はみな変わる（COとH_2Oが減り，CO_2とH_2が増える）．

未知量（CO, H_2O, CO_2, H_2の濃度）は4個で，式（平衡定数の表式）が1個しかない．解くには，未知量どうしの関係に注目して問題を単純化する．CO, H_2O, CO_2, H_2の濃度は，どう関係し合いながら変わって平衡に向かうのか？　それをつぎの例題で調べよう．

例題 10・7　COとH_2Oの初期濃度を0.100Mとする．反応が進んでCOとH_2Oが0.022M減ったとき，CO_2とH_2は何Mになっているか．
$$CO(g) + H_2O(g) \rightleftharpoons CO_2(g) + H_2(g)$$

【答】　反応はモル比1:1:1:1で進み（図10・5），1molのCOが1molのH_2Oと反応してCO_2とH_2が1molずつできる．つまりCOとH_2Oの濃度変化はCO_2とH_2の濃度変化に等しいから，COとH_2Oが0.022M減れば，CO_2とH_2が0.022M増える．

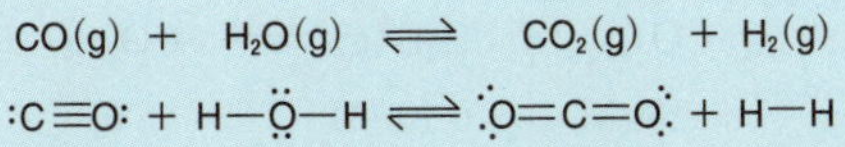

$$CO(g) + H_2O(g) \rightleftharpoons CO_2(g) + H_2(g)$$
$$:C\equiv O: + H-\ddot{O}-H \rightleftharpoons \ddot{O}=C=\ddot{O} + H-H$$

図10・5　モル比1:1:1:1の水性ガスシフト反応

▶ チェック ─────────────────────
1.00L の容器内で 1.00 mol の PCl_3 と 1.00 mol の Cl_2 が反応し，PCl_3 の濃度が 0.96M 減って平衡になった．平衡時の PCl_5 と Cl_2 は何 M か．

$$PCl_5 \rightleftharpoons PCl_3 + Cl_2$$

───────────────────────────

平衡に向かう途上，4 成分の濃度変化がどう関係し合うかを例題 10・7 で確かめた．考察をさらに進めよう．

濃度変化を記号で表し，平衡に向かう成分 X の濃度変化（絶対値）を $\Delta[X]$ と書く．たとえば $\Delta[CO]$ は CO の濃度変化を意味する．

水性ガスシフト反応では各成分の平衡濃度が鍵になる．CO の平衡濃度を $[CO]$，始状態の濃度（初期濃度）を $[CO]_i$ とすれば次式が成り立つ．

$$[CO] = [CO]_i - \Delta[CO]$$

H_2O の濃度も同じように表せる．

$$[H_2O] = [H_2O]_i - \Delta[H_2O]$$

生成物（CO_2 と H_2）も同様に考えてつぎのように書く．生成物の平衡濃度は始状態より大きいため，負号ではなく正号を使う．

$$[CO_2] = [CO_2]_i + \Delta[CO_2]$$

$$[H_2] = [H_2]_i + \Delta[H_2]$$

反応のモル比は 1:1:1:1 だから，例題 10・7 でみたとおり，平衡に向けた CO と H_2O の濃度変化（絶対値）は，CO_2 と H_2 の濃度変化に等しい．

$$\Delta[CO] = \Delta[H_2O] = \Delta[CO_2] = \Delta[H_2]$$

四つを共通の濃度変化 ΔC とみて，つぎのように書ける．

$$[CO] = [CO]_i - \Delta C$$
$$[H_2O] = [H_2O]_i - \Delta C$$
$$[CO_2] = [CO_2]_i + \Delta C$$
$$[H_2] = [H_2]_i + \Delta C$$

それぞれの初期濃度を代入すれば，次式が成り立つ．

$$[CO] = [H_2O] = 0.100 - \Delta C$$
$$[CO_2] = [H_2] = 0 + \Delta C$$

以上より，水性ガスシフト反応ではつぎのことがわかった．

	$CO(g)$	$+$ $H_2O(g)$	$\rightleftharpoons$ $CO_2(g)$	$+$ $H_2(g)$
始状態:	0.100 M	0.100 M	0	0
変化量:	$-\Delta C$	$-\Delta C$	$+\Delta C$	$+\Delta C$
平衡状態:	$0.100 - \Delta C$	$0.100 - \Delta C$	ΔC	ΔC

未知量は ΔC だけだから，方程式も1個（平衡定数の表式）でよい．

$$K_c = \frac{[CO_2][H_2]}{[CO][H_2O]} = 0.080$$

先ほどの平衡濃度を代入すればこうなる．

$$\frac{(\Delta C)(\Delta C)}{(0.100 - \Delta C)(0.100 - \Delta C)} = 0.080$$

$\Delta C = x$ として整理し，つぎの二次方程式が成り立つ．

$$0.92\,x^2 + 0.016\,x - 0.000\,80 = 0$$

根の公式を使って解き，つぎの結果が得られる．

$$x = \frac{-b \pm \sqrt{b^2 - 4\,ac}}{2\,a}$$

$$= \frac{-(0.016) \pm \sqrt{(0.016)^2 - 4(0.92)(-0.000\,80)}}{2(0.92)}$$

$$= 0.022 \quad \text{または} \quad -0.039$$

負の濃度はありえないため正値だけ採用し，平衡に向けた CO, H_2O, CO_2, H_2 の濃度変化が 0.022 M だとわかる．

$$\Delta C = 0.022$$

以上から，CO, H_2O, CO_2, H_2 の平衡濃度がつぎのようになる．

$$[CO] = [H_2O] = 0.100\,M - 0.022\,M = 0.078\,M$$
$$[CO_2] = [H_2] = 0\,M + 0.022\,M = 0.022\,M$$

結果は正しいのだろうか？ 平衡濃度を平衡定数の表式に代入すれば，問題に与えてある K_c 値と等しくなるので，正しいとわかる．

$$\frac{[CO_2][H_2]}{[CO][H_2O]} = \frac{(0.022)(0.022)}{(0.078)(0.078)} = 0.080$$

例題 10・8 400℃で 1.00 L のフラスコに 1.00 mol の *cis*-2-ブテンを入れた．異性化反応の K_c を 1.27 として，*cis*-2-ブテンと *trans*-2-ブテンの平衡濃度を計算せよ．

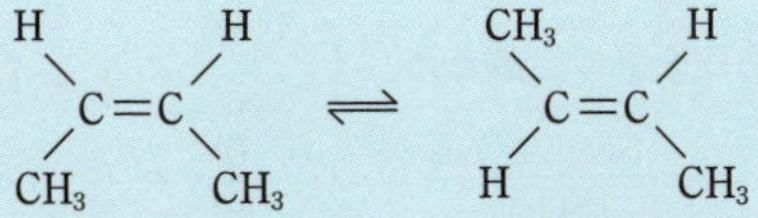

cis-2-ブテン ⇌ *trans*-2-ブテン

【答】 情報をまとめる.

$$\text{cis-2-ブテン} \rightleftharpoons \text{trans-2-ブテン}$$

始状態:　　1.00 M　　　　　　0 M
平衡状態:　1.00 − ΔC　　　　ΔC

平衡定数の表式を書く.

$$K_c = \frac{[\text{trans-2-ブテン}]}{[\text{cis-2-ブテン}]} = 1.27$$

それぞれの平衡濃度を代入すると，次式が成り立つ.

$$\frac{\Delta C}{(1.00 - \Delta C)} = 1.27$$

方程式を解き，平衡濃度がつぎのようになる.

$$[\text{trans-2-ブテン}] = \Delta C = 0.559\,\text{M}$$
$$[\text{cis-2-ブテン}] = 1.00 - \Delta C = 0.441\,\text{M}$$

▶チェック

例題 10・8 の結果が正しいかどうか，K_c 値をもとに判定せよ.

10・8 平衡計算の技法 その1：微小量の無視

モル比 1:1:1:1 の水性ガスシフト反応では，1 mol の CO と 1 mol の H_2O が反応するたびに，CO_2 と H_2 が 1 mol ずつできた．もう少し複雑な気体反応もみてみよう.

三酸化硫黄が二酸化硫黄と酸素に分解する反応は，300℃で $K_c = 1.6 \times 10^{-10}$ の平衡になる.

$$2\text{SO}_3(g) \rightleftharpoons 2\text{SO}_2(g) + \text{O}_2(g)$$

SO_3 の初期濃度を 0.100 M として，3 物質の平衡濃度を計算したい.

まずは，わかっている情報をまとめる.

$$2\text{SO}_3(g) \rightleftharpoons 2\text{SO}_2(g) + \text{O}_2(g) \quad K_c = 1.6 \times 10^{-10}$$

始状態:　　0.100 M　　　　0　　　　0
平衡状態:　　?　　　　　　?　　　　?

つぎに，始状態の反応商を平衡定数と比べる.

$$Q_c = \frac{[\text{SO}_2]_0^2[\text{O}_2]_0}{[\text{SO}_3]_0^2} = \frac{(0)^2(0)}{(0.100)^2} = 0 < K_c$$

SO_2 と O_2 の初期濃度は 0 だから，$SO_3 \rightarrow SO_2 + O_2$ の反応が進んで平衡に向かう.

10・8 平衡計算の技法 その1：微小量の無視

水性ガスシフト反応より複雑でも，成分の濃度変化は関係し合い（図 10・6），2 mol の SO_3 が分解するたびに，2 mol の SO_2 と 1 mol の O_2 ができる．

濃度変化 ΔC につく符号は量の増減を表し，ΔC の係数は反応式中の係数に等しい．反応のモル比からつぎの関係が成り立つ．

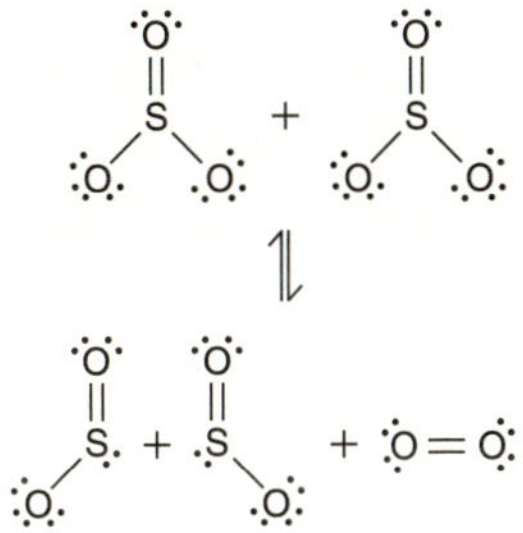

図 10・6 SO_3 と SO_2 の濃度変化は，O_2 の 2 倍になる．

$$2SO_3(g) \rightleftharpoons 2SO_2(g) + O_2(g) \quad K_c = 1.6\times 10^{-10}$$

始状態：	0.100 M	0	0
変化量：	$-2\Delta C$	$+2\Delta C$	$+\Delta C$
平衡状態：	$0.100-2\Delta C$	$2\Delta C$	ΔC

以上を平衡定数の表式に代入する．

$$K_c = \frac{[SO_2]^2[O_2]}{[SO_3]^2} = \frac{(2\Delta C)^2(\Delta C)}{(0.100-2\Delta C)^2} = 1.6\times 10^{-10}$$

$\Delta C = x$ として整理すれば，三次方程式になる．

$$4x^3 - (6.4\times 10^{-10})x^2 + (6.4\times 10^{-11})x - (1.6\times 10^{-12}) = 0$$

三次方程式を解くのは（不可能ではないにせよ）やさしくない．ただし，いろいろな仮定や近似をして計算を簡単化できることも多い．

▶ チェック
反応式の下に並べて書いた初期濃度，濃度変化，平衡濃度が濃度情報となる．そのうち，反応式の係数を反映するのはどれか．

どんな仮定をすれば，計算が簡単になるのか？　初めにやった作業を思い起こそう．まず，反応商と平衡定数の大きさを比べた．

$$Q_c = \frac{[SO_2]_0^2[O_2]_0}{[SO_3]_0^2} = \frac{(0)^2(0)}{(0.100)^2} = 0 < K_c$$

反応商（$Q_c = 0$）が平衡定数（$K_c = 1.6 \times 10^{-10}$）より小さいから，反応物（$SO_3$）が分解して平衡に向かうと判断できた．

Q_c と K_c の大小関係にも注目しよう．Q_c も K_c も小さく，始状態は平衡状態に近かったから，反応が少し進むだけで平衡になる．つまり x（$= \Delta C$）もかなり小さい．

ただし ΔC（$= x$）を 0 とみたわけではない（0 なら方程式は成り立たない）．0 ではないが，SO_3 の初期濃度よりずっと小さいため，初期濃度から $2\Delta C$（$= 2x$）を引いても値はほとんど変わらない．つまり次式がほぼ（近似的に）成り立つ．

$$0.100 \mathrm{M} - 2x \approx 0.100 \mathrm{M}$$

解きたい式を振り返ろう．

$$\frac{(2x)^2(x)}{(0.100 - 2x)^2} = 1.6 \times 10^{-10}$$

$0.100 - 2x \approx 0.100$ として書き直す．

$$\frac{(2x)^2 \times x}{(0.100)^2} \approx 1.6 \times 10^{-10}$$

整理するとつぎのようになる．

$$4x^3 \approx 1.6 \times 10^{-12} \qquad \text{よって} \qquad x = \Delta C \approx 7.4 \times 10^{-5} \mathrm{M}$$

念のため，$0.100 - 2x \approx 0.100$ という仮定が妥当だったかどうか確かめる．

$$0.100 \mathrm{M} - 2 \times (0.000\,074 \mathrm{M}) \approx 0.100 \mathrm{M}$$

仮定に問題はなかった．通常，濃度変化が初期濃度の 5% 以内なら，濃度変化は無視してよい．いまの課題で SO_3 の濃度変化は 0.15% だから，5% よりさらに小さい．

途中で使った x を ΔC に戻せば，SO_3, SO_2, O_2 の平衡濃度はつぎのようになる．

$$[SO_3] = 0.100 \mathrm{M} - 2\Delta C \approx 0.100 \mathrm{M}$$
$$[SO_2] = 2\Delta C \approx 1.5 \times 10^{-4} \mathrm{M}$$
$$[O_2] = \Delta C \approx 7.4 \times 10^{-5} \mathrm{M}$$

つまり平衡混合物の中で SO_3 と SO_2 を比べると，SO_3 のほうが圧倒的に多い．

以上を平衡定数の表式に代入し，つぎの結果を得る．

$$K_c = \frac{[SO_2]^2[O_2]}{[SO_3]^2} = \frac{(1.5 \times 10^{-4})^2(7.4 \times 10^{-5})}{(0.100)^2} = 1.7 \times 10^{-10}$$

結果は K_c 値（p.378 の $K_c = 1.6 \times 10^{-10}$）にほぼ等しい．つまり，$SO_3$ の初期濃度に比べて $2\Delta C$ が無視できるとした仮定に問題はなかった．

ここで課題を改変する．同じ反応につき，始状態で反応物と生成物が混在する（SO_3 も O_2 も初期濃度は $0.100 \mathrm{M}$）としよう．前と同様，わかっている情報をまとめる．

10・8 平衡計算の技法 その1：微小量の無視

$$2SO_3(g) \rightleftharpoons 2SO_2(g) + O_2(g) \quad K_c = 1.6\times10^{-10}$$

始状態：	0.100 M	0	0.100 M
変化量：	$-2\Delta C$	$+2\Delta C$	$+\Delta C$
平衡状態：	$0.100 - 2\Delta C$	$+2\Delta C$	$0.100 + \Delta C$

始状態の反応商（Q_c）を平衡定数（K_c）と比べる．

$$Q_c = \frac{[SO_2]_0^2[O_2]_0}{[SO_3]_0^2} = \frac{(0)^2(0.100)}{(0.100)^2} = 0 < K_c$$

始状態でSO_2は存在しないから，反応は右に進んで平衡に向かう．わかっている情報を平衡定数の表式に入れ，つぎの関係が得られる．

$$K_c = \frac{[SO_2]^2[O_2]}{[SO_3]^2} = \frac{(2\Delta C)^2(0.100+\Delta C)}{(0.100-2\Delta C)^2} = 1.6\times10^{-10}$$

Q_cとK_cが小さいので，ΔCも$2\Delta C$も，SO_3やO_2の初期濃度よりずっと小さい．するとつぎの近似が成り立つ．

$$\frac{(2\Delta C)^2(0.100)}{(0.100)^2} \approx 1.6\times10^{-10}$$

整理するとこうなる．

$$4(\Delta C)^2 = 1.6\times10^{-11}$$

簡単な計算でつぎの近似値を得る．

$$\Delta C \approx 2.0\times10^{-6} \text{M}$$

ΔCはSO_3やO_2の初期濃度よりずっと小さいので，仮定に問題はなかった．この近似値を使うと，3成分の平衡濃度がつぎのようになる．

$$[SO_3] = 0.100\text{M} - 2\Delta C \approx 0.100\text{M}$$
$$[SO_2] = 2\Delta C \approx 4.0\times10^{-6}\text{M}$$
$$[O_2] = 0.100\text{M} + 2\Delta C \approx 0.100\text{M}$$

SO_2の平衡濃度（4.0×10^{-6}M）は，初期にO_2がなかった場合（先ほど求めた1.5×10^{-4}M）よりだいぶ小さい．

▶ チェック

つぎの反応で，平衡定数が①～④のどれなら，ΔCがAの初期濃度よりずっと小さくなるか．

$$A(g) \rightleftharpoons B(g) + C(g)$$

① $K = 1.0\times10^5$ ② $K = 1.0\times10^{-5}$
③ $K = 1.0\times10^{-1}$ ④ $K = 1.0\times10^{-10}$

10・9　平衡計算の技法 その2：微小量づくり

反応物や生成物の初期濃度に比べ，ΔC が十分に小さくないときは，どうすればよいのか？　大気中で進むつぎの反応を考えよう．

一酸化窒素と酸素から二酸化窒素が生じる反応の平衡定数は，200℃で $3.0×10^6$ となる．
$$2NO(g) + O_2(g) \rightleftharpoons 2NO_2(g)$$
NO の初期濃度を 0.100 M，O_2 の初期濃度を 0.050 M として，3 成分の平衡濃度を求めたい．

まずは，わかっている情報をまとめる．

$$2NO(g) + O_2(g) \rightleftharpoons 2NO_2(g) \quad K_c = 3.0×10^6$$

始状態：　　0.100 M　　0.050 M　　　0
平衡状態：　　？　　　　？　　　　　？

つぎの作業も先ほどと同様，始状態の反応商（Q_c）を平衡定数（K_c）と比べる．

$$Q_c = \frac{[NO_2]_0^2}{[NO]_0^2[O_2]_0} = \frac{(0)^2}{(0.100)^2(0.050)} = 0 \ll K_c$$

始状態の $Q_c(0)$ が $K_c(3.0×10^6)$ より小さいから，反応は右に進んで平衡に向かう．

反応が右に進むのは当然なのに，わざわざ始状態の Q_c 値を計算するのは，反応の向きだけでなく，平衡までに変化がどれほど進むかもわかるからだ．

いまの場合，Q_c が K_c よりずっと小さいため，始状態は平衡状態から遠い．だから平衡までの濃度変化 ΔC はかなり大きく，計算のときに無視できない．

そこで課題を改変し，ΔC が微小量になるような状況をつくる．Q_c と K_c が（値の大小によらず）近ければ，ΔC は小さい．つまり，$Q_c \fallingdotseq K_c$ となるような中間状態を仮定すれ

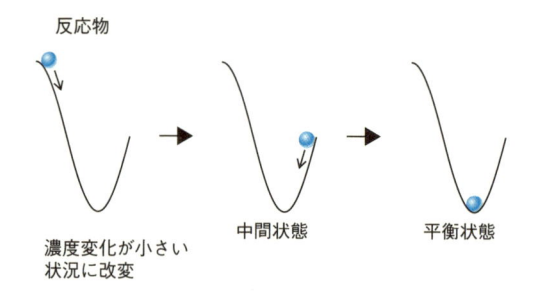

図 10・7　始状態と平衡状態が遠いときは，課題を改変する．平衡を少しだけ越す中間状態から平衡状態に戻るなら，濃度変化はかなり小さい．

10・9 平衡計算の技法 その2：微小量づくり

ば，問題は解きやすい（図 10・7）．どうすればそうなるのだろう？

反応 $2NO + O_2 \longrightarrow 2NO_2$ の平衡定数 $K_c(3.0\times10^6)$ は，反応商 $Q_c(0)$ よりずっと大きかった．つまり平衡時には生成物が多い．すると，反応が右に進みきった中間状態（仮想状況）を考え，そこから平衡に戻るとみれば，濃度変化 ΔC はずっと小さくてすむ．

$$2NO(g) + O_2(g) \rightleftharpoons 2NO_2(g) \qquad K_c = 3.0\times10^6$$

始状態：	0.100 M	0.050 M	0
変化量：	-0.100 M	-0.050 M	$+0.100$ M
中間状態：	0	0	0.100 M

仮想的な中間状態の反応商はこうなる．

$$Q_c = \frac{[NO_2]_0^2}{[NO]_0^2[O_2]_0} = \frac{(0.100)^2}{(0)^2(0)} = \infty$$

$Q_c > K_c$ だから，中間状態から NO_2 の一部が NO と O_2 に分解して平衡に向かう．平衡に向けて3成分は図 10・8 のように変わり合う．

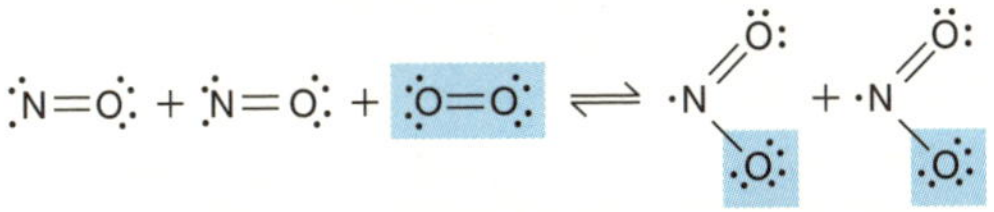

図 10・8 ルイス構造で描いた反応．化学量論を確かめよう．

現段階の情報をまとめよう．

$$2NO(g) + O_2(g) \rightleftharpoons 2NO_2(g) \qquad K_c = 3.0\times10^6$$

始状態：	0	0	0.100 M
変化量：	$+2\Delta C$	$+\Delta C$	$-2\Delta C$
平衡状態：	$2\Delta C$	ΔC	$0.100-2\Delta C$

成分の濃度を平衡定数の表式に代入する．

$$K_c = \frac{[NO_2]^2}{[NO]^2[O_2]} = \frac{(0.100-2\Delta C)^2}{(2\Delta C)^2(\Delta C)} = 3.0\times10^6$$

中間状態の Q_c 値（∞）も K_c 値も"たいへん大きい"とみてよいので，濃度変化（$2\Delta C$）は NO_2 の濃度よりずっと小さくてすむ．つまりつぎのように近似できる．

$$\frac{(0.100)^2}{(2\Delta C)^2(\Delta C)} \approx 3.0\times10^6$$

簡単な計算で，濃度変化 ΔC はこうなる．

$$\Delta C \approx 9.4 \times 10^{-4} \text{M}$$

つぎの計算で，NO_2 の（中間状態からの）濃度変化 $2\Delta C$ は変化前の NO_2 濃度の2%未満だとわかるため，ΔC を無視しても大丈夫だった．

$$\frac{2(0.00094)}{0.100} \times 100\% = 1.9\%$$

以上をもとに，平衡状態で3成分の濃度はつぎのようになる．

$$[NO_2] = 0.100 - 2\Delta C \approx 0.098 \text{M}$$
$$[NO] = 2\Delta C \approx 0.0019 \text{M}$$
$$[O_2] = \Delta C \approx 0.00094 \text{M}$$

まとめよう．つぎのいずれかが（課題を改変してでも）成り立っていれば，濃度変化 ΔC は微小量となり，計算のときに無視してよい．

- Q_c も K_c も，1よりずっと小さい．
- Q_c も K_c も，1よりずっと大きい．

10・10　平衡定数と温度

平衡定数 K_c は温度で変わる．NO_2 と二量体(N_2O_4) との平衡反応を考えよう．

$$2NO_2(g) \rightleftharpoons N_2O_4(g)$$

平衡定数は，温度が上がると激減していく（表10・2）．

表10・2　N_2O_4 生成反応の平衡定数と温度

温度(℃)	K_c
−78	4.0×10^8
0	1.4×10^3
25	1.7×10^2
100	2.1

平衡定数の表式はつぎのようになる（例題10・3）．

$$K_c = \frac{[N_2O_4]}{[NO_2]^2}$$

低温では K_c 値が上がって生成物（N_2O_4）側にかたより，高温では K_c 値が下がって NO_2 側にかたよる．このように平衡定数は温度で変わるから，ふつう平衡定数には温度を付記する．

10・11 ルシャトリエの法則

1884年にフランスの化学者アンリ=ルイ・ルシャトリエ（Henry-Louis Le Châtelier）は，化学平衡の考察に役立つ考えかたを提唱した．それを**ルシャトリエの法則**（Le Châtelier's principle）という．

ルシャトリエの法則は，"平衡状態で変数（物理量）のどれかを変えると，その作用を打ち消す向きに変化が進んで平衡の位置が動く"といえる．たとえば一定圧力で温度を上げるとこうなる．

> 一定圧力のもと，閉じた系（物質の出入りがない系）の温度を上げると，系が外界からの熱を吸収する向きに平衡が移動する．

温度が上がると，吸熱反応は正方向に，発熱反応は逆方向に進む．
一定温度で圧力を上げるなら，ルシャトリエの法則はつぎのようになる．

> 一定温度のもと，閉じた系の圧力を上げると，系の体積が減る向きに平衡が移動する．

前節でみたのは，系が始状態から平衡に向かうありさまだった．ルシャトリエの法則は，平衡になった系が，外因でどう変わるかを教える．以下，① 成分の濃度変化，② 圧力や体積の変化，③ 温度変化の三つに絞って平衡の移動をみてみよう．

濃度の効果

反応物や生成物の濃度を変えたとき，平衡状態はどう変わるのか？ 400℃で1.0Lのフラスコに入れた 0.500 mol の cis-2-ブテンを考える．

$$\text{cis-2-ブテン} \rightleftharpoons \text{trans-2-ブテン}$$

	cis-2-ブテン	trans-2-ブテン
始状態：	0.500 M	0
平衡状態：	$0.500 - \Delta C$	ΔC

平衡定数（K_c）の表式に平衡濃度を入れる．

$$K_c = \frac{[\text{トランス体}]}{[\text{シス体}]} = \frac{\Delta C}{(0.500 - \Delta C)} = 1.27$$

方程式を解いて，トランス体とシス体の平衡濃度が決まる．

$$[\text{トランス体}] = \Delta C = 0.280\,\text{M}$$
$$[\text{シス体}] = 0.500 - \Delta C = 0.220\,\text{M}$$

平衡状態で 0.200 mol のトランス体を加える．加えた瞬間，トランス体は 0.480 M に増える（非平衡）．加えた瞬間の反応商（Q_c）は，平衡定数よりも大きい．

$$Q_c = \frac{[\text{トランス体}]}{[\text{シス体}]} = \frac{0.480}{0.220} = 2.18 > K_c$$

K_c は一定なので，トランス体の一部がシス体になって $K_c = 1.27$ へ戻る．新しい平衡状態はつぎの状況だとしよう．

$$cis\text{-}2\text{-ブテン}(g) \rightleftharpoons trans\text{-}2\text{-ブテン}$$

始状態：　　　0.220 M　　　　　0.480 M
平衡状態：　　0.220 + ΔC　　　0.480 − ΔC

新しい濃度を平衡定数の表式に代入すれば次式が成り立つ．

$$K_c = \frac{[\text{トランス体}]}{[\text{シス体}]} = \frac{(0.480 - \Delta C)}{(0.220 + \Delta C)} = 1.27$$

簡単な計算で $\Delta C = 0.0885$ M だとわかり，各成分の濃度がつぎのようになる．

[トランス体] = 0.480 − 0.0885 = 0.392 M
[シス体] = 0.220 + 0.0885 = 0.309 M

つぎの検算で，結果が正しいと確認できる．

$$K_c = \frac{0.392}{0.309} = 1.27$$

新しい平衡濃度と，トランス体を加える前の濃度を比べれば，何が起きたのかわかる．

　　　　　　　添加前　　　　　　　　添加後
　　[トランス体] = 0.480　　[トランス体] = 0.392
　　[シス体] = 0.220　　　　[シス体] = 0.309

加えたトランス体の一部がシス体に変わった．もしシス体を加えていたら逆の変化が進み，平衡は生成物（トランス体）側に移動したはず．

つまり，成分のどれかを加えると，それを減らす向きに反応が進み，新しい平衡状態になる．また，どれかを除けば，それを補う向きに変化が進む．変化の向きは，反応商（Q_c）と平衡定数（K_c）から予測される向き（§10・6）に合う．

同じ平衡につき，一定温度で濃度や体積を変えたときの効果も予測できる．成分の濃度は，量（mol 単位）を体積で割った値に等しい．

$$K_c = \frac{[\text{トランス体}]}{[\text{シス体}]} = \frac{n_{\text{トランス}}/V}{n_{\text{シス}}/V} = \frac{n_{\text{トランス}}}{n_{\text{シス}}}$$

分子と分母で体積が相殺されるため，体積変化は平衡状態を変えない．

トランス体をさらに加えたら何が起きるか？ 反応商（Q_c）はトランス体の量をシス体の量で割った値だから，$Q_c > K_c$ となって平衡が乱れる．

$$Q_c = \frac{n_{\text{トランス}}}{n_{\text{シス}}} > K_c$$

そこで，トランス体が減ってシス体が増えるよう，新しい平衡状態に向かう．

反応式中の各成分についた係数の和を m としよう．いま調べた例のように，左辺と右辺で m が等しい気体反応なら，体積を変えても平衡は移動しない．しかし両辺で m に差があると，体積を変えたときに平衡が移動する．

例題 10・9 注射筒の中でつぎの平衡が成り立っている．プランジャー（押子）を押しこんで体積を減らしたとき，反応はどちら向きに進むか．温度は一定とする．

$$3O_2(g) \rightleftharpoons 2O_3(g)$$

【答】 平衡定数の表式はこう書ける．

$$K_c = \frac{[O_3]^2}{[O_2]^3}$$
$$= \frac{(n_{O_3}/V)^2}{(n_{O_2}/V)^3} = \frac{(n_{O_3})^2}{(n_{O_2})^3} \times V$$

体積が減った瞬間，系は平衡ではない．新しい平衡に向けて反応が進む向きは，反応商（Q_c）の値から判定できる．

$$Q_c = \frac{[O_3]_0^2}{[O_2]_0^3}$$
$$= \frac{[n_{O_3}/V]_0^2}{[n_{O_2}/V]_0^3} = \frac{[n_{O_3}]_0^2}{[n_{O_2}]_0^3} \times V$$

成分の量（mol 単位）で書いた反応商 Q_n は，Q_c とつぎの関係にある．

$$Q_c = Q_n \times V$$

体積が減った瞬間に O_2 や O_3 の量が変わるわけではない．体積 V が減って $Q_c < K_c$ となるため，反応は右に進んで新しい平衡に向かう．そのとき O_2 が消費されて O_3 が増えるから，Q_c 値が増して最後は K_c と等しくなる．

閉じた系なら，一定温度での体積減少は圧力上昇に等しい．圧力が上がると，体積を減らす向きの変化が起こる（ルシャトリエの法則）．反応が右に進んで 3 mol の O_2 が 2 mol の O_3 になれば分子数が（つまり体積が）減り，新しい平衡状態になる．

圧力の効果

ときに気体反応は，成分のモル濃度ではなく，分圧に注目したほうが扱いやすい．分圧は（状態方程式を通じて）モル濃度と関連するから，平衡は分圧を使っても扱える．

気体反応の場合，圧力の効果は反応の化学量論で決まる．つぎの反応が平衡にあるとして，全圧を上げたときに何が起こるかを調べよう．

$$N_2(g) + 3H_2(g) \rightleftharpoons 2NH_3(g)$$

まず 500 ℃で 2.5 atm の N_2 と 7.5 atm の H_2 が反応し，平衡に達する．つぎに系を圧縮して圧力を 10 倍にしよう．加圧すると成分の分圧がそれぞれ変わる．

加圧前	加圧後
P_{NH_3} = 0.12 atm	P_{NH_3} = 8.4 atm
P_{N_2} = 2.4 atm	P_{N_2} = 21 atm
P_{H_2} = 7.3 atm	P_{H_2} = 62 atm

加圧前は全圧のわずか 1% だった NH_3 の分圧が，加圧後は 10% 近くにも増える．

それもルシャトリエの法則に合う．平衡系の全圧を上げると，系は分子の総数が減る右向きに変化し（図 10・9），全圧の増加を和らげる．

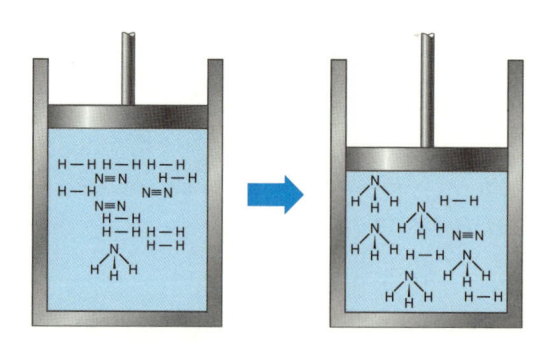

図 10・9 $2N_2 + 3H_2 \rightleftharpoons 2NH_3$ の右向き反応では分子の総数が減る．加圧すると右向きの変化が進み，全圧の増加を和らげる．

一定温度の気体反応は，加圧すると分子の総数が減る向きに変化し，減圧すると分子の総数が増す向きに変化する．

▶ チェック

つぎの平衡は，P_2 分子を加えたらどちらに動くか．加圧したときはどうか．温度は一定とする．

$$2P_2(g) \rightleftharpoons P_4(g)$$

温度の効果

系の圧力や成分の濃度が変わったとき，平衡は移動しても平衡定数は変わらない．しかし系の温度が変わると，平衡定数そのものが変わる（§10・10）．

NO_2 が N_2O_4 に二量体化する反応の平衡を考えよう．正反応は発熱変化だとわかっている．

$$2NO_2(g) \rightleftharpoons N_2O_4(g) \quad \Delta H° = -57.2 \text{kJ}$$

発熱変化だから，温度が上がると平衡定数は小さくなる（表10・2）．つまり反応が左に進み，NO_2 の多い平衡状態になる．

例題 10・10 つぎの平衡反応に下記の操作を行ったとき，何が起こるか予測せよ．

$$2SO_3(g) \rightleftharpoons 2SO_2(g) + O_2(g) \quad \Delta H° = 197.84 \text{kJ}$$

① 温度一定のまま，体積を減らして圧力を上げる．
② 温度一定のまま，体積を増やして圧力を下げる．
③ 温度と体積一定のまま，不活性ガスを加える．
④ 温度と圧力一定のまま，不活性ガスを加える．
⑤ 体積と温度一定のまま，O_2 を加える．
⑥ 圧力と温度一定のまま，SO_3 を加える．
⑦ 圧力一定のまま，温度を上げる．

【答】 平衡定数（K_c）と反応商（Q_c）の表式をもとに考える．

$$K_c = \frac{[SO_2]^2[O_2]}{[SO_3]^2} = \frac{(n_{SO_2}/V)^2(n_{O_2}/V)}{(n_{SO_3}/V)^2} = \frac{(n_{SO_2})^2(n_{O_2})}{(n_{SO_3})^2} \times \frac{1}{V}$$

$$Q_c = \frac{[SO_2]_0^2[O_2]_0}{[SO_3]_0^2} = \frac{[n_{SO_2}/V]_0^2[n_{O_2}/V]_0}{[n_{SO_3}/V]_0^2} = \frac{[n_{SO_2}]_0^2[n_{O_2}]_0}{[n_{SO_3}]_0^2} \times \frac{1}{V}$$

$$Q_c = Q_n \times \frac{1}{V}$$

① 体積が減って $Q_c > K_c$ となるから，反応は左向きに進む．
② 体積が増えて $Q_c < K_c$ となるから，反応は右向きに進む．
③ 体積が一定だから $Q_c = K_c$ となり，平衡は変わらない．温度と体積一定のまま不活性ガスを加えれば圧力が増すけれど，物質の量も増える．6章でみたように，次式が成り立つ．

$$P_\text{全} \times V = n_\text{全} \times RT$$

変形すると次式になり，T と V が一定なので $P_\text{全}/n_\text{全}$ の値は変わらない．

$$\frac{P_\text{全}}{n_\text{全}} = \frac{RT}{V}$$

④ 圧力は一定だから，体積が増す．そのとき $Q_c < K_c$ となり，右向きの変化が進む．

⑤ O_2 を加えると Q_c が増えて $Q_c > K_c$ となり，左向きの変化が進む．

⑥ 一定圧力で SO_3 を加えると，体積が増す．SO_3 の増加も効いて Q_c が減り，$Q_c < K_c$ となるため右向きの変化が進む．

⑦ 吸熱変化だから，ルシャトリエの法則（§10・11）で平衡は生成物側に動く．

平衡反応をつぎの一般形に書こう．

$$aA + bB \rightleftharpoons cC + dD$$

反応商 Q_c と Q_n は，係数の変化 $\Delta n = (c+d) - (a+b)$ を使ってこう書ける．

$$Q_c = \frac{n_C^c \, n_D^d}{n_A^a \, n_B^b} \times \frac{1}{V^{\Delta n}} = Q_n \times \frac{1}{V^{\Delta n}}$$

10・12　ルシャトリエの法則とハーバー法

ドイツの BASF 社は 1913 年，**ハーバー法**（Haber process）による日産 30 トンの合成工場を建設した．以後，アンモニアは人工合成されている．

$$N_2(g) + 3H_2(g) \rightleftharpoons 2NH_3(g) \qquad \Delta H^\circ = -92.2 \text{kJ}$$

それまでの窒素肥料はおもに動植物系の廃棄物（堆肥や鳥の糞）だった．いま米国は年産 2000 万トンにのぼるアンモニアの 80% を窒素肥料に使い，耕地に液体アンモニア（沸点 -33 ℃．重さの 82% が窒素分）をまく．

ハーバー法は，ルシャトリエの法則を使う初の化学合成例だった．分子数が減る反応なので，収率は高圧ほど上がる．また発熱反応だから，低温ほど平衡定数が高まる．

初期のアンモニア
合成用高圧反応器

平衡時に NH_3 が占める割合と温度・圧力の関係を表 10・3 にまとめた．予想どおり，NH_3 の収率は低温・高圧ほど高い．

表10・3 アンモニアの平衡収率（%）

温度(℃)	圧力(atm)			
	200	300	400	500
400	38.74	47.85	58.87	60.61
450	27.44	35.93	42.91	48.84
500	18.86	26.00	32.25	37.79
550	12.82	18.40	23.55	28.31
600	8.77	12.97	16.94	20.76

ただし低温では反応が遅いし，圧力を上げるほどプラントの建設費がかさむ．そのため現実には，ほどほどの速度で反応が進む温度と，ほどほどの建設費ですむ圧力を選ぶ結果，稼働温度は 400〜600℃，圧力は 140〜340 atm にする．

それだけだとアンモニアの収率はまだ低いから，再びルシャトリエの法則を使う．反応途中の混合物を冷却塔に送る．NH_3 の沸点（-33℃）は H_2（-252.8℃）や N_2（-195.8℃）より高いため，適度な低温で液化させた NH_3 を系から抜きとり，正反応を進みやすくする（液化しない H_2 と N_2 は反応容器に戻す）．

10・13 固体の溶解

イオン化合物の塩化銀（AgCl）は，水中の飽和濃度が 0.001 M 以下だから，ふつうは"溶けない"とみる（§8・15）．ただし少しは水に溶けて Ag^+ イオンと Cl^- イオンになる．水 1 L に固体の AgCl を入れたときの結果を表 10・4 にまとめた．

$$AgCl(s) \underset{}{\overset{H_2O}{\rightleftharpoons}} Ag^+(aq) + Cl^-(aq)$$

表10・4 水1Lに対する **AgCl(s)** の溶解性（平衡定数からの計算値）

AgCl の添加量 (mol)	溶けきらない固体 (mol)	Ag^+ の濃度 (M = mol/L)	Cl^- の濃度 (M = mol/L)
1.0×10^{-6}	0	1.0×10^{-6}	1.0×10^{-6}
5.0×10^{-6}	0	5.0×10^{-6}	5.0×10^{-6}
1.0×10^{-5}	0	1.0×10^{-5}	1.0×10^{-5}
5.0×10^{-5}	3.7×10^{-5}	1.3×10^{-5}	1.3×10^{-5}
1.0×10^{-4}	8.7×10^{-5}	1.3×10^{-5}	1.3×10^{-5}
5.0×10^{-4}	4.9×10^{-4}	1.3×10^{-5}	1.3×10^{-5}

約 1.0×10^{-5} mol 以下の AgCl は水に溶け,Ag^+ と Cl^- になる.さらに AgCl を加えると,Ag^+ と Cl^- の濃度が高まり,溶解と**沈殿**(precipitation)の速度がつり合う.そのとき固体は水中のイオンと平衡になる.添加量を 5.0×10^{-5} mol や 1.0×10^{-4} mol に増やせば,もはや Ag^+ と Cl^- の濃度は変わらなくなり,ビーカーの底に固体が残る.

　イオンの濃度が最大になった溶液を**飽和溶液**(saturated solution),固体の飽和濃度を**溶解度**(solubility)という.イオン化合物の水溶性は表 8・9 にまとめた.

　イオン化合物(塩)は,水に溶けると正負のイオンに電離する*.

$$\text{イオン化合物} \underset{}{\overset{H_2O}{\rightleftharpoons}} \text{陽イオン(aq)} + \text{陰イオン(aq)}$$

例題 10・11 つぎのイオン化合物の溶解平衡を反応式で表せ.
① $Cu_2S(s)$ 　② $SrF_2(s)$ 　③ $PbCO_3(s)$ 　④ $Ag_2SO_4(s)$ 　⑤ $Cr(OH)_3(s)$

【答】 それぞれつぎのように書ける.

① $Cu_2S(s) \overset{H_2O}{\rightleftharpoons} 2Cu^+(aq) + S^{2-}(aq)$

② $SrF_2(s) \overset{H_2O}{\rightleftharpoons} Sr^{2+}(aq) + 2F^-(aq)$

③ $PbCO_3(s) \overset{H_2O}{\rightleftharpoons} Pb^{2+}(aq) + CO_3^{2-}(aq)$

④ $Ag_2SO_4(s) \overset{H_2O}{\rightleftharpoons} 2Ag^+(aq) + SO_4^{2-}(aq)$

⑤ $Cr(OH)_3(s) \overset{H_2O}{\rightleftharpoons} Cr^{3+}(aq) + 3OH^-(aq)$

10・14　溶 解 度 積

　AgCl は水に溶けにくく,飽和濃度は 1.3×10^{-5} mol/L(0.002 g/L)しかない.

$$AgCl(s) \overset{H_2O}{\rightleftharpoons} Ag^+(aq) + Cl^-(aq)$$

　§10・12 までは,§10・5 のルールに従い,モル濃度を使って平衡定数の表式を書いた.気体反応ならそれでよいが,溶解反応の場合,"固体の濃度"は考えられない.また,溶媒(H_2O)が関与する化学変化も多いけれど,"溶媒の濃度"もありえない.そこで,平衡定数の表式を書くときの正式なルールをまとめておこう.

---

* 訳注:水に溶けた塩は,完全に電離すると考えてよい.

10・14 溶解度積

平衡定数の表式は本来，物質の**活量**（activity．記号 a）を使って書く．活量とは，"ある成分が混合物中に占める粒子数の割合"をいい，"モル分率"と同じ意味をもつ．

ただし，実験のとき粒子数の割合をいちいち計算するのは面倒くさい．溶質のモル濃度は簡単に測れる．気体なら分圧が測りやすい．そして，薄い溶液のモル濃度も，気体の分圧も，活量（モル分率）に比例する．こうした事情をもとに，物理化学では活量をつぎのように考える．

物質の活量
溶質: 活量の代用にモル濃度（M＝mol/L 単位）を使い，基準濃度は 1M とする．
気体: 活量の代用に分圧（atm 単位）を使い，基準圧力は 1atm とする．
溶媒: 本来の定義どおりに活量を使い，薄い溶液なら $a=1$ とみる．
固体: 本来の定義どおりに活量を使い，純粋な固体なら $a=1$ とみる．

気体の場合は，やはり活量に比例するモル濃度（いわば代用の代用）を考えてもよい．それが§10・12 までのやりかただった．

溶けきらずに残っている固体は，量の多少にかかわらず，一定濃度のイオンをいつも溶液に供給できる．それが"活量 $a=1$"の意味だと考えればよい．

なお，活量は無次元（単位のない数）だが，モル濃度や分圧は単位をもつ．整合性をとるため，平衡定数の表式に使うとき，モル濃度は基準濃度（1M）で割ってあり，分圧は基準圧力（1atm）で割ってあると見なす．だから平衡定数も，§10・5 の場合と同様，単位のない数になる．

以上のルールを，AgCl の溶解平衡に当てはめよう．平衡定数を K と書く．固体の AgCl は（$a=1$ として）無視してよいため，平衡定数の表式はこうなる．

$$K = [Ag^+][Cl^-]$$

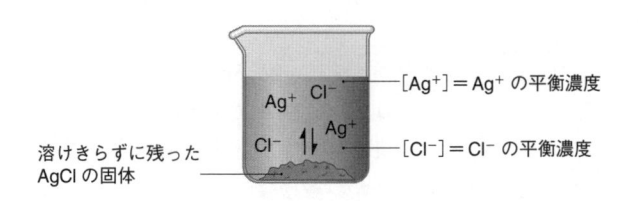

溶解平衡の K を特に**溶解度積**（solubility product）とよび，記号 K_{sp} で表す．AgCl の場合，各イオンの飽和濃度（表 10・4）を代入すると，K_{sp} の値はつぎのようになる．

$$K_{sp} = [Ag^+][Cl^-] = (1.34 \times 10^{-5})(1.34 \times 10^{-5}) = 1.8 \times 10^{-10}$$

ある物質の係数が反応式中で n なら，溶解度積の濃度項は n 乗する．水に溶けにくい塩の溶解度積を付録の表 B・10 にまとめた．

例題 10・12 フッ化カルシウム（CaF_2）は，歯磨きの"フッ素添加"で初期の候補になった．水を溶媒とみた CaF_2 の溶解度積（K_{sp}）を，平衡定数の表式で書き表せ．

【答】 CaF_2 の溶解平衡は次式に書ける．

$$CaF_2(s) \xrightleftharpoons{H_2O} Ca^{2+}(aq) + 2F^-(aq)$$

反応式中で F^- がもつ係数 2 に注意すると，溶解度積はつぎのようになる．

$$K_{sp} = [Ca^{2+}][F^-]^2$$

フッ化カルシウムでできた天然鉱物（蛍石）

10・15 溶解度積と溶解度

K_{sp} は，べき乗に注意してイオンの濃度（M 単位）を掛け合わせたものだから，文字どおり溶解度積とよぶ．溶解度積と溶解度は相互に換算できる．以下，具体例でそれをみていこう．

写真フィルムには AgBr の感光性を使う．AgBr が光を吸収すると，Ag^+ イオンのごく一部が Ag に還元される．現像では，感光で生じた Ag を核として含む AgBr 結晶がそっくり銀に還元されて黒くなる．現像のあと，未感光の AgBr 結晶を"定着液"で溶かし出す．ただの水洗で AgBr は溶かせないのか？

AgBr の溶解平衡はこう書ける．

$$AgBr(s) \xrightleftharpoons{H_2O} Ag^+(aq) + Br^-(aq)$$

付録の表 B・10 にある AgBr の溶解度積を使い，平衡定数の表式はつぎのようになる

(p.393のルールどおり，AgBrは無視してよい)．

$$K_{sp} = [Ag^+][Br^-] = 5.0\times 10^{-13}$$

式が1個で未知量が2個（[Ag^+]と[Br^-]）だから，そのままでは解けない．AgBrが濃度 S（M単位）で溶け，溶けた固体が完全に電離するとみれば，情報はつぎのようにまとめられる（気体反応の場合は，溶解濃度にあたる変化量を ΔC と書いたけれど，溶解平衡では S と書く）．

$$AgBr(s) \rightleftharpoons Ag^+(aq) + Br^-(aq)$$

始状態：	─	0	0
溶解濃度：	S	S	S
平衡状態：	─	S	S

以上を溶解度積の表式に代入すると，次式が成り立つ．

$$K_{sp} = [Ag^+][Br^-] = 5.0\times 10^{-13} = S^2$$

溶解濃度については $S = [Ag^+] = [Br^-]$ だから，平方根をとったうえ，基準濃度（1 M）を掛けてM単位で表せば，つぎの結果が得られる．

$$S = [Ag^+] = [Br^-] = 7.1\times 10^{-7}\,M$$

水1Lに溶けるAgBrの質量は，つぎのように計算できる．

$$\frac{7.1\times 10^{-7}\,mol\,AgBr}{1\,L} \times \frac{187.8\,g\,AgBr}{1\,mol} = 1.3\times 10^{-4}\,\frac{g\,AgBr}{L}$$

つまりAgBrは水1Lに0.00013gしか溶けないので，現像後の写真フィルムを水洗しても，未感光のAgBr粒子は溶かせない．

AgBrのような"1:1塩"の溶解度積は計算しやすい．もっと複雑な塩に応用するときは，溶解度と平衡濃度の関係をつかむ必要がある．以下，M単位の溶解濃度（S）を"塩そのものの溶解度"とみて，ほかの塩の溶解平衡も考えよう．

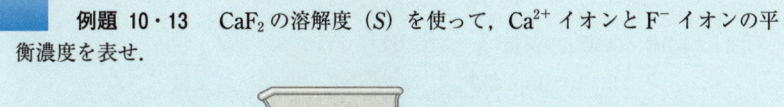

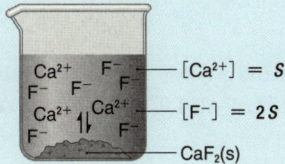

例題 10・13 CaF_2 の溶解度（S）を使って，Ca^{2+} イオンと F^- イオンの平衡濃度を表せ．

$[Ca^{2+}] = S$
$[F^-] = 2S$
$CaF_2(s)$

【答】 まず情報をまとめる．濃度を考えない $CaF_2(s)$ は，量の記載を略した．

$$CaF_2(s) \underset{}{\overset{H_2O}{\rightleftharpoons}} Ca^{2+}(aq) + 2F^-(aq)$$

始状態：	0	0
溶解濃度：	S	$2S$
平衡状態：	S	$2S$

溶けた CaF_2 は完全に電離し，$1\,mol$ の CaF_2 から $1\,mol$ の Ca^{2+} ができる．そのため Ca^{2+} の平衡濃度は S に等しい．

$$[Ca^{2+}] = S$$

また，$1\,mol$ の CaF_2 から $2\,mol$ の F^- が生じるので，F^- の平衡濃度は $2S$ に等しい．

$$[F^-] = 2S$$

例題 10・14 水 $1\,L$ には何 g の CaF_2 ($K_{sp} = 4.0 \times 10^{-11}$) が溶けるか．その結果から，$CaF_2$ が歯磨き添加用に実用化されなかった理由を考察せよ．

【答】 例題 10・12 より，CaF_2 の K_{sp} はつぎのように書ける．

$$K_{sp} = [Ca^{2+}][F^-]^2$$

また例題 10・13 より，Ca^{2+} と F^- の平衡濃度は，CaF_2 の溶解度 (S) を使ってこう書けた．

$$[Ca^{2+}] = S$$
$$[F^-] = 2S$$

以上を溶解度積の表式に代入し，つぎの結果を得る．

$$[Ca^{2+}][F^-]^2 = 4.0 \times 10^{-11}$$
$$S \times (2S)^2 = 4.0 \times 10^{-11}$$
$$4S^3 = 4.0 \times 10^{-11}$$

したがって，M 単位で表した CaF_2 の溶解度はこうなる．

$$S = 2.2 \times 10^{-4}\,M$$

水 $1\,L$ に溶ける CaF_2 の質量は，つぎの換算でわかる．

$$\frac{2.2 \times 10^{-4}\,mol\,CaF_2}{1\,L} \times \frac{78.1\,g\,CaF_2}{1\,mol} = 0.017\,\frac{g\,CaF_2}{L}$$

つまり CaF_2 は水 $1\,L$ に $0.017\,g$ しか溶けないので，歯磨きに加えても効果は少ない．フッ化スズ(II) SnF_2 は CaF_2 の 1 万倍も溶けるため，実用の歯磨き添加剤になった．

10・16 イオン積を使う溶解度計算

AgCl の溶解平衡をまた考えよう．

$$\text{AgCl(s)} \xrightleftharpoons{\text{H}_2\text{O}} \text{Ag}^+(\text{aq}) + \text{Cl}^-(\text{aq})$$

AgCl は 1 : 1 塩だから，正負イオンの濃度は等しい．

$$\text{AgCl の飽和水溶液：} \quad [\text{Ag}^+] = [\text{Cl}^-]$$

AgCl の飽和水溶液に，硝酸銀（AgNO$_3$）の結晶を加えるとしよう．溶解性の一般則（表 8・9）より，硝酸銀は水によく溶ける．その結果，Ag$^+$ の供給源が水溶液中に二つできる．

$$\text{AgNO}_3(\text{s}) \longrightarrow \text{Ag}^+(\text{aq}) + \text{NO}_3^-(\text{aq})$$

$$\text{AgCl(s)} \xrightleftharpoons{\text{H}_2\text{O}} \text{Ag}^+(\text{aq}) + \text{Cl}^-(\text{aq})$$

AgCl の飽和水溶液に AgNO$_3$ を加えた瞬間は Ag$^+$ が大量に増え，濃度の積 $[\text{Ag}^+] \times [\text{Cl}^-]$ が大きくなる．言い換えると，つぎの**イオン積** (ion product) $\boldsymbol{Q_{\text{sp}}}$ が，AgCl の溶解度積 (K_{sp}) を超す．

$$Q_{\text{sp}} = [\text{Ag}^+]_0[\text{Cl}^-]_0 > K_{\text{sp}}$$

$Q_{\text{sp}} > K_{\text{sp}}$ だから，系は AgCl が沈殿する向きに進んで平衡に向かう．つまりつぎの反応が起こる．

$$\text{Ag}^+(\text{aq}) + \text{Cl}^-(\text{aq}) \longrightarrow \text{AgCl(s)}$$

イオン積 (Q_{sp}) は，文字どおり（反応式の係数が n なら n 乗した）イオン濃度の積を表す．$Q_{\text{sp}} = K_{\text{sp}}$ なら，系は溶解平衡にある．しかし $Q_{\text{sp}} > K_{\text{sp}}$ だと，$[\text{Ag}^+] \times [\text{Cl}^-]$ が溶解度積に等しくなるまで AgCl が沈殿し，新しい平衡状態になる．

新しい平衡状態になったとき，もはや $[\text{Ag}^+]$ と $[\text{Cl}^-]$ は等しくない．水溶液中には Ag$^+$ の供給源が二つあるから，新しい平衡では $[\text{Ag}^+] > [\text{Cl}^-]$ が成り立つ．

$$\text{AgNO}_3 \text{ を加えた AgCl の飽和水溶液：} \quad [\text{Ag}^+] > [\text{Cl}^-]$$

別の状況も考えよう．AgCl の飽和水溶液に NaCl の結晶を加えたとする．今度は Cl$^-$ の供給源が二つになる．

$$\text{NaCl(s)} \xrightarrow{\text{H}_2\text{O}} \text{Na}^+(\text{aq}) + \text{Cl}^-(\text{aq})$$

$$\text{AgCl(s)} \xrightleftharpoons{\text{H}_2\text{O}} \text{Ag}^+(\text{aq}) + \text{Cl}^-(\text{aq})$$

先ほどと同様，NaCl を加えた瞬間のイオン積は，溶解度積より大きい．
$$Q_{sp} = [Ag^+]_0[Cl^-]_0 > K_{sp}$$
そのため，$[Ag^+] \times [Cl^-]$ が溶解度積に等しくなるまで AgCl が沈殿し，新しい平衡状態になる．新しい平衡では $[Ag^+]$ より $[Cl^-]$ のほうが大きい．

NaCl を加えた AgCl の飽和水溶液： $[Ag^+] < [Cl^-]$

溶解度積に従う $[Ag^+]$ と $[Cl^-]$ の関係を図 10・10 に曲線で描いた．

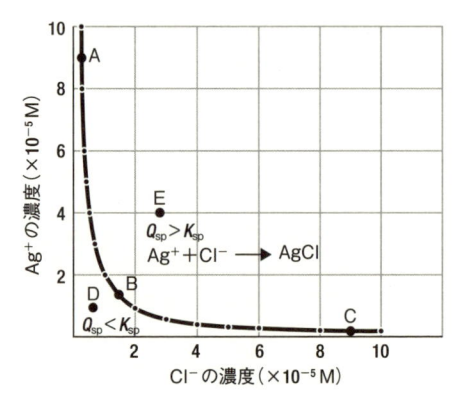

図 10・10 水溶液中の Ag^+ 濃度と Cl^- 濃度の関係

図 10・10 の A 点は，$AgNO_3$ と AgCl が溶けた水溶液のように，Ag^+ の供給源が二つある場合を表す．B 点は，純水に AgCl を溶かした $[Ag^+] = [Cl^-]$ の平衡状態にあたる．また C 点は，NaCl と AgCl が溶けた水溶液のように，Cl^- 供給源が二つある場合を表す．

曲線から外れた点は，平衡状態ではない．曲線より下にある点（たとえば D）では，イオン積が溶解度積より小さい．

D 点： $Q_{sp} < K_{sp}$

そのため，D 点でさらに加えた AgCl は溶ける．

$Q_{sp} < K_{sp}$ のとき： $AgCl(s) \longrightarrow Ag^+(aq) + Cl^-(aq)$

曲線より上にある E 点では，イオン積が溶解度積より大きい．

E 点： $Q_{sp} > K_{sp}$

そのため E 点の水溶液は，AgCl がさらに沈殿して平衡になる．

$Q_{sp} > K_{sp}$ のとき： $Ag^+(aq) + Cl^-(aq) \longrightarrow AgCl(s)$

NaCl の 1.0×10^{-6} M 水溶液に $AgNO_3$ を少しずつ加えて起きる現象を，表 10・5 にまとめた．

表 10・5　1.0×10^{-6}M の Cl^- 水溶液に AgCl を加えたときの変化（溶解度積から計算）

AgNO₃ の添加量 (mol)	沈殿する AgCl の量 (mol)	Ag^+ の濃度 (M)	Cl^- の濃度 (M)
1.0×10^{-5}	0	1.0×10^{-5}	1.0×10^{-6}
5.0×10^{-5}	0	5.0×10^{-5}	1.0×10^{-6}
1.0×10^{-4}	0	1.0×10^{-4}	1.0×10^{-6}
5.0×10^{-4}	6.4×10^{-7}	5.0×10^{-4}	3.6×10^{-7}
1.0×10^{-3}	8.2×10^{-7}	1.0×10^{-3}	1.8×10^{-7}
5.0×10^{-3}	1.0×10^{-6}	5.0×10^{-3}	3.6×10^{-8}

AgNO₃ の添加量が $1.0\times10^{-5}\sim1.0\times10^{-4}$M と少ないうちは，$Ag^+$ と Cl^- のイオン積（Q_{sp}）が溶解度積（K_{sp}）に届かないので，AgCl は沈殿しない．しかし，AgNO₃ の添加量が 5.0×10^{-4}M を超すと Q_{sp} が K_{sp} より大きくなって，AgCl が沈殿する．

10・17　共通イオン効果

AgCl 水溶液に加える AgNO₃ のような水溶性の塩は，共通のイオン（Ag^+）の供給源とみる．AgCl 水溶液に加える NaCl は，陰イオン（Cl^-）の供給源になる．以下，溶解平衡に対する**共通イオン効果**（common-ion effect）を調べよう．

例題 10・15　溶媒を純水として，AgCl（$K_{sp}=1.8\times10^{-10}$）の溶解度を計算せよ．

【答】　AgCl の溶解度積はこう表せる．
$$K_{sp} = [Ag^+][Cl^-] = 1.8\times10^{-10}$$
AgCl の溶解度（M＝mol/L 単位）を S と書く．溶けた塩は完全に電離するため，水溶液中に生じる Ag^+ と Cl^- のモル濃度は等しい．
$$[Ag^+] = [Cl^-] = S$$
それを溶解度積の表式に代入し，S をモル濃度の形にしてつぎの結果を得る．
$$S^2 = 1.8\times10^{-10}$$
$$S = 1.3\times10^{-5}\text{M}$$

溶媒を 0.10M 食塩水（NaCl 水溶液）にした AgCl の溶解度を考えると，共通イオン効果がつかみやすい．0.10M 食塩水は 0.10M の Cl^- を含む．Cl^- は AgCl の溶解平衡の成分だから，ルシャトリエの法則により，AgCl の溶解度は純水中より小さいだろう．

例題 10・16 溶媒を 0.10 M 食塩水として，AgCl ($K_{sp} = 1.8 \times 10^{-10}$) の溶解度を計算せよ．

[答] Cl^- の供給源は AgCl と NaCl の二つあるため，平衡時の $[Ag^+]$ と $[Cl^-]$ は等しくない．

$$[Ag^+] \neq [Cl^-]$$

AgCl を溶かす前は $[Ag^+] = 0$，$[Cl^-] = 0.10$ M だった．入れた AgCl は少し溶け，$[Ag^+]$ も $[Cl^-]$ も増す．前題と同様，AgCl の溶解度を S とすれば，AgCl からできる Ag^+ の濃度も Cl^- の濃度も S になる．以上のことはつぎのようにまとめられる．

$$AgCl(s) \rightleftharpoons Ag^+(aq) + Cl^-(aq) \quad K_{sp} = 1.8 \times 10^{-10}$$

始状態：　　　　　　　　0　　　　0.10 M
平衡状態：　　　　　　　S　　　　$0.10 + S$

どのような状況でも，一定温度なら溶解度積の値は変わらない．

$$K_{sp} = [Ag^+][Cl^-] = 1.8 \times 10^{-10}$$

上にまとめた Ag^+ と Cl^- の平衡濃度を使い，次式が成り立つ．

$$S(0.10 + S) = 1.8 \times 10^{-10}$$

展開した二次方程式を解いてもよいが，できることなら作業を簡単にしたい．S の大きさを思い出そう．AgCl は純水に 0.000 013 M しか溶けなかった．Cl^- が共存するとさらに小さいはずだから，S は 0.10 よりずっと小さい（無視できる）．

$$0.10 + S \approx 0.10$$

それを上の式に使う．

$$S \times 0.10 \approx 1.8 \times 10^{-10}$$

すると S はこうなる．

$$S \approx 1.8 \times 10^{-9} \text{ M}$$

$S \ll 0.10$ の近似は正しかった．AgCl から生じる Cl^- の濃度は，純水中の 5000 万分の 1 しかない．こうした問題で扱う塩の K_{sp} 値は小さいから，上記のような近似ができる．

例題 10・15 と例題 10・16 の結果をまとめよう．

　　　純水中の AgCl:　　　　　$S = 1.3 \times 10^{-5}$ M
　　　0.10 M 食塩水中の AgCl:　$S = 1.8 \times 10^{-9}$ M

つまり共通イオン効果は，"溶けない"塩をさらに溶けにくくする．

例題 10・17 純水に $CaCO_3$ ($K_{sp} = 2.8 \times 10^{-9}$) と Ag_2CO_3 ($K_{sp} = 8.1 \times 10^{-12}$) を入れたとき，溶解度はどちらの塩が大きいか．

【答】 一見したところ，K_{sp} 値の大きい $CaCO_3$ のほうがよく溶けそうに思える．だが正確な比較には，溶解度の計算が欠かせない．

まず $CaCO_3$ の溶解度積はこう書ける．
$$K_{sp} = [Ca^{2+}][CO_3^{2-}]$$
$CaCO_3$ は 1：1 塩だから，平衡時の $[Ca^{2+}]$ も $[CO_3^{2-}]$ も $CaCO_3$ の溶解度 (S) に等しい．
$$[Ca^{2+}] = [CO_3^{2-}] = S$$
溶解度積の表式に入れ，つぎの結果を得る．
$$S^2 = 2.8 \times 10^{-9}$$
$$S = 5.3 \times 10^{-5} M$$
かたや Ag_2CO_3 は 2：1 塩なので，溶解度積はこう書ける．
$$K_{sp} = [Ag^+]^2[CO_3^{2-}]$$
Ag_2CO_3 の溶解度を S とすれば，$[Ag^+]$ は $2S$，$[CO_3^{2-}]$ は S になる．
$$[Ag^+] = 2S \qquad [CO_3^{2-}] = S$$
K_{sp} の表式に入れ，つぎの関係が得られる．
$$(2S)^2 \times S = 8.1 \times 10^{-12}$$
$$4S^3 = 8.1 \times 10^{-12}$$
以上から，モル濃度の形にした Ag_2CO_3 の S 値はつぎのようになる．
$$S = 1.3 \times 10^{-4} M$$
つまり，K_{sp} 値は $CaCO_3$ のほうが大きいのに，溶解度 S は Ag_2CO_3 のほうが大きい．

Ag_2CO_3 の溶解度： $1.3 \times 10^{-4} M$

$CaCO_3$ の溶解度： $5.3 \times 10^{-5} M$

例題 10・18 共通の濃度 $1.0 \times 10^{-2} M$ で Cd^{2+} と Cr^{3+} を含む水溶液に，NaOH 水溶液を少しずつ加えたとき，水酸化物としてまず沈殿するのは Cd^{2+} か，それとも Cr^{3+} か．

【答】 付録の表 B・10 にある溶解度積は，$Cd(OH)_2$ が 2.5×10^{-14}，$Cr(OH)_3$ が 6.3×10^{-31} だから，つぎの関係が成り立つ．
$$K_{sp} = [Cd^{2+}][OH^-]^2 = 2.5 \times 10^{-14}$$
$$K_{sp} = [Cr^{3+}][OH^-]^3 = 6.3 \times 10^{-31}$$
Cd^{2+} と Cr^{3+} の濃度を代入すればこうなる．

$Cd(OH)_2$： $(1.0 \times 10^{-2}) \times [OH^-]^2 = 2.5 \times 10^{-14}$

$Cr(OH)_3$： $(1.0 \times 10^{-2}) \times [OH^-]^3 = 6.3 \times 10^{-31}$

> それぞれの溶解度積に届く OH^- の濃度は，つぎの値だとわかる．
>
> $Cd(OH)_2$: $[OH^-] = 1.6 \times 10^{-6}$ M
> $Cr(OH)_3$: $[OH^-] = 4.0 \times 10^{-10}$ M
>
> つまり，$[OH^-]$ が 4.0×10^{-10} M に届いたとき，まず $Cr(OH)_3$ が沈殿する．

10・18 選択的沈殿

いくつかのイオンを含む水溶液の場合，溶解度の差を利用すればイオンを特定・分離できる．たとえば Ag^+，Cd^{2+}，Ba^{2+} を含む水溶液を考えよう．

付録の表 B・10 より，Ag^+ だけが塩化物（AgCl）の沈殿になる．そのため，NaCl 水溶液を加えると AgCl が沈殿し，沪過で除ける．つぎに，Ba^{2+} は硫酸イオン（SO_4^{2-}）と不溶性の沈殿 $BaSO_4$ をつくるから，Na_2SO_4 水溶液を加えて $BaSO_4$ を沈殿させ，沪過すれば，Cd^{2+} だけを含む水溶液になる．残った Cd^{2+} も沈殿させたいなら，Na_2CO_3 水溶液を加えて $CdCO_3$ にする．

> **例題 10・19** Pb^{2+}，Ca^{2+}，Sn^{2+} を含む水溶液につき，イオンの分離法を考案せよ．
>
> 【答】 表 B・10 の K_{sp} 値より，Pb^{2+} だけが塩化物の沈殿になる．だから NaCl 水溶液を加え，$PbCl_2$ を沈殿させて除く．つぎに Ca^{2+} は $CaCO_3$ の沈殿をつくるため，Na_2CO_3 水溶液を加えて沈殿・沪別する．残った Sn^{2+} を沈殿させるには，NaOH 水溶液を加えて $Sn(OH)_2$ にする．

● キーワード（10章）

イオン積	速度	ハーバー法	平衡定数	溶解度積
活量	速度式	反応商	平衡定数の表式	ルシャトリエの法則
共通イオン効果	速度定数	反応速度	平衡の領域	
衝突理論	速度論の領域	反応速度論	飽和溶液	
水性ガス	沈殿	平衡	溶解度	

酸と塩基 11

- 11・1　酸と塩基の性質
- 11・2　アレニウスの定義
- 11・3　ブレンステッドの定義
- 11・4　共役酸と共役塩基
- 11・5　水の活躍
- 11・6　水の電離平衡
- 11・7　pH
- 11・8　酸と塩基の強弱
- 11・9　共役酸・塩基の強弱
- 11・10　酸・塩基の強弱と解離定数
- 11・11　酸・塩基の強弱と分子構造
- 11・12　pH の計算：強酸
- 11・13　pH の計算：弱酸
- 11・14　pH の計算：塩基
- 11・15　緩衝液
- 11・16　緩衝能
- 11・17　生体内の緩衝作用
- 11・18　酸と塩基の反応
- 11・19　pH 滴定曲線

11 章の発展
- 11 A・1　多価の酸
- 11 A・2　多価の塩基
- 11 A・3　酸にも塩基にもなる物質

11・1　酸と塩基の性質

　酢のような物質を**酸**(acid)，植物を焼いた灰のような物質を**塩基**(base)とよぶようになって300年を超す．水に溶ける塩基は**アルカリ**(alkali)ともいう．

　酸の英語 acid はラテン語の *acidus*(酸っぱい)にちなみ，ピリッとした味を表す．酢は酸(酢酸)の水溶液だから酸っぱい．レモンの酸味も酸(クエン酸)が生む．腐敗したミルクは乳酸のせいで酸っぱく，腐りかけた肉やバターの酸味は酪酸などが出す．

　強い酸はいろいろな金属を溶かす．塩酸がつぎの反応で亜鉛を溶かすと，塩化亜鉛($ZnCl_2$)の水溶液と気体の水素ができる．

$$Zn(s) + 2\,HCl(aq) \longrightarrow ZnCl_2(aq) + H_2(g)$$

　塩基は苦味があり，濃ければ皮膚を溶かす．酸は青リトマス紙を赤くし，塩基は赤リトマス紙を青くする．塩基と酸は反応して互いの性質を弱める．

11・2　アレニウスの定義

　1887年にスウェーデンのスヴァンテ・アレニウス(Svante Arrhenius)が，"酸・塩基とは何か？"の解明に向けた一歩を踏み出す．酸は水中で H^+ イオンと陰イオンに分か

れる（電離する），と彼はみた．典型的な酸の塩化水素（HCl）は，水に溶けて H^+ と Cl^- になる（図 11・1）．アレニウスの見解だと，HCl の水溶液（塩酸＝塩化水素酸）中で，HCl 分子は H^+ と Cl^- に分かれている．

$$HCl(g) \xrightarrow{H_2O} H^+(aq) + Cl^-(aq)$$

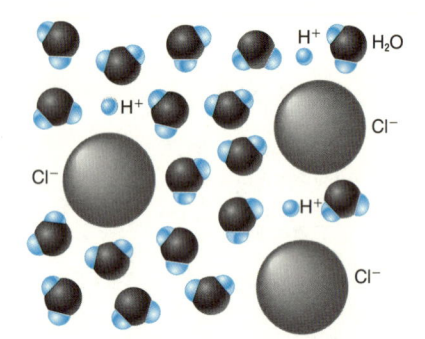

図 11・1 アレニウスのモデル．HCl は水に溶け，H^+ と Cl^- に分かれる．

また彼は，水に溶けて OH^- イオンを出す物質を塩基とみた．たとえば水酸化ナトリウム（NaOH）は水中で Na^+ と OH^- に分かれる．

$$NaOH(s) \xrightarrow{H_2O} Na^+(aq) + OH^-(aq)$$

つまり**アレニウス酸**（Arrhenius acid）は水に溶けて水素イオン（H^+）を出し，**アレニウス塩基**（Arrhenius base）は水に溶けて水酸化物イオン（OH^-）を出す．HCl や HCN，H_2SO_4 がそんな酸，NaOH や KOH，$Ca(OH)_2$ がそんな塩基，とアレニウスは考えた．

▶ **チェック**

下記のように電離するとして，HNO_3，$Mg(OH)_2$，CH_3COOH をアレニウスの酸と塩基に分類せよ．

$$HNO_3(aq) \longrightarrow H^+(aq) + NO_3^-(aq)$$

$$Mg(OH)_2(s) \xrightleftharpoons{H_2O} Mg^{2+}(aq) + 2\,OH^-(aq)$$

$$CH_3COOH(aq) \rightleftharpoons H^+(aq) + CH_3COO^-(aq)$$

11・3 ブレンステッドの定義

1923 年，現実にもっと近い酸と塩基の定義をデンマークのヨハンス・ブレンステッド（Johannes Brønsted）が提案する〔ほぼ同じころ英国のマーチン・ローリー（T. Martin

Lowry) も同じ考えを発表］. ブレンステッドは, 何かに H^+ を与える物質を酸, 何かから H^+ をもらう物質を塩基とみた. HCl 分子も, H^+ と Cl^- に分かれるのではなく, 水分子に H^+ を与えて H_3O^+ と Cl^- をつくる.

$$HCl(aq) + H_2O(l) \longrightarrow H_3O^+(aq) + Cl^-(aq)$$

H_3O^+ を**ヒドロニウムイオン** (hydronium ion) とよぶ*. ブレンステッドのモデルで, HCl と H_2O の反応は図 11・2 のように表せる.

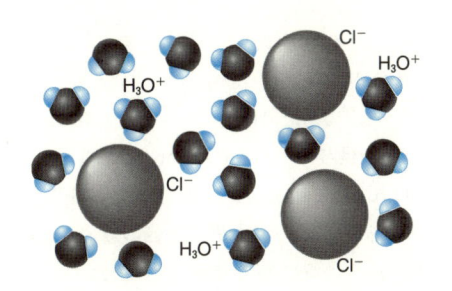

図 11・2　ブレンステッドのモデル. HCl が H_2O に H^+ を与えて H_3O^+ と Cl^- ができる.

裸の H^+ は, 最小の原子より何桁も小さい陽子 (プロトン) で, 表面の電荷密度がたいへん高いから, 負電荷をもつ何にでもとりつく. 溶液中で生じた瞬間, H^+ は水分子の電気陰性な O 原子と結合する. つまり, H^+ が水中にあるとみたアレニウスのモデルより, ブレンステッドのモデルのほうが, 現実をずっとよく表す.

だがブレンステッド説も完璧ではない. H_3O^+ の正電荷は, 3 個の H 原子にまんべんなく分布する. それぞれが別の H_2O 分子(の O 原子)も引きつけ, $H(H_2O)_4^+ = H_9O_4^+$

図 11・3　H^+ の正電荷がつくる $H(H_2O)_4^+$ イオン. 便宜上, H_3O^+ と書く.

---

* 訳注: 日本の高校では H_3O^+ を"オキソニウムイオン"としている. また, IUPAC では"オキシダニウムイオン"または"オキソニウムイオン"としているが, 本書では, 従来から各国で使われてきた"ヒドロニウムイオン"を使う.

という姿のイオンができるだろう（図 11・3）．結合する H_2O 分子が 2 個の $H(H_2O)_2^+$ $= H_5O_2^+$ や，3 個の $H(H_2O)_3^+ = H_7O_3^+$ もできるはずだ．ふつうは便宜上，そんな "水和プロトン" 類を H_3O^+ で代表させる．

　ブレンステッドの酸と塩基を理解するため，HCl と水の反応を考えよう．HCl の電離では，HCl 自身が H^+ の供与体（ドナー）になり，H_2O が H^+ の受容体（アクセプター）になる．

$$HCl(aq) + H_2O(l) \longrightarrow H_3O^+(aq) + Cl^-(aq)$$
　　　　　H^+ 供与体　H^+ 受容体

つまり，**ブレンステッド酸**（Brønsted acid）の HCl が塩基（H_2O）に H^+ を与え，**ブレンステッド塩基**（Brønsted base）の H_2O が酸から H^+ をもらう．

　H^+ は，水素イオンともプロトン（陽子）ともよぶため，ブレンステッド酸は，**水素イオン供与体**（hydrogen-ion donor）や**プロトン供与体**（proton donor）ともいう．またブレンステッド塩基は，**水素イオン受容体**（hydrogen-ion acceptor）や**プロトン受容体**（proton acceptor）とよぶ．本章の大半では，H^+ を 1 個だけ出す **1 価の酸**（monoprotic acid）と，1 価の塩基を扱う*．多価の酸・塩基は "11 章の発展" でみる．

　ブレンステッドの酸と塩基が反応すると，プロトンの供与体から受容体に H^+ が移る．電荷ゼロの酸分子が反応する例にはつぎのものがある．

$$HCl(aq) + NH_3(aq) \longrightarrow Cl^-(aq) + NH_4^+(aq)$$
　　　　　酸　　　　塩基

酸には陽イオンもある．

$$NH_4^+(aq) + OH^-(aq) \rightleftharpoons NH_3(aq) + H_2O(l)$$
　　　　　酸　　　　塩基

また，陰イオンの酸もある．

$$H_2PO_4^-(aq) + H_2O(l) \rightleftharpoons H_3O^+(aq) + HPO_4^{2-}(aq)$$
　　　　　酸　　　　塩基

ブレンステッド塩基の素顔は，ルイス構造からわかる．H^+ を受容できる分子やイオンが塩基だった．典型的な塩基の OH^- なら，H^+ をこう受取る．

$$H^+ + :\ddot{O}-H^- \longrightarrow H-\ddot{O}-H$$

塩基は H^+ と共有結合をつくる．H^+ は価電子をもたないため，結合に必要な 1 対（2 個）の電子は塩基が提供する．つまり，非結合価電子をもつ物質だけがプロトン受容体

---

　*　訳注: それぞれ "一塩基酸"，"一酸塩基" ともよぶ．

（ブレンステッド塩基）になれる．そんな物質は多く，つぎのような例がある．

NH_3 H—N̈—H CO_3^{2-} $\left[\ddot{\underset{\ddot{O}}{\overset{\ddot{O}}{C}}}\ddot{O}\right]^{2-}$
               |
               H

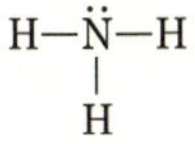

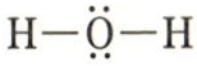

H_2O H—Ö—H

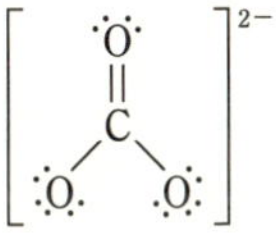

非結合価電子をもたない分子やイオン（下図）は，ブレンステッド塩基になれない．

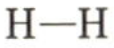

CH_4 H—C—H NH_4^+ $\left[H-\underset{H}{\overset{H}{N}}-H\right]^+$

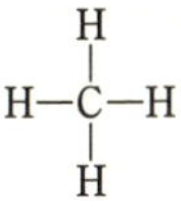

H_2 H—H

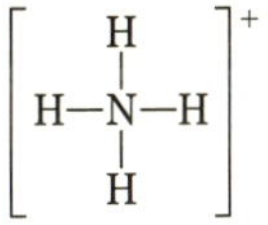

例題 11・1 つぎに書いた反応の反応物で，ブレンステッドの酸と塩基になるのはどれか．

① $HF(aq) + OH^-(aq) \rightleftharpoons H_2O(l) + F^-(aq)$
② $CH_3COOH(aq) + H_2O(l) \rightleftharpoons CH_3COO^-(aq) + H_3O^+(aq)$
③ $C_6H_5NH_2(aq) + HNO_3(aq) \rightleftharpoons C_6H_5NH_3^+(aq) + NO_3^-(aq)$

【答】 それぞれつぎのようになる．
① 酸： HF   塩基： OH^-
② 酸： CH_3COOH 塩基： H_2O
③ 酸： HNO_3 塩基： $C_6H_5NH_2$

11・4 共役酸と共役塩基

　ブレンステッドの酸と塩基は，反応して**共役酸**（conjugate acid）-**共役塩基**（conjugate base）のペアに変わる．"共役"の英語 conjugate は"対をなす"を意味するラテン語にちなむ．
　酸を一般式 HA で書こう．酸が水に H^+ を与えてできる A^- は，H^+ を受取れるのでブレンステッド塩基になる．つまりブレンステッド酸は，H^+ を失って共役塩基に変わる．

$$HA(aq) + H_2O(l) \rightleftharpoons H_3O^+(aq) + A^-(aq)$$
       酸   共役塩基

反対に，A^- が H^+ をもらってできる HA は，H^+ の供与体（ブレンステッド酸）だといえる．このように，H^+ を受容したあとブレンステッド塩基は共役酸に変わる．

$$A^-(aq) + H_2O(l) \rightleftharpoons HA(aq) + OH^-(aq)$$
　　　塩基　　　　　　　　共役酸

ある物質がブレンステッドの酸か塩基かは，反応を調べるとわかる．上でみた HA と水の反応では，水が塩基だった．しかし A^- と水の反応で，水は酸だった．

ここまでは記号 HA と A^- を使ったけれど，酸が中性分子，塩基が陰イオンとはかぎらない．ブレンステッドの酸と塩基には，中性分子，陽イオン，陰イオンのどれもある（表11・1）．

表11・1　ブレンステッド酸と共役塩基の例

酸	共役塩基
H_3O^+	H_2O
H_2O	OH^-
HCl	Cl^-
H_2SO_4	HSO_4^-
HSO_4^-	SO_4^{2-}
NH_4^+	NH_3

▶チェック ─
　炭酸飲料に入れるリン酸（H_3PO_4）の電離を平衡反応式で書け．共役塩基はどんな化学式に書けるか．また，染料の素材にするアニリン（$C_6H_5NH_2$）と水の反応を平衡反応式で書き，共役酸の化学式を予想せよ．

一部の物質（表11・1の H_2O や HSO_4^-）は，ブレンステッドの酸にも塩基にもなる．とりわけ水は，仲間どうしで酸塩基反応をする．

$$H_2O(l) + H_2O(l) \rightleftharpoons H_3O^+(aq) + OH^-(aq)$$

共役酸と塩基のペアに注目し，酸と塩基の反応をみてみよう．つぎの反応はどうか．

$$HNO_3(aq) + NH_3(aq) \longrightarrow NH_4^+(aq) + NO_3^-(aq)$$
　　酸　　　　塩基　　　　　共役酸　　　共役塩基

酸（硝酸）が H^+ を出して共役塩基（硝酸イオン NO_3^-）に変わる．それと同期して塩基（アンモニア）が H^+ を受取り，共役酸（アンモニウムイオン NH_4^+）に変わる．

同じ反応は，イオン化合物（塩）ができるとみた次式に書いてもよい．

$$HNO_3(aq) + NH_3(aq) \longrightarrow NH_4NO_3(aq)$$

生成物は，酸性が硝酸より弱く，塩基性がアンモニアより弱いため，こうした反応を**中和反応**（neutralization reaction）という．ただし生成物の酸性・塩基性もゼロではなく，"反応物より弱いだけ"という点に注意したい．

たいていの中和反応では水ができる．ギ酸（HCOOH）と水酸化ナトリウム（NaOH）の反応をみてみよう．

$$HCOOH(aq) + NaOH(aq) \longrightarrow H_2O(l) + Na^+(aq) + HCOO^-(aq)$$
　　　酸　　　　　　塩基　　　　　　共役酸　　　　　　　　共役塩基

この反応では塩のギ酸ナトリウム（HCOONa）ができる．ギ酸イオン（$HCOO^-$）はギ酸の共役塩基，水は OH^- の共役酸になる（酸でも塩基でもない Na^+ は"無関係イオン"という）．

例題 11・2 亜塩素酸（$HClO_2$）と水酸化カリウムの反応を反応式で書け．反応物のうち，酸と塩基はどれか．また生成物のうち，共役塩基と共役酸はどれか．

【答】 反応式と酸・塩基，共役塩基・共役酸はつぎのようになる．

$$HClO_2(aq) + KOH(aq) \longrightarrow H_2O(l) + K^+(aq) + ClO_2^-(aq)$$

反 応 物		生 成 物	
酸	$HClO_2$	共役塩基	ClO_2^-
塩基	KOH	共役酸	H_2O

11・5 水 の 活 躍

水中の反応では H_3O^+ や OH^- が大活躍する．その理由を水のルイス構造から探ろう．Oの電気陰性度(3.61)はH(2.30)よりずっと大きく，H–O結合の電子をO原子が引き寄せるので，H_2O は，Oが負の部分電荷(-0.8)，Hが正の部分電荷($+0.4$)をもつ極性分子になる．

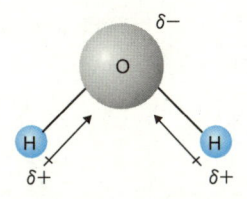

水分子は電離（自己解離）して陽イオン（H_3O^+）と陰イオン（OH^-）をつくる．

$$2H_2O(l) \longrightarrow H_3O^+(aq) + OH^-(aq)$$

電離の逆反応も起こる．
$$\mathrm{H_3O^+(aq) + OH^-(aq) \longrightarrow 2\,H_2O(l)}$$
以上を両向きの平衡反応に書く．
$$\mathrm{2\,H_2O(l) \rightleftharpoons H_3O^+(aq) + OH^-(aq)}$$
ブレンステッドのモデルだと，酸塩基反応で水の果たす役割はこうまとめられる．

❶ 酸性と塩基性の両方をもつ水は，仲間どうし $\mathrm{H^+}$ をやりとりして $\mathrm{H_3O^+}$ と $\mathrm{OH^-}$ になる．
$$\underset{\text{酸}\qquad\text{塩基}}{\mathrm{H_2O(l) + H_2O(l)}} \rightleftharpoons \mathrm{H_3O^+(aq) + OH^-(aq)}$$

❷ 酸は水（塩基）に $\mathrm{H^+}$ を与えて $\mathrm{H_3O^+}$ をつくる．
$$\underset{\text{酸}\qquad\text{塩基}}{\mathrm{HF(aq) + H_2O(l)}} \rightleftharpoons \mathrm{H_3O^+(aq) + F^-(aq)}$$

❸ 塩基は水（酸）の $\mathrm{H^+}$ をもらって $\mathrm{OH^-}$ をつくる．
$$\underset{\text{塩基}\qquad\text{酸}}{\mathrm{NH_3(aq) + H_2O(l)}} \rightleftharpoons \mathrm{NH_4^+(aq) + OH^-(aq)}$$

❹ 水は酸塩基反応を仲立ちする．まず，酸の $\mathrm{H^+}$ を受取って $\mathrm{H_3O^+}$ になる．
$$\underset{\text{酸}\qquad\qquad\text{塩基}}{\mathrm{CH_3COOH(aq) + H_2O(l)}} \rightleftharpoons \mathrm{CH_3COO^-(aq) + H_3O^+(aq)}$$
つぎに，受取った $\mathrm{H^+}$ を塩基に渡す．
$$\underset{\text{塩基}\qquad\text{酸}}{\mathrm{NH_3(aq) + H_3O^+(aq)}} \rightleftharpoons \mathrm{NH_4^+(aq) + H_2O(l)}$$
二つの反応を足し，両辺で共通の $\mathrm{H_2O(l)}$ と $\mathrm{H_3O^+(aq)}$ を消せば，酸塩基反応になる．

$$\begin{array}{r}\mathrm{CH_3COOH(aq) + H_2O(l) \rightleftharpoons CH_3COO^-(aq) + H_3O^+(aq)} \\ \underline{\mathrm{NH_3(aq) + H_3O^+(aq) \rightleftharpoons NH_4^+(aq) + H_2O(l)}\qquad\quad} \\ \mathrm{CH_3COOH(aq) + NH_3(aq) \rightleftharpoons NH_4^+(aq) + CH_3COO^-(aq)}\end{array}$$

酸塩基反応は気体中でも進む．ふたをとった濃塩酸と濃厚アンモニア水の瓶を並べて置くと，塩化アンモニウムの白煙（微粒子）が空気中にできる．
$$\mathrm{HCl(g) + NH_3(g) \longrightarrow NH_4Cl(s)}$$

11・6 水の電離平衡

前節で述べたとおり，水の電離（自己解離）はつぎの平衡反応に書ける．
$$\mathrm{2\,H_2O(l) \rightleftharpoons H_3O^+(aq) + OH^-(aq)}$$

11・6 水の電離平衡

薄い水溶液の溶媒 (H_2O) は活量 $a=1$ だから無視してよく (§10・14), 平衡定数 (K_c) の表式はこうなる.

$$K_c = [H_3O^+][OH^-]$$

この K_c を**水の電離定数** (water electrolytic dissociation constant) とよび, 記号 K_w で書く.

$$K_w = [H_3O^+][OH^-]$$

25℃での実測値は $[H_3O^+] = 1.0 \times 10^{-7} M$ となり, $[H_3O^+] = [OH^-]$ なので, つぎの関係が成り立つ (実測値は誤差を含むため, 有効数字は2桁にした. 以後の平衡定数も1〜2桁に抑える).

$$K_w = (1.0 \times 10^{-7}) \times (1.0 \times 10^{-7}) = 1.0 \times 10^{-14} \quad (25℃で)$$

なお, 水の電離に注目すると, "溶媒の濃度" という発想の誤りがよくわかる. まず, 25℃の水1Lは55.4 molだから, "形式的な水の濃度" (55.4 M) を使って平衡定数の表式を書く.

$$K_c = \frac{[H_3O^+][OH^-]}{[H_2O]^2}$$

つぎに, 電離は少ないから $[H_2O]$ は一定とし, $K_c \times [H_2O]^2 = K_w$ を定数とみてこう書き直す. 以上が "溶媒 H_2O の濃度" を考える発想だ.

$$K_w = K_c[H_2O]^2 = [H_3O^+][OH^-]$$

しかし H_3O^+ は "水中のプロトン" を表す想定形の一つにすぎず, 実体は $H_5O_2^+$ や $H_7O_3^+$, $H_9O_4^+$ かもしれない. $H_9O_4^+$ と想定すれば, 水の電離はつぎのように書ける.

$$5H_2O \rightleftarrows H_9O_4^+ + OH^-$$

そのとき平衡定数の表式はこう変わる.

$$K_c' = \frac{[H_9O_4^+][OH^-]}{[H_2O]^5}$$

つまり K_w はつぎの形にも表せる.

$$K_w = K_c'[H_2O]^5 = [H_9O_4^+][OH^-]$$

けれど H_3O^+ と $H_9O_4^+$ は "同じものを別の形で表現した記号" だから, 濃度は等しくて $[H_3O^+] = [H_9O_4^+]$ が成り立つ. そのとき, 本来は同じはずの K_c と K_c' に $[H_2O]^3 = (55.4)^3 ≒ 17$ 万倍もの開きができる. $H_5O_2^+$ や $H_7O_3^+$ を想定すれば平衡定数はまた別の値になり, 収拾がつかない.

そんな難点を避けるためにも, 薄い水溶液の溶媒は, 正式なルール (§10・14) どおり活量 $a=1$ とする (平衡定数の表式中に書いてはいけない).

純水の H_3O^+ 濃度（$1.0×10^{-7}$ M）の小ささを実感しておこう．25 ℃ の水 1 L は約 55.4 mol で，10^{-7} mol の $55.4/10^{-7} = 5.5×10^8$ 倍だから，H_3O^+ は H_2O 分子 5.5 億個あたり 1 個でしかない．図 11・4 には 20 個の H_2O 分子を描いた．図の 2800 万枚分で H_2O 分子は 5.6 億個となり，うち 1 個しか H_3O^+ と OH^- に電離していない．

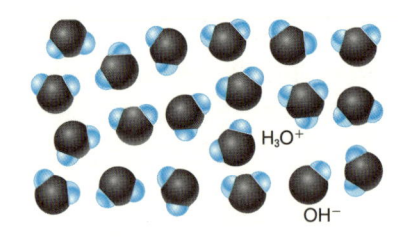

図 11・4 水分子 20 個のモデル．この 2800 万枚あたりに H_3O^+ と OH^- が 1 個ずつ．

水の電離定数は，外から H_3O^+ や OH^- の供給源を加えても，25 ℃ なら $1.0×10^{-14}$ にとどまる．たとえば，濃度が 0.010 M となる量の強酸 HA を加えた場合，加えた酸と溶媒自身の二つが H_3O^+ の供給源となる．

$$HA(aq) + H_2O(l) \rightleftharpoons H_3O^+(aq) + A^-(aq)$$
$$2 H_2O(l) \rightleftharpoons H_3O^+(aq) + OH^-(aq)$$

ルシャトリエの法則より，酸からきた H_3O^+ は水の電離平衡を左に向かわせ，自己解離による H_3O^+ と OH^- を減らす．つまり，加えた酸は水の電離を抑える．

それも共通イオン効果（§10・17）の例となる．H_3O^+ の供給源を追加すると，追加前の電離が抑えられる．§11・15 で詳しくみるが，共通イオン効果は"緩衝作用"でも主役になる．

加えた酸は水の電離を抑え，もともとの H_3O^+ と OH^- を減らす．添加後の H_3O^+ 濃度は，酸の分（0.010 M）と水の電離分（$< 10^{-7}$ M）の総和だが，後者は前者よりずっと小さいため無視できる．だから新しい平衡状態で H_3O^+ 濃度はほぼ 0.010 M に等しい．ただし $K_w = [H_3O^+][OH^-]$ の関係は常に成り立つので，OH^- の濃度はこう計算できる．

$$[OH^-] = \frac{K_w}{[H_3O^+]} = \frac{1.0×10^{-14}}{0.010} = 1.0×10^{-12} \text{ M}$$

いまの場合，OH^- の供給源は水の電離だけだから，純水中で 10^{-7} M だった OH^- 濃度が，酸の添加で 5 桁も減る．つまり，濃度 0.010 M で加えた酸は，水の電離を 10 万分の 1 に抑えた．

純水に加えた塩基は逆の現象をひき起こす．塩基は OH^- を増やすけれど，K_w 値は同じだから H_3O^+ が減らなければいけない．つまり塩基も水の電離を抑える．

▶チェック

純水に酸を加えると，つぎの平衡が左に動いて H_3O^+ が減る．それでもなお $K_w = 1.0 \times 10^{-14}$ といえるのか．

$$2\,H_2O(l) \rightleftarrows H_3O^+(aq) + OH^-(aq)$$

11・7　pH

　水溶液の H_3O^+ 濃度と OH^- 濃度は，14桁（$1.0 \sim 10^{-14}$ M）もの広がりをもつ．14桁は，100兆円（日本のほぼ年間国家予算）と1円の開きに等しい．

　1909年にデンマークの化学者セレン・セーレンセン（Søren P. L. Sørenson）が，そんな値のわかりやすい表現を提案する．ビール会社の研究所にいた彼は，発酵の制御が仕事だった．H_3O^+ 濃度を対数にすれば，モルト（麦汁）の活性と H_3O^+ 濃度の関係が簡単なグラフに描ける．対数（記号 $\log_{10}$）は数の桁を表し，たとえば $\log_{10} 10^{-7} = -7$ となる．

　ふつう H_3O^+ 濃度も OH^- 濃度も 1 M 未満だから，濃度の対数は負値になる．正値のほうがわかりやすいからと，対数に負号をつけることにした．その操作を文字 p で表し[*1]，水溶液の **pH** をつぎのように定義する[*2]．

$$\mathrm{pH} = -\log_{10}[H_3O^+]$$

OH^- 濃度については下記の **pOH** を考える．

$$\mathrm{pOH} = -\log_{10}[OH^-]$$

水溶液の pH は，pH メーターを使えば小数点以下2桁まで測れる．pH 値は次式で H_3O^+ 濃度に換算する．

$$[H_3O^+] = 10^{-\mathrm{pH}}$$

例題 11・3　ペプシコーラは 0.0035 M の H_3O^+ を含む．pH はいくらか．

【答】　つぎの計算で，pH＝2.5 だとわかる．
$$\mathrm{pH} = -\log_{10}[H_3O^+] = -\log_{10}(3.5 \times 10^{-3}) = -(-2.5) = 2.5$$

[*1] 訳注: p の由来には，演算命令（本文中）のほか，power（べき乗）の頭文字，potential（強さ）の頭文字という説もあり，いまなお明らかではない．
[*2] 訳注: 対数記号の中は"単位のないただの数"だから，次式中の $[H_3O^+]$ は，基準濃度"1 M"で割って単位を相殺したとみなす．続く pOH も同様．

pH表示のありがたみが図11・5からよくわかる．横軸をH_3O^+濃度，縦軸をOH^-濃度とした通常目盛の図11・5(a)だと，せいぜい1桁の範囲しか読みとれない．

対数目盛のpHにすると，$[H_3O^+]$が1Mから10^{-14}Mまで変わるとき，pH変化は0から14までの簡単な数になる．$[H_3O^+]$，$[OH^-]$，pHの関係を表11・2にまとめた．図

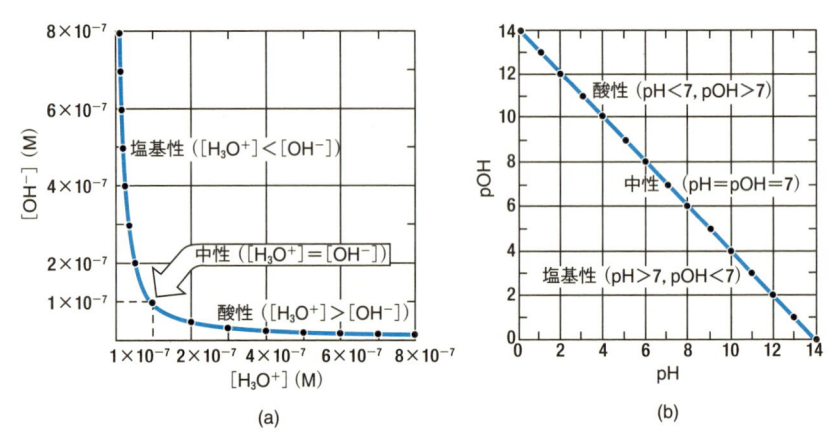

図11・5 (a) 通常目盛で描いた$[H_3O^+]$と$[OH^-]$の関係．ごくせまい濃度範囲しか値が読めない．(b) 対数目盛で描いたpHとpOHの関係．

表11・2 水溶液の$[H_3O^+]$，$[OH^-]$とpH (25℃)

$[H_3O^+]$(M)	$[OH^-]$(M)	pH	
1	1×10^{-14}	0	
1×10^{-1}	1×10^{-13}	1	
1×10^{-2}	1×10^{-12}	2	
1×10^{-3}	1×10^{-11}	3	酸 性
1×10^{-4}	1×10^{-10}	4	
1×10^{-5}	1×10^{-9}	5	
1×10^{-6}	1×10^{-8}	6	
1×10^{-7}	1×10^{-7}	7	中 性
1×10^{-8}	1×10^{-6}	8	
1×10^{-9}	1×10^{-5}	9	
1×10^{-10}	1×10^{-4}	10	
1×10^{-11}	1×10^{-3}	11	塩基性
1×10^{-12}	1×10^{-2}	12	
1×10^{-13}	1×10^{-1}	13	
1×10^{-14}	1	14	

11・5(b) なら，14桁もの範囲を一気に見晴らせるうえ，pHとpOHが直線関係になる点もわかりやすい．

純水は$[H_3O^+]$が1.0×10^{-7}Mだから，pH＝7になる（**中性**．neutral）．

$$pH = -\log_{10}[H_3O^+] = -\log_{10}(1.0\times10^{-7}) = 7.0$$

$[H_3O^+]$が1.0×10^{-7}Mを超す水溶液を**酸性**（acidic），1.0×10^{-7}M未満の水溶液を**塩基性**（basic）という．pHも使って表せばつぎのようになる（25℃）．

酸　性：　$[H_3O^+] > 1\times10^{-7}$M　　　pH < 7
塩基性：　$[H_3O^+] < 1\times10^{-7}$M　　　pH > 7

かつてpHは**酸塩基指示薬**（acid-base indicator）で見積もった．H^+をやりとりしたとき変色する指示薬は，いまも大ざっぱなpH測定に役立つ．その一つリトマスは，pH＜5で赤，pH＞8で青になる．精密なpH測定にはpHメーターを使う．ガラス電極型のpHメーターは，H_3O^+濃度に応じてガラス薄膜の内外に生じる電位差をpHに換算する．

純水に酸や塩基を加えても，25℃ではつぎの関係が成り立つ．

$$[H_3O^+][OH^-] = 1.0\times10^{-14}$$

両辺の対数をとろう．

$$\log_{10}([H_3O^+][OH^-]) = \log_{10}(1.0\times10^{-14})$$

"積の対数"は"対数の和"だから，こう書き直せる．

$$\log_{10}[H_3O^+] + \log_{10}[OH^-] = -14$$

両辺の符号を逆転させる（両辺に"-1"を掛ける）．

$$-\log_{10}[H_3O^+] - \log_{10}[OH^-] = 14$$

するとつぎの簡単な関係になる．この関係はどんな水溶液にも成り立つ．

$$pH + pOH = 14$$

▶チェック ─────────────────
水溶液のH_3O^+濃度が増えると，pHはどう変わるか．

例題 11・4　レモン汁（pH2.2）と酢（pH2.5）についてH_3O^+濃度とOH^-濃度を計算し，比較せよ．

【答】
レモン汁：$[H_3O^+] = 10^{-2.2} = 6.3\times10^{-3}$M．
pOH＝14－pH＝11.8より，$[OH^-] = 10^{-11.8} = 1.6\times10^{-12}$ M．

酢：$[H_3O^+] = 10^{-2.5} = 3.2 \times 10^{-3}$ M.
pOH $= 14 -$ pH $= 11.5$ より，$[OH^-] = 10^{-11.5} = 3.2 \times 10^{-12}$ M.
pH 差はわずか 0.3 だが，H_3O^+ 濃度は約 2 倍も違う．

11・8 酸と塩基の強弱

米国の金物屋で買える"ムリアチン酸"（6 M 塩酸）は，レンガやコンクリートの洗浄とか，プールの pH 調節に使う．食料品店で買う酢は酢酸（CH_3COOH）の約 1 M 水溶液だ．同じ酸でも，ムリアチン酸はドレッシングに入れないし，酢でコンクリートの汚れは落ちない．

塩酸と酢酸は図 11・6 の道具で区別できる．ビーカー内の水溶液がイオンを含めば，電極間に電流が流れて電球が光る．イオンの濃度が高いほど電球は明るい．

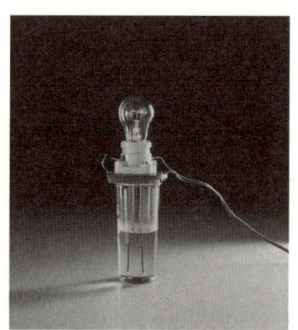

図 11・6　塩酸(左)と酢酸(右)の導電性比較．塩酸のほうが電球は明るい．

H_3O^+ も OH^- も 10^{-7} M の純水だと，電球はまず光らない．1 M の酢酸では，電球は光っても暗い．酢酸よりイオン濃度がずっと高い 1 M 塩酸なら，明るく光る．

酢酸と塩酸の差は，水にプロトンを与える力の差を表す．H_2O 分子に H^+ を渡しやすい HCl は **強酸**（strong acid）になる．HCl のほぼ全部が水と反応して H_3O^+ と Cl^- を生じる．

$$HCl(aq) + H_2O(l) \longrightarrow H_3O^+(aq) + Cl^-(aq)$$

0.1 M 塩酸中に，未解離の HCl 分子はほとんどない．

11・8 酸と塩基の強弱

酸の強弱と濃度は関係ない．濃縮果汁が含むアスコルビン酸（ビタミンC）やクエン酸など，濃くても弱い酸は多い．強酸は，薄くてもほぼ100%電離する（図11・7）．

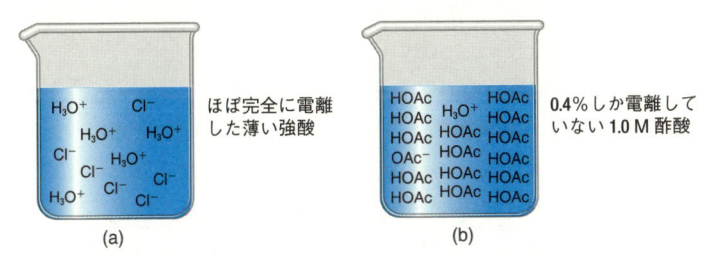

図 11・7 (a) 薄い塩酸．HCl はほぼ全部が H_3O^+ と Cl^- に電離する．(b) 濃い酢酸．酢酸分子（HOAc）は約 0.4% しか H_3O^+ と OAc^- に電離していない．

H_2O に H^+ を渡す力が弱い酢酸分子（CH_3COOH．図11・7のHOAc）は，**弱酸**（weak acid）という．1M酢酸中でつぎのように水と反応する酢酸分子は0.4%に満たない．

$$CH_3COOH(aq) + H_2O(l) \longrightarrow H_3O^+(aq) + CH_3COO^-(aq)$$

酸の強弱を定量化しよう．酸 HA は H_2O と反応し，一部が H_3O^+ と A^- になる（図11・8）．

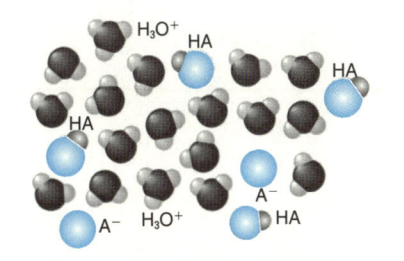

図 11・8 酸のイメージ．強酸は大半が H_3O^+ と A^- になり，未解離の HA 分子は少ない．弱酸は大半が HA 分子のまま．

酸の電離（酸解離）はつぎの平衡反応に書ける．

$$HA(aq) + H_2O(l) \rightleftharpoons H_3O^+(aq) + A^-(aq)$$

この平衡定数を**酸解離定数**（acid dissociation constant）とよび，記号 K_a* で表す．溶媒（H_2O）は活量 $a=1$ として無視するため（§10・14，§11・6），K_a の表式はつぎのようになる．

$$K_a = \frac{[H_3O^+][A^-]}{[HA]}$$

---

* 訳注: 濃度平衡定数（K_c）の類だが，酸（acid）の解離を表す量なので添字を a とする．

電離しやすい強酸 HA では$[H_3O^+]\times[A^-]$が$[HA]$より大きいから，K_aは1を超す（典型例の塩酸だと$K_a \approx 10^6$）．

$$\frac{[H_3O^+][Cl^-]}{[HCl]} = 1\times 10^6$$

電離しにくい弱酸 HA だと$[H_3O^+]\times[A^-]$が$[HA]$より小さいから，K_aは1に満たない（典型例の酢酸で$K_a = 1.8\times 10^{-5}$）．

$$\frac{[H_3O^+][CH_3COO^-]}{[CH_3COOH]} = 1.8\times 10^{-5}$$

まとめると，$K_a > 1$（通常は$K_a \gg 1$）の酸が強酸になり，$K_a < 1$（通常は$K_a \ll 1$）の酸が弱酸になる．

▶チェック
水についてK_aとK_wの表式を書け．両者は同じか，違うか．

酸解離定数（K_a）の例を表11・3にまとめた．付録の表 B・8 には pK_a値（p$K_a = -\log_{10} K_a$）も載せてある．強酸のK_a値は実測しにくいため，およその値でしかない．

表11・3　1段目の電離を表す酸解離定数（K_a）の例

強 酸	K_a	弱 酸	K_a
HI	3×10^9	H_3PO_4	7.1×10^{-3}
HBr	1×10^9	HF	7.2×10^{-4}
$HClO_4$	1×10^8	クエン酸	7.5×10^{-4}
HCl	1×10^6	CH_3COOH	1.8×10^{-5}
H_2SO_4	1×10^3	H_2S	1.0×10^{-7}
H_3O^+	55	H_2CO_3	4.5×10^{-7}
HNO_3	28	H_3BO_3	7.3×10^{-10}
H_2CrO_4	9.6	H_2O	1.8×10^{-16}

▶チェック
K_aが小さい酸と大きい酸で，水溶液の pH はどちらが低いか．

つぎに，塩基の強弱も定量化しよう．塩基 B は水 H_2O とこう反応する．

$$B(aq) + H_2O(l) \rightleftharpoons BH^+(aq) + OH^-(aq)$$

この平衡定数を**塩基解離定数**（base dissociation constant）とよび，記号K_b*で表す．やはり溶媒（H_2O）は活量$a = 1$として無視するから，K_bの表式はつぎのようになる．

---

*　訳注：濃度平衡定数（K_c）の類だが，塩基（base）の解離を表す量なので添字を b とする．

$$K_b = \frac{[BH^+][OH^-]}{[B]}$$

塩基の K_b と pK_b 値（p$K_b = -\log_{10} K_b$）を付録の表 B・9 にまとめてある．

水に溶けたときほぼ完全に電離し，OH^- を生む分子やイオンを**強塩基**（strong base）という．強塩基にはつぎのようなものがある．

❶ 1族（IA族）金属の水酸化物（LiOH, NaOH, KOH, RbOH, CsOH）
$$NaOH(s) \longrightarrow Na^+(aq) + OH^-(aq)$$
❷ 2族（IIA族）金属の水酸化物のうち，水溶性の高いもの（Sr(OH)$_2$, Ba(OH)$_2$）と，適度な水溶性があるもの
$$Ca(OH)_2(s) \longrightarrow Ca^{2+}(aq) + 2\,OH^-(aq)$$
❸ 水溶性の酸化物（Li$_2$O, Na$_2$O, K$_2$O, CaO）
$$Li_2O(s) + H_2O(l) \longrightarrow 2\,Li^+(aq) + 2\,OH^-(aq)$$

pH と pOH の定義は，pH $= -\log_{10}[H_3O^+]$, pOH $= -\log_{10}[OH^-]$ だった．文字 p は "演算せよ" という数学記号（演算子）を表し，いまの場合は "対数をとって負号をつけよ" を意味する．同じ演算子を酸解離定数（K_a）にも使い，**pK_a** をつぎのように定義する．
$$pK_a = -\log_{10} K_a$$
塩基解離定数（K_b）では **pK_b** を使う．
$$pK_b = -\log_{10} K_b$$

11・9 共役酸・塩基の強弱

酸の強弱は，共役塩基の強弱と密接に関係する．HCl を考えよう．H^+ 供与能の大きい HCl は，共役塩基（Cl^-）の H^+ 受容能がたいへん小さいので強酸だった．つまり Cl^- の塩基性はきわめて弱い．

$$HCl(aq) + H_2O(l) \longrightarrow H_3O^+(aq) + Cl^-(aq)$$
強酸　　　　　　　　　　　　　　　ごくごく弱い塩基

アンモニウムイオン（NH_4^+）を酸とみたとき，共役塩基はアンモニア（NH_3）になる．NH_4^+ の酸性はかなり弱く，NH_3 はほどほどの塩基性をもつ．

$$NH_4^+(aq) + H_2O(l) \rightleftharpoons H_3O^+(aq) + NH_3(aq)$$
弱酸　　　　　　　　　　　　　　　中程度の塩基

以上のことは，つぎの一般則にまとめられる．

> 酸が強いほど，共役塩基の塩基性は弱い．
> 塩基が強いほど，共役酸の酸性は弱い．

11・10　酸・塩基の強弱と解離定数

"酸 → 共役塩基"を正反応にして酸解離平衡を書き，ブレンステッド酸の相対強さを表 11・4 に比べた．平衡式の集団を四角形とみれば，左上隅にある物質の酸性が最強，

表 11・4　ブレンステッド酸と塩基の相対強さ

	酸		共役塩基	K_a
最強のブレンステッド酸	HI	⇌	$H^+ + I^-$	3×10^9
	$HClO_4$	⇌	$H^+ + ClO_4^-$	1×10^8
	HCl	⇌	$H^+ + Cl^-$	1×10^6
	H_2SO_4	⇌	$H^+ + HSO_4^-$	1×10^3
	$HClO_3$	⇌	$H^+ + ClO_3^-$	5×10^2
	H_3O^+	⇌	$H^+ + H_2O$	55
	HNO_3	⇌	$H^+ + NO_3^-$	28
	H_2CrO_4	⇌	$H^+ + HCrO_4^-$	9.6
	HSO_4^-	⇌	$H^+ + SO_4^{2-}$	1.2×10^{-2}
	$HClO_2$	⇌	$H^+ + ClO_2^-$	1.1×10^{-2}
	H_3PO_4	⇌	$H^+ + H_2PO_4^-$	7.1×10^{-3}
	HF	⇌	$H^+ + F^-$	7.2×10^{-4}
	CH_3COOH	⇌	$H^+ + CH_3COO^-$	1.8×10^{-5}
	H_2CO_3	⇌	$H^+ + HCO_3^-$	4.5×10^{-7}
	H_2S	⇌	$H^+ + HS^-$	1.0×10^{-7}
	HClO	⇌	$H^+ + ClO^-$	2.9×10^{-8}
	$H_2PO_4^-$	⇌	$H^+ + HPO_4^{2-}$	6.3×10^{-8}
	H_3BO_3	⇌	$H^+ + H_2BO_3^-$	7.3×10^{-10}
	NH_4^+	⇌	$H^+ + NH_3$	5.6×10^{-10}
	HCO_3^-	⇌	$H^+ + CO_3^{2-}$	4.7×10^{-11}
	HPO_4^{2-}	⇌	$H^+ + PO_4^{3-}$	4.2×10^{-13}
	HS^-	⇌	$H^+ + S^{2-}$	1.3×10^{-13}
	H_2O	⇌	$H^+ + OH^-$	1.0×10^{-14}
	CH_3OH	⇌	$H^+ + CH_3O^-$	1×10^{-18}
	$HC \equiv CH$	⇌	$H^+ + HC \equiv C^-$	1×10^{-25}
	NH_3	⇌	$H^+ + NH_2^-$	1×10^{-33}
	H_2	⇌	$H^+ + H^-$	1×10^{-35}
	$CH_2 = CH_2$	⇌	$H^+ + CH_2 = CH^-$	1×10^{-44}
	CH_4	⇌	$H^+ + CH_3^-$	1×10^{-49}	最強のブレンステッド塩基

11・10 酸・塩基の強弱と解離定数

右下隅にある物質の塩基性が最強だといえる．

表のデータから酸の強さを比較できる．たとえば HCl と H_3O^+ を比べよう．

$$HCl: \quad K_a = 1 \times 10^6$$
$$H_3O^+: \quad K_a = 55$$

どちらも K_a 値の大きい強酸だけれど，H_3O^+ より HCl のほうが強い．

K_a 値をもとに，改めて酸の強弱をみてみよう．HCl（酸）が H_2O（塩基）と反応すれば，H_3O^+（H_2O の共役酸）と Cl^-（HCl の共役塩基）ができる．

$$HCl(aq) + H_2O(l) \longrightarrow H_3O^+(aq) + Cl^-(aq)$$
酸　　　塩基　　　　　酸　　　塩基

酸としては HCl のほうが H_3O^+ より強いから，反応は右向きに進む．

$$HCl(aq) + H_2O(l) \longrightarrow H_3O^+(aq) + Cl^-(aq)$$
より強い酸　　　　　　　より弱い酸

塩基（H_2O と Cl^-）はどうか？　前述のとおり，酸が強いほど共役塩基は弱い．HCl は H_3O^+ より強い酸だから，Cl^- は H_2O より弱い塩基になる．

$$\text{酸の強さ}: \quad HCl > H_3O^+$$
$$\text{塩基の強さ}: \quad Cl^- < H_2O$$

以上をもとに，HCl と水の反応はこうまとめられる．

$$HCl(aq) + H_2O(l) \longrightarrow H_3O^+(aq) + Cl^-(aq)$$
強い酸　　強い塩基　　　弱い酸　　弱い塩基

つまり，相対的に強い酸（HCl）が強い塩基（H_2O）と反応し，相対的に弱い酸（H_3O^+）と弱い塩基（Cl^-）ができる．

> 一般に，K_a が H_3O^+（$K_a = 55$）より大きい酸は，水中でほぼ完全に電離する．

つぎに酢酸と H_3O^+ の強弱を比べよう．

$$CH_3COOH: \quad K_a = 1.8 \times 10^{-5}$$
$$H_3O^+: \quad K_a = 55$$

K_a 値から，酢酸は H_3O^+ よりずっと弱い酸だろう．酢酸と水の平衡反応はつぎのように書ける．

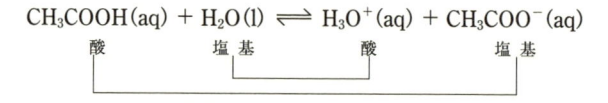

$$CH_3COOH(aq) + H_2O(l) \rightleftharpoons H_3O^+(aq) + CH_3COO^-(aq)$$
　　　酸　　　　　塩基　　　　　酸　　　　　塩基

今度は，相対的に強い酸と塩基が右辺にある．

$$CH_3COOH(aq) + H_2O(l) \rightleftharpoons H_3O^+(aq) + CH_3COO^-(aq)$$
　　　弱い酸　　　弱い塩基　　　強い酸　　　強い塩基

反応は，相対的に弱い酸と塩基ができる向きに進む．そのため，H_2O に H^+ を与えて H_3O^+ と CH_3COO^- をつくる CH_3COOH 分子はたいへん少ない．

このように表11・4のデータは，酸塩基反応が進む向きを教える．塩基は，表中で上にある酸の H^+ を奪う．たとえば酢酸イオン（CH_3COO^-）は，自分より上にある硝酸の H^+ を奪える．

$$HNO_3(aq) + CH_3COO^-(aq) \longrightarrow CH_3COOH(aq) + NO_3^-(aq)$$
　　強い酸　　　強い塩基　　　　　弱い酸　　　　　弱い塩基

またアンモニア（NH_3）は，硫酸（H_2SO_4）の H^+ を2個とも奪う．

$$H_2SO_4(aq) + 2NH_3(aq) \longrightarrow 2NH_4^+(aq) + SO_4^{2-}(aq)$$
　　強い酸　　　強い塩基　　　　　弱い酸　　　　　弱い塩基

見た目では判断しにくいつぎの反応も，進む向きを表11・4から判定できる．

$$H_2PO_4^-(aq) + HSO_4^-(aq) \rightleftharpoons H_3PO_4(aq) + SO_4^{2-}(aq)$$

表11・4でわかるとおり，$H_2PO_4^-$ の塩基性は SO_4^{2-} より強く，HSO_4^- の酸性は H_3PO_4 より強い．酸塩基反応は，相対的に強い酸・塩基から弱い酸・塩基ができる向きに進む．

$$H_2PO_4^-(aq) + HSO_4^-(aq) \longrightarrow H_3PO_4(aq) + SO_4^{2-}(aq)$$
　　強い塩基　　　強い酸　　　　　弱い酸　　　　　弱い塩基

表11・4を見て，酸性がたとえば $H_2PO_4^- > HSO_4^-$ だとわかっても，$H_2PO_4^-$ が強酸とはかぎらない．あくまで酸・塩基の相対的な強さを表すデータだと心得よう．

例題 11・5 表11・4のデータをもとに，つぎの反応が進むことを確かめよ．
① メタノール（CH_3OH）と水素化ナトリウム（NaH）の反応
② アセチレン（$HC\equiv CH$）とナトリウムアミド（$NaNH_2$）の反応

【答】 ① NaH の電離で生じる H^-（水素化物イオン）は，メタノールの H^+ を奪えるほど強い塩基だから，反応は進む．

$$CH_3OH + H^- \longrightarrow CH_3O^- + H_2$$
　　　　強い酸　強い塩基　　　弱い塩基　　弱い酸

② $NaNH_2$ の電離で生じる NH_2^-（アミドイオン）は，アセチレンから H^+ を奪って $HC≡C^-$（アセチリドイオン）にするほど強い塩基だから，反応は進む．

$$HC≡CH + NH_2^- \longrightarrow HC≡C^- + NH_3$$
　　　　強い酸　　強い塩基　　　弱い塩基　　弱い酸

K_a 値が水（$K_a = 1.0 \times 10^{-14}$）よりずっと大きい酸は必ず電離する．ただし，ブレンステッド酸や塩基の姿をしていても K_a 値が水に近い物質は，水中で独自の酸性を示しにくい．

薄い水溶液の pH 値は，酸や塩基の相対強度をよく表す．表 11・5 にまとめた 0.1 M 水溶液の pH をみてみよう．塩酸の電離も 100 %ではないから，pH は予想（1.0）より少し高い 1.1 になる．

表 11・5　酸と塩基の 0.1 M 水溶液が示す pH 値

化合物		pH
HCl	塩　酸	1.1
H_2SO_4	硫　酸	1.2
$NaHSO_4$	硫酸水素ナトリウム	1.4
H_2SO_3	亜硫酸	1.5
H_3PO_4	リン酸	1.5
HF	フッ化水素酸	2.1
CH_3COOH	酢　酸	2.9
H_2CO_3	炭　酸	3.8（飽和溶液）
H_2S	硫化水素酸	4.1
NaH_2PO_4	リン酸二水素ナトリウム	4.4
NH_4Cl	塩化アンモニウム	4.6
HCN	シアン化水素酸	5.1
NaCl	塩化ナトリウム	6.4
H_2O	脱気した蒸留水	7.0
CH_3COONa	酢酸ナトリウム	8.4
$NaHCO_3$	炭酸水素ナトリウム	8.4
Na_2HPO_4	リン酸水素ナトリウム	9.3
Na_2SO_3	亜硫酸ナトリウム	9.8
NaCN	シアン化ナトリウム	11.0
NH_3	アンモニア	11.1
Na_2CO_3	炭酸ナトリウム	11.6
Na_3PO_4	リン酸ナトリウム	12.0
NaOH	水酸化ナトリウム	13.0

► チェック
酸として HOBr は HOCl より強い．共役塩基の OBr^- と OCl^- は，塩基としてどちらが強いか．

水の水平化効果

強酸二つを比べよう．$HClO_4$ の K_a 値（1×10^8）は HCl の K_a 値（1×10^6）より 100 倍も大きいが，0.10 M の $HClO_4$ も HCl も，ほぼ完全に電離して 0.10 M の H_3O^+ を生じる．水溶液の酸性は H_3O^+ が決めるため，K_a 値がいくら大きくなっても酸の強さは頭打ちになる．そうした現象を，水（溶媒）の**水平化効果**（leveling effect）という．

$$HCl(aq) + H_2O(l) \longrightarrow H_3O^+(aq) + Cl^-(aq)$$
$$HClO_4(aq) + H_2O(l) \longrightarrow H_3O^+(aq) + ClO_4^-(aq)$$

強塩基の溶液でも同様なことが起こる．塩基と H_2O から OH^- ができてしまえば，水溶液の塩基性は OH^- より強くなれない．

11・11　酸・塩基の強弱と分子構造

心臓発作を起こす確率は，喫煙習慣や加齢，肥満，運動不足などの要因で決まる．要因それぞれの効きかたは，ほかの要因を一定にした調査でわかる．

同じことは酸や塩基の強弱にも当てはまる．H–X 結合が H^+ と X^- に解離する物質を酸とみたとき，解離しやすさは，おもに ① H–X 結合の極性，② 原子 X のサイズ，③ イオンや分子の電荷，の三つが決める．さらに，オキソ酸とよばれる物質では，H–OX 結合の解離しやすさを左右する第 4 の要因もある．

H–X 結合の極性

ほかの要因が同じなら，H–X 結合の極性が高いほど強い酸になる．電荷をもたない下表の化合物 4 種だと，H と X の電気陰性度差（ΔEN）が大きく，H 原子上の部分電荷（δ_H）が大きい酸ほど強い．HF がいちばん強く，CH_4 がいちばん弱い．

	K_a	ΔEN	δ_H
HF	7.2×10^{-4}	1.9	+0.29
H_2O	1.0×10^{-14}	1.3	+0.22
NH_3	1×10^{-33}	0.8	+0.14
CH_4	1×10^{-49}	0.2	+0.05

化合物 4 種で原子 X のサイズは近いけれど，ΔEN 値には大差がある．EN が最大の F に結合した H の部分電荷（+0.29）が最も大きい．EN が大きい X ほど結合電子を引き寄せやすいので，H−X 結合の極性が高まる．

表のデータでわかるとおり，極性の高い結合ほどイオン化しやすくて K_a 値が大きい．つまり，ほかの要因が同じなら，H−X 結合の極性が高い物質ほど強い酸になる．

HF の 0.10 M 水溶液は，ほどほどの酸性を示す．水の酸性はずっと弱く，アンモニア水溶液の酸性はさらに弱い（NH_3 の塩基性が主体）．それを水溶液の pH 値が物語る．

$$0.10\ M\ HF \quad pH = 2.1$$
$$H_2O \quad pH = 7$$
$$0.10\ M\ NH_3 \quad pH = 11.1$$

原子 X のサイズ

HF, HCl, HBr, HI を比べよう．電気陰性度だけで考えると，この順に H−X 結合の極性が減って酸性も弱まる気がするけれど，じつはこの順に酸性が強まる．

いまの例では原子 X のサイズが効く．X 原子が大きいほど H−X 結合は弱まって（図 11・9），酸解離が起きやすい．結合強度は原子結合エンタルピー（$\Delta_{ac}H°$．§7・13）と関係し，HF, HCl, HBr, HI の順に弱まる（下表）．

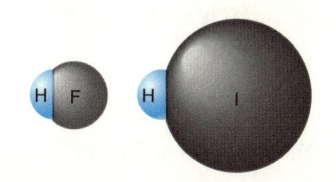

図 11・9 I の原子半径は F の 2 倍に近い．H−I 結合が H−F 結合より弱いため，HI は HF より酸性が強い．

	K_a	$\Delta_{ac}H°$ (kJ/mol)	δ_H	H−X 結合の長さ (nm)
HF	7.2×10^{-4}	−567.7	+0.29	0.101
HCl	1×10^6	−431.6	+0.11	0.136
HBr	1×10^9	−365.9	+0.08	0.151
HI	3×10^9	−298.0	+0.01	0.170

▶ チェック

H_2O と H_2S の酸性はどちらが強いか．理由も答えよ．

分子やイオンの電荷

同じ 0.10 M 水溶液で，H_3PO_4, $H_2PO_4^-$, HPO_4^{2-}, PO_4^{3-} の pH を比べよう．

$$\begin{array}{ll} H_3PO_4 & pH = 1.5 \\ H_2PO_4^- & pH = 4.4 \\ HPO_4^{2-} & pH = 9.3 \\ PO_4^{3-} & pH = 12.0 \end{array}$$

負電荷の多い物質ほど，酸性が弱くて塩基性が強い．

$$酸\ 性:\quad H_3PO_4 > H_2PO_4^- > HPO_4^{2-}$$
$$塩基性:\quad H_2PO_4^- < HPO_4^{2-} < PO_4^{3-}$$

負電荷をもつ $H_2PO_4^-$ は，電荷ゼロの H_3PO_4 より H^+ を出しにくい．2 価の陰イオン HPO_4^{2-} はさらに出しにくい．3 価の PO_4^{3-} は H^+ と強く引き合うから，むしろ塩基になる．むろん，PO_4^{3-} から HPO_4^{2-}, $H_2PO_4^-$ へと負電荷が減るにつれ，塩基性も弱まっていく．

オキソ酸の強さ

O–H 結合の H 原子が H^+ として解離する酸を**オキソ酸**（oxoacid）という．H_2SO_4-H_2SO_3 ペアや HNO_3-HNO_2 ペアなど（図 11・10）オキソ酸どうしで O–H 結合を比べたとき，H がまったく同じ O 原子と結合していても，酸の強さ（K_a 値）には大差がある．

$$\begin{array}{llll} H_2SO_4 & K_a = 1\times 10^3 & HNO_3 & K_a = 28 \\ H_2SO_3 & K_a = 1.7\times 10^{-2} & HNO_2 & K_a = 5.1\times 10^{-4} \end{array}$$

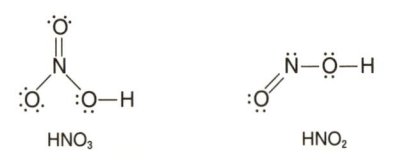

図 11・10 硝酸(HNO_3) と亜硝酸(HNO_2) のルイス構造

物質の酸性は，中心原子（S や N）に結合した O 原子が多いほど強い．H_2SO_4 の酸性は H_2SO_3 よりずっと強く，HNO_3 の酸性は HNO_2 よりずっと強い．

11・11 酸・塩基の強弱と分子構造

塩素のオキソ酸4種を比べるとわかりやすい．切れるO−H結合も，Oの根元にある原子（Cl）も同じだから，酸性の差はなさそうに思える．しかしO原子は，電気陰性度がF（最高）に次いで大きいため，電子を強く引きつける．中心のClに結合したOが多いほど，Clの電子密度が減り，O−H結合の電子密度も減る（図11・11）．結果としてH原子の正電荷（$δ_H$）が増えるから（下表），H^+が解離しやすくなる．

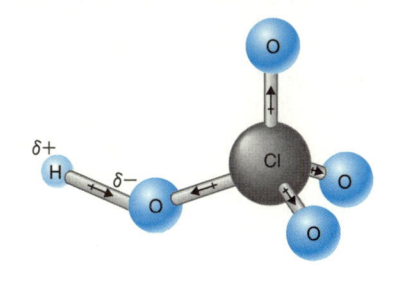

図 11・11 $HOClO_3$（$HClO_4$）分子．Cl原子についたO原子が電子を引きつけ，O−H結合の電子密度を減らす結果，O−H結合の極性が高まって強酸になる．

	K_a	酸素原子の数	$δ_H$	オキソ酸の名称
HOCl	$2.9×10^{-8}$	1	+0.24	次亜塩素酸
HOClO	$1.1×10^{-2}$	2	+0.29	亜塩素酸
$HOClO_2$	$5.0×10^2$	3	+0.31	塩素酸
$HOClO_3$	$1×10^8$	4	+0.33	過塩素酸

例題 11・6 つぎのペアでは，どちらの酸性が強いか．理由も答えよ．
① H_2O と NH_3 ② NH_4^+ と NH_3 ③ NH_3 と PH_3 ④ H_2SeO_4 と H_2SeO_3

【答】 ①OとNはサイズが近く，H_2O も NH_3 も電荷ゼロだが，H−X結合の極性が異なる．電気陰性度の大きいOが電子を引きつけるため，H_2O（$K_a=1.0×10^{-14}$）は NH_3（$K_a=1×10^{-33}$）よりずっと酸性が強い．
②電荷が異なる．電荷ゼロの NH_3 より，正電荷の NH_4^+ は H^+ を出しやすく，酸性も強い．
③PがNより大きく，P−H結合がN−H結合より長い（結合が弱い）ため，PH_3 のほうが H^+ を出しやすい（酸性が強い）．
④Seに結合したOの数だけが異なる．Oが電子を引きつける結果，O−H結合の極性が高い H_2SeO_4 のほうが H^+ を出しやすい（酸性が強い）．

▶ **チェック**
HOClとHOIの酸性はどちらが強いか．理由も答えよ．

"強い酸の共役塩基ほど弱い"という一般則を使えば,ブレンステッド酸の強弱を判定できる.

> **例題 11・7** つぎのペアでは,どちらの塩基性が弱いか.理由も答えよ.
> ① OH^- と NH_2^- ② NH_3 と NH_2^- ③ NH_2^- と PH_2^- ④ NO_3^- と NO_2^-
>
> 【答】 ① OH^- は水の共役塩基で,NH_2^- はアンモニアの共役塩基.酸として NH_3 より H_2O のほうが強いため,塩基性は OH^- のほうが NH_2^- より弱い.
> ② 電荷ゼロの NH_3 は,負電荷の NH_2^- より塩基性が弱い.
> ③ 酸性は NH_3 より PH_3 のほうが強いため,塩基性は PH_2^- のほうが弱い.
> ④ 酸性は HNO_2 より HNO_3 のほうが強いため,塩基性は NO_3^- のほうが弱い.

11・12 pHの計算:強酸

pHは,H_3O^+ の平衡濃度からわかる.強酸(や強塩基)と水の反応は,平衡濃度計算のいちばん単純な例になる.2 Mの塩酸1滴を純水 100 mL に入れたとき,水溶液のpHがいくらになるか計算しよう.HCl は $K_a = 10^6$ の強酸なので,ほぼ完全に電離する.

$$HCl(aq) + H_2O(l) \longrightarrow H_3O^+(aq) + Cl^-(aq)$$

H_3O^+ の平衡濃度は,溶かした酸の濃度にほぼ等しい.計算に使う情報を以下の図に示す.

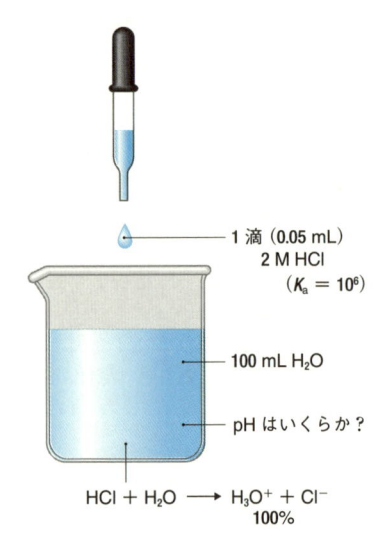

1滴 (0.05 mL)
2 M HCl
($K_a = 10^6$)

100 mL H_2O

pHはいくらか?

HCl + H_2O ⟶ H_3O^+ + Cl^-
100%

水 1 mL はほぼ 20 滴だから，1 滴（0.05 mL＝5×10⁻⁵ L）の 2 M 塩酸が含む HCl の量はこう計算できる．

$$\frac{2\ \text{mol HCl}}{1\ \text{L}} \times 5 \times 10^{-5}\ \text{L} = 1 \times 10^{-4}\ \text{mol HCl}$$

すると HCl 濃度はつぎのようになる．

$$\frac{1 \times 10^{-4}\ \text{mol HCl}}{0.100\ \text{L}} = 1 \times 10^{-3}\ \text{M HCl}$$

H_3O^+ 濃度も同じだから，pH はこうなる．

$$\text{pH} = -\log_{10}[H_3O^+] = -\log_{10} 10^{-3} = -(-3.0) = 3.0$$

▶ チェック
強酸水溶液の pH は，溶かした酸の量からすぐわかる．なぜか．

11・13　pH の計算：弱酸

弱酸はあまり電離しないので，水中には未解離の分子（HA）が多く，イオン（H_3O^+ ＋ A^-）は少ない．酢酸（CH_3COOH）を例に，10 章で紹介した技法を使う pH 計算をみてみよう．

H_3O^+ の平衡濃度を決める要因は二つある（§11・8）．

　　　① 酸の強さ（K_a 値）　　② 酸の濃度（M＝mol/L 単位）

図 11・7 を見直そう．左のビーカーは 0.0010 M 塩酸（強酸），右のビーカーは 1.0 M 酢酸（弱酸）とする．H_3O^+ 濃度は塩酸が 0.0010 M，酢酸が約 0.0040 M になる．酢酸のほうが 4 倍ほど多いけれど，溶かした酸の濃度は 1000 倍も多いため，酢酸の電離しにくさがよくわかる．

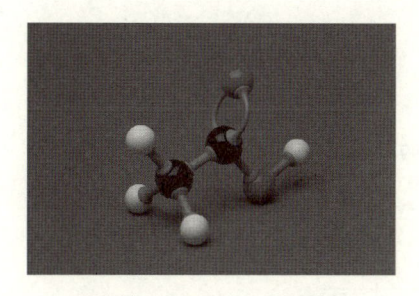

酢酸（CH_3COOH）の分子模型

酢酸を HOAc,共役塩基（CH_3COO^-）を OAc^- と略記して，0.10 M 酢酸水溶液中にできる H_3O^+, OAc^-, HOAc の濃度を計算しよう．まずは情報をまとめる（以下の図にも示した）．

$$HOAc(aq) + H_2O(l) \rightleftharpoons H_3O^+(aq) + OAc^-(aq) \qquad K_a = 1.8 \times 10^{-5}$$

始状態　　0.10 M　　　　　　　　　　≈0　　　　0
平衡状態　　?　　　　　　　　　　　　?　　　　?

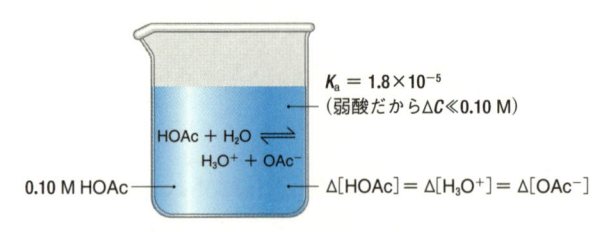

$K_a = 1.8 \times 10^{-5}$
（弱酸だから$\Delta C \ll 0.10$ M）

HOAc + H_2O ⇌ H_3O^+ + OAc^-

0.10 M HOAc　　　　　$\Delta[HOAc] = \Delta[H_3O^+] = \Delta[OAc^-]$

10 章で説明した定石どおり，始状態の反応商（Q_a）を平衡定数（K_a）と比べる*．

$$Q_a = \frac{[H_3O^+]_0 [OAc^-]_0}{[HOAc]_0} = \frac{0 \times 0}{0.10} = 0 < K_a = 1.8 \times 10^{-5}$$

$Q_a < K_a$ だから，反応は右に進んで平衡に向かう．
1 個の HOAc から H_3O^+ と OAc^- が 1 個ずつ生じることに注目し，3 成分の平衡濃度を式で表す．
酢酸分子の平衡濃度は，初期濃度（0.10 M）から減少分 ΔC を引いた値になる．

$$[HOAc] = 0.10 \text{ M} - \Delta C$$

純水中の H_3O^+ は微量なので，H_3O^+ の初期濃度はほぼゼロとみた．酢酸分子 1 個の電離で H_3O^+ と OAc^- が 1 個ずつでき，それぞれの平衡濃度はつぎのように書ける．

$$[H_3O^+] = \Delta C$$
$$[OAc^-] = \Delta C$$

ここまでの情報をまとめよう．

$$HOAc(aq) + H_2O(l) \rightleftharpoons H_3O^+(aq) + OAc^-(aq) \qquad K_a = 1.8 \times 10^{-5}$$

始状態　　0.10 M　　　　　　　　　　0　　　　　0
平衡状態　$0.10 - \Delta C$　　　　　　ΔC　　　ΔC

---

* 訳注：濃度平衡定数（Q_c）の類だが，酸（acid）の解離を表す量なので添字を a とした．

11・13 pHの計算：弱酸

以上を平衡定数（酸解離定数 K_a）の表式に入れる.

$$K_a = \frac{[H_3O^+][OAc^-]}{[HOAc]} = \frac{(\Delta C)^2}{(0.10 - \Delta C)} = 1.8 \times 10^{-5}$$

整理してできる二次方程式を解いてもよいが，できることなら計算は簡単にしたい．弱酸の ΔC は初期濃度（0.10 M）よりずっと小さいはずなので，上式の分母は 0.10 とみる．

$$\frac{(\Delta C)^2}{0.10} \approx 1.8 \times 10^{-5}$$

するとつぎのようになる.

$$(\Delta C)^2 \approx 1.8 \times 10^{-6}$$

平方根をとり，平衡になるまでの濃度変化 ΔC がこうなる．

$$\Delta C \approx 0.0013 \text{ M}$$

"$\Delta C \ll$ 初期濃度" と仮定してよかったかどうか確かめよう．初期濃度の 5% 未満なら問題はなく（§10・8），いまの場合は 1.3% なのでかまわない．

$$\frac{0.0013}{0.10} \times 100\% = 1.3\%$$

0.10 − 0.0013 は有効数字 2 桁で 0.10 だから，その点も問題ない．こうして H_3O^+, OAc^-, HOAc の平衡濃度はつぎのようになる．

$$[\text{HOAc}] = 0.10 \text{ M} - \Delta C \cong 0.10 \text{ M}$$
$$[H_3O^+] = [OAc^-] = \Delta C \cong 0.0013 \text{ M}$$

pH はつぎの計算で 2.9 だとわかる．

$$\text{pH} = -\log_{10}[H_3O^+] = 2.9$$

以上の計算では，つぎの2点を仮定した．

- 電離した酢酸は，最初に溶かした量よりずっと少ない．
- 電離した酢酸は，水の電離で生じていた H_3O^+ の量よりずっと多い．

いまの場合，どちらも問題なかった．電離した酢酸は 1.3% しかない．また，H_3O^+ の平衡濃度は純水中の H_3O^+ より 4 桁も多いため，水の電離も無視できた．

たいていの弱酸では，以上の仮定が成り立つ．"$\Delta C \ll$ 初期濃度" と仮定できない強い酸だと，二次方程式を解くことになる．逆に酢酸よりずっと弱く，水の電離さえ無視できない酸なら，水溶液のpHは試料ごとにばらつく．除ききれない不純物が，酸を加えたときのpH変化と同じくらいの効果を示すからだ．

pH 計算で使う仮定の大切さをつかむため，塩酸を 1.0×10^{-8} M で溶かした水溶液の pH を考えよう．直感的には，塩酸が完全に電離し，H_3O^+ 濃度はつぎの値になりそうな気がする．

$$[H_3O^+] = 1.0\times10^{-8}\,M$$

そのとき pH はこうなる．

$$pH = -\log_{10}[H_3O^+] = -\log_{10}(1.0\times10^{-8}) = 8.0$$

だがそれは誤っている．酸の水溶液が塩基性（pH＞7）のはずはない．

むろん誤りは，水の電離が生む H_3O^+ を無視したところだ．純水は 1.0×10^{-7} M の H_3O^+ を含む．10^{-8} M の強酸を加えると，H_3O^+ 濃度はほぼ 1.1×10^{-7} M だから，pH は 7 より少し低い．

$$pH = -\log_{10}[H_3O^+] = -\log_{10}(1.1\times10^{-7}) = 6.96$$

▶ チェック ─────────────────
K_a が大きい酸の希薄溶液（溶液 1）と，K_a が小さい酸の濃厚溶液（溶液 2）につき，pH の高低は判定できるか．理由も答えよ．
─────────────────────────

弱酸水溶液の H_3O^+ 濃度は，酸解離定数（K_a）と濃度で決まる．同じ濃度なら，K_a 値が大きいほど H_3O^+ の平衡濃度は高い．そのことをつぎの例題で調べよう．

例題 11・8 次亜塩素酸（HOCl, $K_a=2.9\times10^{-8}$），次亜臭素酸（HOBr, $K_a=2.4\times10^{-9}$），次亜ヨウ素酸（HOI, $K_a=2.3\times10^{-11}$）の 0.10 M 水溶液は，それぞれ pH がいくらになるか．

【答】 まず HOCl を考える．わかっている情報をまとめよう．

$$HOCl(aq) + H_2O(l) \rightleftharpoons H_3O^+(aq) + OCl^-(aq)$$

始状態	0.10 M	≈0	0
平衡状態	$0.10 - \Delta C$	ΔC	ΔC

情報を K_a の表式に代入する．

$$K_a = \frac{[H_3O^+][OCl^-]}{[HOCl]} = \frac{(\Delta C)^2}{(0.10-\Delta C)} = 2.9\times10^{-8}$$

K_a 値が小さいため，ΔC は初期濃度（0.10 M）に比べて無視でき，つぎの近似が成り立つ．

$$\frac{(\Delta C)^2}{0.10} \approx 2.9\times10^{-8}$$

それを解いて，ΔC（$= H_3O^+$ 濃度）がこうなる．

$$\Delta C = 5.4 \times 10^{-5} \, \text{M}$$

仮定は妥当だったのか？ ΔC は，HOCl の初期濃度よりずっと小さく，純水の H_3O^+ 濃度よりずっと大きいからこれでよい．pH はつぎのように計算できる．

$$\begin{aligned}\text{pH} &= -\log_{10}[H_3O^+] \\ &= -\log_{10}(5.4 \times 10^{-5}) = 4.3\end{aligned}$$

ほか二つについても同様な計算を行い，つぎの結果を得る．

HOCl	$[H_3O^+]$	$\approx 5.4 \times 10^{-5}$ M	pH ≈ 4.3
HOBr	$[H_3O^+]$	$\approx 1.5 \times 10^{-5}$ M	pH ≈ 4.8
HOI	$[H_3O^+]$	$\approx 1.5 \times 10^{-6}$ M	pH ≈ 5.8

予想どおり，K_a が大きい酸ほど H_3O^+ 濃度は高く，pH が低い．

つぎの例題では，酸の濃度と H_3O^+ の平衡濃度との関係を調べよう．

市販のさまざまな酢

例題 11・9 1.0 M, 0.10 M, 0.010 M の酢酸水溶液について，H_3O^+ の平衡濃度と pH を計算せよ．

【答】 酢酸を HOAc と書けば，1.0 M 水溶液の情報はこうなる．

$$\text{HOAc(aq)} + H_2O(l) \rightleftharpoons H_3O^+(\text{aq}) + \text{OAc}^-(\text{aq}) \quad K_a = 1.8 \times 10^{-5}$$

	HOAc		H_3O^+	OAc$^-$
始状態	1.0 M		≈ 0	0
平衡状態	$1.0 - \Delta C$		ΔC	ΔC

例題 11・8 と同じ手順で計算を進め，つぎの結果を得る．

$$K_a = \frac{[H_3O^+][OAc^-]}{[HOAc]} = \frac{(\Delta C)^2}{(1.0 - \Delta C)} = 1.8 \times 10^{-5}$$

$$\frac{(\Delta C)^2}{1.0} \approx 1.8 \times 10^{-5}$$

$$\Delta C \approx 0.0042 \text{ M}$$

$$\text{pH} = -\log_{10}[H_3O^+] = -\log_{10}(4.2 \times 10^{-3}) = 2.4$$

ほかの初期濃度についても計算すれば，つぎの結果が得られる．

1.0 M HOAc	$[H_3O^+] \approx 4.2 \times 10^{-3}$ M	pH $\approx$ 2.4
0.10 M HOAc	$[H_3O^+] \approx 1.3 \times 10^{-3}$ M	pH $\approx$ 2.9
0.010 M HOAc	$[H_3O^+] \approx 4.2 \times 10^{-4}$ M	pH $\approx$ 3.4

このように，弱酸の濃度が下がれば H_3O^+ 濃度はゆっくりと減り，pH が上がっていく．

▶ **チェック**
例題 11・9 の酢酸水溶液 3 種のうち，酸性がいちばん高いのはどれか．

11・14 pH の計算: 塩基

塩基の水溶液も，酸にならって平衡濃度を計算できる．0.10 M の NH_3 水溶液（アンモニア水）を考えよう．状況は以下に描いた．まず NH_3 と水の平衡反応を書く．

$$NH_3(\text{aq}) + H_2O(\text{l}) \rightleftharpoons NH_4^+(\text{aq}) + OH^-(\text{aq})$$

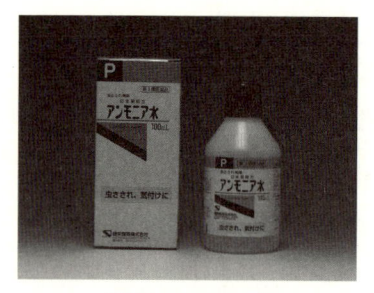

市販のアンモニア水

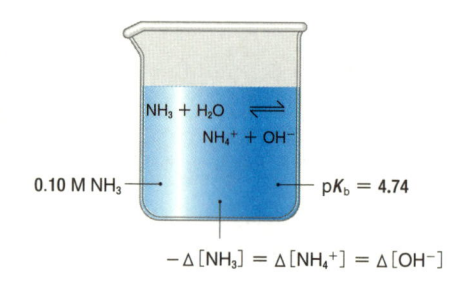

0.10 M NH_3

$NH_3 + H_2O \rightleftharpoons NH_4^+ + OH^-$

pK_b = 4.74

$-\Delta[NH_3] = \Delta[NH_4^+] = \Delta[OH^-]$

11・14 pHの計算：塩基

NH_3 の電離を，塩基電離定数の表式に書く．

$$K_b = \frac{[NH_4^+][OH^-]}{[NH_3]}$$

アンモニアの K_b 値（付録の表B・9）を使い，わかっている情報をまとめる．

$$NH_3(aq) + H_2O(l) \rightleftharpoons NH_4^+(aq) + OH^-(aq) \qquad K_b = 1.8 \times 10^{-5}$$

始状態	0.10 M	0	≈ 0
平衡状態	$0.10 - \Delta C$	ΔC	ΔC

情報を K_b の表式に代入する．

$$K_b = \frac{[NH_4^+][OH^-]}{[NH_3]} = \frac{(\Delta C)^2}{(0.10 - \Delta C)} = 1.8 \times 10^{-5}$$

K_b が小さいため，ΔC は初期濃度（0.10 M）に比べて無視でき，つぎの近似が成り立つ．

$$\frac{(\Delta C)^2}{0.10} \approx 1.8 \times 10^{-5}$$

それを解いて，ΔC（$= OH^-$ 濃度）がつぎのように求まる．

$$\Delta C \approx 1.3 \times 10^{-3} \text{ M}$$

仮定が妥当だったかどうか確かめよう．ΔC は NH_3 の初期濃度よりずっと小さく，純水の OH^- 濃度よりずっと大きいからこれでよい．pOH はつぎのようになる．

$$pOH = -\log_{10}(1.3 \times 10^{-3}) = 2.9$$

pH は次式で計算できる．

$$pH = 14.0 - pOH = 11.1$$

▶ チェック ─────────────────────────────
K_b の大きい塩基と小さい塩基で，1 M 水溶液の塩基性はどちらが強いか．
─────────────────────────────────────

K_a と K_b の関係

 塩基の平衡濃度計算には，塩基の K_b 値が必要になる．付録の表B・9にない K_b 値は，共役酸の K_a 値から見積もればよい．

 共役酸-塩基のペアについて，K_a と K_b の関係を具体例でみてみよう．酢酸イオン（OAc^-）を含む水溶液を考える．酢酸（HOAc）の K_a 値は何度か出てきた．

$$HOAc(aq) + H_2O(l) \rightleftharpoons H_3O^+(aq) + OAc^-(aq) \qquad K_a = 1.8 \times 10^{-5}$$

共役塩基（OAc^-）の K_b 値はどうなるのだろう？

$$OAc^-(aq) + H_2O(l) \rightleftharpoons HOAc(aq) + OH^-(aq) \quad K_b = ?$$

溶媒の H_2O は活量 $a = 1$ として無視するため（§10・14, §11・6），K_a と K_b の表式はつぎのように書ける．

$$K_a = \frac{[H_3O^+][OAc^-]}{[HOAc]} \quad K_b = \frac{[HOAc][OH^-]}{[OAc^-]}$$

K_a の表式中，分子と分母に $[OH^-]$ を掛ける．

$$K_a = \frac{[H_3O^+][OAc^-]}{[HOAc]} \times \frac{[OH^-]}{[OH^-]}$$

それをつぎのように書き直そう．

$$K_a = \frac{[OAc^-]}{[HOAc][OH^-]} \times [H_3O^+][OH^-]$$

右辺第 1 項は K_b の逆数，第 2 項は水の電離定数 K_w にほかならない．

$$K_a = \frac{1}{K_b} \times K_w$$

つまり次式が成り立つ．

$$K_a K_b = K_w = 1.0 \times 10^{-14}$$

こうして OAc^- の塩基解離定数（K_b）が，$HOAc$ の酸解離定数（K_a）から計算できる．

$$K_b = \frac{K_w}{K_a} = \frac{1.0 \times 10^{-14}}{1.8 \times 10^{-5}} = 5.6 \times 10^{-10}$$

K_a と K_b の関係からも，強酸の共役塩基が弱塩基，強塩基の共役酸が弱酸になる理由がわかる．上記のとおり，K_a と K_b の積は水の電離定数 K_w に等しい．

$$K_a K_b = K_w = 1.0 \times 10^{-14}$$

K_w 値はずいぶん小さいから，K_a と K_b の両方が大きいことはありえない．K_a の大きい強酸だと，共役塩基の K_b は小さい（弱塩基）．逆に K_b の大きい強塩基だと，共役酸の K_a は小さい（弱酸）．§11・9 に示したつぎの文章が，まさしくそれを表していた．

> 酸が強いほど，共役塩基の塩基性は弱い．
> 塩基が強いほど，共役酸の酸性は弱い．

共役酸-塩基ペアの K_a と K_b の両方が大きいことはありえないが，両方ともかなり小さいことはありうる．たとえば塩基（NH_3）と共役酸（NH_4^+）の場合，NH_3 はほどほどの塩基（$K_b = 1.8 \times 10^{-5}$），NH_4^+ はかなり弱い酸（$K_a = 5.6 \times 10^{-10}$）になる．

塩の酸性・塩基性

酸と塩基が反応すれば，"陽イオン（H^+ 以外）＋陰イオン（OH^- や O^{2-} 以外）"の塩ができる．溶けた塩はほぼ完全に電離するので，塩の酸性・塩基性は水溶液中のイオンが決める．1・2族（IA・IIA族）の陽イオン（Li^+, Na^+, K^+, Rb^+, Cs^+, Ca^{2+}, Sr^{2+}, Ba^{2+}）は，酸性も塩基性もほとんどない．1価強酸の共役塩基（Cl^-, Br^-, I^-, ClO_4^-, NO_3^- など）も塩基性がほとんどない．

ほかの塩は酸や塩基の性質を示す．フッ化カリウムを考えよう．

$$KF(aq) \longrightarrow K^+(aq) + F^-(aq)$$

K^+ は酸でも塩基でもない．しかし F^- は弱酸（HF）の共役塩基だから塩基性がある．

$$F^-(aq) + H_2O(l) \rightleftharpoons HF(aq) + OH^-(aq)$$

水溶液は弱いながら塩基性（0.10 M で pH = 8.0）のため，KF は塩基性塩という．
酸性塩には硝酸アンモニウム（NH_4NO_3）がある．まず，薄い水溶液は完全に電離する．

$$NH_4NO_3(aq) \longrightarrow NH_4^+(aq) + NO_3^-(aq)$$

NO_3^- は強酸（HNO_3）の共役塩基だから，塩基性はない．けれどアンモニウムイオン（NH_4^+）は弱塩基の共役酸なので酸性を示す（NH_4NO_3 の 0.10 M 水溶液は pH 5.4）．

$$NH_4^+(aq) + H_2O(l) \rightleftharpoons H_3O^+(aq) + NH_3(aq)$$

0.10 M 塩化ナトリウム（NaCl）水溶液の pH 6.4 は，中性の 7 に近い．薄い NaCl 水溶液はほぼ完全に電離する．

$$NaCl(aq) \longrightarrow Na^+(aq) + Cl^-(aq)$$

Cl^- は強酸（HCl）の共役塩基だから，塩基性はない．Na^+ はブレンステッドの酸でも塩基でもないため，NaCl 水溶液はほぼ中性を示す．

例題 11・10 0.10 M 酢酸ナトリウム（NaOAc）水溶液が含む HOAc, OAc^-, OH^- の濃度を計算せよ．HOAc の酸解離定数は $K_a = 1.8 \times 10^{-5}$ とする．

【答】 溶けた NaOAc は完全に電離するとみてよい．

$$NaOAc(aq) \longrightarrow Na^+(aq) + OAc^-(aq)$$

Na^+ は酸でも塩基でもなく，酢酸イオン（OAc^-）だけが pH に影響する．わかっている情報をまとめよう（以下の図にも描いた）．

	$OAc^-(aq) + H_2O(l)$	$\rightleftharpoons$	$HOAc(aq)$	$+ OH^-(aq)$	$K_b = ?$
始状態	0.10 M		0	≈ 0	
平衡状態	$0.10 - \Delta C$		ΔC	ΔC	

$$OAc^- + H_2O \rightleftharpoons HOAc + OH^-$$

0.10 M NaOAc

$K_b = 5.6 \times 10^{-10}$
（ごく小さいので $\Delta C \ll 0.10\,M$）

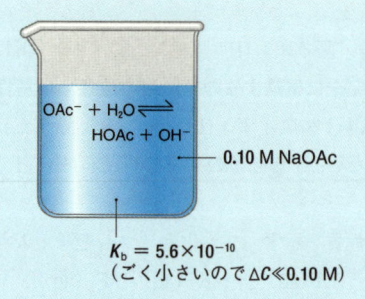

計算に使う K_b 値は，酢酸の K_a 値と水の電離定数 K_w から求める．

$$K_b = \frac{K_w}{K_a} = \frac{1.0 \times 10^{-14}}{1.8 \times 10^{-5}} = 5.6 \times 10^{-10}$$

K_b の表式に濃度情報を代入しよう．

$$K_b = \frac{[HOAc][OH^-]}{[OAc^-]} = \frac{(\Delta C)^2}{(0.10 - \Delta C)} = 5.6 \times 10^{-10}$$

OAc^- の K_b 値はかなり小さいため，ΔC は初期濃度に比べて無視できる．

$$\frac{(\Delta C)^2}{0.10} = 5.6 \times 10^{-10}$$

それを解いて ΔC がこうなる．

$$\Delta C \approx 7.5 \times 10^{-6}\,M$$

ΔC は初期濃度よりずっと小さいから，ΔC を無視する仮定は妥当だった．ただし ΔC は，小さいとはいえ純水の OH^- 濃度の75倍もあるので，水の電離を無視したのもかまわない．得られた ΔC を使い，$HOAc$, OAc^-, OH^- の濃度を計算する．

$$[OAc^-] = 0.10\,M - \Delta C \approx 0.10\,M$$
$$[HOAc] = [OH^-] = \Delta C \cong 7.5 \times 10^{-6}\,M$$

つぎの計算で pH が 8.9 だとわかる．

$$[H_3O^+] = \frac{K_w}{[OH^-]} = \frac{1.0 \times 10^{-14}}{(7.5 \times 10^{-6})} = 1.3 \times 10^{-9}$$

$$pH = -\log_{10}[H_3O^+] = 8.9$$

▶ チェック

HNO_2 の K_a を 5.1×10^{-4} として，NO_2^- の K_b 値を計算せよ．

11・15 緩衝液

弱酸と共役塩基（または弱塩基と共役酸）の混合溶液を**緩衝液**（buffer solution）という．それぞれ 0.10 M の酢酸水溶液と酢酸ナトリウム水溶液で，H_3O^+ の平衡濃度と pH はこうだった．

$$0.10\text{ M HOAc} \quad [H_3O^+] \approx 1.3\times10^{-3}\text{ M} \quad \text{pH} \approx 2.9$$
$$0.10\text{ M NaOAc} \quad [H_3O^+] \approx 7.5\times10^{-6}\text{ M} \quad \text{pH} \approx 8.9$$

両方を混ぜた水溶液はどんな性質を示すのだろう？ 状況を以下の図にまとめた．

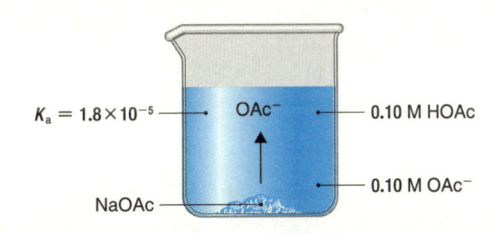

溶液中には OAc^- の供給源が二つある．酢酸は一部が電離して H_3O^+ と OAc^- を生じる．

$$HOAc(aq) + H_2O(l) \rightleftharpoons H_3O^+(aq) + OAc^-(aq)$$

酢酸ナトリウムはほぼ完全に電離し，Na^+ と OAc^- になる．

$$NaOAc(s) \xrightarrow{H_2O} Na^+(aq) + OAc^-(aq)$$

ルシャトリエの法則を思い起こそう．酢酸水溶液に酢酸ナトリウムを加えると，酢酸の電離平衡は左に動く（共通イオン効果）．つまり NaOAc が HOAc の電離を抑え，水溶液の酸性は 0.10 M 酢酸水溶液より弱くなる．

OAc^- は塩基だった（例題 11・10）．OAc^- の K_b 値は，HOAc の K_a 値より何桁も小さい．

わかっている情報をまとめよう．

$$HOAc(aq) + H_2O(l) \rightleftharpoons H_3O^+(aq) + OAc^-(aq) \qquad K_a = 1.8\times10^{-5}$$

始状態	0.10 M		≈ 0	0.10 M
平衡状態	?		?	?

水の電離は無視できるだろうか？ まだわからないが，とりあえず無視できるとして前に進み，結果が出てから調べよう．

H_3O^+ の大半を酢酸が供給するなら，つぎの反応が右に進んで平衡に向かう．

$$HOAc(aq) + H_2O(l) \rightleftharpoons H_3O^+(aq) + OAc^-(aq) \quad K_a = 1.8 \times 10^{-5}$$

始状態	0.10 M	≈0	0.10 M
平衡状態	$0.10 - \Delta C$	ΔC	$0.10 + \Delta C$

以上を K_a の表式に代入する．

$$K_a = \frac{[H_3O^+][OAc^-]}{[HOAc]} = \frac{\Delta C \times (0.10 + \Delta C)}{(0.10 - \Delta C)} = 1.8 \times 10^{-5}$$

ΔC が HOAc や OAc^- の初期濃度 (0.10 M) よりずっと小さければ，こう近似できる．

$$\frac{\Delta C \times 0.10}{0.10} \approx 1.8 \times 10^{-5}$$

つまり ΔC はつぎの値になる．

$$\Delta C \approx 1.8 \times 10^{-5}$$

仮定は正しかったのか？ つまり，ΔC は 0.10 M よりずっと小さかったか．また ΔC は，水の電離を無視できるほど大きかったか？ どちらもイエスだから，ΔC を使って H_3O^+ の平衡濃度と pH を計算してよい．

$$[H_3O^+] \approx \Delta C \approx 1.8 \times 10^{-5} \text{ M}$$
$$\text{pH} = -\log_{10}(1.8 \times 10^{-5}) = 4.7$$

緩衝液は酸性だけれど，酸性の度合は酢酸 (HOAc) 水溶液より弱い．塩からの OAc^- が，酸解離を抑えて H_3O^+ 濃度を下げたのだ．

11・16 緩 衝 能

緩衝 (buffer) という言葉は本来，"衝撃の緩和・吸収" を表す．弱酸と共役塩基を含む水溶液は，外から酸や塩基が少し入ってきたときの pH 変動を和らげる．

純水 100 mL に 1 滴の 2 M 塩酸を加えると，pH は 7 から 3 まで 4 ポイントも動く (§11・12)．だが，酢酸と酢酸ナトリウムを 0.10 M ずつ含む緩衝液に同じ 1 滴の 2 M 塩酸を加えても，pH はほとんど動かない．10 滴でもまだ変動は小さい．

一般に緩衝液は，ほどほどに高い濃度の弱酸と弱塩基（共役塩基）を含んでいる．

$$\underset{\text{弱酸}}{HOAc(aq)} + H_2O(l) \rightleftharpoons H_3O^+(aq) + \underset{\text{共役塩基}}{OAc^-(aq)}$$

H_3O^+ と OAc^- の平衡濃度は次式で結びつく．

$$K_a = \frac{[H_3O^+][OAc^-]}{[HOAc]}$$

11・16 緩衝能

すると H_3O^+ の平衡濃度はつぎのように書ける.

$$[H_3O^+] = K_a \times \frac{[HOAc]}{[OAc^-]}$$

つまり，HOAc と OAc^- の濃度比が動かなければ，H_3O^+ 濃度も変わらない．前節では，同じ高濃度（0.10 M）の酸（HOAc）と共役塩基（OAc^-）を含む pH 4.74 の緩衝液を考えた．

緩衝液に入った H_3O^+ は OAc^- と反応し，酢酸 HOAc を増やす．

$$OAc^-(aq) + H_3O^+ \longrightarrow HOAc(aq) + H_2O(l)$$

これは酢酸の電離の逆反応だから，平衡定数（K_a'）は酸解離定数（K_a）の逆数になる.

$$K_a' = \frac{1}{K_a} = \frac{1}{1.8 \times 10^{-5}} = 5.6 \times 10^4$$

K_a' 値がたいへん大きいので，反応はほぼ完全に進む．

酸を加えたあとの H_3O^+ 濃度は，次式で計算できる．

$$[H_3O^+] = 1.8 \times 10^{-5} \frac{[HOAc]}{[OAc^-]} = 1.8 \times 10^{-5} \frac{(0.100 + \Delta C)}{(0.100 - \Delta C)}$$

緩衝液 100 mL に 1 滴（0.05 mL）の 2 M 塩酸を加えたら，上記の反応がほぼ完全に進み，ΔC は 0.001 M となる（以下に図解）．ΔC 値を上式に入れると，pH は 4.74 のまま動かない.

$$[H_3O^+] = 1.8 \times 10^{-5} \frac{0.101}{0.099} = 1.8 \times 10^{-5}$$

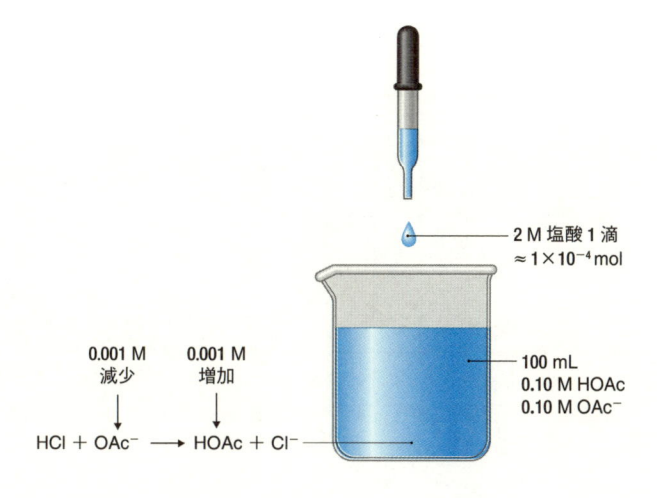

緩衝液に1滴の2M塩酸を加えたらHOAc分子が少し増え，OAc$^-$が少し減る．酸の添加量が少なければ，強酸のH$_3$O$^+$が同量の酸HOAcに変わるため，HOAcとOAc$^-$の濃度比はほぼ一定のままで，H$_3$O$^+$濃度もあまり変わらず，pHも動かない．

緩衝液に加えた少量の強塩基（OH$^-$）は，酸の分子と反応してOAc$^-$を少し増やす．

$$\text{HOAc(aq)} + \text{OH}^-\text{(aq)} \longrightarrow \text{OAc}^-\text{(aq)} + \text{H}_2\text{O(l)}$$

強塩基の添加量が少ないと，OH$^-$が弱酸と反応して同量の弱塩基OAc$^-$に変わるから，HOAcとOAc$^-$の濃度比はあまり変わらず，pHも動かない．

HOAcとOAc$^-$の両方が十分にあり，強酸や強塩基の添加量が少ないとき，pH変動は小さい．HOAcとOAc$^-$の濃度が少し変わっても，濃度比があまり動かないのでpHも動かない．

2種類の緩衝液につき，塩酸の添加濃度を変えたときのpH変化を表11·6にまとめた．第1列は添加濃度，第2列は純水に塩酸を加えたときのpHを示す．第3列は，

表11·6　純水と緩衝液2種に塩酸を加えたときのpH変動

HClの添加濃度 (M)	純水のpH	緩衝液1のpH (0.10 M HOAc/ 0.10 M OAc$^-$)	緩衝液2のpH (0.20 M HOAc/ 0.20 M OAc$^-$)
0	7	4.74	4.74
0.000001	6	4.74	4.74
0.00001	5	4.74	4.74
0.0001	4	4.74	4.74
0.001	3	4.74	4.74
0.01	2	4.66	4.70
0.1	1	2.72	4.27

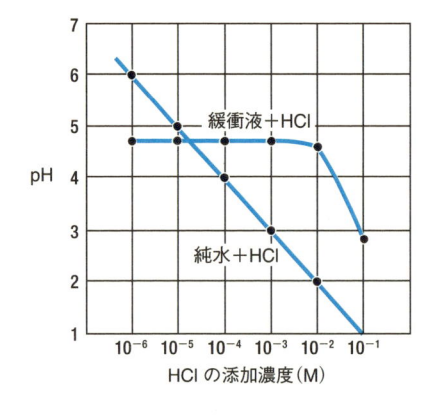

図11·12　純水と表11·6の緩衝液1に塩酸を加えたときのpH変動．添加濃度10^{-3} Mのとき，純水のpHは4ポイントも動くが，緩衝液のpHはまず動かない．

HOAc と NaOAc を 0.10 M ずつ溶かした緩衝液の pH 変動，そして第 4 列は，濃度 2 倍の緩衝液が示す pH 変動だ．緩衝液 1 だと，塩酸を 0.01 M まで加えても pH はあまり動かない（図 11・12）．

pH 変動が目立ち始める強酸や強塩基の添加量を，緩衝液の**緩衝能**（buffer capacity）とみる．表 11・6 だと緩衝能は緩衝液 2 のほうが高く，0.1 M 近くの添加濃度まで pH 変動は小さい．

酢酸/酢酸ナトリウム系の緩衝液は，酢酸の K_a で表せる．

$$K_a = \frac{[H_3O^+][OAc^-]}{[HOAc]}$$

つぎのように書き直せばわかりやすい．

$$[H_3O^+] = K_a \times \frac{[HOAc]}{[OAc^-]}$$

両辺の対数をとる．

$$-\log_{10}[H_3O^+] = -\log K_a - \log_{10}\left(\frac{[HOAc]}{[OAc^-]}\right)$$

左辺は pH，右辺の第 1 項は pK_a だから，つぎのように書き直せる．

$$pH = pK_a + \log_{10}\left(\frac{[OAc^-]}{[HOAc]}\right)$$

一般化して次式になる．これを**ヘンダーソン-ハッセルバルヒの式**（Henderson-Hasselbalch equation）という．

$$pH = pK_a + \log_{10}\left(\frac{[共役塩基]}{[共役酸]}\right)$$

同濃度の酸と共役塩基を溶かした緩衝液なら，対数項がゼロになるため，pH は pK_a に等しい．両者の濃度に若干の差をつけると，pK_a に近い pH 値の緩衝液ができる．

pH 4.74 の緩衝液がほしいなら，pK_a = 4.76 の酢酸/酢酸ナトリウム系を使えばよい．

pH 10.0 の緩衝液がほしいなら，pK_a = 9.25 の $NaHCO_3$（酸）/Na_2CO_3（共役塩基）系が使える．共役酸-塩基ペアの pK_a 値が望みの pH に近ければ，ヘンダーソン-ハッセルバルヒの式で酸と塩基の濃度比を計算する．

緩衝液は，弱塩基-共役酸ペアでもつくれる．NH_3 と NH_4^+ の対なら，平衡反応はつぎのようになる．

$$\underset{共役酸}{NH_4^+(aq)} + H_2O(l) \rightleftharpoons H_3O^+(aq) + \underset{弱塩基}{NH_3(aq)}$$

HOAc＋OAc⁻のような緩衝液はpH＜7だから**酸性緩衝液**（acidic buffer），NH_3＋NH_4^+のような緩衝液はpH＞7だから**塩基性緩衝液**（basic buffer）という．

緩衝液の酸性・塩基性は，共役酸-塩基ペアのK_a値とK_b値からわかる．たとえば酢酸のK_aは酢酸イオンのK_bより大きいので，"酸＋共役塩基"が酸性緩衝液になる．

$$HOAc \quad K_a = 1.8\times10^{-5}$$
$$OAc^- \quad K_b = 5.6\times10^{-10}$$

NH_3のK_bはNH_4^+のK_aより大きいので，"塩基＋共役酸"が塩基性緩衝液になる．

$$NH_3 \quad K_b = 1.8\times10^{-5}$$
$$NH_4^+ \quad K_a = 5.6\times10^{-10}$$

酸のK_aが10^{-7}以上なら酸性緩衝液，塩基のK_bが10^{-7}以上なら塩基性緩衝液がつくれる．

あるpHの緩衝液をつくりたいときは，そのpHにpK_a値が近い共役酸-塩基ペアを選ぶ．

例題 11・11 pH 9.35の緩衝液をつくりたい．どうすればよいか．

【答】 表11・4や表B・8のデータより，$pK_a=9.25$のNH_4^+/NH_3ペアが適する．

$$NH_4^+(aq) + H_2O(l) \rightleftharpoons NH_3(aq) + H_3O^+(aq)$$

pHとpK_aの値をヘンダーソン-ハッセルバルヒの式に入れる．

$$pH = pK_a + \log_{10}\left(\frac{[共役塩基]}{[共役酸]}\right)$$

$$9.35 = 9.25 + \log_{10}\left(\frac{[共役塩基]}{[共役酸]}\right)$$

変形するとこうなる．

$$\log_{10}\left(\frac{[共役塩基]}{[共役酸]}\right) = 9.35 - 9.25 = 0.10$$

$$\frac{[共役塩基]}{[共役酸]} = 1.3$$

つまり，塩基と共役酸の濃度比を1.3：1にすれば，pH 9.35の緩衝液ができる．

手元に 0.10 M のアンモニア水 1.0 L があるとしよう．NH_3 の塩基解離定数（K_b）は小さいので，NH_3 の平衡濃度は実質的に 0.10 M とみてよい．

$$NH_3(aq) + H_2O(l) \rightleftharpoons NH_4^+(aq) + OH^-(aq) \qquad K_b = 1.8 \times 10^{-5}$$

pH = 9.35 とするのに必要な NH_4^+ の濃度は，つぎのように計算できる．

$$\frac{[NH_3]}{[NH_4^+]} = 1.3$$

$$\frac{0.10 \text{ M}}{[NH_4^+]} = 1.3$$

$$[NH_4^+] = 0.077 \text{ M}$$

NH_4Cl の固体 0.077 mol（約 4 g）を 0.10 M アンモニア水 1 L に溶かせば，体積はほとんど増えないため，望みの pH を示す緩衝液 1 L ができる．

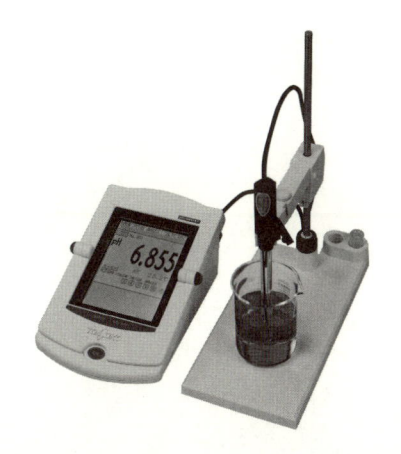

pH メーターは，安定な pH を示す緩衝液で校正する．

緩衝液は化学の実験に多用する．出来合いの水溶液も，固体の共役酸-塩基を組合わせたキットも市販されている．固体を水に溶かせば，表示どおりの pH 値を示す緩衝液になる．むろん，共役酸-塩基のペアを混ぜて強酸や強塩基を少し加え，自前の緩衝液をつくってもよい．

▶ チェック
pH 7.4 の緩衝液に酸や塩基を加えると，pH はどうなるか．また pH の変動幅は，酸や塩基の添加量で変わるか．

11・17 生体内の緩衝作用

生体は，生化学反応をうまく進めるため，pH をせまい範囲に保つ緩衝系を備えている．血液の pH は，3 種類の緩衝系が 7.39 ± 0.03（$7.36\sim7.42$）に保つ．緩衝系の一つは炭酸（H_2CO_3）と共役塩基（HCO_3^-）のペアからなる*．血液に入った CO_2（呼吸の産物）は，炭酸脱水素酵素という触媒の助けで水と反応し，炭酸になる．

$$CO_2(g) + H_2O(l) \rightleftharpoons H_2CO_3(aq)$$

炭酸が水と反応すれば，炭酸水素イオン（重炭酸イオン）と H_3O^+ ができる．

$$H_2CO_3(aq) + H_2O(l) \rightleftharpoons HCO_3^-(aq) + H_3O^+(aq)$$

糖尿病などのせいで血中に H_3O^+ が増え，pH が正常範囲より下がると，アシドーシス（酸血症）という病気になる．そのとき H_2CO_3/HCO_3^- の平衡は左に向かい，適正な pH に戻ろうとする．

過呼吸で肺から大量の CO_2 を出すと，血中の H_3O^+ が減って pH が上がり，アルカローシスの症状が出る．CO_2 が減れば CO_2/H_2CO_3 の平衡が左に動いて炭酸が減る．それが H_2CO_3/HCO_3^- の平衡を左に向かわせて H_3O^+ が減り，pH が上がる．

▶ チェック
激しい運動をすると体内に乳酸（$HC_3H_5O_3$）がたまる．そのとき，血液の pH を適正範囲に保とうとして進む化学反応を書け．

11・18 酸と塩基の反応

強酸＋強塩基

酸と塩基は反応し，塩と水になる．塩酸と水酸化ナトリウムの反応を振り返ろう．

$$HCl(aq) + NaOH(aq) \longrightarrow H_2O(l) + NaCl(aq)$$

強酸・強塩基・塩は電離しているから，つぎの完全なイオン形に書き直せる．

$$H^+(aq) + Cl^-(aq) + Na^+(aq) + OH^-(aq)$$
$$\longrightarrow H_2O(l) + Na^+(aq) + Cl^-(aq)$$

H^+ の実体を H_3O^+ とみて，正味の反応を次式に書く．

$$\underset{\text{強酸}}{H_3O^+(aq)} + \underset{\text{強塩基}}{OH^-(aq)} \longrightarrow \underset{\text{弱酸}}{H_2O(l)} + \underset{\text{弱塩基}}{H_2O(l)}$$

---

* 訳注: 日本の高校では "H_2CO_3 という分子は存在しないから $H_2O + CO_2$ と書く" と教えるが，海外の教科書は大半が $H_2CO_3 =$ 炭酸とみる．

H_3O^+ は酸として H_2O より強く,OH^- は塩基として H_2O より強い.上記の平衡反応はほぼ完全に右にかたよる(§11・10).その平衡定数を K^w と書けば,K^w は水の電離定数 (K_w) の逆数だから,$K^w = K_w^{-1} = 1.0 \times 10^{14}$ が成り立つ.

強塩基に等量の強酸を加えてできる水溶液は,同濃度の H_3O^+ と OH^- を含むため,pH が 7.0 になる.

弱酸＋強塩基

弱酸と強塩基の反応も,ほぼ完全に進む.

$$HA(aq) + OH^-(aq) \rightleftharpoons H_2O(l) + A^-(aq)$$
弱酸　　　強塩基

強酸＋強塩基とは違い,反応完了時の pH は 7.0 ではなく,A^- と水の反応で決まる.弱酸の亜硝酸 (HNO_2) と水酸化ナトリウムの反応では,水と NO_2^- ができる.

$$HNO_2(aq) + OH^-(aq) \longrightarrow H_2O(l) + NO_2^-(aq)$$
弱酸　　　強塩基

反応完了時の pH は,弱塩基 NO_2^- と水の反応が決める.

反応の平衡定数 (K) は,HNO_2 の酸解離定数(表 B・8)から計算できる.

$$HNO_2(aq) + H_2O(l) \rightleftharpoons H_3O^+(aq) + NO_2^-(aq) \qquad K_a = 5.1 \times 10^{-4}$$
$$H_3O^+(aq) + OH^-(aq) \rightleftharpoons 2\,H_2O(l) \qquad K^w = 1.0 \times 10^{14}$$

K^w は K_w の逆数だった.二つの反応を足せば,HNO_2 と OH^- の反応になる.

$$HNO_2(aq) + OH^-(aq) \rightleftharpoons H_2O(l) + NO_2^-(aq)$$
$$K = K_a \times K^w = 5.1 \times 10^{-4} \times 1.0 \times 10^{14} = 5.1 \times 10^{10}$$

平衡定数が大きいので,反応はほぼ完全に進む.弱酸と強塩基の反応はほぼ完全に進むと考えてよい.

強酸＋弱塩基

弱塩基のメチルアミン (CH_3NH_2) と強酸のヨウ化水素 (HI) は,つぎのように反応する.

$$CH_3NH_2(aq) + HI(aq) \longrightarrow CH_3NH_3^+(aq) + I^-(aq)$$

HI がほぼ完全に電離するとみて,反応をこう書く.

$$CH_3NH_2(aq) + H_3O^+(aq) \longrightarrow CH_3NH_3^+(aq) + H_2O(l)$$

反応の平衡定数 (K) は，付録の表 B・8 の K_a 値と表 B・9 の K_b 値から計算できる．

$$\begin{array}{ll} \mathrm{CH_3NH_2(aq) + H_2O(l) \rightleftharpoons CH_3NH_3^+(aq) + OH^-(aq)} & K_b = 4.8\times 10^{-4} \\ \mathrm{H_3O^+(aq) + OH^-(aq) \rightleftharpoons 2\,H_2O(l)} & K^w = 1.0\times 10^{14} \\ \hline \mathrm{CH_3NH_2(aq) + H_3O^+(aq) \rightleftharpoons CH_3NH_3^+(aq) + H_2O(l)} & K = K_b\times K^w = 4.8\times 10^{10} \end{array}$$

平衡定数が大きいから，反応はほぼ完全に進む．強酸と弱塩基の反応は完全に進むと考えてよい．反応後の pH は，酸（いまの例だと $\mathrm{CH_3NH_3^+}$）の酸解離定数で決まる．

弱塩基＋弱酸

弱塩基のメチルアミンと弱酸の亜硝酸はこう反応する．

$$\mathrm{\underset{弱塩基}{CH_3NH_2(aq)} + \underset{弱酸}{HNO_2(aq)} \longrightarrow CH_3NH_3^+(aq) + NO_2^-(aq)}$$

反応がどれほど進むかは，平衡定数 (K) の大きさで決まる．弱酸を HA，弱塩基を B とした一般形で，K の計算はつぎのように行う．

$$\begin{array}{ll} \mathrm{HA(aq) + H_2O(l) \rightleftharpoons H_3O^+(aq) + A^-(aq)} & K_a = ? \\ \mathrm{B(aq) + H_2O(l) \rightleftharpoons BH^+(aq) + OH^-(aq)} & K_b = ? \\ \mathrm{H_3O^+(aq) + OH^-(aq) \rightleftharpoons 2\,H_2O(l)} & K^w = 1.0\times 10^{14} \\ \hline \mathrm{HA(aq) + B(aq) \rightleftharpoons BH^+(aq) + A^-(aq)} & K = K_a\times K_b\times K^w \end{array}$$

$\mathrm{CH_3NH_2}$ と $\mathrm{HNO_2}$ の場合，表 B・8 と B・9 の K_a と K_b から，反応の K 値はつぎのようになる．

$$K = 5.1\times 10^{-4} \times 4.8\times 10^{-4} \times 1.0\times 10^{14} = 2.5\times 10^7$$

K 値が大きいので，反応はほぼ完全に進む．ただし，いつもそうなるわけではない．たとえばシアン化水素酸（HCN）とヒドラジン（$\mathrm{H_2N-NH_2}$）の反応だと K 値は 0.072 しかないため，反応はあまり進まない．弱酸と弱塩基の反応は一般化しにくいので，個別に平衡定数を当たって判断する．

11・19 pH 滴定曲線

何かの濃度は，**滴定**（titration）で測ることが多い．未知濃度の溶液の一定量に，既知濃度の溶液を少しずつ加え，反応の完了点（等量点）を，何かの変化をもとに知る．試薬を使うなら，それを**指示薬**（indicator）という．未知濃度の酸の溶液に既知濃度の塩基水溶液を加えていく操作が，酸塩基滴定になる（塩基に酸を加えてもよい）．

11·19 pH 滴定曲線

指示薬には，共役酸-塩基どうしで色が異なる弱酸ないし弱塩基を使う．たとえばフェノールフタレインは，酸性で無色，塩基性でピンクになる．酸型を HIn，塩基型を In^- と書けば，指示薬の電離平衡は次式に表せる．

$$HIn(aq) + H_2O(aq) \rightleftharpoons H_3O^+(aq) + In^-(aq)$$

指示薬の酸解離定数（K_a）はこう書ける．

$$K_a = [H_3O^+]\frac{[In^-]}{[HIn]}$$

それをつぎのように書き直す．

$$\frac{[In^-]}{[HIn]} = \frac{K_a}{[H_3O^+]}$$

H_3O^+ 濃度が高いと[HIn]が[In^-]より大きく，溶液は酸型の色（フェノールフタレインなら無色）を示す．H_3O^+ 濃度が低いと[In^-]が[HIn]より大きく，溶液は塩基型の色（フェノールフタレインではピンク）になる．ふつうの指示薬は，濃度比[In^-]/[HIn]が 0.1〜10 の範囲（pH の変化幅2以内）で色を変える．よく使う指示薬と変色域を表 11·7 にまとめた．

表 11·7　酸塩基指示薬の性質

指示薬	変色 pH 域	変色(酸性色—塩基性色)
チモールブルー	1.2〜2.8	赤—黄
メチルオレンジ	3.1〜4.4	橙—黄
メチルレッド	4.2〜6.2	赤—黄
ブロモチールブルー(BTB)	6.0〜7.6	黄—青
フェノールレッド	6.8〜8.2	黄—赤
クレゾールレッド	7.2〜8.8	黄—赤
フェノールフタレイン	8.3〜10.0	無色—ピンク
アリザリンイエロー	10.1〜12.0	黄—赤

例題 11·12　メチルレッド（$K_a = 5.0 \times 10^{-6}$）の[HIn]/[In^-]が 0.10, 1.0, 10 になる pH を計算せよ．それぞれで溶液の色はどうなるか（酸性色は赤，塩基性色は黄）．

【答】　H_3O^+ 濃度と濃度比[HIn]/[In^-]は，次式で結びつく．

$$[H_3O^+] = K_a \frac{[HIn]}{[In^-]} = 5.0 \times 10^{-6} \frac{[HIn]}{[In^-]}$$

[HIn]/[In⁻] が 0.10 のとき，つぎの計算で pH＝6.3 だから，色は黄になる．

$$[H_3O^+] = 5.0\times10^{-6}\times\frac{1}{10} = 5.0\times10^{-7};\quad pH = 6.3$$

[HIn]/[In⁻]＝1.0 だと pH＝5.3 になり，赤と黄の混色で橙になる．

$$[H_3O^+] = 5.0\times10^{-6}\times\frac{1}{1} = 5.0\times10^{-6};\quad pH = 5.3$$

また[HIn]/[In⁻]＝10 なら pH＝4.3 なので，赤になる．

$$[H_3O^+] = 5.0\times10^{-6}\times\frac{10}{1} = 5.0\times10^{-5};\quad pH = 4.3$$

指示薬が変色する点を，酸塩基滴定の**終点**（end point）とする．**等量点**（equivalent point）は，酸と塩基がちょうど中和する点をいう．終点は等量点になるべく近いほうがいい．

指示薬がぴったり等量点で変色するとはかぎらない．フェノールフタレインの場合，ピンク色がついた溶液をゆすったとき，10秒間は色が消えない点を終点にする．あと1滴（0.05 mL）で色が消えなくなるため，終点と等量点は十分に近い．

終点判定用の指示薬は，酸と塩基の種類を見て選ぶ．強塩基を使う強酸の滴定を考えよう．

$$HCl(aq) + NaOH(aq) \rightleftharpoons Na^+(aq) + Cl^-(aq) + H_2O(l).$$

Na^+ も Cl^- も pH に影響しないから，終点の pH は 7.0 に近い．

酢酸を強塩基で滴定すれば，生じる OAc^- と水が反応するため，終点の溶液は塩基性を示す．

$$NaOH(aq) + HOAc(aq) \rightleftharpoons H_2O(l) + Na^+(aq) + OAc^-(aq)$$
$$OAc^-(aq) + H_2O(l) \rightleftharpoons HOAc(aq) + OH^-(aq)$$

例題 11・13 つぎのペアで酸塩基滴定をしたい．適切な指示薬を表 11・7 から選べ．

① HNO_3 と NaOH　　② HOBr と KOH　　③ HCl と NH_3

【答】
① 強酸＋強塩基だから終点の pH は 7 に近い．ブロモチモールブルー（BTB）がよい．
② 弱酸＋強塩基だから終点の pH は 7 より高い．クレゾールレッドがよい．
③ 強酸＋弱塩基だから終点の pH は 7 より低い．メチルレッドがよい．

指示薬を使って H_2SO_4 と KOH の反応を追うとき，何が起こるかみてみよう．強酸と強塩基の反応だから，完全に進むとみてよい．

$$H_2SO_4(aq) + 2\,KOH(aq) \longrightarrow 2\,K^+(aq) + SO_4^{2-}(aq) + 2\,H_2O(l)$$

フェノールフタレインを使い，希硫酸 25.00 mL の中和に 0.1500 M の KOH 水溶液 42.61 mL を要したとする．結果から，希硫酸の濃度はいくらといえるか？

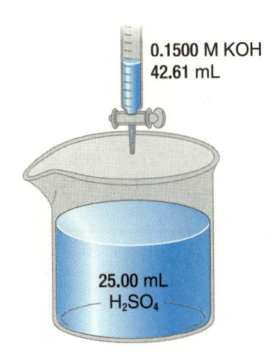

希硫酸は体積しかわかっていない．KOH 水溶液は体積も濃度もわかっている．まず，KOH が何 mol かを計算する．

$$\frac{0.1500\ \text{mol KOH}}{1\ \text{L}} \times 0.042\,61\ \text{L} = 6.392 \times 10^{-3}\ \text{mol KOH}$$

KOH の量を使い，反応した H_2SO_4 が何 mol かを計算する．

$$6.392 \times 10^{-3}\ \text{mol KOH} \times \frac{1\ \text{mol}\ H_2SO_4}{2\ \text{mol KOH}} = 3.196 \times 10^{-3}\ \text{mol}\ H_2SO_4$$

H_2SO_4 の量がわかった．水溶液の体積を使い，H_2SO_4 の濃度が計算できる．

$$\frac{3.196 \times 10^{-3}\ \text{mol}\ H_2SO_4}{0.025\,00\ \text{L}} = 0.1278\ \text{M}\ H_2SO_4$$

11. 酸と塩基

酸塩基滴定は，横軸を滴下体積，縦軸をpH値とした"滴定曲線"に描ける．0.10 M 酢酸25.00 mLに0.10 M 水酸化ナトリウム水溶液を滴下した結果を図11・13に描いてある．滴定曲線の形は，滴定中に生じる緩衝液やその緩衝能で決まる．曲線上の4点(A, B, C, D) を詳しく調べよう．

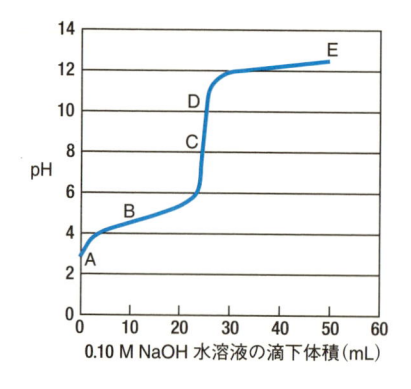

図 11・13 0.10 M 酢酸 25.00 mL に 0.10 M 水酸化ナトリウム水溶液を滴下した滴定曲線

A点のpHはつぎのように計算できる．

$$K_a = 1.8 \times 10^{-5} = \frac{[\text{OAc}^-][\text{H}_3\text{O}^+]}{[\text{HOAc}]} \approx \frac{(\Delta C)^2}{0.10 \text{ M}}$$

$$\Delta C = 1.3 \times 10^{-3} \text{ M} = [\text{H}_3\text{O}^+], \text{ pH} \approx 2.9$$

酢酸 (HOAc) に NaOH 水溶液を滴下していくと，酢酸の一部が共役塩基 (OAc^-) に変わる．弱酸と強塩基の反応は，平衡定数が大きいので右に進む．

$$\text{HOAc(aq)} + \text{OH}^-(\text{aq}) \longrightarrow \text{OAc}^-(\text{aq}) + \text{H}_2\text{O(l)}$$

滴下が進むと HOAc/OAc^- 系の緩衝液ができ，塩基の滴下量とともに緩衝能が増すため，pH変化の勢いが落ちていく．

滴下体積 12.50 mL のB点は，HOAcの半分が OAc^- に変わった状況を表す．溶液中の H_3O^+ 濃度は，酸解離定数の表式で書ける HOAc/OAc^- 系の平衡が決める．

$$K_a = \frac{[\text{H}_3\text{O}^+][\text{OAc}^-]}{[\text{HOAc}]}$$

B点では[HOAc]=[OAc^-]だから，[H_3O^+]がK_aに等しい．

$$[\text{H}_3\text{O}^+] = K_a$$
$$\text{pH} = -\log_{10}[\text{H}_3\text{O}^+] = 4.7$$

酸のK_a値はこのような測定で決める．つまり強塩基で酸を滴定し，酸の半分が消費

された点を滴定曲線上に見つける．そのときの H_3O^+ 濃度が，酸の K_a 値に等しい．

C 点は，酸の全量が塩基と反応しきった等量点にあたる．等量点を求めるのが目的だけれど，現実に観測するのは，指示薬の色が急変する終点にほかならない．

C 点で酢酸は全量が消え，水溶液中のおもな成分は Na^+ と OAc^- だけになる．Na^+ は pH に影響しないが，OAc^- は水と反応して水溶液を塩基性にする．

$$OAc^-(aq) + H_2O(l) \rightleftharpoons HOAc(aq) + OH^-(aq)$$

OAc^- の量は，HOAc の初期量に等しい．

$$0.025\,L \times 0.10\,mol/L\,HOAc = 2.5 \times 10^{-3}\,mol\,HOAc$$

等量点では 2.5×10^{-3} mol の OAc^- があり，HOAc は残っていない．体積は最初の 25.00 mL と滴下体積 25.00 mL の和 50.00 mL だから，OAc^- 濃度はつぎのようになる．

$$[OAc^-] = \frac{2.5 \times 10^{-3}\,mol\,OAc^-}{0.050\,00\,L} = 5.0 \times 10^{-2}\,M\,OAc^-$$

pH は，OAc^- の塩基解離定数（K_b）を使ってこう計算する．

$$K_b = 5.6 \times 10^{-10} = \frac{[HOAc][OH^-]}{[OAc^-]} \approx \frac{\Delta C^2}{5.0 \times 10^{-2}\,M}$$

$$\Delta C = [OH^-] = 5.3 \times 10^{-6}\,M,\ pOH \approx 5.3 \quad だから \quad pH = 8.7$$

終点は等量点にできるだけ近いほうがよいため，pH 8.7 で急変する指示薬を使う．表 11・7 を見ると，変色 pH 域 8.3〜10.0 のフェノールフタレインが適する．図 11・13 より，フェノールフタレインは C 点〜D 点で変色する．

E 点では，NaOH 水溶液の滴下体積が 50.00 mL になる．酢酸と中和する体積よりも 25.00 mL 多いので体積は 75.00 mL になり，NaOH の過剰量はつぎのようだとわかる．

$$0.10\,mol/L \times 0.025\,00\,L = 0.0025\,mol\,NaOH$$

すると NaOH の濃度はこうなる．

$$[OH^-] = 0.0025\,mol/0.075\,00\,L = 0.033\,M$$

簡単な計算で，pOH = 1.5 つまり pH = 12.5 だとわかる．

滴定曲線（図 11・13）の形を振り返ろう．滴下の初期は，加えた強塩基が弱酸を消費して pH が急上昇した．滴下を続けると HOAc 由来の OAc^- が増え，緩衝系になって pH 変化が遅くなったあと，酸の大半がなくなるまでゆるやかな pH 変動が続いた．終点に近づくと HOAc の大半がなくなり，緩衝能も落ちるため，pH はまた急上昇する．等量点を過ぎたあとは NaOH 水溶液だから，pH 変動は再びゆるやかになった．

弱塩基（アンモニアなど）に強酸（塩酸など）を滴下した滴定曲線も，図 11・13 と似た姿になる．ただしその場合，滴下体積が増すにつれ，pH は 高 → 低 と変わっていく．

例題 11・14 0.1000 M アンモニア水 25.00 mL に 0.1000 M 塩酸を滴下した滴定曲線を図 11・14 に示す. A, B, C, D 点の pH を計算せよ.

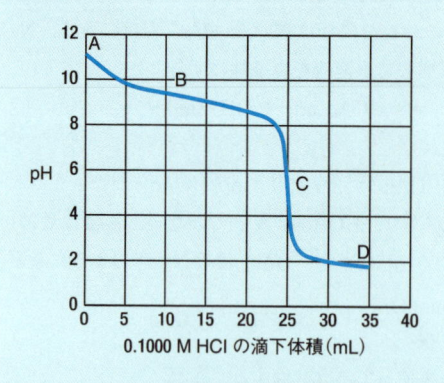

図 11・14 0.1000 M アンモニア水 25.00 mL に 0.1000 M 塩酸を滴下した滴定曲線

【答】 A点: NH_3 の濃度が 0.1000 M だから, pH はこう計算できる.

$$NH_3(aq) + H_2O(l) \rightleftharpoons NH_4^+(aq) + OH^-(aq)$$

$$K_b = 1.8 \times 10^{-5} = \frac{[NH_4^+][OH^-]}{[NH_3]}$$

$(\Delta C)^2/0.1000 = 1.8 \times 10^{-5}$, $\Delta C = [OH^-] = 1.3 \times 10^{-3}$ M だから, pOH = 2.9 (pH = 11.1) になる.

B点: 等量点に至る中点なので $[NH_4^+] = [NH_3]$ が成り立ち, つぎの結果になる.
$1.8 \times 10^{-5} = [OH^-]$, pOH = 4.7, pH = 9.3

C点: 等量点なので NH_3 はなく, NH_4^+ だけがある. 計算はつぎのように行う.

$$[NH_4^+] = \frac{(0.1000 \text{ M})(0.02500 \text{ L})}{0.05000 \text{ L}} = 0.05000 \text{ M}$$

$$NH_4^+(aq) + H_2O(l) \rightleftharpoons H_3O^+(aq) + NH_3(aq)$$

$$K_a = 5.6 \times 10^{-10} = \frac{[H_3O^+][NH_3]}{[NH_4^+]} = \frac{(\Delta C)^2}{0.0500 \text{ M}}$$

$\Delta C = [H_3O^+] = 5.3 \times 10^{-6}$ M, pH = 5.3

D点: 等量点からさらに 10.00 mL を滴下した時点だから, 計算はこうなる.

$$\frac{0.01000 \text{ L} \times 0.1000 \text{ M}}{0.0600 \text{ L}} = [H_3O^+] = 1.70 \times 10^{-2} \text{M} \quad \text{pH} = 1.8$$

▶ チェック
塩酸に NaOH 水溶液を滴下していく途中, pH はどのように変わるか.

● キーワード（11章）

アルカリ	強塩基	終点	pK_b
アレニウス塩基	強酸	水素イオン供与体	ヒドロニウムイオン
アレニウス酸	共役塩基	水素イオン受容体	ブレンステッド塩基
1価の酸	共役酸	水平化効果	ブレンステッド酸
塩基	酸	中性	プロトン供与体
塩基解離定数	酸塩基指示薬	中和反応	プロトン受容体
塩基性	酸解離定数	滴定	ヘンダーソン-
塩基性緩衝液	酸性	等量点	ハッセルバルヒの式
オキソ酸	酸性緩衝液	pH	水の電離定数
緩衝液	指示薬	pOH	
緩衝能	弱酸	pK_a	

11 章 の 発 展

11A・1　多価の酸
11A・2　多価の塩基
11A・3　酸にも塩基にもなる物質

11A・1　多価の酸

いままでは，塩酸（HCl），酢酸（CH_3COOH），硝酸（HNO_3）など，H^+を1個だけ出すブレンステッド酸，つまり**1価の酸**（monoprotic acid. 別名 **一塩基酸**）を扱った．

2個以上のH^+を出す**多価の酸**（polyprotic acid. 別名 **多塩基酸**）も多い．硫酸（H_2SO_4），炭酸（H_2CO_3），硫化水素（H_2S），クロム酸（H_2CrO_4），シュウ酸（$H_2C_2O_4$）など2個のH^+を出す**2価の酸**（diprotic acid. 別名 **二塩基酸**）と，リン酸（H_3PO_4），クエン酸（$C_6H_8O_7$）など3個のH^+を出す**3価の酸**（triprotic acid. 別名 **三塩基酸**）がある．

クエン酸，フマル酸，リンゴ酸，シュウ酸，コハク酸など，天然にある多価の酸は，生体内で活躍する．タンパク質の素材となるアミノ酸も，アミノ基が$-NH_3^+$形になっているとみれば，みな2価以上の酸だといえる（アスパラギン酸やグルタミン酸は3価）．アジピン酸やテレフタル酸など2価の酸は，ナイロンやポリエステルの合成原料になる．いま世界では年に200万トン近いテレフタル酸と300万トン近いアジピン酸を製造する．

多価の酸のK_a値を表11A・1にまとめた．一般に，電離の1段目と2段目，2段目と3段目は，K_a値に大差がある．ふつう硫酸は強酸に分類するので，H^+を2個とも出すと思いたくなるが，じつは違う．硫酸は，1段目のK_a値だけが1よりずっと大きいから酸として強い．1段目の電離はほぼ100%進み，H_2SO_4が硫酸水素イオン（HSO_4^-）になる．

$$H_2SO_4(aq) + H_2O(l) \longrightarrow H_3O^+(aq) + HSO_4^-(aq) \qquad K_{a1} = 1 \times 10^3$$

2段目のK_aは1.2×10^{-2}と小さいため，1 M硫酸だと，分子の約10%しかSO_4^{2-}にならない．

$$HSO_4^-(aq) + H_2O(l) \rightleftharpoons H_3O^+(aq) + SO_4^{2-}(aq) \qquad K_{a2} = 1.2 \times 10^{-2}$$

ただし，水より強い塩基（アンモニアなど）と反応すれば，H_2SO_4は2個目のH^+も失う．

11A・1 多価の酸

表 11A・1 多価の酸の酸解離定数

酸		K_{a1}	K_{a2}	K_{a3}
硫酸	H_2SO_4	1.0×10^3	1.2×10^{-2}	
クロム酸	H_2CrO_4	9.6	3.2×10^{-7}	
シュウ酸	HOOCCOOH	5.4×10^{-2}	5.4×10^{-5}	
亜硫酸	H_2SO_3	1.7×10^{-2}	6.4×10^{-8}	
リンゴ酸	cis-HOOCCH=CHCOOH	1.2×10^{-2}	5.4×10^{-7}	
リン酸	H_3PO_4	7.1×10^{-3}	6.3×10^{-8}	4.2×10^{-13}
グリシン	$HOOCCH_2NH_3^+$	4.6×10^{-3}	2.5×10^{-10}	
フマル酸	$trans$-HOOCCH=CHCOOH	9.3×10^{-4}	3.6×10^{-5}	
クエン酸	$C_6H_8O_7$	7.5×10^{-4}	1.7×10^{-5}	4.0×10^{-7}
テレフタル酸	$HOOCC_6H_4COOH$	2.9×10^{-4}	3.5×10^{-5}	
アジピン酸	$HOOC(CH_2)_4COOH$	3.7×10^{-5}	3.9×10^{-6}	
炭酸	H_2CO_3	4.5×10^{-7}	4.7×10^{-11}	
硫化水素	H_2S	1.0×10^{-7}	1.3×10^{-13}	

表11A・1を見ると,多価の酸のK_a値は,解離段階ごとに大きく変わる.つまり多価の酸は,1段ごとの電離しかしない.それを**段階的電離**(stepwise dissociation)という.

H_2Sの飽和水溶液(飽和でも0.10 M 未満)を例に,段階的電離をみてみよう.H_2Sは腐敗した卵などから出る不快臭の気体だが,化学実験ではS^{2-}の発生源によく使う.弱酸のH_2Sは2段階で電離する.1段目ではH_2S分子の一部がH^+を出し,HS^-(硫化水素イオン)に変わる.

1段目: $\quad H_2S(aq) + H_2O(l) \rightleftharpoons H_3O^+(aq) + HS^-(aq)$

生じたHS^-のごく一部が,2段目の電離で2個目のH^+を出す.

2段目: $\quad HS^-(aq) + H_2O(l) \rightleftharpoons H_3O^+(aq) + S^{2-}(aq)$

酸解離定数の表式はつぎのように書ける.

$$K_{a1} = \frac{[H_3O^+][HS^-]}{[H_2S]} = 1.0 \times 10^{-7}$$

$$K_{a2} = \frac{[H_3O^+][S^{2-}]}{[HS^-]} = 1.3 \times 10^{-13}$$

式2個に変数(濃度項)が6個でも,$[H_3O^+]$と$[HS^-]$は共通だから,実質は4個($[H_3O^+]$, $[H_2S]$, $[HS^-]$, $[S^{2-}]$)しかない.$[H_3O^+]$は1段目と2段目で出るH_3O^+の総濃度なので,共通の値をもつ.同様に,1段目で生じ,2段目で消費されるHS^-の濃度$[HS^-]$も,値は両式で等しい.

とはいえ,変数(未知数)が4個だから,解くには式も4個いる.ほかに式2個を見つけるか,適当な仮定を二つして,式が2個ですむようにすればよい.まず,K_{a1}がK_{a2}

より1万倍も大きい事実に注目すると，次式が成り立つ．
$$K_{a1} \gg K_{a2}$$
つまり，1段目で生じたHS^-は，ごく一部しか2段目で電離しない．それなら，平衡時にあるH_3O^+のほとんどはH_2Sの電離から生じ，1段目で生じたHS^-の大半はそのままだろう．その結果，つぎの仮定ができる．

仮定①： $[H_3O^+] \approx [HS^-]$

もう一つの関係式（または仮定）がいる．H_2Sは弱酸（$K_{a1}=1.0\times10^{-7}$，$K_{a2}=1.3\times10^{-13}$）だから，水中のH_2Sは大半が未解離のままに違いない．つまりH_2Sの平衡濃度は，初期濃度にほぼ等しい．H_2Sの飽和濃度は約$0.10\,M$なので，第二の仮定をこうしよう．

仮定②： $[H_2S] \approx 0.10\,M$

以上の関係式を並べると，つぎのようになる．

$$K_{a1} = \frac{[H_3O^+][HS^-]}{[H_2S]} = 1.0\times10^{-7}$$
$$K_{a2} = \frac{[H_3O^+][S^{2-}]}{[HS^-]} = 1.3\times10^{-13}$$
$$[H_3O^+] \approx [HS^-]$$
$$[H_2S] \approx 0.10\,M$$

未知数（$[H_3O^+]$, $[H_2S]$, $[HS^-]$, $[S^{2-}]$）と式が同数になったので，問題は解ける．情報を以下の図にまとめた．

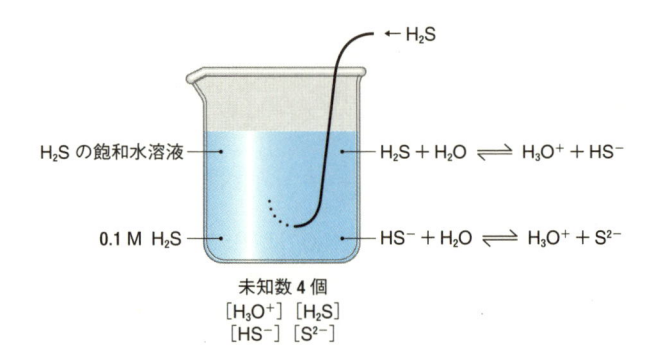

- ← H_2S
- H_2Sの飽和水溶液
- $0.1\,M\ H_2S$
- $H_2S + H_2O \rightleftharpoons H_3O^+ + HS^-$
- $HS^- + H_2O \rightleftharpoons H_3O^+ + S^{2-}$
- 未知数4個 $[H_3O^+]$ $[H_2S]$ $[HS^-]$ $[S^{2-}]$

K_{a1}の表式に$[H_2S]\approx0.10\,M$, $[H_3O^+]\approx[HS^-]$を代入し，$[H_3O^+]\approx[HS^-]\approx1.0\times10^{-4}\,M$となる．それを$K_{a2}$の表式に入れ，$[S^{2-}]\approx1.3\times10^{-13}\,M$を得る．

以上の結果はつぎのようにまとめられる.

$$[H_2S] \approx 0.10 \text{ M}$$
$$[H_3O^+] \approx [HS^-] \approx 1.0\times10^{-4} \text{ M}$$
$$[S^{2-}] \approx 1.3\times10^{-13} \text{ M}$$

11A・2 多価の塩基

前節の計算方法は，2価の塩基にも使える．塩基の K_b 計算だけが余分な作業になる．つぎの課題に挑戦しよう（状況は以下に図解した）．

■ Na_2CO_3 の 0.10 M 水溶液につき，$H_2CO_3, HCO_3^-, CO_3^{2-}, OH^-$ の平衡濃度を計算せよ（H_2CO_3 の K_{a1} は 4.5×10^{-7}，K_{a2} は 4.7×10^{-11}）．

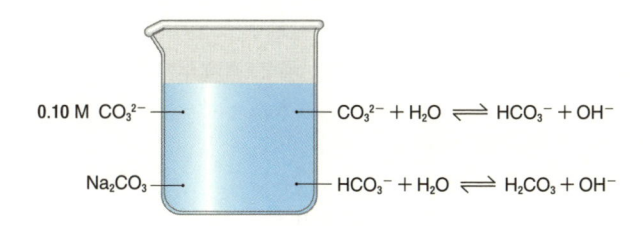

0.10 M CO_3^{2-} $CO_3^{2-} + H_2O \rightleftharpoons HCO_3^- + OH^-$

Na_2CO_3 $HCO_3^- + H_2O \rightleftharpoons H_2CO_3 + OH^-$

炭酸ナトリウムは，塩だからほぼ完全に電離する.

$$Na_2CO_3(s) \xrightarrow{H_2O} 2\,Na^+(aq) + CO_3^{2-}(aq)$$

生じる塩基の炭酸イオン（CO_3^{2-}）は，水の H^+ を1個ずつ2段階で奪い，1段目で炭酸水素イオン（HCO_3^-）に，2段目で炭酸（H_2CO_3）になる.

$$CO_3^{2-}(aq) + H_2O(l) \rightleftharpoons HCO_3^-(aq) + OH^-(aq) \quad K_{b1} = ?$$
$$HCO_3^-(aq) + H_2O(l) \rightleftharpoons H_2CO_3(aq) + OH^-(aq) \quad K_{b2} = ?$$

まずは塩基解離定数 K_{b1} と K_{b1} を知りたい．CO_3^{2-} の K_b と炭酸の K_a はつぎのように書ける．

$$K_{b1} = \frac{[HCO_3^-][OH^-]}{[CO_3^{2-}]} \qquad K_{a2} = \frac{[H_3O^+][CO_3^{2-}]}{[HCO_3^-]}$$

$$K_{b2} = \frac{[H_2CO_3][OH^-]}{[HCO_3^-]} \qquad K_{a1} = \frac{[H_3O^+][HCO_3^-]}{[H_2CO_3]}$$

K_{b1} と K_{a2} は $[HCO_3^-]$ と $[CO_3^{2-}]$ を共通に含み，K_{b2} と K_{a1} は $[HCO_3^-]$ と $[H_2CO_3]$ を共通に含む.

K_{a1} の表式中，分子と分母に [OH^-] を掛けてこう変形する．

$$K_{a1} = \frac{[H_3O^+][HCO_3^-]}{[H_2CO_3]} \times \frac{[OH^-]}{[OH^-]}$$

つぎの変形も行う．

$$K_{a1} = \frac{[HCO_3^-]}{[H_2CO_3][OH^-]} \times [H_3O^+][OH^-]$$

右辺第 1 項は K_{b2} の逆数，第 2 項は水の電離定数（K_w）だから，つぎのように書ける．

$$K_{a1} = \frac{1}{K_{b2}} \times K_w$$

変形すればこうなる．

$$K_{a1} K_{b2} = K_w$$

同様な関係は K_{a2} と K_{b1} の間にも成り立つ．途中を略せばつぎの結果になる．

$$K_{a2} K_{b1} = K_w$$

以上から，K_{b1} と K_{b2} はこう書ける．

$$K_{b1} = \frac{K_w}{K_{a2}} = \frac{1.0 \times 10^{-14}}{4.7 \times 10^{-11}} = 2.1 \times 10^{-4}$$

$$K_{b2} = \frac{K_w}{K_{a1}} = \frac{1.0 \times 10^{-14}}{4.5 \times 10^{-7}} = 2.2 \times 10^{-8}$$

これで平衡濃度を計算する準備ができた．塩基としていちばん強く，OH^- のおもな供給源になるのは CO_3^{2-} だから，K_{b1} の表式を出発点に使う．

$$K_{b1} = \frac{[HCO_3^-][OH^-]}{[CO_3^{2-}]}$$

K_{b1} 値と K_{b2} 値に大差があるため，平衡時の OH^- はほとんどが 1 段目の電離で生じ，そのとき生じる HCO_3^- の大半はそのまま溶液中にあるだろう．つまりつぎのように近似できる．

$$[OH^-] \approx [HCO_3^-] \approx \Delta C$$

K_{b1} が小さいから，1 段目でも電離は少なく，CO_3^{2-} の平衡濃度は，最初に加えた Na_2CO_3 の濃度に近いとみてよい．

$$[CO_3^{2-}] \approx 0.10\,M$$

以上を K_{b1} の表式に入れると，つぎの近似式が成り立つ．

$$\frac{(\Delta C)^2}{0.10} \approx 2.1 \times 10^{-4}$$

簡単な計算で，つぎの結果を得る．

$$\Delta C \approx 0.0046 \, M$$

それを使い，OH^-，HCO_3^-，CO_3^{2-} の平衡濃度がこうなる．

$$[CO_3^{2-}] \approx 0.10 \, M$$

$$[OH^-] \approx [HCO_3^-] \approx 0.0046 \, M$$

続いて K_{b2} の表式に注目しよう．

$$K_{b2} = \frac{[H_2CO_3][OH^-]}{[HCO_3^-]}$$

先ほどの結果を K_{b2} の表式に入れ，H_2CO_3 の平衡濃度が $2.2\times10^{-8}\,M$ だとわかる*．以上より，平衡濃度はつぎのようにまとめられる．

$$[CO_3^{2-}] \approx 0.10 \, M$$

$$[OH^-] \approx [HCO_3^-] \approx 0.0046 \, M$$

$$[H_2CO_3] \approx 2.2\times10^{-8} \, M$$

最初の仮定に問題はなかった．CO_3^{2-} と水の反応で生じる HCO_3^- は，Na_2CO_3 の初期濃度の5%未満にとどまる．また，OH^- はほとんどが1段目の電離で生まれ，そのとき生じた HCO_3^- の大半はそのまま溶液中に残っていた．

11A・3　酸にも塩基にもなる物質

ときに平衡計算では，ある化合物が酸か塩基かの判定が難題となる．たとえば，水に溶けて炭酸水素イオン（HCO_3^-）になる炭酸水素ナトリウム（重炭酸ナトリウム，重曹）を考えよう．状況を以下の図にまとめた．

$$NaHCO_3(s) \xrightarrow{H_2O} Na^+(aq) + HCO_3^-(aq)$$

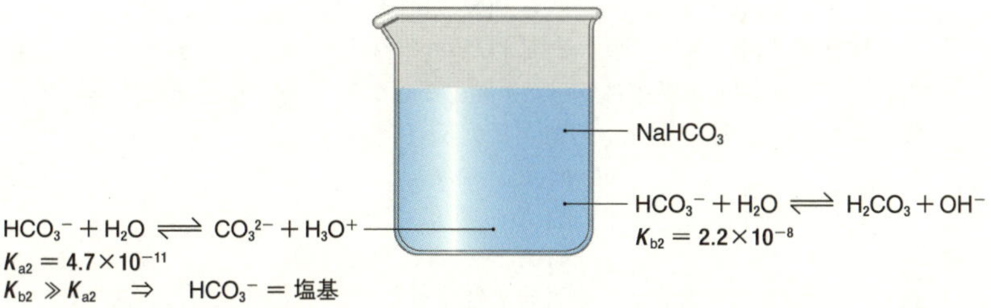

$HCO_3^- + H_2O \rightleftharpoons CO_3^{2-} + H_3O^+$
$K_{a2} = 4.7\times10^{-11}$

$HCO_3^- + H_2O \rightleftharpoons H_2CO_3 + OH^-$
$K_{b2} = 2.2\times10^{-8}$

$K_{b2} \gg K_{a2} \;\Rightarrow\; HCO_3^- = 塩基$

---

* 訳注：“炭酸”の実体を“$CO_2 + H_2O$”とみれば，溶けた CO_2 分子の濃度が $2.2\times10^{-8}\,M$．

HCO_3^- は，ブレンステッドの酸にも塩基にもなれる．

$$HCO_3^-(aq) + H_2O(l) \rightleftharpoons H_3O^+(aq) + CO_3^{2-}(aq)$$
$$HCO_3^-(aq) + H_2O(l) \rightleftharpoons H_3CO_3(aq) + OH^-(aq)$$

どちらの反応が主体なのだろう？ HCO_3^- は酸なのか，それとも塩基なのか？ 平衡定数を使えば答えがわかる．HCO_3^- がブレンステッド酸になるときの平衡は，炭酸の K_{a2} を使ってつぎのように書ける．

$$K_{a2} = \frac{[H_3O^+][CO_3^{2-}]}{[HCO_3^-]} = 4.7 \times 10^{-11}$$

かたやブレンステッド塩基になるときの平衡は，CO_3^{2-} の K_{b2} を使って表せる．

$$K_{b2} = \frac{[H_2CO_3][OH^-]}{[HCO_3^-]} = 2.2 \times 10^{-8}$$

$K_{b2} \gg K_{a2}$ だから HCO_3^- は塩基のはたらきのほうが強く，$NaHCO_3$ の水溶液は塩基性を示す．

例題 11A・1 リン酸（H_3PO_4）が酸，リン酸イオン（PO_4^{3-}）が塩基になるのは間違いない．では，$H_2PO_4^-$ の塩と HPO_4^{2-} の塩は，それぞれ酸か塩基か．

【答】 まず，酸（H_3PO_4）の段階的な解離平衡を整理しよう．

$$H_3PO_4(aq) + H_2O(l) \rightleftharpoons H_3O^+(aq) + H_2PO_4^-(aq) \quad K_{a1} = 7.1 \times 10^{-3}$$
$$H_2PO_4^-(aq) + H_2O(l) \rightleftharpoons H_3O^+(aq) + HPO_4^{2-}(aq) \quad K_{a2} = 6.3 \times 10^{-8}$$
$$HPO_4^{2-}(aq) + H_2O(l) \rightleftharpoons H_3O^+(aq) + PO_4^{3-}(aq) \quad K_{a3} = 4.2 \times 10^{-13}$$

つぎに，塩基（PO_4^{3-}）の段階的な解離平衡をまとめる．

$$PO_4^{3-}(aq) + H_2O(l) \rightleftharpoons HPO_4^{2-}(aq) + OH^-(aq) \quad K_{b1} = ?$$
$$HPO_4^{2-}(aq) + H_2O(l) \rightleftharpoons H_2PO_4^-(aq) + OH^-(aq) \quad K_{b2} = ?$$
$$H_2PO_4^-(aq) + H_2O(l) \rightleftharpoons H_3PO_4(aq) + OH^-(aq) \quad K_{b3} = ?$$

§11A・2 で $NaHCO_3$ 水溶液に使った手順にならうと，6個の平衡定数はつぎのように結びつくため，K_{b1}, K_{b2}, K_{b3} の値がわかる．

$$K_{a1}K_{b3} = K_w$$
$$K_{a2}K_{b2} = K_w$$
$$K_{a3}K_{b1} = K_w$$

$H_2PO_4^-$ を主役とみた酸解離と塩基解離は，つぎのようにまとめられる．

$$H_2PO_4^-(aq) + H_2O(l) \rightleftharpoons H_3O^+(aq) + HPO_4^{2-}(aq) \quad K_{a2} = 6.3 \times 10^{-8}$$
$$H_2PO_4^-(aq) + H_2O(l) \rightleftharpoons H_3PO_4(aq) + OH^-(aq) \quad K_{b3} = 1.4 \times 10^{-12}$$

$K_{a2} \gg K_{b3}$ だから，$H_2PO_4^-$ 塩の水溶液は酸性を示す．
他方，HPO_4^{2-} を主役とみれば，酸解離と塩基解離はこう書ける．

$HPO_4^{2-}(aq) + H_2O(l) \rightleftharpoons H_3O^+(aq) + PO_4^{3-}(aq)$　　$K_{a3} = 4.2 \times 10^{-13}$
$HPO_4^{2-}(aq) + H_2O(l) \rightleftharpoons H_2PO_4^-(aq) + OH^-(aq)$　　$K_{b2} = 1.6 \times 10^{-7}$

$K_{b2} \gg K_{a3}$ だから，HPO_4^{2-} 塩の水溶液は塩基性を示す．
事実，0.10 M 水溶液の pH はそれぞれつぎのようになって，上の結果に合う．

H_3PO_4	$H_2PO_4^-$	HPO_4^{2-}	PO_4^{3-}
pH = 1.5	pH = 4.4	pH = 9.3	pH = 12.0

ルートビア（ほとんどアルコール分のないコーラに似た飲料）やジンジャーエール，ドクターペッパー，コカコーラ，ペプシコーラ（の原型）など，のどの渇きをいやしてエネルギー補給にもなる炭酸飲料は，1880年代に続々と生まれた．爽快感のもとは，元祖コカコーラに入れたコカイン（コカの木から抽出）やカフェイン（コーラ豆から抽出），大量の砂糖だった[*1]．飲料から出る CO_2 も"さわやかなのどごし"につながる．

米国民ひとりは年に平均 200 L 近い炭酸飲料を飲む．CO_2 は酸性が高いほど溶けやすいため，リン酸（$K_a = 7.1 \times 10^{-3}$）やクエン酸（$K_a = 7.5 \times 10^{-4}$）で pH を 2.8 程度にする[*2]．しかし高濃度のリン酸が血中のカルシウムを減らす結果，体は不足分を補給しようとして骨を溶かす．米国科学アカデミーは近年，骨を守るため日に 800〜1200 mg のカルシウムを補給するよう勧告している．

飲料の砂糖が虫歯をつくるといわれたこともあるが，虫歯の主犯は酸だった．酸が歯のエナメル質を溶かして母材を軟化させ，細菌の侵入を助ける．

● キーワード（11章の発展）

一塩基酸	三塩基酸	多塩基酸	段階的電離	二塩基酸	2価の酸
1価の酸	3価の酸	多価の酸			

[*1] 訳注：発売後ほどなく，コカインの添加はやめている．
[*2] 訳注：コカコーラも当初はクエン酸を入れていたが，発売後ほどなく，ずっと安価なリン酸に変えた．

12 酸化還元反応

- 12・1 身近な酸化還元反応
- 12・2 酸化数の確認
- 12・3 酸化と還元の判別
- 12・4 ガルバニ電池
- 12・5 酸化剤と還元剤
- 12・6 標準電極電位
- 12・7 標準電極電位データが語ること
- 12・8 実用電池
- 12・9 ネルンストの式
- 12・10 電解：ファラデーの法則
- 12・11 NaCl 溶融塩の電解
- 12・12 NaCl 水溶液の電解
- 12・13 水の電解
- 12・14 水素と社会

12章の発展
- 12A・1 酸化還元反応の係数合わせ
- 12A・2 酸性水溶液中の酸化還元
- 12A・3 塩基性水溶液中の酸化還元
- 12A・4 有機分子の酸化還元

12・1 身近な酸化還元反応

レドックス反応（redox reaction）ともいう**酸化還元反応**（oxidation-reduction reaction）は，エネルギーの利用に深く関わる．たとえば天然ガスのメタン（CH_4）が燃えると，1 mol あたり 800 kJ の熱が出る．

$$CH_4(g) + 2\,O_2(g) \longrightarrow CO_2(g) + 2\,H_2O(g)$$

動物は，食品が含むブドウ糖（グルコース $C_6H_{12}O_6$）などの糖類や，ステアリン酸（$CH_3(CH_2)_{16}COOH$）などの脂肪酸を酸化してエネルギーを取出し，体温の維持や活動に使う．

$$C_6H_{12}O_6(aq) + 6\,O_2(g) \longrightarrow 6\,CO_2(g) + 6\,H_2O(l)$$
$$CH_3(CH_2)_{16}COOH(aq) + 26\,O_2(g) \longrightarrow 18\,CO_2(g) + 18\,H_2O(l)$$

エネルギーの利用に無関係な酸化還元反応も多い．空気や食品（卵など）が含む微量の H_2S や SO_2 は，銀を酸化して表面に黒い硫化銀（Ag_2S）をつくる．

$$4\,Ag(s) + 2\,H_2S(g) + O_2(g) \longrightarrow 2\,Ag_2S(s) + 2\,H_2O(l)$$

幸い，できた Ag_2S が内部を保護するため，それ以上の酸化は進みにくい．

銀の黒ずみは，**腐食**（corrosion）という酸化還元反応の例になる．身近でよくみかける腐食は鉄のさびだろう．室温の鉄は，酸素か水のどちらかに触れてもさびにくいけれど，両方に触れるとさびやすい．

12・1 身近な酸化還元反応

鉄さびとは,酸化鉄(Ⅲ)が主体の物質群をいう.まず鉄が水中の酸素(溶存酸素)と反応し,結晶格子に水分子を取込んだ(水和した)酸化鉄(Ⅱ)になる.

$$2\,Fe(s) + O_2(aq) + 2\,H_2O(l) \longrightarrow 2\,[FeO \cdot H_2O](s)$$

生成物は元素構成が $Fe(OH)_2$ と同じでも,$Fe(OH)_2$ ではない.$FeO \cdot H_2O$ がさらに溶存酸素で酸化され,水和酸化鉄(Ⅲ)(鉄さびの正体)ができる.

$$4\,FeO \cdot H_2O(s) + O_2(aq) + 2\,H_2O(l) \longrightarrow 2\,[Fe_2O_3 \cdot 3\,H_2O](s)$$

鉄の酸化は水と酸素が共存すると進むため,水に濡れた車のボディはさびやすい.さびをてっとり早く防ぐには,水と触れないよう表面に何かを塗る.だから車のきれいな塗装も,本来は腐食防止が目的だった.

酸化還元反応は電子の移動を伴う.電子をもらう物質は**還元** (reduction) され,電子を出す物質は**酸化** (oxidation) される.たとえばナトリウムは塩素とこう反応する.

$$2\,Na + Cl_2 \longrightarrow 2\,[Na^+][Cl^-]$$
(酸化 / 還元)

酸化還元反応は,酸化と還元の**半反応** (half-reaction) に分ければわかりやすい.電子は生成も消滅もしないため,酸化される物質が出す電子は,別の物質を還元する.つまり酸化と還元はいつもセットで進む.上記の反応では,ナトリウムが出した電子を塩素が受取るので,半反応はそれぞれつぎのように書く(足し合わせたものが全反応).

$$\text{酸化の半反応:}\quad 2\,Na \longrightarrow 2\,Na^+ + 2\,e^-$$
$$\text{還元の半反応:}\quad Cl_2 + 2\,e^- \longrightarrow 2\,Cl^-$$

電子ではなく,原子が移動する酸化還元反応もある.

$$ClNO_2(g) + NO(g) \longrightarrow ClNO(g) + NO_2(g)$$
$$CO_2(g) + H_2(g) \longrightarrow CO(g) + H_2O(g)$$

有機化学では通常,酸素原子 O の授受に注目して酸化還元反応を考える.

$$CH_3CHO(l) + H_2O_2(l) \longrightarrow CH_3COOH(l) + H_2O(l)$$

水素原子 H の授受に注目するとわかりやすい酸化還元反応も多い.

$$C_2H_4(g) + H_2(g) \longrightarrow C_2H_6(g)$$

酸化数 (oxidation number) や**酸化状態** (oxidation state) を考えれば,酸化還元反応の見通しがよくなる.移動するのが電子でも原子でも,必ずどれかの原子が酸化数を変える.

▶ チェック ─────────────────────────────
還元を伴わない酸化はありうるか.

12・2 酸化数の確認

化合物中の原子の酸化数は，どの結合もイオン結合と考え，電気陰性度の大きい原子に結合電子が属すとみて決めた (§5・16 参照). 原子は，酸化数に応じた酸化状態をとる.

化合物中の原子の酸化数を決める方法は二つあった. 第1の方法 (§5・17 参照) では，ルイス構造をもとに，異種原子がつくる共有結合電子の全部を，電気陰性度の大きい原子に割り振る. 中性の原子 X がもつ価電子数を V_X，結合電子を配分し終えたあとの電子数を N_X としたとき，X の酸化数 $n_{ox}(X)$ は次式のように書ける.

$$n_{ox}(X) = V_X - N_X$$

この方法は有機化合物の酸化状態をつかむのに役立つ. 3個 (a, b, c) の C 原子をもつ 1-プロパノールを考えよう.

$$\begin{array}{c} \text{H} \quad \text{H} \quad \text{H} \\ | \quad\ | \quad\ | \\ \text{H}-\text{C}_a-\text{C}_b-\text{C}_c-\text{O}-\text{H} \\ | \quad\ | \quad\ | \\ \text{H} \quad \text{H} \quad \text{H} \end{array}$$

炭素原子を主役とみれば，共有結合には，分子の骨格をつくる C−C 結合と，異種原子どうしの C−H 結合，C−O 結合がある. 同じ原子の間では結合電子を等分に分け，異種原子の間では電気陰性度の大きい原子に結合電子をすべて渡す. そのときルイス構造はこう書ける.

$$\begin{array}{c} \text{H} \quad\ \text{H} \quad\ \text{H} \\ \text{H} : \ddot{\text{C}}_a \cdot \cdot \ddot{\text{C}}_b \cdot \cdot \ddot{\text{C}}_c : \ddot{\text{O}} : \text{H} \\ \text{H} \quad\ \text{H} \quad\ \text{H} \end{array}$$

そして C 原子の酸化数はつぎの値になる.

$$n_{ox}(C_a) = 4 - 7 = -3$$
$$n_{ox}(C_b) = 4 - 6 = -2$$
$$n_{ox}(C_c) = 4 - 5 = -1$$

C 原子の酸化数は，3個の H と結合した C_a が−3，2個の H と結合した C_b が−2になり，結合した H 原子が多いほど負の度合が強い. また，H 原子2個とだけ結合した C_b の酸化数は−2になるが，H 原子2個のほか O 原子1個とも結合した C_c の酸化数は−1だから，O 原子と結合すれば酸化数が正のほうに動く.

酸化数を決める別法は §5・16 に述べた．復習も兼ね，硝酸イオン（NO_3^-）の N 原子を考えよう．まず酸化数の総和はイオンの価数に等しいため，NO_3^- をつくる原子 4 個の酸化数は，合計で -1 になる．また O の酸化数は -2 だから，$n_{ox}(N) + 3 \times (-2) = -1$ が成り立ち，N の酸化数 $n_{ox}(N)$ は $+5$ だとわかる．

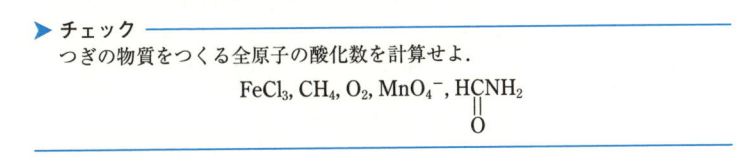

▶ チェック

つぎの物質をつくる全原子の酸化数を計算せよ．
$$FeCl_3,\ CH_4,\ O_2,\ MnO_4^-,\ HC(=O)NH_2$$

12・3　酸化と還元の判別

酸化と還元は，つぎのように考えるとわかりやすい．

> 酸化では，原子の酸化数がプラス側に動く（$+2 \rightarrow +4$，$-3 \rightarrow -1$ など）．
> 還元では，原子の酸化数がマイナス側に動く（$+4 \rightarrow +2$，$-1 \rightarrow -3$ など）．

つまり，ある反応が酸化還元反応かどうかは，原子の酸化数変化からわかる．
つぎの反応を調べよう．原子それぞれの下に酸化数を付記した．

$$2\,Na + Cl_2 \longrightarrow 2\,[Na^+][Cl^-]$$
$$0 0 +1 -1$$

Na は酸化数が $0 \rightarrow +1$ だから酸化され，Cl は酸化数が $0 \rightarrow -1$ だから還元される．

つぎの反応はどうか．やはり原子それぞれの下に酸化数を付記した．

$$CH_4(g) + 2\,O_2(g) \longrightarrow CO_2(g) + 2\,H_2O(g)$$
$$-4\ +1 0 +4\ -2 +1\ -2$$

C は酸化数が $-4 \rightarrow +4$ だから酸化され，O は酸化数が $0 \rightarrow -2$ だから還元される．

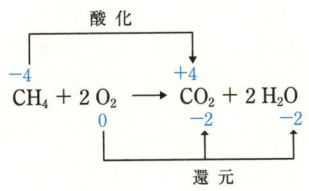

> **例題 12・1** つぎのうち酸化還元反応はどれか．酸化還元反応では何が酸化され，何が還元されるか．
> ① $Cu(s) + 2Ag^+(aq) \longrightarrow Cu^{2+}(aq) + 2Ag(s)$
> ② $CH_3COOH(aq) + OH^-(aq) \longrightarrow CH_3COO^-(aq) + H_2O(l)$
> ③ $SF_4(g) + F_2(g) \longrightarrow SF_6(g)$
> ④ $CuSO_4(aq) + BaCl_2(aq) \longrightarrow BaSO_4(s) + CuCl_2(aq)$
>
> 【答】
> ① 酸化還元．酸化数 $0 \longrightarrow +2$ の銅が酸化され，$+1 \longrightarrow 0$ の銀が還元される．
> ② 酸化還元ではない（酸塩基反応．どの原子も酸化数を変えない）．
> ③ 酸化還元．S の酸化数 $+4 \longrightarrow +6$ の SF_4 が酸化され，F の酸化数 $0 \longrightarrow -1$ の F_2 が還元される．
> ④ 酸化還元ではない（どの原子も酸化数を変えない）．

有機分子の酸化還元は，H 原子や O 原子の増減からわかる．酸化されると，H が減るか，O が増える．ワインの栓を開けたままにしておけば，アルコール（エタノール）が酢酸にじわじわ変わり，ワインの酸味が増えていく．

$$\text{エタノール} + O_2 \longrightarrow \text{酢酸} + H_2O$$

C_b 原子に結合した H が減り，O が増えるため，C_b は酸化されている．

もう少し定量的にみてみよう．まず，エタノールと酢酸の両方で，C–H 結合，C–O 結合，O–H 結合の電子を，電気陰性度の大きい原子にすべて割り振る．C–C 結合の電子は等分する．

そのとき C_b 原子の電子は，エタノール分子で 5 個，酢酸分子で 1 個になる．

$$n_{ox}(\text{エタノールの } C_b) = 4 - 5 = -1$$
$$n_{ox}(\text{酢酸の } C_b) = 4 - 1 = +3$$

C_b の酸化数は $-1 \rightarrow +3$ と増え，O の酸化数は $0(O_2) \rightarrow -2(H_2O)$ と減った．

$$n_{ox}(O_2 \text{の} O) = 6 - 6 = 0$$
$$n_{ox}(\text{酢酸の} O) = 6 - 8 = -2$$
$$n_{ox}(\text{水の} O) = 6 - 8 = -2$$

有機化合物の酸化還元は，正式な反応式を書かず，反応物と生成物だけで表すことが多い．たとえば二クロム酸カリウム（$K_2Cr_2O_7$）を使う エタノール → 酢酸 の酸化はこう書ける（矢印の上下には補助試薬や反応条件を付記する）．

$$\underset{}{H-\overset{H}{\underset{H}{C}}-\overset{H}{\underset{H}{C}}-OH} \xrightarrow{K_2Cr_2O_7} \underset{}{H-\overset{H}{\underset{H}{C}}-C\overset{O}{\underset{OH}{}}}$$

そんな表記だと，左辺と右辺で数が合わない原子もできる．

例題 12・2 つぎのうち，酸化還元反応はどれか．酸化還元反応なら，酸化・還元される分子は何か（反応式の係数は合わせてない）．

① $H_2C=CH_2(g) \xrightarrow{H_2} CH_3CH_3(g)$
　　エチレン　　　　　　エタン

② $HC\overset{O}{\|}OH(aq) + NaOH(aq) \longrightarrow [HCO^-]Na^+(aq) + H_2O(l)$
　　ギ酸　　　　　　　　　　　　　　ギ酸ナトリウム

③ $CH_3CH_2C\overset{O}{\|}H(aq) \xrightarrow{KMnO_4} CH_3CH_2C\overset{O}{\|}OH(aq)$
　　プロピオンアルデヒド　　　　　　プロピオン酸
　　（プロパナール）　　　　　　　（プロパン酸）

【答】 ① C 原子は 2 個とも酸化数が $-2 \rightarrow -3$ と減るため，エチレンがエタンに還元される（酸化されるのは H_2）．
② どの原子も酸化数を変えないから，酸化還元反応ではない（酸塩基反応）．
③ C=O 結合をつくる C 原子の酸化数が，プロピオンアルデヒドの +1 からプロピオン酸の +3 に増えるため，プロピオンアルデヒドが酸化される（還元されるのは $KMnO_4$）．

体内のエネルギー変換で主役となるクエン酸回路（クレブス回路．図 12・1）などでも，通常，反応段階それぞれの反応物と生成物だけを書く．炭水化物やタンパク質，脂質などがクエン酸回路で酸化され，最終産物の CO_2 と H_2O になる．

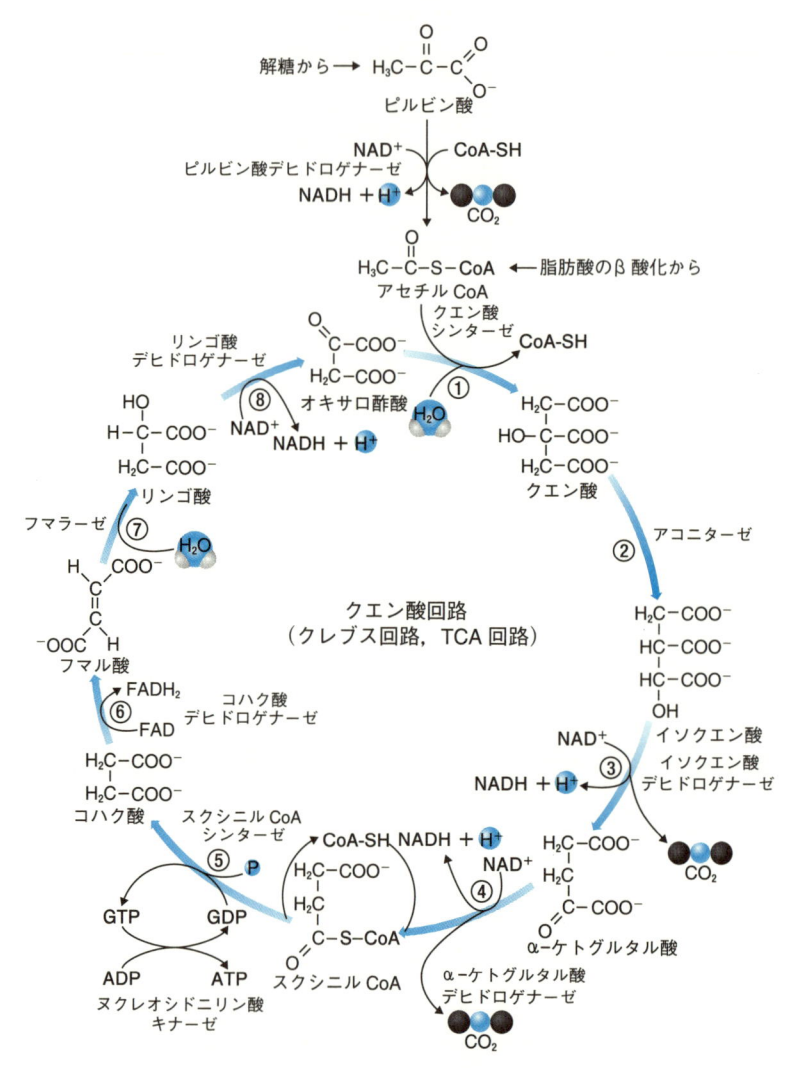

図 12・1 クエン酸回路 [R. H. Garrett, C. M. Grisham, "Biochemistry-HSIE", Cengage Learning-Brooks/Cole, © 1994 より許可を得て転載]

クエン酸回路で進む反応のうち,段階③(イソクエン酸 → α-ケトグルタル酸の酸化)だけをみてみよう. C原子の酸化数を ◯ 付きで下図に示す.

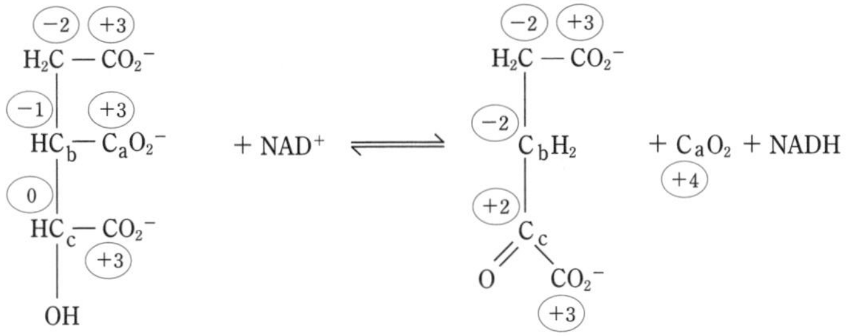

$$
\begin{array}{c}
\overset{(-2)(+3)}{H_2C-CO_2^-} \\
\overset{(-1)(+3)}{HC_b-C_aO_2^-} \\
\overset{(0)}{HC_c-CO_2^-} \\
| \\
OH \\
\text{イソクエン酸}
\end{array}
+ NAD^+ \rightleftharpoons
\begin{array}{c}
\overset{(-2)(+3)}{H_2C-CO_2^-} \\
\overset{(-2)}{C_bH_2} \\
\overset{(+2)}{C_c} \\
\overset{\parallel}{O} \quad CO_2^- \\
(+3) \\
\text{α-ケトグルタル酸}
\end{array}
+ CaO_2 + NADH \quad (+4)
$$

左辺にあるC原子3個(C_a, C_b, C_c)の酸化数が変わる. C_a は $+3 \rightarrow +4$ と酸化され, C_b は $-1 \rightarrow -2$ と還元され, C_c は $0 \rightarrow +2$ と酸化される. 酸化数の増加が+3, 減少が-1の差引き+2だから, イソクエン酸が酸化されている. 同時に, NAD^+(ニコチンアミドアデニンジヌクレオチドの酸化型)という補酵素が NADH (還元型) に還元される. むろん NAD^+ の酸化数変化は, イソクエン酸の酸化数増加を相殺する-2となる.

12・4 ガルバニ電池

金属は反応活性で4群に分類できた(§5・2参照). NaやKなど高活性の金属は, 室温の水と激しく反応する. Mg, Al, Zn は, NaやKより活性が低く, 室温で水と反応しないけれど, 酸とは反応しやすい. たとえば亜鉛が酸と反応すれば, 亜鉛イオンと水素ができる*.

$$Zn(s) + 2H^+(aq) \longrightarrow Zn^{2+}(aq) + H_2(g)$$

この反応が, 自然に進む酸化還元反応の特徴を浮き彫りにする.

① 大きな発熱を伴う ($\Delta H^\circ = -153.98$ kJ).
② 平衡定数がたいへん大きく ($K_c = 6 \times 10^{25}$), ほぼ完全に進む.
③ 酸化と還元の半反応に分割できる.

$$\text{酸化:} \quad Zn \longrightarrow Zn^{2+} + 2e^-$$
$$\text{還元:} \quad 2H^+ + 2e^- \longrightarrow H_2$$

---

* 訳注: 本章では便宜上, ヒドロニウムイオンを $H^+(aq)$ や H^+ と書く.

④ 酸化と還元を別々の電極上で進めると，外部回路で電気仕事を取出せる*.

上記 ④ の仕組みを，化学電池や**ガルバニ電池**（galvanic cell）という．$Zn(NO_3)_2$ の 1 M 水溶液に亜鉛板を，H^+ の 1 M 水溶液に白金線を浸す（図 12・2）．亜鉛板と白金線を銅線でつなぎ，水溶液どうしを**塩橋**（salt bridge）で連結すれば，ガルバニ電池ができる．KNO_3 入り寒天などを詰めたガラス管やビニル管でつくる塩橋は，水溶液二つの混合を防ぎつつ，イオンを水溶液に供給する．

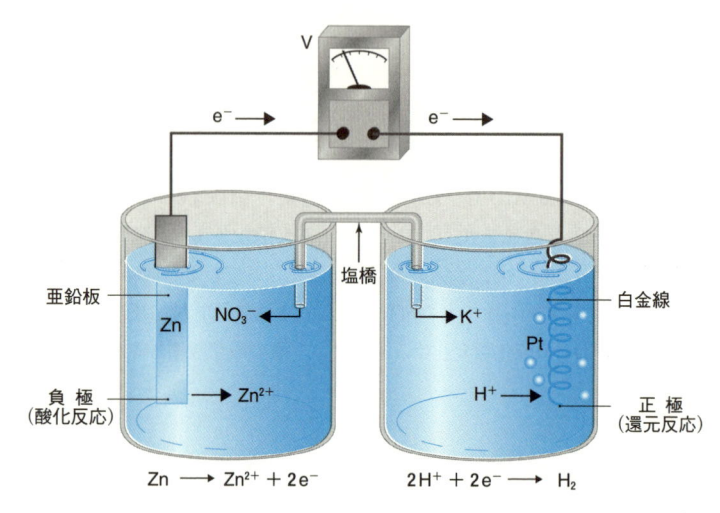

図 12・2 ガルバニ電池の例．Zn 極からの電子が外部回路を経て Pt 極に達し，H^+ を H_2 に還元する．塩橋から出る K^+ と NO_3^- は，水溶液中の電荷の過不足を解消する．

酸化反応は左の亜鉛極で進む．Zn が酸化され，Zn^{2+} が水に溶け出す．

$$Zn(s) \longrightarrow Zn^{2+}(aq) + 2\,e^-$$

電子は亜鉛極（負極）から銅線を経て白金極（正極）に達し，H^+ を H_2 に還元する．生じた H_2 ガスは空気中に出る．

$$2\,H^+(aq) + 2\,e^- \longrightarrow H_2(g)$$

外部回路（銅線）の途中につないだ電球は，電子が流れると光る．半反応二つに関わる物質すべての活量（§10・14 参照）が 1 のとき，電流ゼロで測った両極間の電圧を，電池の**標準起電力**（standard electromotive force）という．

---

* 訳注: 仕事の大きさは，① の $\Delta H°$ ではなく，§12・6 および 13 章のギブズエネルギー変化 $\Delta G°$ に相当．

電位差（電圧）1 V（ボルト）のもとで 1 C（クーロン）の電荷が流れると，1 J（ジュール）の電気エネルギーが出入りする．

$$\text{電気エネルギー(J)} = \text{電荷(C)} \times \text{電位差(V)}$$

図 12・2 のガルバニ電池は 0.762 V の起電力を示す．

電極のよび名に注意しよう．英語では，酸化反応が進む電極を**アノード**（anode），還元反応が進む電極を**カソード**（cathode）とよぶ[*1]．電池反応や電解反応（§12・10〜§12・13）が進むとき，**アニオン**（anion ＝陰イオン）の向かう極がアノード，**カチオン**（cation ＝陽イオン）の向かう極がカソードになる[*2]．

▶チェック
図 12・2 で，アノードとカソードはそれぞれどちらの電極か．

電子授受反応の量関係

つぎの半反応を組合わせたガルバニ電池を図 12・3 に示す．

$$Cu(s) \longrightarrow Cu^{2+}(aq) + 2\,e^-$$
$$Ag^+(aq) + e^- \longrightarrow Ag(s)$$

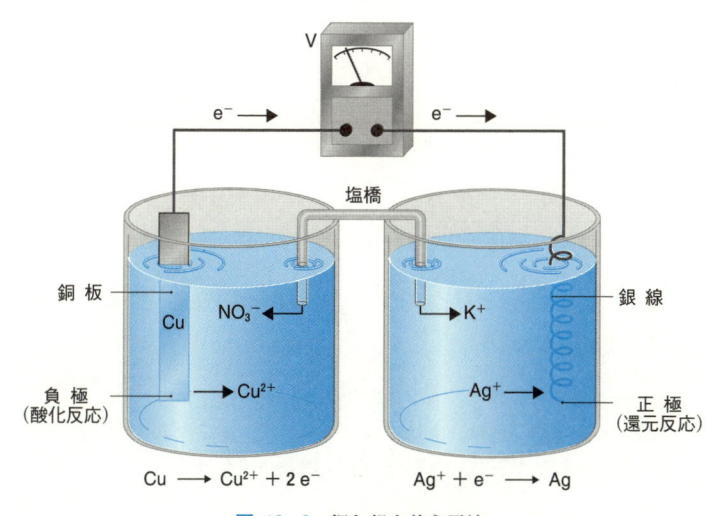

図 12・3　銅と銀を使う電池

[*1] 訳注: 日本語では電池のアノードを"**負極**"，カソードを"**正極**"といい，電解のアノードを"**陽極**"，カソードを"**陰極**"とよぶ．以下で用語は日本の慣行に従う．
[*2] 訳注: ただし，アニオンやカチオンが反応物になるとはかぎらない．

左のビーカーでは Cu が Cu^{2+} に酸化され，右のビーカーでは Ag^+ が Ag に還元される．質量保存の法則だけ考えれば，進む反応はこう書けそうな気がする．

$$Cu(s) + Ag^+(aq) \longrightarrow Cu^{2+}(aq) + Ag(s)$$

しかし，銀と銅の原子数はつり合っても，電荷の量がつり合っていない．

図 12・3 の電池では，1 個の Cu 原子が 2 個の電子を出すけれど，1 個の Ag^+ を還元するには電子 1 個ですむ．電荷は生成も消滅もしないため，左右がつり合う反応式はつぎのようになる．

$$Cu(s) \longrightarrow Cu^{2+}(aq) + 2\,e^-$$
$$\underline{2 \times [Ag^+(aq) + e^- \longrightarrow Ag(s)]}$$
$$Cu(s) + 2\,Ag^+(aq) \longrightarrow Cu^{2+}(aq) + 2\,Ag(s)$$

12・5 酸化剤と還元剤

酸化還元反応では，物質のどれかが必ず酸化数を変える．その背景を以下で考えよう．

酸の水溶液に亜鉛板を浸すと，つぎの反応が進む．

$$Zn(s) + 2\,H^+(aq) \longrightarrow Zn^{2+}(aq) + H_2(g)$$

Zn は電子を H^+ に与えて（H^+ を還元して）H_2 にする．同じ現象は，Zn が電子を H^+ に奪われて（酸化されて）Zn^{2+} になるとみてもよい．Zn のような物質を **還元剤**（reducing agent），H^+ のような物質を **酸化剤**（oxidizing agent）という．

一般に，酸化剤と還元剤はつぎのように定義する．

> 反応が進むと，酸化剤の酸化数は減り，還元剤の酸化数は増える．

図 5・12 で見たとおり，ほとんどの元素は複数の酸化数をとる．酸化還元と酸化数の関係は，つぎのようにまとめられる．

> 酸化数が最高の元素は，もはや酸化を受けず，酸化作用だけ示す．
> 酸化数が最低の元素は，もはや還元を受けず，還元作用だけ示す．
> 酸化数が中間的な元素は，酸化作用も還元作用も示す．

炭素 C は -4 から $+4$ までの酸化数をとる．酸化数 $+4$ の CO_2 はもはや酸化されず，還元される（酸化剤になる）しかない．かたや酸化数 -4 の CH_4 はもはや還元されず，酸化される（還元剤になる）しかない．酸化数 0 のグラファイトや $+2$ の CO は，反応の相手に応じ，酸化剤にも還元剤にもなれる．

12・5 酸化剤と還元剤

▶ チェック ─────────────
つぎの酸化還元反応で，酸化剤と還元剤は何か．
$$\text{Sn(s)} + 4\,\text{HNO}_3(\text{aq}) \longrightarrow \text{SnO}_2(\text{s}) + 4\,\text{NO}_2(\text{g}) + 2\,\text{H}_2\text{O(l)}$$

　電子授受（半反応）に注目しながら，酸化剤と還元剤を個別にみてみよう．還元剤の亜鉛（Zn）は，電子2個を出して Zn^{2+} に変わった．

$$\text{Zn} \longrightarrow \text{Zn}^{2+} + 2\,\text{e}^-$$

　電子授受反応の場合は，電子を出すものを**還元体** (reduced form)，還元体が電子を出したあとのものを**酸化体** (oxidized form) とよぶ（いまの例は還元体も酸化体も1種ずつだが，複数の還元体や酸化体が一緒にはたらく電子授受反応も多い）．還元体・酸化体のよび名を添えると，Zn と Zn^{2+} の電子授受はこう書ける．

$$\underset{\text{還元体}}{\text{Zn}} \longrightarrow \underset{\text{酸化体}}{\text{Zn}^{2+}} + 2\,\text{e}^-$$

同様に，H^+ と H_2 の電子授受は次式で表せる．

$$\underset{\text{酸化体}}{2\,\text{H}^+} + 2\,\text{e}^- \longrightarrow \underset{\text{還元体}}{\text{H}_2}$$

二つの電子授受を足し合わせると，つぎの酸化還元反応になる．

$$\underset{\text{還元体}}{\text{Zn(s)}} + \underset{\text{酸化体}}{2\,\text{H}^+(\text{aq})} \longrightarrow \underset{\text{酸化体}}{\text{Zn}^{2+}(\text{aq})} + \underset{\text{還元体}}{\text{H}_2(\text{g})}$$

　ここで疑問が一つわく．上記の反応は，どちら向きに書こうと，原子も電荷も保存される．なぜ左向きではなく右向きに進むのか？
　酸化還元反応の向きは，半反応（電子授受）の向きが決める．$\text{Zn} \rightarrow \text{Zn}^{2+} + 2\,\text{e}^-$ が進み，逆の $\text{Zn}^{2+} + 2\,\text{e}^- \rightarrow \text{Zn}$ が進まないのは，Zn の還元力が強く，Zn^{2+} の酸化力が弱いせいだろう．また，$2\,\text{H}^+ + 2\,\text{e}^- \rightarrow \text{H}_2$ が進み，逆の $\text{H}_2 \rightarrow 2\,\text{H}^+ + 2\,\text{e}^-$ が進まないのは，H^+ の酸化力が強く，H_2 の還元力が弱いせいだろう．
　ただし酸化力・還元力の強弱は，相手しだいで変わる．いまの場合，Zn の還元力は相手方の H_2 より強く，H^+ の酸化力は相手方の Zn^{2+} より強いので上記のようになる．
　酸化力・還元力の相対的な強弱に注目すれば，亜鉛と酸の反応はこうまとめられる．

$$\underset{\substack{\text{強い}\\\text{還元剤}}}{\text{Zn(s)}} + \underset{\substack{\text{強い}\\\text{酸化剤}}}{2\,\text{H}^+(\text{aq})} \longrightarrow \underset{\substack{\text{弱い}\\\text{酸化剤}}}{\text{Zn}^{2+}(\text{aq})} + \underset{\substack{\text{弱い}\\\text{還元剤}}}{\text{H}_2(\text{g})}$$

> **例題 12・3** つぎの酸化還元反応で，相対的に"強い酸化剤"，"強い還元剤"，"弱い還元剤"，"弱い酸化剤"はそれぞれ何か．
>
> ① $Cu(s) + 2\,Ag^+(aq) \longrightarrow Cu^{2+}(aq) + 2\,Ag$
>   (右の写真参照)
> ② $2\,Fe^{2+}(aq) + Cl_2(g) \longrightarrow 2\,Fe^{3+}(aq) + 2\,Cl^-(aq)$
> ③ $2\,H_2O_2(aq) \longrightarrow 2\,H_2O(l) + O_2(aq)$
>
> 【答】 それぞれつぎのようになる．
>
> | | 強い酸化剤 | 強い還元剤 | 弱い還元剤 | 弱い酸化剤 |
> |---|---|---|---|---|
> | ① | $Ag^+(aq)$ | $Cu(s)$ | Ag | $Cu^{2+}(aq)$ |
> | ② | $Cl_2(g)$ | $Fe^{2+}(aq)$ | $Cl^-(aq)$ | $Fe^{3+}(aq)$ |
> | ③ | $H_2O_2(aq)$ | $H_2O_2(aq)$ | $H_2O(l)$ | $O_2(aq)$ |

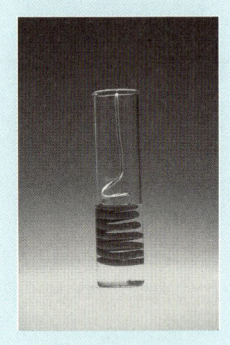

Ag^+ の溶液中で銅線の表面にできる銀の針状結晶（銀樹）

> **例題 12・4** つぎの酸化還元反応は自発的に進まない．4 物質のうち，相対的に"強い酸化剤"，"強い還元剤"，"弱い還元剤"，"弱い酸化剤"はそれぞれ何か．
>
> $$Cu(s) + 2\,H^+(aq) \longrightarrow Cu^{2+}(aq) + H_2(g)$$
>
> 【答】 例題 12・3 の結果を参照すれば，自発変化はこう書ける．
>
> $$Cu^{2+}(aq) + H_2(g) \longrightarrow Cu(s) + 2\,H^+(aq)$$
>
> すると，強い酸化剤は Cu^{2+}，強い還元剤は H_2，弱い還元剤は Cu，弱い酸化剤は H^+ になる．

▶ **チェック**
自発的に進まない酸化還元反応の逆反応は，自発的に進むか．

つぎに，酸化力・還元力の強弱はどのように決まり，どう表せばよいのかを考えよう．

12・6 標準電極電位

§7・17 に紹介した標準生成エンタルピー（$\Delta_f H°$）は，つぎのような量だった（記号"°"は，物質すべての活量 a が 1 の標準状態を表す．溶質の場合はモル濃度を活量の代用に使い，標準状態を 1 M とみる．§7・11 と §10・14 を参照）．

12・6 標準電極電位

① 化合物の $\Delta_f H°$ は，最も安定な単体（元素の数だけ存在）を 0 として表す．またイオンの $\Delta_f H°$ は，H^+ を 0 とみた相対値にする．
② 熱の出入り的に安定（不活性）な物質ほど，$\Delta_f H°$ は負で絶対値が大きい．
③ 反応式に $\Delta_f H°$ を当てはめて出る反応の $\Delta H°$ 値から，発熱変化（$\Delta H° < 0$）と吸熱変化（$\Delta H° > 0$）を判別できる．

次章では，$\Delta H°$ とエントロピー変化（$\Delta S°$）を合わせたギブズエネルギー変化（$\Delta G°$）を扱う．そのとき，$\Delta_f H°$ に対応する標準生成ギブズエネルギー（$\Delta_f G°$）は，つぎの性質をもつ．

❶ 化合物の $\Delta_f G°$ は，最も安定な単体（元素の数だけ存在）を 0 として表す．またイオンの $\Delta_f G°$ は，H^+ を 0 とみた相対値にする．
❷ エネルギー的に安定（不活性）な物質ほど，$\Delta_f G°$ は負で絶対値が大きい．
❸ 反応式に $\Delta_f G°$ を当てはめて出る反応の $\Delta G°$ 値から，自発変化（$\Delta G° < 0$）と非自発変化（$\Delta G° > 0$）を判別できる（$\Delta H°$ 値では判別できない）．
❹ $\Delta_f G°$ や $\Delta G°$ は，電気や光のエネルギーと直接換算できる（$\Delta_f H°$ や $\Delta H°$ は換算できない）．

❸ より，$\Delta G° = 0$ が化学平衡の条件になる（§13・13 参照）．また❸と❹を総合すると，物質の $\Delta_f G°$ をもとに電子授受平衡（酸化還元の半反応）を整理できる．

前節までは一方向の変化（$Zn \rightarrow Zn^{2+} + 2\,e^-$）とみた Zn^{2+}/Zn 系を，つぎの電子授受平衡とみる．Zn^{2+} を含む水溶液に浸した亜鉛板の表面を想像しよう．

$$Zn^{2+} + 2\,e^- \rightleftharpoons Zn$$

Zn の $\Delta_f G°$ は 0（上記❶），Zn^{2+} の $\Delta_f G°$ は $-147.06\,\text{kJ/mol} = -147\,060\,\text{J/mol}$（付録の表 B・16）だから，Zn は水中の Zn^{2+} より不安定だといえる．つまり亜鉛は，電子を受取る何かがあれば，安定な形に向けて $Zn \rightarrow Zn^{2+}$ と変身したい．その勢いを食い止め，水溶液中の Zn^{2+} 濃度をちょうど 1 M に抑えたとき，平衡（$\Delta G° = 0$）が成り立つ．

左辺の電子は，水中ではなく亜鉛板の中にある．亜鉛板の電位が，ある原点（p.478 で後述）から測って $E°(Zn^{2+}/Zn)$ だとしよう．電気エネルギーは"電荷（C）× 電位（V）"と書けるため（§12・4），$-96\,485\,\text{C/mol}$ の電荷をもつ電子 2 mol のエネルギーはこうなる．

$$\text{電子 2 mol のエネルギー (J)} = (-96\,485 \times 2) \times E°(Zn^{2+}/Zn)$$

平衡条件の $\Delta G° = 0$ は"左辺のギブズエネルギー＝右辺のギブズエネルギー"を意味するので，次式が成り立つ．

$$-147\,060 + (-96\,485 \times 2) \times E°(Zn^{2+}/Zn) = 0$$

割り算をして $E°(Zn^{2+}/Zn) = -0.762\,V$ が出る．亜鉛板の電位がこの値なら，どんどん溶けたがる Zn を抑え，水溶液中の Zn^{2+} 濃度が（低い）1 M になる．$E°(Zn^{2+}/Zn) = -0.762\,V$ のような量を，酸化体/還元体系の**標準電極電位**（standard electrode potential, $E°$）という．$E°$ のデータは付録表 B・12 にまとめ，一部を表 12・1 に示す．

つぎの電子授受平衡はどうか．

$$Cu^{2+} + 2\,e^- \rightleftharpoons Cu$$

表 B・16 にある Cu^{2+} の $\Delta_f G°$（65.49 kJ/mol）を使う計算で，$E°(Cu^{2+}/Cu) = 0.339\,V$ が求まる．$E°(Zn^{2+}/Zn)$ は負の値だったが，$E°(Cu^{2+}/Cu)$ は正の値をもつ．Cu（$\Delta_f G° = 0$）より Cu^{2+}（$\Delta_f G° > 0$）のほうが不安定だから，電子の供給源があれば，Cu^{2+}/Cu 系は $Cu^{2+} \rightarrow Cu$ と変身したい．それを抑え，Cu^{2+} 濃度を（高い）1 M とするために，銅板の正電荷が Cu^{2+} を反発すると考えればよい．

以上の説明でわかるとおり，電子授受平衡を逆向きに書いても，物質の係数を何倍にしても，標準電極電位の値は（符号を含め）変わらない．温度や圧力と同じく，電位が示強性変数（§7・5 参照）だからそうなる．

表 12・1 にあるつぎの電子授受平衡についても，$E°$ 値を計算してみよう．

$$O_2 + 4\,H^+ + 4\,e^- \rightleftharpoons 2\,H_2O$$

物質には $\Delta_f G°$ を，電子には電気エネルギー（電荷 × 電位）を当てはめ，"左辺のエネルギー = 右辺のエネルギー"を表現する．O_2 と H^+ の $\Delta_f G°$ は 0（p.477 の ①），H_2O の $\Delta_f G°$ は -237.13 kJ/mol で係数は 2，電子は 4 mol だから，標準電極電位を $E°(O_2/H_2O)$ とした平衡関係はつぎのように表せる．

$$0 + 4 \times 0 + (-96\,485 \times 4) \times E°(O_2/H_2O) = 2 \times (-237\,130)$$

簡単な割り算で，表 12・1 と同じ $E°(O_2/H_2O) = 1.229\,V$ が求まる．

電位の基準

つぎの電子授受平衡を考えよう．

$$2\,H^+ + 2\,e^- \rightleftharpoons H_2$$

Zn^{2+}/Zn 系と同様，平衡の条件は次式に書ける．

$$2 \times \Delta_f G°(H^+) + (-96\,485 \times 2) \times E°(H^+/H_2) = \Delta_f G°(H_2)$$

p.477 の ❶ より $\Delta_f G°(H^+)$ も $\Delta_f G°(H_2)$ も 0 だから，自動的に $E°(H^+/H_2) = 0$ となる．つまり標準電極電位は，H^+/H_2 系の平衡電位を 0 とみて表す．具体的には，白金（Pt）のような不活性金属を $[H^+] = 1\,M$（pH 0）の酸性水溶液に浸し，Pt 表面に 1 atm の H_2 ガスを通じたときに Pt が示す電位を 0 とする．その電極系を**標準水素電極**（standard hydrogen electrode = **SHE**）という．

12・6 標準電極電位

表 12・1 標準電極電位（$E°$）の例

電子授受平衡	$E°$ (V vs. SHE)	
$Li^+ + e^- \rightleftharpoons Li$	−3.045	最強の還元剤
$K^+ + e^- \rightleftharpoons K$	−2.924	
$Ca^{2+} + 2e^- \rightleftharpoons Ca$	−2.76	
$Na^+ + e^- \rightleftharpoons Na$	−2.711	
$Mg^{2+} + 2e^- \rightleftharpoons Mg$	−2.375	
$Al^{3+} + 3e^- \rightleftharpoons Al$	−1.706	
$Mn^{2+} + 2e^- \rightleftharpoons Mn$	−1.18	
$Zn^{2+} + 2e^- \rightleftharpoons Zn$	−0.762	
$Cr^{3+} + 3e^- \rightleftharpoons Cr$	−0.74	
$S + 2e^- \rightleftharpoons S^{2-}$	−0.508	
$Cr^{3+} + e^- \rightleftharpoons Cr^{2+}$	−0.41	
$Fe^{2+} + 2e^- \rightleftharpoons Fe$	−0.409	
$Co^{2+} + 2e^- \rightleftharpoons Co$	−0.28	
$Ni^{2+} + 2e^- \rightleftharpoons Ni$	−0.23	
$Sn^{2+} + 2e^- \rightleftharpoons Sn$	−0.136	
$Pb^{2+} + 2e^- \rightleftharpoons Pb$	−0.126	
$Fe^{3+} + 3e^- \rightleftharpoons Fe$	−0.036	
$2H^+ + 2e^- \rightleftharpoons H_2$	0.000	
$Sn^{4+} + 2e^- \rightleftharpoons Sn^{2+}$	0.15	
$Cu^{2+} + e^- \rightleftharpoons Cu^+$	0.158	酸化力が強まる／還元力が強まる
$Cu^{2+} + 2e^- \rightleftharpoons Cu$	0.339	
$O_2 + 2H_2O + 4e^- \rightleftharpoons 4OH^-$	0.401	
$Cu^+ + e^- \rightleftharpoons Cu$	0.522	
$MnO_4^- + 2H_2O + 3e^- \rightleftharpoons MnO_2 + 4OH^-$	0.588	
$O_2 + 2H^+ + 2e^- \rightleftharpoons H_2O_2$	0.682	
$Fe^{3+} + e^- \rightleftharpoons Fe^{2+}$	0.770	
$Hg_2^{2+} + 2e^- \rightleftharpoons 2Hg$	0.796	
$Ag^+ + e^- \rightleftharpoons Ag$	0.799	
$Hg^{2+} + 2e^- \rightleftharpoons Hg$	0.851	
$HNO_3 + 3H^+ + 3e^- \rightleftharpoons NO + 2H_2O$	0.96	
$Br_2(aq) + 2e^- \rightleftharpoons 2Br^-$	1.087	
$CrO_4^{2-} + 8H^+ + 3e^- \rightleftharpoons Cr^{3+} + 4H_2O$	1.195	
$O_2 + 4H^+ + 4e^- \rightleftharpoons 2H_2O$	1.229	
$Cr_2O_7^{2-} + 14H^+ + 6e^- \rightleftharpoons 2Cr^{3+} + 7H_2O$	1.33	
$Cl_2(g) + 2e^- \rightleftharpoons 2Cl^-$	1.358	
$PbO_2 + 4H^+ + 2e^- \rightleftharpoons Pb^{2+} + 2H_2O$	1.467	
$MnO_4^- + 8H^+ + 5e^- \rightleftharpoons Mn^{2+} + 4H_2O$	1.491	
$Au^{3+} + 3e^- \rightleftharpoons Au$	1.52	
$Au^+ + e^- \rightleftharpoons Au$	1.83	
$Co^{3+} + e^- \rightleftharpoons Co^{2+}$	1.842	
$O_3(g) + 2H^+ + 2e^- \rightleftharpoons O_2(g) + H_2O$	2.07	最強の酸化剤
$F_2(g) + 2H^+ + 2e^- \rightleftharpoons 2HF(aq)$	3.03	

つまり $E°$ 値は SHE を原点として表すため，*versus*（〜に対し）の略号 "*vs.*" を使い，$-0.762\,\text{V}$ *vs.* SHE のように書くことが多い．

表 12・1 の $E°$ 値は，こうした手続きで求められた．実測値ではなく，熱力学データ（$\Delta_f G°$）からの計算値だという点に注意したい．$E°$ 値の有効数字の桁数は，$\Delta_f G°$ の測定精度で決まる．

12・7　標準電極電位データが語ること

標準電極電位 $E°$ のデータは，電子授受を伴う化学変化（酸化還元反応）が進む向きと勢いを定量的に教えてくれる．その内容を 4 点に絞ってみてみよう．

酸化力・還元力の広がり

表 12・1 を見ると，以下二つの電子授受平衡が $E°$ 値の低さで群を抜く．どちらの金属も還元力がたいへん強く，室温の水をたちまち還元する．

$$\text{Li}^+ + \text{e}^- \rightleftharpoons \text{Li} \qquad E° = -3.045\,\text{V}$$
$$\text{K}^+ + \text{e}^- \rightleftharpoons \text{K} \qquad E° = -2.924\,\text{V}$$

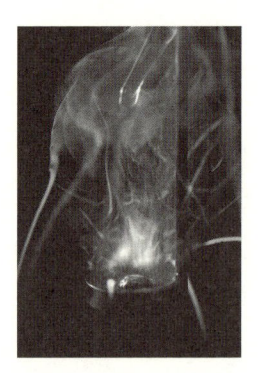

還元力の強いカリウムは水に触れると燃え上がる．

かたや $E°$ 値が最も高いのは，つぎの電子授受平衡だとわかる．その背景には，フッ素（F_2）の強烈な酸化力がある．

$$\text{F}_2(\text{g}) + 2\,\text{H}^+ + 2\,\text{e}^- \rightleftharpoons 2\,\text{HF}(\text{aq}) \qquad E° = 3.03\,\text{V}$$

ほとんどの電子授受系は，上記の間に $E°$ 値を示す．つまり，自然界にある物質の酸化力と還元力は，わずか 6 V（乾電池 4 個）のスパンに収まる．

例題 12・5　つぎの還元剤と酸化剤を，それぞれ還元力，酸化力の弱いものから順に並べよ．

還元剤: Cl^-, Zn, Cu, HF, Pb, H_2
酸化剤: Cr^{3+}, $Cr_2O_7^{2-}$, Cu^{2+}, H^+, O_2, O_3, Na^+

【答】 表12・1のデータより，つぎの序列だとわかる．
還元力: $HF < Cl^- < Cu < H_2 < Pb < Zn$
酸化力: $Na^+ < Cr^{3+} < H^+ < Cu^{2+} < O_2 < Cr_2O_7^{2-} < O_3$

酸化還元反応の進む向き

Zn^{2+}/Zn 系と Ag^+/Ag 系の電子授受平衡はこう書ける．

$$Zn^{2+} + 2\,e^- \rightleftharpoons Zn \qquad E° = -0.762\,\text{V}$$
$$Ag^+ + e^- \rightleftharpoons Ag \qquad E° = 0.799\,\text{V}$$

電子は，Zn^{2+}/Zn 系と Ag^+/Ag 系を自由に行き来できるとしよう（Zn極とAg極を銅線でつないだイメージ）．Zn^{2+}/Zn 系の電子 e^- は $-0.762\,\text{V}$ の電位にあり，Ag^+/Ag 系の電子 e^- は $0.799\,\text{V}$ の電位にある．負電荷をもつ電子は，なるべく正の電位に移って安定化したい．そこで Zn が電子を出し，それを Ag^+ が受取る．電子の数を合わせると，つぎの反応が進むだろう（電子授受の向きが変わっても $E°$ 値は変わらないことに注意）．

$$Zn \longrightarrow Zn^{2+} + 2\,e^- \qquad E° = -0.762\,\text{V}$$
$$\downarrow$$
$$\underline{2\,Ag^+ + 2\,e^- \longrightarrow 2\,Ag \qquad E° = 0.799\,\text{V}}$$
$$Zn + 2\,Ag^+ \longrightarrow Zn^{2+} + 2\,Ag$$

このように，電子授受平衡を並べて書くときは，$E°$ が相対的に負なものを上側，相対的に正なものを下におくと，自然な変化の向きが "上 → 下" になってわかりやすい．つまり，下図のイメージを頭におこう．自発変化を利用した仕組みが電池（§12・8），外から加えたエネルギーで非自発変化を起こすのが電解（§12・10〜§12・13）になる．

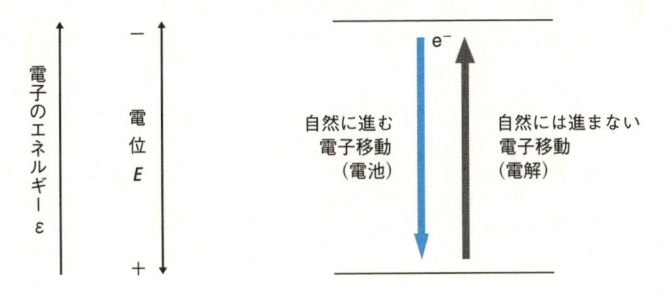

例題 12・6 つぎの酸化還元反応は自発的に進むか．理由も答えよ．

① $Ag(s) + Co^{3+}(aq) \longrightarrow Ag^+(aq) + Co^{2+}(aq)$
② $2\,Ag(s) + Cu^{2+}(aq) \longrightarrow 2\,Ag^+(aq) + Cu(s)$
③ $MnO_4^-(aq) + 3\,Fe^{2+}(aq) + 2\,H_2O(l)$
  $\longrightarrow MnO_2(s) + 3\,Fe^{3+}(aq) + 4\,OH^-(aq)$
④ $MnO_4^-(aq) + 5\,Fe^{2+}(aq) + 8\,H^+(aq)$
  $\longrightarrow Mn^{2+}(aq) + 5\,Fe^{3+}(aq) + 4\,H_2O(l)$

【答】 ① 進む．Ag^+/Ag 系の $E° = 0.799\,V$ が Co^{3+}/Co^{2+} 系の $E° = 1.842\,V$ より負側だから，Ag は Co^{3+} に電子を渡せる．
② 進まない．Ag^+/Ag 系の $E° = 0.799\,V$ が Cu^{2+}/Cu 系の $E° = 0.339\,V$ より正側だから，Ag は Cu^{2+} に電子を渡せない．
③ 進まない．Fe^{3+}/Fe^{2+} 系の $E° = 0.770\,V$ が MnO_4^-/MnO_2 系の $E° = 0.588\,V$ より正側だから，Fe^{2+} は MnO_4^- に電子を渡せない．
④ 進む．Fe^{3+}/Fe^{2+} 系の $E° = 0.770\,V$ が MnO_4^-/Mn^{2+} 系の $E° = 1.491\,V$ より負側だから，Fe^{2+} は MnO_4^- に電子を渡せる．

例題 12・7 銅は 1 M 塩酸に溶けないが，1 M 硝酸には溶ける．
$3\,Cu(s) + 2\,HNO_3(aq) + 6\,H^+(aq) \longrightarrow 3\,Cu^{2+}(aq) + 2\,NO(g) + 4\,H_2O(l)$
そうした差が出るのはなぜか．

【答】 1 M 塩酸中で銅が溶けるなら，電子移動の向きはつぎのようになる．

$$2\,H^+ + 2\,e^- \longrightarrow H_2 \qquad E° = 0.000\,V$$
$$\uparrow$$
$$Cu \longrightarrow Cu^{2+} + 2\,e^- \qquad E° = 0.339\,V$$

電子 e^- が，安定な（正側の）電位から不安定な（負側の）電位に移る変化だから，自然には進まない．
 しかし 1 M 硝酸の HNO_3 は酸化剤としてはたらき，電子が自然な向きに移動するため，Cu の溶解反応は進む．

$$3\,Cu \longrightarrow 3\,Cu^{2+} + 6\,e^- \qquad E° = 0.339\,V$$
$$\downarrow$$
$$2\,HNO_3 + 6\,H^+ + 6\,e^- \longrightarrow 2\,NO + 4\,H_2O \qquad E° = 0.96\,V$$
$$\overline{3\,Cu + 2\,HNO_3 + 6\,H^+ \longrightarrow 3\,Cu^{2+} + 2\,NO + 4\,H_2O}$$

12・7 標準電極電位データが語ること

1 M 硝酸ではなく濃硝酸に入れた銅は溶け，褐色の二酸化窒素（NO_2）を生じる．

電子授受の制御

Zn^{2+}/Zn 系と Cu^{2+}/Cu 系の電子授受平衡をまたみてみよう．

$$Zn^{2+} + 2e^- \rightleftharpoons Zn \qquad E° = -0.762\,V$$
$$Cu^{2+} + 2e^- \rightleftharpoons Cu \qquad E° = 0.339\,V$$

いままでの話は，物質すべての活量 a を 1 とした電子授受系を用意すれば，"$E°$ 値が決まる"イメージだった．けれど，上記のような平衡にある亜鉛板や銅板の電位は，適当な手段を使って自在に変えられる．そのとき何が起こるのだろう？

たとえば亜鉛板の電位（E）を $-0.762\,V$ より正にすると，電極上の正電荷が（相対的に）増すため，Zn の一部が Zn^{2+} となって水に出る（Zn の酸化が進む）だろう．逆に $-0.762\,V$ より負にすると，電極は Zn^{2+} の一部を水から取込む（Zn^{2+} の還元が進む）だろう．

$$Zn \longrightarrow Zn^{2+} + 2e^- \qquad E > -0.762\,V$$
$$Zn^{2+} + 2e^- \longrightarrow Zn \qquad E < -0.762\,V$$

同様に考えると，Cu^{2+}/Cu 系ではこうなる．

$$Cu \longrightarrow Cu^{2+} + 2e^- \qquad E > 0.339\,V$$
$$Cu^{2+} + 2e^- \longrightarrow Cu \qquad E < 0.339\,V$$

電解（§12・10〜§12・13）は，こうした背景のもとで進む．

金属の酸化（電子の放出）は，一見したところ真空中のイオン化（3 章）に似ているけれど，水溶液に接した金属のふるまいはまったく違う．たとえば Cu^{2+}/Cu 系の $E°$ は $0.339\,V$，Cu^+/Cu 系の $E°$ は $0.522\,V$（表 12・1）なので，電極の電位 E と電子授受の関係はつぎのように表せる．

$$Cu \longrightarrow Cu^{2+} + 2e^- \qquad E > 0.339\,V$$
$$Cu \longrightarrow Cu^+ + e^- \qquad E > 0.522\,V$$

銅電極の電位を上げていくと，まず 0.339 V で Cu が電子 2 個を失い，Cu^{2+} になる．また，それより正側の 0.522 V で Cu が電子 1 個を失い，Cu^+ になる．つまり，真空中のイオン化（$Cu \rightarrow Cu^+ \rightarrow Cu^{2+}$）とは順序が合わない．なぜか．

標準電極電位（$E°$）は，物質の標準生成ギブズエネルギー（$\Delta_f G°$）からの計算値だった．いまの場合，単体 Cu の $\Delta_f G°$ は 0 だから，Cu^{2+} と Cu^+ の $\Delta_f G°$ が $E°$ 値を決める．その Cu^{2+} も Cu^+ も，真空中ではなく水溶液中にあるため，H_2O 分子（双極子）と引き合って安定化する．$\Delta_f G°$ 値は，各イオンの安定化度合を表す．

引き合いで安定化する度合は，イオンのサイズと電荷で決まる（§8・13 参照）．Cu^{2+} は，イオン半径（0.072 nm）が Cu^+（0.096 nm）より小さいうえ，電荷も Cu^+ の 2 倍あり，水中での安定性がずっと高いから，Cu^+ よりも生じやすい（実験でも確認できる）．

ちなみに金も，Au^{3+}/Au 系（$E° = 1.52$ V）と Au^+/Au 系（$E° = 1.83$ V）の比較から，水中では $Au \rightarrow Au^+ + e^-$ より $Au \rightarrow Au^{3+} + 3e^-$ のほうが起こりやすいとわかる．

電池の起電力，電解の所要電圧

表 12・1 や付録の表 B・12 からどれか二つの電子授受系を取出せば，$E°$ が負側にある系の還元体が電子を出し，$E°$ が正側にある系の酸化体が電子をもらう形の酸化還元反応を構成できる．その仕組みが化学電池（ガルバニ電池）にほかならない．関係する物質すべての活量 a が 1 のとき，最大で $E°$ 差が電池の標準起電力になる．

また，外からエネルギーを投入し，電池反応を逆行させるのが電解（電気分解）にほかならない．電解を進めるには，最低でも $E°$ 差に等しい電圧を両極にかける．

12・8 実 用 電 池

つぎの酸化還元反応を使う**電池**（cell, battery）を**ダニエル電池**（Daniel cell）という（次節も参照）．動作中に気体が発生しない初の安定な電池だった．

$$Zn(s) + Cu^{2+}(aq) \longrightarrow Zn^{2+}(aq) + Cu(s)$$

ダニエル電池の標準起電力は，Cu^{2+} と Zn^{2+} の活量が 1（$[Cu^{2+}]=[Zn^{2+}]=1\,M$）のとき，Cu^{2+}/Cu 系の $E°=0.339$ V から Zn^{2+}/Zn 系の $E°=-0.762$ V を引いた 1.10 V になる．

1868 年ごろにフランスのジョルジュ・ルクランシェ（Georges Leclanché）が，実用的な使い捨て電池（一次電池）を発明する．固体の MnO_2 と炭素 C を混ぜた正極で MnO_2 が還元され，$NH_4Cl + ZnCl_2$ 水溶液に浸した亜鉛板で Zn が酸化される．電解液は固形物に浸みこませてあるため，マンガン"乾"電池とよぶ．新品は起電力 1.54 V を示し，多様なサイズの製品を安価につくれるマンガン乾電池は，爆発的に普及した．

12・8 実用電池

1949年には"アルカリ乾電池"ができた．正極はMnO_2と炭素の混合物，負極は亜鉛アマルガム（水銀合金）とし，電解液に KOH 水溶液を使う．放電反応はつぎのように書ける．

正極($+$)：　　$2 MnO_2 + 2 H_2O + 2 e^- \longrightarrow 2 MnO(OH) + 2 OH^-$
負極($-$)：　　　　　　　$Zn + 2 OH^- \longrightarrow ZnO + H_2O + 2 e^-$
総反応　：　　　　$Zn + 2 MnO_2 + H_2O \longrightarrow ZnO + 2 MnO(OH)$

アルカリ乾電池（図 12・4）は，電解液の安定性が高く，動作温度の範囲が広く，電解液が少なくてすむのでコンパクトにでき，長く一定電圧を保てるという長所をもつ．アルカリ乾電池の市場規模は年に 4000 億円を超す．

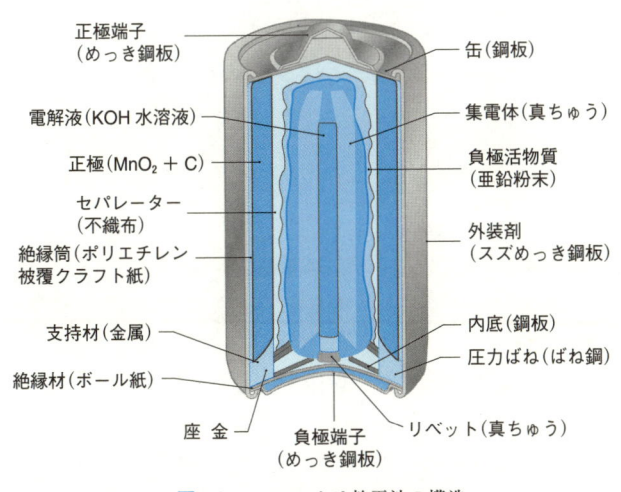

図 12・4　アルカリ乾電池の構造

鉛蓄電池

鉛蓄電池（lead-acid battery, lead storage battery）は 1860 年にフランスのガストン・プランテ（Gaston Planté）が発明した．当初は，10%硫酸中に 9 組の鉛板を並べ，フランネル布で仕切ったものだった．

鉛蓄電池（図 12・5）が放電するとき，正極ではPbO_2がHSO_4^-と反応して$PbSO_4$（固体）と水ができる．

$$PbO_2(s) + 3 H^+(aq) + HSO_4^-(aq) + 2 e^- \underset{充電}{\overset{放電}{\rightleftharpoons}} PbSO_4(s) + 2 H_2O(l)$$

負極では鉛が HSO_4^- と反応し，$PbSO_4$ になる．

$$Pb(s) + HSO_4^-(aq) \underset{充電}{\overset{放電}{\rightleftharpoons}} PbSO_4(s) + H^+ + 2e^-$$

以上をまとめ，電池反応はこう書ける．

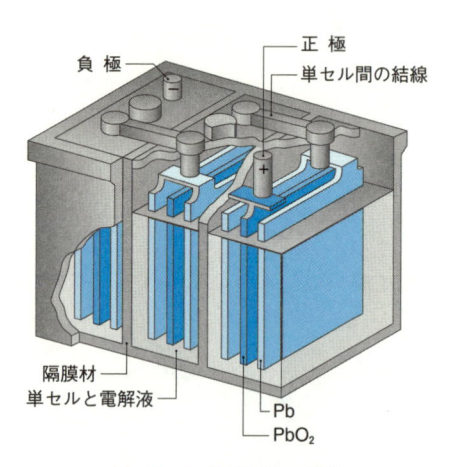

$$PbO_2(s) + Pb(s) + 2H^+(aq) + 2HSO_4^-(aq) \underset{充電}{\overset{放電}{\rightleftharpoons}} 2PbSO_4(s) + 2H_2O(l)$$

図 12・5　鉛蓄電池の構造

充電のときは放電の逆反応が進む．正極-負極1対の電圧（単セル電圧）は2Vを少し超え，常用の12V蓄電池は単セル6個をつなげてつくる．

充電には2V以上をかけるため，水の分解が進む可能性がある．

$$2H_2O(l) \longrightarrow 2H_2(g) + O_2(g)$$

水が分解すると水素爆発の危険があり，そうなると約10%の硫酸が飛び散るので，鉛蓄電池を扱うときは安全眼鏡をかけるとよい．

ニッカド電池とニッケル水素化物電池

ニッケル-カドミウム蓄電池（**ニッカド電池** nickel-cadmium cell）の第1号は1946年の米国で生まれた．いまも年に15億個のニッカド（NiCd）電池を製造する．放電のとき負極ではCdが$Cd(OH)_2$に酸化され，正極では，酸化数+3のNiを含むNiO(OH)が酸化数+2の$Ni(OH)_2$に還元される．正味の電池反応はつぎのようになり，1.29Vの起電力を示す．

12・8 実用電池

$$2\,\text{NiO(OH)} + \text{Cd} + 2\,\text{H}_2\text{O} \underset{\text{充電}}{\overset{\text{放電}}{\rightleftharpoons}} 2\,\text{Ni(OH)}_2 + \text{Cd(OH)}_2$$

ニッケル化合物と金属水素化物を使う"ニッケル水素化物電池"(NiMH)もある．当初はニッカド電池より高価だったが，いまはだいぶ安い．小型電池のほか，ハイブリッド車用の大型電池に注目が集まる．NiMH 電池が放電するとき，負極では金属水素化物(MH)が金属 M に酸化される．使う"金属"は，希土類元素のどれかと，ニッケル，コバルト，マンガンのどれかでつくる金属間化合物（ミッシュメタル）だから，元素を特定せずに M と書く．

$$\text{MH} + \text{OH}^- \underset{\text{充電}}{\overset{\text{放電}}{\rightleftharpoons}} \text{M} + \text{H}_2\text{O} + \text{e}^-$$

正極では NiO(OH) が Ni(OH)$_2$ に還元され，1.25 V の起電力を示す．

$$\text{NiO(OH)} + \text{H}_2\text{O} + \text{e}^- \underset{\text{充電}}{\overset{\text{放電}}{\rightleftharpoons}} \text{Ni(OH)}_2 + \text{OH}^-$$

NiMH 電池は電気自動車に使われる．走行距離 16 万 km まで交換せずにすむし，電池の寿命（8〜10 年）も車の買い替え期間に近い．

リチウムイオン電池

ラップトップ型パソコンはたいてい**リチウムイオン電池**(lithium ion battery)で動く．金属リチウムを使うリチウム電池は火災や爆発を起こしかねないが，リチウムイオン電池は，安定な Li$^+$ イオンが正極・負極間を行き来して電気を生む．正極はグラファイトや LiFePO$_4$，負極は LiCoO$_2$ などにする．

燃料電池

もともと人工衛星の電源として開発された**燃料電池**（fuel cell）では，燃料の燃焼と同じ反応を進めて電気エネルギーと熱を得る．ふつうは燃料と酸素（や空気）を電池に供給する．

負極に H$_2$，正極に O$_2$ を通じる典型的な燃料電池（図 12・6）は，約 1.1 V の起電力を示す．

$$2\,\text{H}_2(\text{g}) + \text{O}_2(\text{g}) \longrightarrow 2\,\text{H}_2\text{O}(\text{g}) \qquad 起電力 \fallingdotseq 1.1\,\text{V}$$

エネルギー変換効率でみるとガソリン車が 22%，ディーゼル車が 45% のところ，水素-酸素燃料電池は 60% と高い．効率 90% のモーターを回せば，水素の化学エネルギーを効率よく力学エネルギーに変換できる．

ただし当面，十分な量の水素を安全に供給できる"水素インフラ"がなく，反応を進める触媒の劣化（被毒）が起きやすいなど，改善すべき点はまだまだ多い．

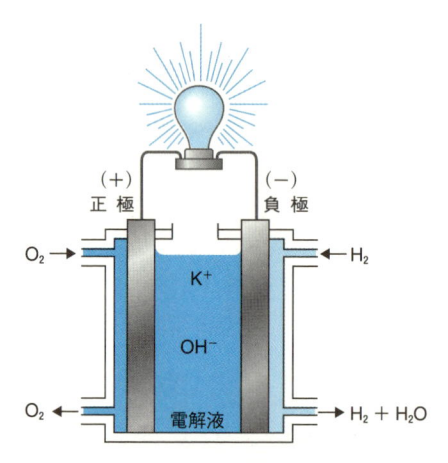

図 12・6　水素-酸素燃料電池のイメージ

12・9　ネルンストの式

1836 年に英国のジョン・ダニエル（John Frederic Daniell）が，実用電池の第 1 号をつくった．オリジナルに近いダニエル電池の構造を図 12・7 に示す．いままでも紹介し

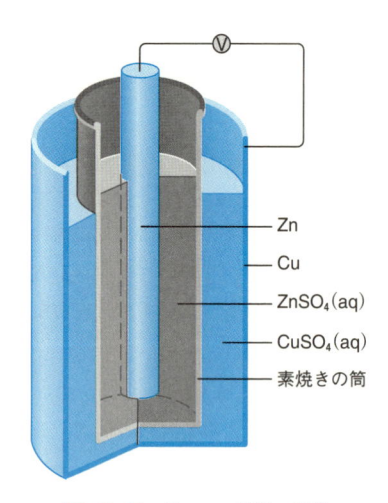

図 12・7　ダニエル電池の構造

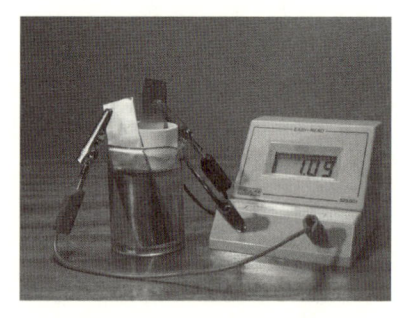

実験室でつくったダニエル電池

たとおり，ダニエル電池の中ではつぎの酸化還元反応が進む．

$$Zn(s) + Cu^{2+}(aq) \longrightarrow Zn^{2+}(aq) + Cu(s)$$

ダニエル電池の作動中にはつぎのことが起こる．

- Zn が Zn^{2+} に酸化されるため，亜鉛電極は軽くなっていく．
- 負極 $\longrightarrow$ 外部回路 $\longrightarrow$ 正極 のルートを電子が流れ続ける．
- Cu^{2+} が Cu に還元されて析出するため，銅電極は重くなっていく．
- 負極液の Zn^{2+} 濃度が増えるため，正極液の Cu^{2+} 濃度は減っていく．
- 負極液の Zn^{2+} 濃度増加を相殺する量の陰イオンが，素焼き筒の細孔から入ってくる．
- 正極液の Cu^{2+} 濃度減少を相殺する量の陽イオンが，素焼き筒の細孔から入ってくる．

もっと大事なことがある．電池の超電力はやがて衰え，ついにはゼロとなってしまう．作製直後は $[Zn^{2+}]$ も $[Cu^{2+}]$ も $1\,M$ （活量 $a=1$ の標準状態．§7・11 と §10・14 を参照）だったとしよう．そのとき電圧は $1.1\,V$ （標準起電力）になる．反応が進むと Cu^{2+} が減り，Zn^{2+} が増すため，反応の勢いが衰えて電圧がじわじわ下がる．Cu^{2+} や Zn^{2+} の濃度と電圧は，どんな関係にあるのだろう？

電位と濃度：ネルンストの式

まず，電位と濃度の関係を考えよう．標準状態にある Zn^{2+}/Zn 系の平衡反応と，平衡のエネルギー関係はつぎのように書けた（§12・6, p.477 参照）．

$$Zn^{2+} + 2\,e^- \rightleftharpoons Zn$$

Zn^{2+} (1 mol) のエネルギー + 電子 (2 mol) のエネルギー
$$= Zn\ (1\,mol)\ のエネルギー$$

標準状態だから量の記号に "°" を添え，物質のギブズエネルギーを $G°$，電位を $E°$ と書き，ファラデー定数（96 485 C/mol）を F として，平衡のエネルギー関係はつぎのようになる（§12・6 の p.477 では，$G°$ に標準生成ギブズエネルギーを使った）．

$$G°(Zn^{2+}) - 2\,FE° = G°(Zn)$$

$$E° = \frac{G°(Zn^{2+}) - G°(Zn)}{2F}$$

熱力学によると，活量 a の物質 1 mol がもつギブズエネルギー（G）は a の自然対数で表され，気体定数（R）と温度（T）を使ってこう書ける*．

---

* 訳注：式の導出は本書の範囲を超えるため，物理化学の本にゆずる．

$$G = G° + RT \ln a$$

それを Zn^{2+}/Zn 系に使おう．電位の記号も ($E°$ ではなく) E にすると，平衡のエネルギー関係はつぎの形に変わる．

$$G°(Zn^{2+}) + RT \ln a(Zn^{2+}) - 2FE = G°(Zn) + RT \ln a(Zn)$$

$$E = \frac{G°(Zn^{2+}) - G°(Zn)}{2F} + \frac{RT}{2F} \ln \frac{a(Zn^{2+})}{a(Zn)} = E° + \frac{RT}{2F} \ln \frac{a(Zn^{2+})}{a(Zn)}$$

一般に，酸化体 O と還元体 R の電子授受平衡を $O + ne^- \rightleftharpoons R$ と書いたとき，電位 E，標準電極電位 $E°$，物質の活量 ($a(O)$, $a(R)$) はつぎの関係にある．

$$E = E° + \frac{RT}{nF} \ln \frac{a(O)}{a(R)}$$

E と $E°$ の関係は，1889 年にドイツのヘルマン・ヴァルター・ネルンスト (Hermann Walther Nernst) が見つけたので**ネルンストの式** (Nernst equation) という．

Zn^{2+}/Zn 系の場合，Zn は固体だから $a(R) = a(Zn) = 1$ としてよい．Zn^{2+} の活量には，代用のモル濃度 $[Zn^{2+}]$ を使う (§7・11 参照)．また温度を 25℃ として RT/F を数値化すると 0.0257 (単位 V) になり，$E° = -0.762$ V も使ってネルンストの式を書けばつぎのようになる．

$$E_{Zn} = -0.762 \text{ V} + \frac{0.0257}{2} \ln [Zn^{2+}]$$

Cu^{2+}/Cu 系も同様なネルンストの式で表せる．

$$E_{Cu} = 0.339 \text{ V} + \frac{0.0257}{2} \ln [Cu^{2+}]$$

なおネルンストの式は，"濃度が電位 E の値を決める" だけでなく，"電位 E をある値にすると，E 値に合わせた平衡濃度になる" ことも意味する．

電圧と濃度

電池の電圧を ΔE と書けば，$\Delta E = E_{Cu} - E_{Zn}$ だから，つぎの関係が成り立つ．

$$\Delta E = 1.10 \text{ V} + \frac{0.0257}{2} \ln \frac{[Cu^{2+}]}{[Zn^{2+}]}$$

電圧 ΔE と $\ln([Cu^{2+}]/[Zn^{2+}])$ の関係を図 12・8 に描いた．$\ln([Cu^{2+}]/[Zn^{2+}])$ が 0 のとき，電圧は標準起電力 $\Delta E°$ (= 1.10 V) に等しい．$\ln([Cu^{2+}]/[Zn^{2+}])$ が正値のときは $\Delta E > \Delta E°$ になり，負値のときは $\Delta E < \Delta E°$ になる．

作製直後の電池が標準状態 ($\Delta E = \Delta E°$) なら，放電の進行につれて [Cu^{2+}] は減り，[Zn^{2+}] は増えて $\ln([Cu^{2+}]/[Zn^{2+}])$ が小さくなるため，電圧 ΔE は減っていく．最終状態の $\Delta E = 0$ が，電池反応の平衡状態を表す．

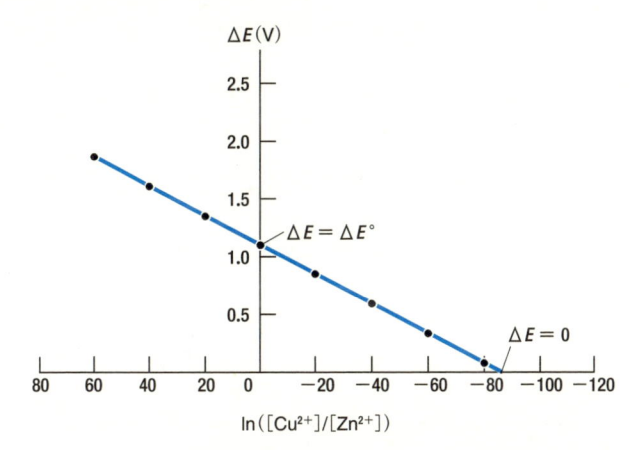

図 12・8 ダニエル電池の電圧 ΔE と $\ln([Cu^{2+}]/[Zn^{2+}])$ の関係

標準起電力と平衡定数

ダニエル電池の反応を平衡反応の形に書く（右向きが電池反応）．

$$Zn(s) + Cu^{2+}(aq) \rightleftharpoons Zn^{2+}(aq) + Cu(s)$$

平衡定数 (K_c) の表式はこうなる（固体の Zn と Cu は $a = 1$ として無視）．

$$K_c = \frac{[Zn^{2+}]}{[Cu^{2+}]}$$

また，電池の電圧は次式に書ける（標準起電力 $\Delta E°$ と R, T, n は一般形に戻した）．

$$\Delta E = \Delta E° + \frac{RT}{nF} \ln \frac{[Cu^{2+}]}{[Zn^{2+}]}$$

分子と分母の反転に注意すると，次式が成り立つ．

$$\Delta E = \Delta E° - \frac{RT}{nF} \ln K_c$$

電池反応が平衡に達したときは $\Delta E = 0$ なので，そのときつぎの関係になる．

$$RT \ln K_c = nF\Delta E° \quad \text{つまり} \quad K_c = e^{nF\Delta E°/RT}$$

この関係を使えば，標準起電力の値から平衡定数が計算できる．正極の電位から負極の電位を引いた起電力（ΔE や $\Delta E°$）は正の値になるため，いつも $K_c > 1$ が成り立つ．

自然対数の形に書いたネルンストの式を，ずっとわかりやすい常用対数に書き直そう．自然対数と常用対数は $\ln x = (\ln 10) \log_{10} x = 2.303 \log_{10} x$ の関係にあるため，O/R 系でネルンストの式はこう書ける．

$$E = E° + \frac{2.303\, RT}{nF} \log_{10} \frac{a(\mathrm{O})}{a(\mathrm{R})}$$

$R = 8.3144$ J/(mol·K)，$T = 298.15$ K (25 ℃)，$F = 96\,485$ C/mol を使って定数項を数値化しよう．

$$E = E° + \frac{0.059\,17}{n} \log_{10} \frac{a(\mathrm{O})}{a(\mathrm{R})}$$

たとえば Zn^{2+}/Zn 系では $n=2$，$a(\mathrm{O})=[Zn^{2+}]$，$a(\mathrm{R})=a(\mathrm{Zn})=1$ だから，次式が成り立つ．

$$E = E° + 0.029\,58 \log_{10}[Zn^{2+}]$$

$[Zn^{2+}]$ が 10 倍になるたび，電位 E は正の方向に 0.029 58 V（約 30 mV）ずつ動く．

例題 12·8 つぎの反応を使う電池の起電力は，$[Ag^+] = 4.8 \times 10^{-3}$ M，$[Cu^{2+}] = 2.4 \times 10^{-2}$ M のとき何 V になるか．温度は 25 ℃ とする．

$$\mathrm{Cu(s) + 2\,Ag^+(aq) \longrightarrow Cu^{2+}(aq) + 2\,Ag(s)}$$

【答】 負極と正極の電子授受を平衡反応式に書く．

負極： $Cu^{2+} + 2\,e^- \rightleftharpoons Cu$ $E°_{Cu} = 0.339$ V
正極： $Ag^+ + e^- \rightleftharpoons Ag$ $E°_{Ag} = 0.799$ V

例題 12·9 の結果を考えたネルンストの式より，各極の電位 E はこう書ける．

負極： $E_{Cu} = 0.339 + 0.029\,58 \log_{10}(2.4 \times 10^{-2}) = 0.291$ V
正極： $E_{Ag} = 0.799 + 0.059\,17 \log_{10}(4.8 \times 10^{-3}) = 0.662$ V

以上から起電力は $\Delta E = E_{Ag} - E_{Cu} = 0.662 - 0.291 = 0.371$ V になる．

例題 12·9 つぎの反応の平衡定数を計算せよ．温度は 25 ℃ とする．

$$\mathrm{Zn(s) + 2\,H^+(aq) \rightleftharpoons Zn^{2+}(aq) + H_2(g)}$$

【答】 本文中の式 $K_c = e^{nF\Delta E°/RT}$ を使う．

標準起電力 $\Delta E°$ は，H^+/H_2 系の $E° = 0.000$ V から Zn^{2+}/Zn 系の $E° = -0.762$ V を引いた 0.762 V になる．$R = 8.3144$ J/(mol·K)，$T = 298.15$ K，$F = 96\,485$ C/mol と $n = 2$ を代入すれば，$K_c = 5.76 \times 10^{25}$ が得られる．

▶チェック

つぎの反応を使う電池で，$[Cu^{2+}] = 1.5\,M$，$[Ni^{2+}] = 0.010\,M$ のとき，起電力は標準起電力より大きいか，それとも小さいか．理由も答えよ．

$$Ni(s) + Cu^{2+}(aq) \longrightarrow Ni^{2+}(aq) + Cu(s)$$

12・10　電解：ファラデーの法則

　自発的な化学反応から出るエネルギーを電気エネルギーに変える電池は，現代生活に欠かせない道具となった．**電解**（electrolysis）[*1] では，外から投入した電気エネルギーで電池の逆反応を起こす（p.473，図12・3 参照）．

　電解の応用例には，腐食防止と美観付与のため，金属の表面を別の金属で覆うめっきがある．たとえば，安価な金属でつくる装飾品や食器類に銀めっきする．フォークの銀めっきを図12・9 に描いた．陽極（銀）の酸化で生じる Ag^+ がシアン化物イオン（CN^-）と反応し，ジシアノ銀(I)酸イオンという錯イオン $[Ag(CN)_2]^-$ になる．$[Ag(CN)_2]^-$ が陰極で Ag に還元され，フォークの表面に析出（電着）する[*2]．

$$[Ag(CN)_2]^-(aq) + e^- \longrightarrow Ag(s) + 2\,CN^-(aq)$$

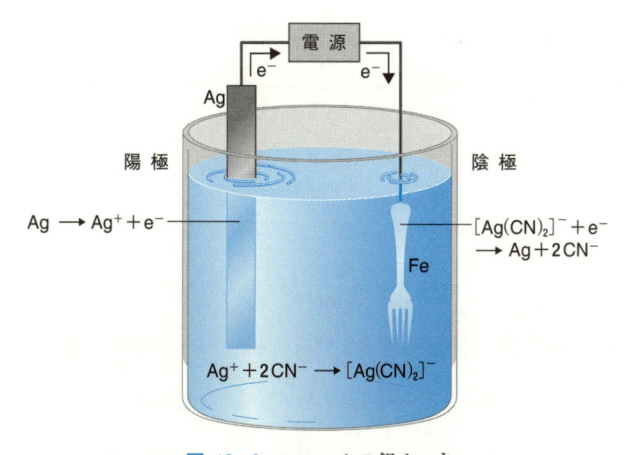

図 12・9　フォークの銀めっき

[*1] 訳注：“電気分解”とよぶこともあるが，物質が“分解”する反応ばかりではないため（“電解合成”という産業分野もある），通常は省略形の“電解”や，“電気化学反応”をよび名に使う．

[*2] 訳注：電極表面の帯電量はわずかだから，陰イオンが陰極に近づいて電子を受取るのに障害はまったくない．

Ag^+ を直接還元すればざらざらのめっき面になるけれど，$[Ag(CN)_2]^-$ を還元すると平滑なめっき面ができる．

電解で流れる電気量と反応量の関係は，英国のマイケル・ファラデー（Michael Faraday）が見つけた．**ファラデーの法則**（Faraday's law of electrolysis）は，つぎのように表現する．

> **電解で変化する物質の量は，流れた電気量に比例する．**

ファラデーの法則を具体的にみてみよう．1 A（アンペア）の電流が1秒間流れたときの電気量は1 C（クーロン）に等しい．

$$1 \text{ C} = 1 \text{ A} \times 1 \text{ s}$$

飲料缶1個分のアルミニウムをつくりたい．Al^{3+} の溶融塩を電流 10.0 A で電解すると，どれだけの電解時間が必要か．

1 kg の Al はほぼ 60 個の飲料缶にできる．溶融塩電解には，どちらも Al^{3+} を含む Al_2O_3（原料はボーキサイト $Al_2O_3 \cdot 3H_2O$）と氷晶石（Na_3AlF_6）を使う*．

缶1個がアルミニウム 15.0 g として，Al の所要量を計算する．

$$15.0 \text{ g Al} \times \frac{1 \text{ mol Al}}{27.0 \text{ g}} = 0.556 \text{ mol Al}$$

1 mol の Al^{3+} を還元するには電子 3 mol を使う．

$$\text{陰極反応} \quad Al^{3+} + 3e^- \longrightarrow Al$$

流すべき電子の量はこうなる．

$$0.556 \text{ mol Al} \times \frac{3 \text{ mol e}^-}{1 \text{ mol Al}} = 1.67 \text{ mol e}^-$$

ファラデー定数 F（96 485 C/mol）をもとに電気量を計算する．

$$1.67 \text{ mol e}^- \times \frac{96485 \text{ C}}{1 \text{ mol e}^-} = 1.61 \times 10^5 \text{ C}$$

1 C ＝ 1 A·s の関係から，10.0 A を流す時間はつぎのようになる．

$$\frac{1.61 \times 10^5 \text{ A·s}}{10.0 \text{ A}} = 1.61 \times 10^4 \text{ s} = 4.47 \text{ h}$$

つまり，缶1個分の Al を得るには約 4.5 時間も電解しなければいけない．だからこそ，新品の Al でつくった缶は高く，缶飲料の値段の3分の2までを缶そのものが占める．ただしリサイクルすれば，最初の電解に比べ，投入エネルギーは約 5 %ですむ．

---

* 訳注：氷晶石に Al_2O_3 を溶かしたときの凝固点降下を利用して融点を下げ，加熱用のエネルギーを減らす．

12・10 電解：ファラデーの法則

例題 12・10 10.0 A・2.00 時間で水を電解した．25 ℃・1.00 atm で何 L の H_2 が出るか．
$$2\,H_2O(l) \longrightarrow 2\,H_2(g) + O_2(g)$$

【答】 まず，流れた電気量を計算する．
$$10.0\,\text{A} \times 2.00\,\text{h} \times \frac{60\,\text{min}}{1\,\text{h}} \times \frac{60\,\text{s}}{1\,\text{min}} \times \frac{1\,\text{C}}{1\,\text{A·s}} = 7.20 \times 10^4\,\text{C}$$

それを電子の量に換算する．
$$7.20 \times 10^4\,\text{C} \times \frac{1\,\text{mol e}^-}{96\,485\,\text{C}} = 0.746\,\text{mol e}^-$$

H_2 発生反応はつぎのように書ける．
$$\text{陰極反応} \quad 2\,H_2O + 2\,e^- \longrightarrow H_2 + 2\,OH^-$$

電子と H_2 の量関係を確かめる．
$$0.746\,\text{mol e}^- \times \frac{1\,\text{mol}\,H_2}{2\,\text{mol e}^-} = 0.373\,\text{mol}\,H_2$$

理想気体の状態方程式を使う計算で，水素の体積は 9.12 L だとわかる．
$$V = \frac{nRT}{P} = \frac{(0.373\,\text{mol}) \times (0.082\,06\,\text{L·atm/mol·K})(298\,\text{K})}{1.00\,\text{atm}} = 9.12\,\text{L}$$

ファラデーの法則は，つぎのような問題にも応用できる．

例題 12・11 10.0 A・1.50 時間で未知のクロム化合物を溶融塩電解すると，陰極に 9.71 g のクロムが析出した．クロムが化合物中でとる酸化数はいくつか．

【答】 まず，流れた電子の量を計算する．
$$10.0\,\text{A} \times 1.50\,\text{h} \times \frac{60\,\text{min}}{1\,\text{h}} \times \frac{60\,\text{s}}{1\,\text{min}} \times \frac{1\,\text{C}}{1\,\text{A·s}} = 5.40 \times 10^4\,\text{C}$$

$$5.40 \times 10^4\,\text{C} \times \frac{1\,\text{mol e}^-}{96\,485\,\text{C}} = 0.560\,\text{mol e}^-$$

析出したクロムの量はこうなる．
$$9.71\,\text{g Cr} \times \frac{1\,\text{mol Cr}}{52.00\,\text{g Cr}} = 0.187\,\text{mol Cr}$$

以上から電子と Cr のモル比がわかる．
$$\frac{0.560\,\text{mol e}^-}{0.187\,\text{mol Cr}} \approx 3$$

つまり陰極反応は次式のように書けて，クロムの酸化数は +3 になる．
$$\text{陰極反応} \quad Cr^{3+} + 3\,e^- \longrightarrow Cr$$

12・11 NaCl 溶融塩の電解

NaCl 溶融塩（約 800 ℃ 以上）の電解は図 12・10 のように行う．陰極では Na^+ が Na に還元される．

$$\text{陰極反応} \quad Na^+ + e^- \longrightarrow Na$$

陽極では Cl^- が Cl_2 に酸化される．

$$\text{陽極反応} \quad 2\,Cl^- \longrightarrow Cl_2 + 2\,e^-$$

以上をまとめると，つぎの反応が進む．

$$2\,NaCl(l) \longrightarrow 2\,Na(l) + Cl_2(g)$$

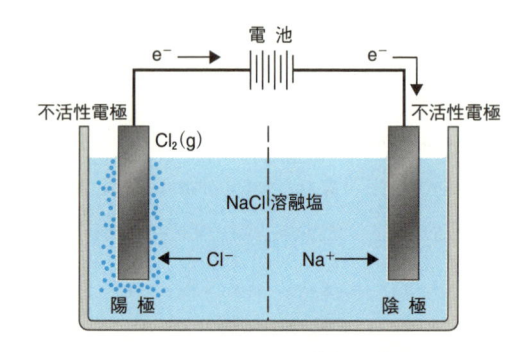

図 12・10　NaCl 溶融塩の電解

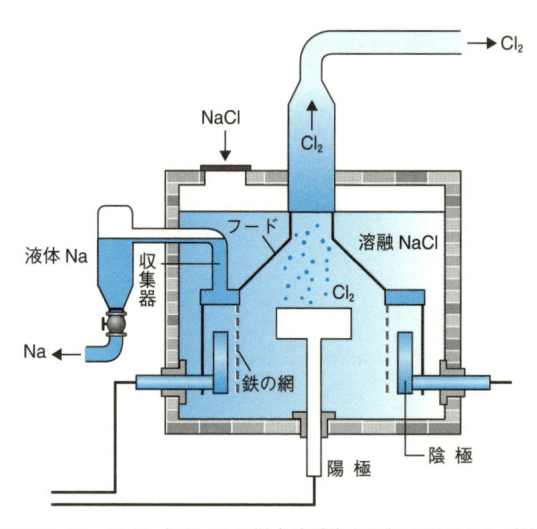

図 12・11　$CaCl_2$ と NaCl の混合溶融塩を電解するダウンズ法

図 12・10 の中央に描いた破線は，陽極の生成物（Cl_2）と陰極の生成物（Na）を接触させないための隔膜を表す．工業的な溶融塩電解には，図 12・11 のようなダウンズ法を使う．ダウンズ法でも隔膜が活躍する．

陽極（グラファイト）の表面にできる Cl_2 の泡は，溶融 NaCl の中を上昇してフードに入る．陰極上にできる Na も溶融塩中を上昇して収集器に入る（定期的に取出す）．陽極と陰極を隔てる隔膜（鉄の網）が，Cl_2 と Na の接触・爆発を防ぐ．

ダウンズ法の電解槽に入れる溶融塩は，$CaCl_2$ と NaCl の 3：2 混合物（質量比）とする*．

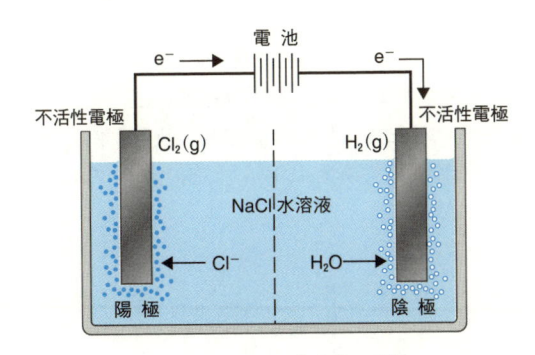

12・12 NaCl 水溶液の電解

NaCl 水溶液の電解は図 12・12 のイメージになる．

図 12・12 NaCl 水溶液の電解

溶融塩とは違って水（溶媒）もあるから，つぎの二つが陰極反応の候補になる．

陰極反応：

$$Na^+ + e^- \longrightarrow Na \qquad E° = -2.711\,V$$
$$2\,H_2O + 2\,e^- \longrightarrow H_2 + 2\,OH^- \qquad E° = -0.828\,V$$

陰極反応は，電位を少しずつ負にしていくとき，ある電位から進み始める．水の還元のほうがずっと手前で起こるため，陰極からは水素が出る．

陽極反応にも候補が二つある．

陽極反応：

$$2\,Cl^- \longrightarrow Cl_2 + 2\,e^- \qquad E° = 1.358\,V$$
$$2\,H_2O \longrightarrow O_2 + 4\,H^+ + 4\,e^- \qquad E° = 1.229\,V$$

---

* 訳注：Al の溶融塩電解と同じく，融点を下げるため．

陽極反応は，電位を少しずつ正にしていくとき，ある電位から進み始める．$E°$ 値だけ見ると，まず O_2 発生が起き，もっと正の電位で Cl_2 発生になるはずだが，電位の設定はそれほど精密ではないため，少なくとも Cl_2 と O_2 の同時発生になるだろう．だが実際は Cl_2 だけが出る．なぜか？

電極反応は，分子やイオンの吸着に始まり，表面上の原子移動（拡散），結合の切断や生成などを経て進み，どれにもエネルギーを使う．電気エネルギーは "電位差×電荷" と書けるので，エネルギーが使われると，それだけ余分な電位差が食われることになる．Cl_2 発生より O_2 発生のほうがずっと複雑な反応だから，O_2 発生は $E°$ より 1 V ほど正の電位でようやく始まる．そうした余分な電位差を**過電圧**（overvoltage, overpotential）という．

NaCl 水溶液の電解では過電圧が大きく効くため，O_2 発生は起きにくく，全体の反応は次式になる．

$$2\,Cl^-(aq) + 2\,H_2O(l) \longrightarrow 2\,OH^-(aq) + H_2(g) + Cl_2(g)$$

NaCl 水溶液の電解（食塩水電解）で生じる 3 物質は，どれもたいへん役に立つ．まず塩素（Cl_2）は，塩化ビニルなど多様な化学品の素材に使う．水素（H_2）もさまざまな物質の合成原料だ．また陰極の生成物（OH^-）と Na^+ からできる水酸化ナトリウム（NaOH）も工業原料になる．

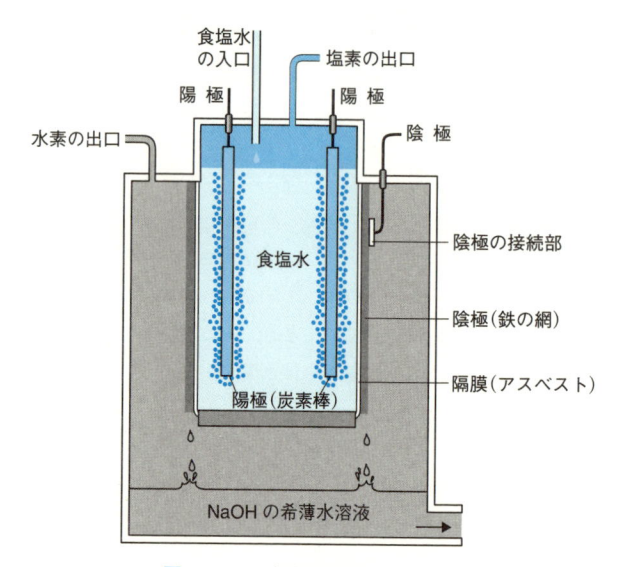

図 12・13 食塩水電解のイメージ

隔膜を使う食塩水電解のイメージを図 12・13 に描いた．陽極液と陰極液は隔膜（アスベスト）で仕切り，陽極で出る Cl_2 を陰極液の NaOH と触れさせない．陰極液（薄い NaOH 水溶液）を電解槽の底から落として集め，濃縮して NaOH にする．気体の Cl_2 と H_2 は電解槽の上部から取出す．

隔膜なしの食塩水電解では，生成物の Cl_2 と OH^- が反応し，"塩素系漂白剤"の主成分に使う次亜塩素酸ナトリウムができる．

$$Cl_2(g) + 2\,OH^-(aq) \longrightarrow Cl^-(aq) + OCl^-(aq) + H_2O(l)$$

12・13 水 の 電 解

水を電解すると，成分の単体（H_2 と O_2）に分かれる．

$$2\,H_2O(l) \longrightarrow 2\,H_2(g) + O_2(g)$$

不活性な電極 2 本を使う電解装置（写真）を使えば，H_2 と O_2 を別々に集められる．

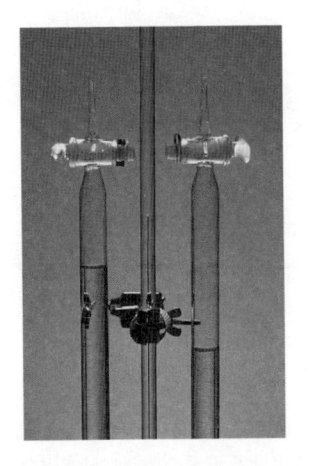

Na_2SO_4 水溶液の電解．陰極（右）で H_2，陽極（左）で O_2 が出る．

水は導電性がほとんどないため，電解のときは適当な電解質を溶かす．電解質のイオンは，水より酸化・還元を受けにくいものがいい．酸性水溶液の場合，陰極反応と陽極反応はつぎのように書ける．

陰極反応：　$2\,H^+ + 2\,e^- \longrightarrow H_2$　　　　　$E° = 0.000\,V$

陽極反応：　$2\,H_2O \longrightarrow O_2 + 4\,H^+ + 4\,e^-$　　　　$E° = 1.229\,V$

また，塩基性が強い水溶液中の反応はこうなる．$E°$ の差（最低所要電圧）1.229 V は上記と変わらない．

陰極反応：　$2\,H_2O + 2\,e^- \longrightarrow H_2 + 2\,OH^-$　　$E° = -0.828\,V$

陽極反応：　$4\,OH^- \longrightarrow O_2 + 2\,H_2O + 4\,e^-$　　$E° = 0.401\,V$

付録の表 B・12 でわかるとおり，Li^+, Rb^+, K^+, Cs^+, Ba^{2+}, Sr^{2+}, Ca^{2+}, Na^+, Mg^{2+} といった陽イオンは水より還元されにくい．Na^+ と K^+ の塩は，水溶性が高くて安価な電解質になる．

また，やはり表 B・12 から，酸化されにくい陰イオンとして SO_4^{2-} がベストだといえる．SO_4^{2-} の酸化（ペルオキソ二硫酸イオン $S_2O_8^{2-}$ の生成）には，2.05 V もの高い電位を要する*．

$$2\,SO_4^{2-} \longrightarrow S_2O_8^{2-} + 2\,e^- \qquad E° = 2.05\,V$$

Na_2SO_4 や K_2SO_4 を溶かした水溶液を図 12・14 のような装置で電解すれば，陽極から出る O_2 と陰極から出る H_2 を分けられる．

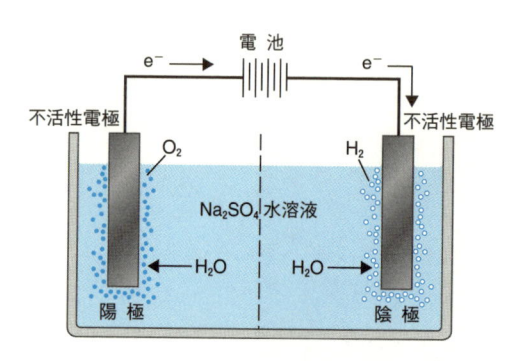

図 12・14　Na_2SO_4 水溶液の電解

12・14　水素と社会

米国は年におよそ 10^{20} J のエネルギーを使い，うち 85% 近くを化石資源が占める（石油 37%，天然ガス 24%，石炭 23%）．しかし化石資源の埋蔵量は有限なため，長い目では，将来を見すえた新エネルギー源の確保が欠かせない．

水の電解で得られる水素は，重さあたりのエネルギー密度が最大の物質だから，化石資源に代わる**エネルギー担体**（energy carrier）として注目される．ただし当面，電解以外の方法も含めた水素の製造法，貯蔵法，利用法などに課題が多いので，研究開発の進展に期待したい．

---

* 訳注: 大電圧で電解すると，$SO_4^{2-} \longrightarrow S_2O_8^{2-}$ のほか，陽極で生じた酸素の酸化 $O_2 \longrightarrow O_3$ も進む．

● キーワード（12章）

アニオン	過電圧	酸化状態	ニッカド電池	負　極
アノード	ガルバニ電池	酸化数	ネルンストの式	腐　食
陰　極	還　元	酸化体	燃料電池	陽　極
SHE	還元剤	正　極	半反応	リチウムイオン電池
エネルギー担体	還元体	ダニエル電池	標準起電力	レドックス反応
塩　橋	酸　化	電　解	標準水素電極	
カソード	酸化還元反応	電　池	標準電極電位	
カチオン	酸化剤	鉛蓄電池	ファラデーの法則	

12 章 の 発 展

- 12A・1 酸化還元反応の係数合わせ
- 12A・2 酸性水溶液中の酸化還元
- 12A・3 塩基性水溶液中の酸化還元
- 12A・4 有機分子の酸化還元

12A・1 酸化還元反応の係数合わせ

　反応式の係数合わせは1章でもみてきた．反応式をよく見つめ，試行錯誤で反応物と生成物の原子数を合わせるやりかただった．酸化還元反応では，原子のほか電荷にも目を配ろう．

係数合わせのポイント
- 両辺で原子の数が等しい（質量の保存．原子は生成も消滅もしない）
- 両辺で電荷が等しい（電荷の保存．電子は生成も消滅もしない）

　つぎのように，どう手をつけたらいいのか迷うほど複雑な反応がある．

$$3\,Cu(s) + 8\,HNO_3(aq) \longrightarrow 3\,Cu^{2+}(aq) + 2\,NO(g) + 6\,NO_3^-(aq) + 4\,H_2O(l)$$

　また，過マンガン酸イオン（MnO_4^-）と過酸化水素（H_2O_2）との反応式はいくつも書けて，うち4例だけを下に並べた．どれも上記二つの条件に合うのだが，いったいどれが正しいのか？

$$2\,MnO_4^-(aq) + H_2O_2(aq) + 6\,H^+(aq) \longrightarrow 2\,Mn^{2+}(aq) + 3\,O_2(g) + 4\,H_2O(l)$$
$$2\,MnO_4^-(aq) + 3\,H_2O_2(aq) + 6\,H^+(aq) \longrightarrow 2\,Mn^{2+}(aq) + 4\,O_2(g) + 6\,H_2O(l)$$
$$2\,MnO_4^-(aq) + 5\,H_2O_2(aq) + 6\,H^+(aq) \longrightarrow 2\,Mn^{2+}(aq) + 5\,O_2(g) + 8\,H_2O(l)$$
$$2\,MnO_4^-(aq) + 7\,H_2O_2(aq) + 6\,H^+(aq) \longrightarrow 2\,Mn^{2+}(aq) + 6\,O_2(g) + 10\,H_2O(l)$$

　試行錯誤では係数を決めにくい．もっと系統的な手続きを学ぼう．

12A・2 酸性水溶液中の酸化還元

　酸化還元反応は，まず酸化と還元の半反応に分けるのがいい．それぞれ係数を合わせたあと，足し合わせて総反応式にする．

たとえば酸性水溶液中で進む二酸化硫黄と二クロム酸イオンの反応を考えよう．
$$SO_2(aq) + Cr_2O_7{}^{2-}(aq) \longrightarrow SO_4{}^{2-}(aq) + Cr^{3+}(aq)$$
SO_2 と $Cr_2O_7{}^{2-}$ のモル比はすぐわかるけれど，両方の半反応には溶媒が関わる．溶媒も考えた係数合わせのやりかたを以下でみていく．

まず，骨格となる反応を式で表し，両辺にある原子の酸化数を決める．§5・16 のルールより，原子それぞれの酸化数はこうなる．

$$SO_2 + Cr_2O_7{}^{2-} \longrightarrow SO_4{}^{2-} + Cr^{3+}$$
$$+4-2 \quad +6-2 \quad\quad +6-2 \quad +3$$

酸化される原子と還元される原子を確かめよう．S は酸化数が増え，Cr は酸化数が減るから，S 原子が酸化され，Cr 原子が還元される．

$$SO_2 + Cr_2O_7{}^{2-} \longrightarrow SO_4{}^{2-} + Cr^{3+}$$
$$+4 \quad\quad +6 \quad\quad\quad +6 \quad\quad +3$$

（酸化：S の $+4 \to +6$，還元：Cr の $+6 \to +3$）

総反応を酸化と還元の半反応に分ける．

酸化　　$SO_2 \longrightarrow SO_4{}^{2-}$
　　　　$+4$　　　$+6$

還元　　$Cr_2O_7{}^{2-} \longrightarrow Cr^{3+}$
　　　　$+6$　　　　　$+3$

まずは還元に注目しよう．$Cr_2O_7{}^{2-}$ の Cr 原子 2 個は，酸化数が $+6$ から $+3$ に減るので，1 個の $Cr_2O_7{}^{2-}$ は 6 個の電子が還元する．

還元　　$Cr_2O_7{}^{2-} + 6\,e^- \longrightarrow 2\,Cr^{3+}$

還元に関係ない 7 個の O 原子は酸化数 -2 をもち，$Cr_2O_7{}^{2-}$ から追い出された瞬間は O^{2-} の形だろう．しかし O^{2-} は強塩基だから，酸性水溶液中にある 14 個の H^+ とたちまち結合し，$7\,H_2O$ になる．こうして還元の半反応は完成した．

還元　　$Cr_2O_7{}^{2-} + 14\,H^+ + 6\,e^- \longrightarrow 2\,Cr^{3+} + 7\,H_2O$

つぎに酸化をみてみる．S 原子は酸化数が $+4 \to +6$ と変わり，2 個の電子を失う．

酸化　　$SO_2 \longrightarrow SO_4{}^{2-} + 2\,e^-$

まだ両辺の電荷がつり合っていない．酸性水溶液中には H^+ と H_2O があるから，必要なら左右どちらかの辺に H^+ や H_2O を足す．

右辺に 4 個の H^+ を足せば，電荷が左右でつり合う．それ以外の道はない．

酸化　　$SO_2 \longrightarrow SO_4{}^{2-} + 2\,e^- + 4\,H^+$

原子数は，左辺に 2 個の H_2O を足せばつり合う．

$$\text{酸化} \quad SO_2 + 2H_2O \longrightarrow SO_4^{2-} + 2e^- + 4H^+$$

半反応が二つともできた．還元は 6 電子，酸化は 2 電子で書いたため，酸化の半反応を 3 倍し，還元の半反応に足せばよい．

$$Cr_2O_7^{2-} + 14H^+ + 6e^- \longrightarrow 2Cr^{3+} + 7H_2O$$
$$\underline{\phantom{Cr_2O_7^{2-}} 3(SO_2 + 2H_2O \longrightarrow SO_4^{2-} + 2e^- + 4H^+)}$$
$$Cr_2O_7^{2-} + 3SO_2 + 14H^+ + 6H_2O \longrightarrow 2Cr^{3+} + 3SO_4^{2-} + 12H^+ + 7H_2O$$

まだ完成ではない．両辺で共通の $12H^+$ と $6H_2O$ を消去し，いちばん簡単な形にする（可逆反応だと強調したければ，$\rightleftharpoons$ を使って書く）．

$$Cr_2O_7^{2-}(aq) + 3SO_2(aq) + 2H^+(aq) \longrightarrow 2Cr^{3+}(aq) + 3SO_4^{2-}(aq) + H_2O(l)$$

▶ チェック ─────────────────────────────

"酸性水溶液中で進むつぎの反応の反応式を完成せよ"という問題が試験に出た．

$$SO_2(g) + Cr_2O_7^{2-}(aq) \xrightarrow{H^+} SO_4^{2-}(aq) + Cr^{3+}(aq)$$

ある学生は，まず半反応にこう分けた．

$$\text{酸化} \quad SO_2 + 4OH^- \longrightarrow SO_4^{2-} + 2H_2O + 2e^-$$
$$\text{還元} \quad Cr_2O_7^{2-} + 7H_2O + 6e^- \longrightarrow 2Cr^{3+} + 14OH^-$$

二つを足し合わせ，解答欄にこう書いた．係数は合っている．

$$3SO_2(g) + Cr_2O_7^{2-}(aq) + H_2O(l)$$
$$\longrightarrow 3SO_4^{2-}(aq) + 2Cr^{3+}(aq) + 2OH^-(aq)$$

だが採点の結果は 0 点だった．なぜか．

─────────────────────────────

例題 12A・1 §12A・1 の冒頭にも述べたとおり，酸性水溶液中で進む MnO_4^- と H_2O_2 の反応は，いくつもの反応式で表せる．係数を決める前の反応はこう書く．

$$MnO_4^-(aq) + H_2O_2(aq) \xrightarrow{H^+} Mn^{2+}(aq) + O_2(g)$$

半反応式をもとに手順を踏み，正しい反応式を決めよ．

【答】 まずは骨格反応を書き，原子の酸化数を確かめる．

$$\text{MnO}_4^- + \text{H}_2\text{O}_2 \longrightarrow \text{Mn}^{2+} + \text{O}_2$$
$$\phantom{\text{MnO}_4^-}{+7-2}{+1-1}{+2}{0}$$

酸化される原子と還元される原子をつかむ．

$$\text{MnO}_4^- + \text{H}_2\text{O}_2 \longrightarrow \text{Mn}^{2+} + \text{O}_2$$
$${+7}{-1}{+2}{0}$$

（還元：Mn，酸化：O）

酸化と還元の半反応に分ける．

$$\text{酸化}\quad \text{H}_2\text{O}_2 \longrightarrow \text{O}_2$$
$${-1}{0}$$

$$\text{還元}\quad \text{MnO}_4^- \longrightarrow \text{Mn}^{2+}$$
$${+7}{+2}$$

最初に還元を考えよう．Mn 原子の酸化数は $+7 \longrightarrow +2$ と減るため，5個の電子を使う．

$$\text{還元}\quad \text{MnO}_4^- + 5\,\text{e}^- \longrightarrow \text{Mn}^{2+}$$

酸性水溶液中だから，H^+ や H_2O を足してよい．左辺に $8\,\text{H}^+$ を足せば電荷がつり合う．

$$\text{還元}\quad \text{MnO}_4^- + 8\,\text{H}^+ + 5\,\text{e}^- \longrightarrow \text{Mn}^{2+}$$

右辺に $4\,\text{H}_2\text{O}$ を足せば，O 原子の数がつり合う．これで還元の半反応はできた．

$$\text{還元}\quad \text{MnO}_4^- + 8\,\text{H}^+ + 5\,\text{e}^- \longrightarrow \text{Mn}^{2+} + 4\,\text{H}_2\text{O}$$

つぎに酸化を考える．H_2O_2 の O 原子（2個）は酸化数 -1 だから，中性の O_2 分子になるとき，2個の電子が放出される．

$$\text{酸化}\quad \text{H}_2\text{O}_2 \longrightarrow \text{O}_2 + 2\,\text{e}^-$$

右辺に $2\,\text{H}^+$ を足すと，電荷も原子もつり合った酸化の半反応になる．

$$\text{酸化}\quad \text{H}_2\text{O}_2 \longrightarrow \text{O}_2 + 2\,\text{H}^+ + 2\,\text{e}^-$$

還元は5電子，酸化は2電子で書いたため，還元の半反応を2倍，酸化の半反応を5倍して足せばよい．

$$2\,(\text{MnO}_4^- + 8\,\text{H}^+ + 5\,\text{e}^- \longrightarrow \text{Mn}^{2+} + 4\,\text{H}_2\text{O})$$
$$5\,(\text{H}_2\text{O}_2 \longrightarrow \text{O}_2 + 2\,\text{H}^+ + 2\,\text{e}^-)$$
$$\overline{2\,\text{MnO}_4^- + 5\,\text{H}_2\text{O}_2 + 16\,\text{H}^+ \longrightarrow 2\,\text{Mn}^{2+} + 5\,\text{O}_2 + 10\,\text{H}^+ + 8\,\text{H}_2\text{O}}$$

両辺で共通の $10\,\text{H}^+$ を消去し，いちばん単純な形にする．

$$2\,\text{MnO}_4^-(\text{aq}) + 5\,\text{H}_2\text{O}_2(\text{aq}) + 6\,\text{H}^+(\text{aq}) \longrightarrow 2\,\text{Mn}^{2+}(\text{aq}) + 5\,\text{O}_2(\text{g}) + 8\,\text{H}_2\text{O}(\text{l})$$

12A・3　塩基性水溶液中の酸化還元

塩基性水溶液は H_2O と OH^- を含むので，電荷や原子をつり合わせる際，必要なら H_2O や OH^- を足す．

酸性水溶液中で MnO_4^- と H_2O_2 はこう反応した（例題 12A・1）．

$$2\,MnO_4^-(aq) + 5\,H_2O_2(aq) + 6\,H^+(aq) \longrightarrow 2\,Mn^{2+}(aq) + 5\,O_2(g) + 8\,H_2O(l)$$

反応物を同じにして，塩基性水溶液中の反応式を考えよう．

例題 12A・2　塩基性水溶液中で進むつぎの反応の反応式を完成せよ．

$$MnO_4^-(aq) + H_2O_2(aq) \xrightarrow{OH^-} MnO_2(s) + O_2(g)$$

【答】　骨格反応を書き，原子の酸化数を確かめる．

$$MnO_4^- + H_2O_2 \longrightarrow MnO_2 + O_2$$
$$+7\;-2 \quad +1\;-1 \quad\quad +4\;-2 \quad\; 0$$

酸化される原子と還元される原子をつかむ．

$$MnO_4^- + H_2O_2 \longrightarrow MnO_2 + O_2$$
$$+7 \quad\quad -1 \quad\quad +4 \quad\quad 0$$

（$-1 \to 0$ 酸化，$+7 \to +4$ 還元）

還元と酸化の半反応に分ける．

$$\text{還元}\quad MnO_4^- \longrightarrow MnO_2$$
$$\quad\quad\quad +7 \quad\quad\quad +4$$

$$\text{酸化}\quad H_2O_2 \longrightarrow O_2$$
$$\quad\quad\quad -1 \quad\quad 0$$

最初に還元を考えよう．MnO_4^- は電子3個をもらって MnO_2 に還元される．

$$\text{還元}\quad MnO_4^- + 3\,e^- \longrightarrow MnO_2$$

必要なら OH^- や H_2O を加え，原子と電荷をつり合わせる．右辺に $4\,OH^-$ を足せば，左辺の電荷（-4）とつり合う．ほかに道はない．

$$\text{還元}\quad MnO_4^- + 3\,e^- \longrightarrow MnO_2 + 4\,OH^-$$

左辺に $2\,H_2O$ を足すと H も O も数がつり合い，還元の半反応式ができる．

$$\text{還元}\quad MnO_4^- + 3\,e^- + 2\,H_2O \longrightarrow MnO_2 + 4\,OH^-$$

つぎに酸化の半反応を考えよう．H_2O_2 が O_2 になるとき，電子 2 個が放出される．

$$\text{酸化}\quad H_2O_2 \longrightarrow O_2 + 2e^-$$

右辺に $2\,OH^-$ を足せば電荷がつり合う．

$$\text{酸化}\quad H_2O_2 + 2\,OH^- \longrightarrow O_2 + 2e^-$$

右辺に $2\,H_2O$ を足すと H 原子の数もつり合い，酸化の半反応式になる．

$$\text{酸化}\quad H_2O_2 + 2\,OH^- \longrightarrow O_2 + 2\,H_2O + 2e^-$$

還元は 3 電子，酸化は 2 電子で書いたため，還元の半反応を 2 倍，酸化の半反応を 3 倍して足せばよい．

$$2\,(MnO_4^- + 3e^- + 2\,H_2O \longrightarrow MnO_2 + 4\,OH^-)$$
$$3\,(H_2O_2 + 2\,OH^- \longrightarrow O_2 + 2\,H_2O + 2e^-)$$
$$\overline{2\,MnO_4^- + 3\,H_2O_2 + 6\,OH^- + 4\,H_2O \longrightarrow 2\,MnO_2 + 3\,O_2 + 8\,OH^- + 6\,H_2O}$$

両辺で共通の $4\,H_2O$ と $6\,OH^-$ を消去し，いちばん単純な形にする．

$$2\,MnO_4^-(aq) + 3\,H_2O_2(aq) \longrightarrow 2\,MnO_2(s) + 3\,O_2(g) + 2\,OH^-(aq) + 2\,H_2O(l)$$

MnO_4^- の還元産物が，酸性水溶液中では Mn^{2+}，塩基性水溶液では MnO_2 どまりとなるため，反応する MnO_4^- と H_2O_2 のモル比が違う．

12A・4　有機分子の酸化還元

有機分子の酸化還元はルイス構造からつかめる．アルコール検知に使うつぎの反応を考えよう．

$$3\,CH_3CH_2OH(g) + 2\,Cr_2O_7^{2-}(aq) + 16\,H^+(aq)$$
$$\longrightarrow 3\,CH_3COOH(aq) + 4\,Cr^{3+}(aq) + 11\,H_2O(l)$$

まず，図 12A・1 をもとに原子の酸化数を確かめる．

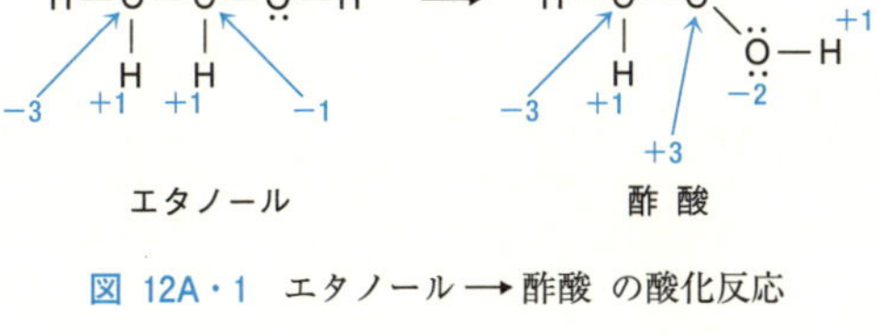

図 12A・1　エタノール $\longrightarrow$ 酢酸 の酸化反応

C原子の酸化数は，CH_3部分は変わらないが，もう1個は $-1 \rightarrow +3$ と増えている．つまり，酸化されるエタノールは4個の電子を出す．

$$\text{酸化} \quad CH_3CH_2OH \longrightarrow CH_3COOH + 4e^-$$

酸性水溶液中だから H^+ や H_2O で原子と電荷を合わせ，つぎの半反応式になる．

$$\text{酸化} \quad CH_3CH_2OH + H_2O \longrightarrow CH_3COOH + 4e^- + 4H^+$$

還元の半反応では，$Cr_2O_7^{2-}$ が6個の電子をもらって2個の Cr^{3+} になる．

$$\text{還元} \quad Cr_2O_7^{2-} + 6e^- \longrightarrow 2Cr^{3+}$$

H^+ や H_2O で原子と電荷を合わせ，つぎの半反応式になる．

$$\text{還元} \quad Cr_2O_7^{2-} + 14H^+ + 6e^- \longrightarrow 2Cr^{3+} + 7H_2O$$

酸化は4電子，還元は6電子で書いたため，酸化の半反応を3倍，還元の半反応を2倍して足せばよい．

$$3(CH_3CH_2OH + H_2O \longrightarrow CH_3COOH + 4e^- + 4H^+)$$
$$\underline{2(Cr_2O_7^{2-} + 14H^+ + 6e^- \longrightarrow 2Cr^{3+} + 7H_2O)}$$
$$3CH_3CH_2OH + 2Cr_2O_7^{2-} + 28H^+ + 3H_2O \longrightarrow 3CH_3COOH + 4Cr^{3+} + 12H^+ + 14H_2O$$

両辺で共通の $3H_2O$ と $12H^+$ を消去し，いちばん単純な形にする．

$$3CH_3CH_2OH(g) + 2Cr_2O_7^{2-}(aq) + 16H^+(aq)$$
$$\longrightarrow 3CH_3COOH(aq) + 4Cr^{3+}(aq) + 11H_2O(l)$$

化学熱力学 13

- 13・1 自発変化
- 13・2 エントロピーと乱雑さ
- 13・3 熱力学第二法則
- 13・4 標準反応エントロピー
- 13・5 熱力学第三法則
- 13・6 化学反応とエントロピー変化
- 13・7 ギブズエネルギー
- 13・8 反応ギブズエネルギーと温度
- 13・9 温度の微妙な効果
- 13・10 標準反応ギブズエネルギー
- 13・11 分圧で表す平衡定数
- 13・12 標準状態の姿
- 13・13 ギブズエネルギーと平衡定数: 化学熱力学の基本式
- 13・14 平衡定数と温度
- 13・15 標準生成ギブズエネルギーと絶対エントロピー

13・1 自発変化

ホットコーヒーはやがて冷め,ジュースの氷は融けていく.冷めたコーヒーがまた熱くなるのも,炎天下でジュースの氷が増えるのもありえない.

塩酸に入れた亜鉛板は溶けて細くなり,発生した水素の泡は水面に浮かび上がる.

$$Zn(s) + 2H^+(aq) \longrightarrow Zn^{2+}(aq) + H_2(g)$$

水素の泡が水に沈みこんで消え失せ,亜鉛板が太くなっていくビデオを見たら,逆送りだとすぐ気づく.自然な流れではないからだ.

物理変化も化学反応も,**自発変化**(spontaneous change)として進む.自発変化の向きはどう決まるのか? なぜ逆には進まないのだろう?

自然に進む化学反応の多くは**発熱変化**(exothermic change)だから,反応は発熱の向きに進むと思いたくなる.体内で進むエタノールの酸化反応も熱を出す*.

$$CH_3CH_2OH(l) + 3O_2(g) \longrightarrow 2CO_2(g) + 3H_2O(l) \quad \Delta H° = -1367 \text{ kJ}$$

鉄が酸化鉄(Ⅲ)になる反応でも熱が出る.

$$4Fe(s) + 3O_2(g) \longrightarrow 2Fe_2O_3(s) \quad \Delta H° = -1648.4 \text{ kJ}$$

---

* 訳注: ΔH の値は,係数1の物質1molあたりのエンタルピー変化を表す(上巻 p.250 参照).

しかし水の沸騰のように，自発的な**吸熱変化**（endothermic change）もある．

$$H_2O(l) \longrightarrow H_2O(g) \quad \Delta H°_{373} = 40.88 \text{ kJ}$$

硝酸アンモニウムも，熱を吸収しながら水に溶ける．

$$NH_4NO_3(s) \xrightarrow{H_2O} NH_4^+(aq) + NO_3^-(aq) \quad \Delta H° = 28.1 \text{ kJ}$$

変化の向きは温度で変わる．たとえば 0 ℃ 以下なら水は凍って氷に変わる．

$$T < 0 \text{ ℃} \quad H_2O(l) \longrightarrow H_2O(s)$$

だが 0 ℃ 以上なら，逆向きの変化が進む．

$$T > 0 \text{ ℃} \quad H_2O(s) \longrightarrow H_2O(l)$$

つまり変化の向きを決める要因は，熱の出入り以外にもある．それを**エントロピー**（entropy）という．

> ▶ チェック
> 食塩を水に溶かすと水が少し冷える．これは自発変化か．

13・2 エントロピーと乱雑さ

エントロピーは**乱雑さ**（disorder）の度合を表す．加熱で進む 氷 → 水 → 水蒸気 の三態変化を考えるとわかりやすい．氷の中では，決まった位置に H_2O 分子が固定されている（図 8・20）．水素結合が分子の動きを封じ，並進も回転も振動も起きにくい．だから氷をつくる H_2O 分子は，乱雑さがずいぶん小さい（秩序の度合が高い）．

氷が融けてできる液体の中で H_2O 分子は，かなり自由に動き回れる．つまり氷の融解は系のエントロピーを増やす．もっと高温になって水が沸騰すれば，乱雑きわまりない形で空間を飛び交う H_2O 分子ができ，系のエントロピーは大きく増える．

1877 年にドイツのルートヴィッヒ・ボルツマン（Ludwig Boltzman）は，粒子 1 個のエントロピー（s）をつぎのように定義した．

$$s = k \ln W \quad (モルあたりで \ S = R \ln W)$$

比例係数 k（ボルツマン定数）にアボガドロ定数を掛けると気体定数（R）になる*．

粒子 1 個がとるエネルギーの等しいミクロ状態が複数あれば，その数が W だと思えばよい．等エネルギーの状態が多い系ほど，エントロピーは大きい．たとえば 1 個の気体分子は，容器内のどこにいってもそのエネルギーが等しいため，体積が大きいほど W も大きくなる．実際，W は体積に比例し，気体のエントロピーは体積の対数に比例

---

* 訳注: 粒子が 1 mol の場合，状態の数は W^{N_A}（N_A はアボガドロ定数）と書けるため，ボルツマンの式は $S = k \ln W^{N_A} = k N_A \ln W = R \ln W$ となる．

する.

　温度 0 K の完全結晶を想像しよう．その粒子配列は一つに決まる．わずかな運動の自由度は残るものの，W は 1 に近いと考えてよい．仮想的な $W = 1$ なら，$\ln 1 = 0$ なので $s = 0$ ($S = 0$) となる．結晶の温度が上がると，並進・回転・振動の勢いが増し，ミクロ状態の数 (W) も増す．結晶が融点で液化すると，粒子の居場所が増えて W も増える．沸点で気体になれば，ミクロな居場所が大きく増える結果，W も急増する．

　ボルツマンの定義は，統計力学の定義という．ふつう熱力学では，系が受取る熱 Q に注目し，エントロピー変化を $\Delta S = Q/T$ と定義する．理想気体の場合，定圧条件で得た熱は膨張仕事 ($P\Delta V$) に使われる (§7・7)．以上をもとに，両方の定義が一致することを確かめておこう．

　ボルツマンの式から，モルあたりで状態 1 → 状態 2 のエントロピー変化 ΔS はこう書ける．

$$\Delta S = R\ln W_2 - R\ln W_1 = R\ln\left(\frac{W_2}{W_1}\right)$$

熱力学の定義を微分形 ($dS = PdV/T$) にして，理想気体の状態方程式から出る $P = RT/V$ を代入する．

$$dS = P\frac{dV}{T} = R\frac{dV}{V}$$

状態 1 → 状態 2 で上式を積分した結果 (ΔS) はつぎのようになる．

$$\Delta S = R\ln\left(\frac{V_2}{V_1}\right)$$

前述のとおり W は体積に比例し，$R\ln(W_2/W_1) = R\ln(V_2/V_1)$ とみてよいから，二つの定義は一致する．

　気体分子の運動エネルギーは，図 13・1 のような分布をもつ (§6・17)．運動エネルギーが平均値より大きい分子もあり，小さい分子もある．温度を T_1 から T_2 に上げると，

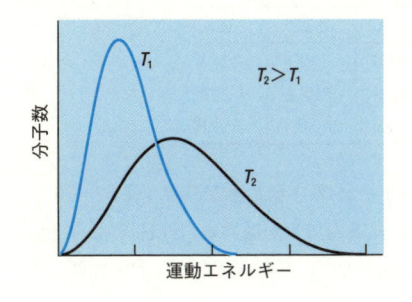

図 13・1　気体分子の運動エネルギー分布．温度が上がると，平均運動エネルギーが増えるとともに分布の広がりも起こる．

平均運動エネルギーが増えるほかエネルギーの分布も広がって系が乱雑化し、エントロピーも増す。

同様なことは化学反応でも起きる。結合の切断・生成では系のエネルギーが変わるほか、粒子がとるミクロ状態の数も変わるため、反応前後でエントロピーに差ができる。

乱雑さの変化をつかみにくい状況もあるけれど、固体の融解や、分子の分解では乱雑さが確実に増す。

エントロピーは状態量（§7・5）だから、始状態 → 終状態の ΔS はこう書ける。

$$\Delta S = S_{終} - S_{始}$$

13・3　熱力学第二法則

熱力学はエネルギーの変換を扱う。7章でみた**熱力学第一法則**（first law of thermodynamics）はエネルギー保存則だった。**熱力学第二法則**（second law of thermodynamics）は、自発変化の向きを教える。

第二法則は、"自発変化は宇宙のエントロピーを増やす"とも表現できる。

第二法則：　$\Delta S_{宇宙} \geq 0$ 　（自発変化）

つまり、$\Delta S_{宇宙} > 0$ の変化は自発的に進み、$\Delta S_{宇宙} < 0$ の変化は自発的に進まない。$\Delta S_{宇宙} = 0$ の変化なら、両向きに進む。

系のエントロピー変化（ΔS）ではなく、宇宙の ΔS だという点に注意したい。宇宙は系と外界に分かれ、宇宙の ΔS は、系の ΔS と外界の ΔS の和になる。

$$\Delta S_{宇宙} = \Delta S_{系} + \Delta S_{外界}$$

化学では、変化する物質の集まりを系とみる。また外界は、化学変化の影響を受ける環境をいう。$\Delta S_{系} > 0$ の変化が必ず進むわけではない。0℃・1 atm で平衡にある氷と水を考えよう。$\Delta S_{系}$、$\Delta S_{外界}$、$\Delta S_{宇宙}$ が温度でどう変わるかを、下の表にまとめた。

$$H_2O(s) \rightleftharpoons H_2O(l)$$

	+10℃	0℃	−10℃
$\Delta S_{外界}$(J/mol·K)	−22.6	−22.1	−21.5
$\Delta S_{系}$(J/mol·K)	+23.5	+22.1	+20.7
$\Delta S_{宇宙}$(J/mol·K)	+0.9	0	−0.8

0℃では氷と水が平衡にあって $\Delta S_{宇宙} = 0$ だから、氷と水が共存する。+10℃だと $\Delta S_{宇宙}$ は +0.9 J/(mol·K) になり、変化は右に進んで氷が融ける。−10℃なら $\Delta S_{宇宙}$ は −0.8 J/(mol·K) なので氷は融けない。どの温度でも $\Delta S_{系} > 0$ だけれど、外界の変化も

合わせた $\Delta S_{宇宙}$ の符号が，変化の向きを決める．

0℃以下では，整然と並ぶ H_2O 分子の引き合い（安定化）が，エネルギー面で氷を有利にする．温度が上がると分子の乱雑さ（大きい S）が効き，氷は液体になる．

以下，とくに断らないかぎり，"系のエントロピー変化"を ΔS と書く．**エンタルピー**（enthalpy）と同じくエントロピーも状態量だから，ΔS は始状態と終状態だけで決まり，つぎの性質をもつ．

> $\Delta S > 0$ の変化では，系の乱雑さが増す．
> $\Delta S < 0$ の変化では，系の乱雑さが減る．

化学変化の ΔS を考えるとき，つぎのことは正しいとしてよい．
- 液体は固体より粒子が乱雑だから，固体よりエントロピーが大きい．
- 気体は液体より粒子がずっと広い空間を占めるから，液体よりエントロピーが大きい．
- 粒子の総数が増える変化では，系のエントロピーが増す．

> **例題 13・1** 以下の反応が起きるとき，系の ΔS はどうなるか．
> ① 単体からアンモニアができる．
> $$N_2(g) + 3H_2(g) \longrightarrow 2NH_3(g)$$
> ② 水が蒸発する．
> $$H_2O(l) \longrightarrow H_2O(g)$$
> ③ 石灰石（$CaCO_3$）が熱分解する．
> $$CaCO_3(s) \longrightarrow CaO(s) + CO_2(g)$$
>
> 【答】 ① 総分子数が減って乱雑さが減るため，$\Delta S < 0$．
> ② 気体は液体よりずっと乱雑だから，$\Delta S > 0$．
> ③ 分解で系の乱雑さが増え $\Delta S > 0$ となるほか，生成物に気体もあって ΔS はさらに増す．

エンタルピー変化（ΔH）の符号は，反応の向きを左右した（§13・1）．

> 発熱変化（$\Delta H < 0$）は自発的に進みやすい
> （ただし必ず進むとはいえない）．

エントロピー変化（ΔS）の符号も，反応の向きを左右する．

> 乱雑さの増す変化（$\Delta S > 0$）は自発的に進みやすい
> （ただし必ず進むとはいえない）．

すると自発変化の向きを知るには，ΔH と ΔS の両方を考えなければいけない．

例題 13・2 NO_2 と N_2O_4 のルイス構造も考え，つぎの反応に ΔH と ΔS がどう効くのかを考察せよ．

$$2NO_2(g) \longrightarrow N_2O_4(g)$$

【答】 NO_2 分子は不対電子を 1 個もつ．

2 個の NO_2 が衝突すれば共有結合ができ，N_2O_4 分子（二量体）になる．

新しい結合ができるため発熱変化（$\Delta H < 0$）になる．つまり ΔH は生成物に有利．
2 分子が 1 分子になるため系の秩序は増す（$\Delta S < 0$）．つまり ΔS は反応物に有利．

▶チェック
$\Delta S < 0$ の自発変化はありうるか．

13・4 標準反応エントロピー

標準状態（standard state）でみた反応の ΔS を**標準反応エントロピー**（standard entropy of reaction）といい，$\Delta S°$ と書く．標準状態（§6・13 の"気体の標準状態"ではない）とは本来，"物質すべての活量 a（モル分率）が 1 の状況"を指す．固体や溶媒には本来の定義をそのまま使うが，溶質ではモル濃度，気体では分圧を代用し，つぎのように約束した（§7・11）．

> **標準状態**
> 溶質: 濃度 1 M (1 mol/L)
> 気体: 分圧 1 bar = 0.9869 atm (ほとんどの計算では 1 atm としてよい)

$\Delta S°$ はどんな温度の値でもよいが,ふつうは 25 ℃ の値を選ぶ. $\Delta S°$ の値は,表 B・13 の**標準原子結合エントロピー** (standard entropy of atom combinatiion, $\Delta_{ac}S°$) から計算できる (§ 13・6).

13・5 熱力学第三法則

エンタルピーやギブズエネルギー (§ 13・7) は相対値だが,エントロピーは絶対値をもつ.その基礎をなす**熱力学第三法則** (third law of thermodynamics) は,つぎのように表現できる.

> 完全結晶 (欠陥がない結晶) のエントロピーは 0 K で 0 になる.

完全結晶の温度を 0 K から上げていくと,格子点にある粒子が動き,乱雑度が上がってエントロピーが徐々に増えていく.固体が融けてできる液体の粒子はずっと乱雑だから,融点でエントロピーは急増する.液体のまま温度を上げると,振動・回転・並進の勢いが徐々に強まり,エントロピーも徐々に増す.やがて液体は沸騰し,粒子が乱雑に飛び交う気体になるため,エントロピーは沸点でまた激増する.

物質の粒子はけっして静止せず,0 K の固体中でもかすかに動いている.温度が上がるほどに粒子の動きは強まり,乱雑さ (エントロピー) が増す.ある温度で物質がもつエントロピーは,0 K でもっていたエントロピー (残余エントロピー) からの増え分を意味する.

三酸化硫黄 (SO_3) が三態それぞれでもつ標準エントロピー ($S°$) を表 13・1 に示す.$S°$ の単位は J/(mol・K) となる.典型的な単体の $S°$ と温度の関係を図 13・2 に描いた.

表 13・1 固体・液体・気体の三酸化硫黄がもつ標準エントロピー $S°$

状 態	$S°$ [J/(mol・K)]
$SO_3(s)$	70.7
$SO_3(l)$	113.8
$SO_3(g)$	256.76

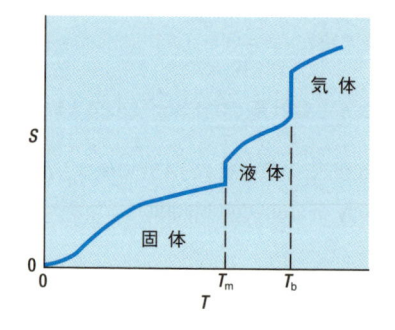

図 13・2　エントロピー (S) と温度 (T) の関係. 同じ状態なら S は徐々に変わる. 融点 (T_m) と沸点 (T_b) では粒子の乱雑度が急増するため, S も急増する.

▶ チェック
物質のエントロピーは, なぜ絶対零度で最小になるのか.

13・6　化学反応とエントロピー変化

つぎの反応で, ΔH は生成物 (N_2O_4) に有利, ΔS は反応物 (NO_2) に有利だった (例題 13・2).

$$2\,NO_2(g) \longrightarrow N_2O_4(g)$$

反応の ΔS を理解するため, ΔS を $J/(mol \cdot K)$ 単位 (mol あたりでなければ J/K 単位) で計算しよう. ΔS の計算は, 7 章でみた ΔH の計算手順にならう.

S は状態量なので, 始状態 (反応物) と終状態 (生成物) が決まれば, 途中にはどんな経路を考えてもよい. だから ΔH の計算と同様, 途中にバラバラの原子集団ができるとみよう.

まず, 反応物の結合をみな切って (原子化して) 真空中の原子集団にする.

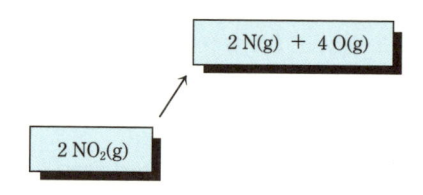

$$2\,N(g) + 4\,O(g)$$
$$\uparrow$$
$$2\,NO_2(g)$$

NO_2 分子が原子化するとエントロピーは増すため, 矢印も上に向けた. ΔS の値は表 B・13 のデータから計算できる.

表 B・13 の $\Delta_{ac}S° = -235\,J/(mol \cdot K)$ は, 真空中の原子集団から 1 mol の NO_2 をつくるときの変化量だった. NO_2 を原子化するときのエントロピー変化は, $\Delta_{ac}S°$ の符号

13・6 化学反応とエントロピー変化

を逆転させた値になる．また，2 mol の NO_2 を考えているから，絶対値を2倍しなければいけない．こうして $\Delta S°$ は，下図のように +470 J/K となる（以下では正値の"+"符号を略す）．

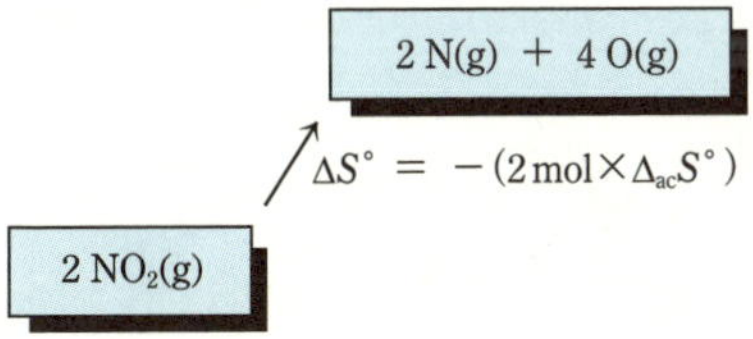

$$2 NO_2(g) \longrightarrow 2 N(g) + 4 O(g) \quad \Delta S° = -(2\,\text{mol} \times \Delta_{ac} S°)$$

図を見ながら，計算の手続きをていねいに振り返ろう．
つぎに，真空中の原子集団が N_2O_4 になる変化を考える．

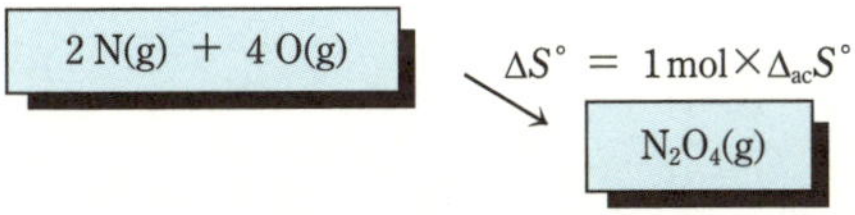

$$2 N(g) + 4 O(g) \longrightarrow N_2O_4(g) \quad \Delta S° = 1\,\text{mol} \times \Delta_{ac} S°$$

原子6個が結合して N_2O_4 分子1個ができる．系の乱雑さがずっと減るため $\Delta S°$ は，負で絶対値の大きい -647 J/K になる．

以上をもとに，$2 NO_2 \longrightarrow N_2O_4$ のエントロピー変化（N_2O_4 1 mol あたり）を計算する．

結合切断：	$\Delta S° =$	470 J/K
結合生成：	$\Delta S° =$	-647 J/K
合計：	$\Delta S° =$	-177 J/K

分子2個が合体して1個になる変化だから，予想どおり $\Delta S°$ は負値になる．

原子結合エントロピーの値は，原子のつながりかたを反映する．たとえば気体のシクロペンタンと 1-ペンテンを比べよう．

$$5 C(g) + 10 H(g) \longrightarrow \text{シクロペンタン}(g)$$
$$\Delta_{ac} S° = -1645\,\text{J/(mol·K)}$$

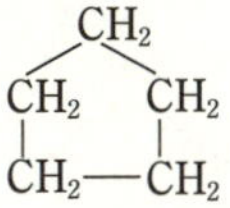

$$5 C(g) + 10 H(g) \longrightarrow CH_2=CHCH_2CH_2CH_3(g) \text{ (1-ペンテン)}$$
$$\Delta_{ac} S° = -1590\,\text{J/(mol·K)}$$

両分子の素材は C 原子 5 個と H 原子 10 個でも，結合の姿が異なる（図 13・3）．原子結合エントロピーは，シクロペンタンが －1645 J/(mol·K)，1-ペンテンが －1590 J/(mol·K) と，明確な差がある．こうした数字から何がわかるのか？

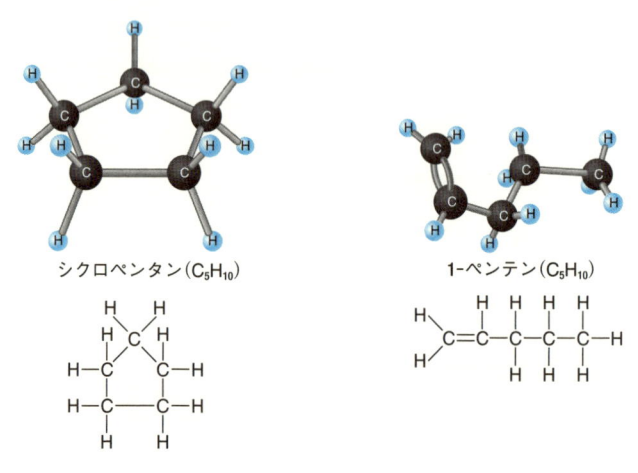

図 13・3 シクロペンタンと 1-ペンテンの分子構造

真空中の原子集団が分子や原子になれば，運動の自由度がずいぶん減る．減る度合が大きいほど，原子結合エントロピーの絶対値は大きい．

▶ チェック
水中のブドウ糖（グルコース）は，環状構造と鎖状構造の平衡にある．環状 ⟶ 鎖状 Δ の変化に伴う ΔS は正値か負値か．

分子は 3 タイプの運動をする（図 13・4）．まず，分子が空間を飛ぶ**並進** (translation) 運動は，分子が重いほどエントロピーへの効きかたが大きい．

13・6 化学反応とエントロピー変化

空間を飛ぶ分子は，重心のまわりに**回転**（rotation）もしている．回転のようすは，分子の質量と形で決まる．結合軸まわりの原子回転が，分子の回転をひき起こす．対称性の低い分子に比べ，対称性の高い分子は回転の自由度が小さい．

メタン分子の並進

メタン分子をつくる原子の振動

メタン分子の回転

単結合まわりの回転（エタン分子）

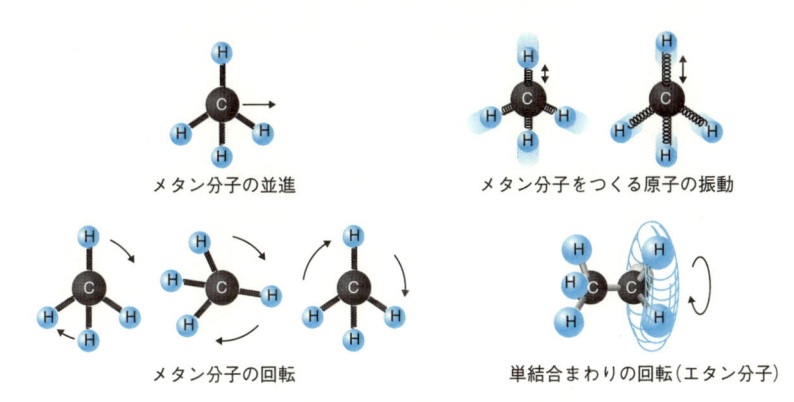

図 13・4 分子の並進・回転・振動

振動（vibration）は，原子間結合がバネのように毎秒 10 兆回ほど伸縮する動きをいう．図 13・4 に描いた伸縮振動のほか，結合角が変わる振動もある（§6・2 参照）．

真空中の原子が分子になるとき，エントロピー低下の度合は，原子の総数，分子の対称性，原子間結合の性質で変わる．シクロペンタンと 1-ペンテンの相互変換を例に，そのありさまをみてみよう．

まず，原子数の同じ異性体どうしだから，$\Delta_{ac}S°$ の差は結合の違いからくる．バラバラの原子が 1-ペンテン分子になるよりも，シクロペンタン分子になるほうが"まとまり"がよく，原子の自由度が大きく減るため，$\Delta_{ac}S°$ の絶対値が大きい．

1-ペンテン分子の C 原子は動きやすく，単結合まわりの回転もしやすい．シクロペンタンは環状分子だから，分子内の原子振動がかなりの制約を受けている．

以上のことに注目し，両分子の異性化平衡をまとめよう．

$$\text{シクロペンタン(g)} \rightleftharpoons \text{1-ペンテン (g)}$$

右向きのエントロピー変化（1mol あたり）は，$\Delta_{ac}S°$ 値からつぎのようになる．

結合切断： $\Delta S° = -(-1645 \text{ J/K})$
結合生成： $\Delta S° = \underline{-1590 \text{ J/K}}$
合計： $\Delta S° = +55 \text{ J/K}$

シクロペンタンが 1-ペンテンに変わると，振動の自由度が増えてエントロピーが増す．

▶ チェック ─────────────────────────────
J/(mol·K) 単位でブタンの $\Delta_{ac}S°$ は -1469,イソブタンの $\Delta_{ac}S°$ は -1485 になる.$\Delta_{ac}S°$ に差ができる原因は何か.

$$\begin{array}{cc} \text{CH}_3\text{CH}_2\text{CH}_2\text{CH}_3 & \text{CH}_3\text{CHCH}_3 \\ & | \\ & \text{CH}_3 \\ \text{ブタン} & \text{イソブタン} \end{array}$$

このように $\Delta_{ac}S°$ 値は,化学反応の解剖に役立つ.分子が原子に分かれると,エントロピーは必ず増える.バラバラの原子は,結合して最初の分子に戻るか,別の分子になる.どちらでも乱雑さが減るから,エントロピーは必ず減る.

エントロピーだけ考えたとき,最初の分子に戻るのと,別の分子になるのとでは,どちらが有利なのだろう? たとえばN原子2個とO原子4個の集団は,2個の NO_2 分子にもなれるし,1個の N_2O_4 分子にもなれる.

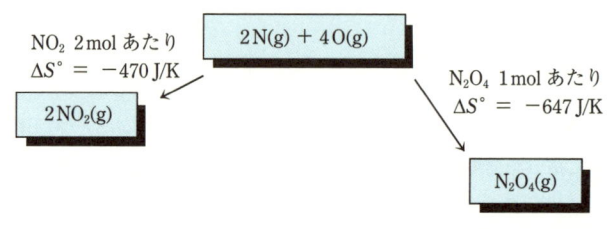

$$2NO_2(g) \xleftarrow{\substack{NO_2 \ 2\text{mol あたり} \\ \Delta S° = -470 \text{ J/K}}} 2N(g) + 4O(g) \xrightarrow{\substack{N_2O_4 \ 1\text{mol あたり} \\ \Delta S° = -647 \text{ J/K}}} N_2O_4(g)$$

自発変化は乱雑さが最大になる向きに進む.つまりエントロピーの"減り"は少ないほうがよいので,生成物(N_2O_4)になるよりも,反応物(NO_2)に戻るほうが有利だといえる.

例題 13・3 表にまとめた原子結合エントロピー($\Delta_{ac}S°$)をもとに,以下二つの反応の $\Delta S°$ を見積もれ.

① $CH_3OH(l) \longrightarrow CH_3OH(g)$

物質	$\Delta_{ac}S°[\text{J/(mol·K)}]$
$CH_3OH(l)$	-651.2
$CH_3OH(g)$	-538.19

② $N_2(g) + O_2(g) \longrightarrow 2NO(g)$

物質	$\Delta_{ac}S°[\text{J/(mol·K)}]$
$N_2(g)$	-114.99
$O_2(g)$	-116.97
$NO(g)$	-103.59

【答】 ① 気体の CH_3OH はそのまま原子化できる．液体の CH_3OH は，原子化に先立って分子間力を振り切るとき，余分なエントロピー増加がある．以上を図解しよう．

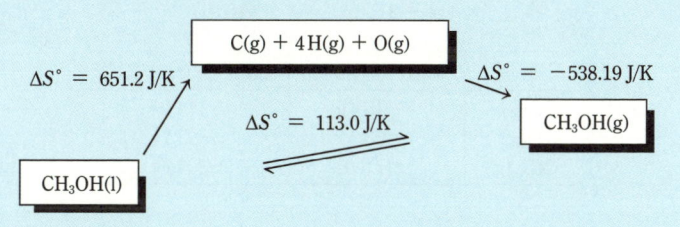

$$C(g) + 4H(g) + O(g)$$

$\Delta S° = 651.2 \, J/K$ ↗   ↘ $\Delta S° = -538.19 \, J/K$

$\Delta S° = 113.0 \, J/K$ ⇌ $CH_3OH(g)$

$CH_3OH(l)$

エントロピー収支を計算すると，乱雑さの小さい液体が乱雑な気体になる右向きが $\Delta S° > 0$ となる．

結合切断： 651.2 J/K
結合生成： -538.19 J/K
　　　　　 113.0 J/K

② 各 1 mol の N_2 と O_2 を原子化するときのエントロピー変化は，$\Delta_{ac}S°$ の符号を逆転させたものだから，N_2 と O_2 の 1 mol あたりでつぎのようにまとめられる．

結合切断：
$N_2(g) \longrightarrow 2N(g)$　　　　$\Delta S° = 114.99 \, J/K$
$O_2(g) \longrightarrow 2O(g)$　　　　$\Delta S° = 116.97 \, J/K$
$N_2(g) + O_2(g) \longrightarrow 2N(g) + 2O(g)$　　$\Delta S° = 231.96 \, J/K$

原子集団から 2 mol の NO ができるときのエントロピー変化は，NO の $\Delta_{ac}S°$ を 2 倍したものだから，つぎのようになる．

結合生成：
$2N(g) + 2O(g) \longrightarrow 2NO(g)$　　$\Delta S° = -2 \times 103.59 \, J/K$

以上をまとめ，右向き反応のエントロピー変化を計算する．

結合切断： 231.96 J/K
結合生成： -207.18 J/K
　　　　　 24.78 J/K

NO は N_2 や O_2 よりも対称性が低く，回転の自由度も大きいため，$\Delta S°$ が（小さいながら）正値になると考えればよい．

13・7 ギブズエネルギー

自発変化を促す要因は，発熱（$\Delta H < 0$）と乱雑化（$\Delta S > 0$）だった（§13・3）．ΔH や ΔS がそれぞれどう効くのかを，つぎの例題でみてみよう．

例題 13・4 つぎの反応の $\Delta H°$ と $\Delta S°$ を下表に示した $\Delta_{ac}H°$ と $\Delta_{ac}S°$ から計算し，反応の向きを判定せよ．

$$N_2(g) + 3H_2(g) \rightleftharpoons 2NH_3(g)$$

物 質	$\Delta_{ac}H°$(kJ/mol)	$\Delta_{ac}S°$[J/(mol・K)]
$N_2(g)$	-945.41	-114.99
$H_2(g)$	-435.30	-98.74
$NH_3(g)$	-1171.76	-304.99

【答】 反応を図解しよう．

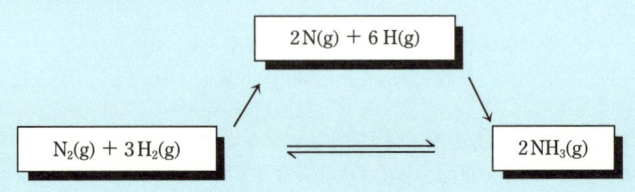

```
            2N(g) + 6H(g)
              ↗        ↘
  N₂(g) + 3H₂(g)  ⇌  2NH₃(g)
```

1 mol の N_2 の原子化には（$-\Delta_{ac}H° = 945.41$ kJ/mol），3 mol の H_2 の原子化には $3 \times (-\Delta_{ac}H° = 435.30$ kJ/mol）を要するから，合計でつぎのエネルギーをつぎこむ．

結合切断：

$$N_2(g) \longrightarrow 2N(g) \qquad \Delta H° = -(-945.41 \text{ kJ})$$
$$3H_2(g) \longrightarrow 6H(g) \qquad \Delta H° = -3 \times (-435.30 \text{ kJ})$$
$$\overline{N_2(g) + 3H_2(g) \longrightarrow 2N(g) + 6H(g) \qquad \Delta H° = 2251.3 \text{ kJ}}$$

バラバラの原子が 2 mol の NH_3 になるときは，$2 \times (\Delta_{ac}H° = -1171.76$ kJ/mol）だけのエネルギー低下が起こる．

結合生成：

$$2N(g) + 6H(g) \longrightarrow 2NH_3(g) \qquad \Delta H° = -2 \times 1171.76 \text{ kJ}$$

結合の切断 → 生成のエネルギー収支は，$\Delta H° < 0$ の発熱になる．

$$\begin{array}{r} 2251.3 \text{ kJ} \\ -2343.52 \text{ kJ} \\ \hline -92.2 \text{ kJ} \end{array}$$

エントロピー変化も同様に扱う．まず，原子化の $\Delta S°$ を計算する．

結合切断：

$$N_2(g) \longrightarrow 2N(g) \qquad \Delta S° = -(-114.99 \text{ J/K})$$
$$3H_2(g) \longrightarrow 6H(g) \qquad \Delta S° = -3 \times (-98.74 \text{ J/K})$$
$$\overline{N_2(g) + 3H_2(g) \longrightarrow 2N(g) + 6H(g) \qquad \Delta S° = 411.2 \text{ J/K}}$$

13・7 ギブズエネルギー

つぎに，原子集団が 2 mol の NH_3 になるときの $\Delta S°$ を求める．
　結合生成：
$$2\,N(g) + 6\,H(g) \longrightarrow 2\,NH_3(g) \quad \Delta S° = -2 \times (304.99\,\text{J/K})$$
結合の切断 ⟶ 生成のエントロピー収支はこうなる．
$$\begin{array}{r} 411.2\ \text{J/K} \\ -609.98\,\text{J/K} \\ \hline -198.8\ \ \text{J/K} \end{array}$$
以上より $\Delta H° = -92.2\,\text{kJ}$, $\Delta S° = -198.8\,\text{J/K}$ だから，アンモニア生成反応は，エンタルピー面は有利でも，エントロピー面は不利だとわかる．

ΔH と ΔS に合う反応の向きが逆のとき，現実に反応が進む向きはどうなるのか？その判定には，H と S を組合わせた**ギブズエネルギー**（Gibbs energy．別名 ギブズ自由エネルギー．記号 G）を使う．1871 年から 20 世紀初頭にイェール大学の教授だったウィラード・ギブズ（J. Willard Gibbs）が提唱した量で，彼を米国史上最高の科学者とみる人はいまなお多い．

H の単位は J または J/mol, S の単位は J/K または J/(mol·K) だから，$T \times S$ の単位は（H と同じ）J や J/mol になる．そこで，つぎの量をギブズエネルギー（G）とする．
$$G = H - TS$$
H, S, T は状態量なので G も状態量になり，温度一定のとき G の変化はこう書ける．
$$\Delta G = \Delta H - T\Delta S$$
自発変化を表す ΔH と ΔS の符号は逆だから，H に"$-TS$"を足して（見た目は H から TS を引いて）G にした，と考えればよい．

変化に有利	変化に不利
$\Delta H < 0$	$\Delta H > 0$
$\Delta S > 0$	$\Delta S < 0$

$\Delta H < 0$ と $\Delta S > 0$ は自発変化を促し，そのとき $\Delta G < 0$ なので，こう表現できる．

自発変化では $\Delta G < 0$ となる．

かたや，$\Delta H > 0$ と $\Delta S < 0$ は非自発変化を表し，そのとき $\Delta G > 0$ なので，こう表現できる．

非自発変化では $\Delta G > 0$ となる．

7章では反応を，$\Delta H < 0$ の発熱変化と $\Delta H > 0$ の吸熱変化に分類した．ギブズエネルギーに注目すると，$\Delta G < 0$ のエネルギー放出変化（**発エルゴン変化** exergonic change）と，$\Delta G > 0$ の**エネルギー吸収変化**（**吸エルゴン変化** endergonic change）に分類できる．$\Delta G < 0$ の変化は自発的に進む．

▶ チェック
食塩の溶解は吸熱（$\Delta H > 0$）なのに進む．ΔS の符号はどうなるか．

反応は，$\Delta H < 0$ で $\Delta S > 0$ なら無条件に自発変化，$\Delta H > 0$ で $\Delta S < 0$ なら無条件に非自発変化だといえる．ほかの場合は，ΔG の値を計算して反応の向きを推定する．

どの物質も標準状態（§13・4）にあるときの ΔG を**標準反応ギブズエネルギー**（standard Gibbs energy of reaction）といい，記号 $\Delta G°$ で表す．

$$\Delta G° = \Delta H° - T\Delta S°$$

例題 13・5 つぎの反応の $\Delta H°$ と $\Delta S°$ を（$\Delta_{ac}H°$ と $\Delta_{ac}S°$ から）計算し，さらに $\Delta G°$ も計算して，自発変化の向きを判定せよ．温度は 25 ℃（298 K）とする．

$$2\,NO_2(g) \longrightarrow N_2O_4(g)$$

物質	$\Delta_{ac}H°$ (kJ/mol)	$\Delta_{ac}S°$ [J/(mol·K)]
$NO_2(g)$	−937.86	−235.35
$N_2O_4(g)$	−1932.93	−646.53

【答】 反応はつぎのように進むと考えよう．

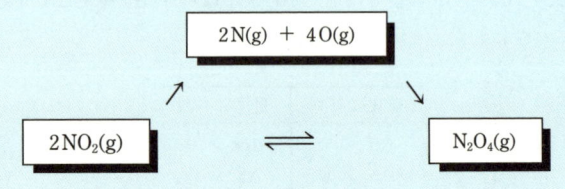

$$2N(g) + 4O(g)$$
$$2\,NO_2(g) \rightleftarrows N_2O_4(g)$$

まず，標準反応エンタルピー（$\Delta H°$）を計算する．
結合切断： $2\,NO_2(g) \longrightarrow 2N(g) + 4O(g)$ $\Delta H° = -2 \times (-937.86\,kJ)$
結合生成： $2N(g) + 4O(g) \longrightarrow N_2O_4(g)$ $\Delta H° = -1932.93\,kJ$
$\Delta H° = -57.20\,kJ$

$\Delta H° < 0$ の発熱だから，エンタルピー面では右向きが自発変化となる．
つぎに，標準反応エントロピー（$\Delta S°$）を計算する．
結合切断： $2\,NO_2(g) \longrightarrow 2N(g) + 4O(g)$ $\Delta S° = -2 \times (-235.35\,J/K)$
結合生成： $2N(g) + 4O(g) \longrightarrow N_2O_4(g)$ $\Delta S° = -646.53\,J/K$
$\Delta S° = -175.83\,J/K$

13・7 ギブズエネルギー

$\Delta S° < 0$ だから,エントロピー面で右向き反応は不利になる.

最後に $\Delta H°$ と $\Delta S°$ を組合わせ,$\Delta G°$ を計算する.単位中にある $\Delta H°$ の "kJ" と $\Delta S°$ の "J" は1000倍違うため,$\Delta S°$ を kJ/K 単位に直して計算しよう.

$$\begin{aligned}\Delta G° &= \Delta H° - T\Delta S° \\ &= (-57.2\,\text{kJ}) - (298\,\text{K})(-0.1758\,\text{kJ/K}) \\ &= (-57.2\,\text{kJ}) + (52.4\,\text{kJ}) \\ &= -4.8\,\text{kJ}\end{aligned}$$

$T\Delta S°$ より $\Delta H°$ のほうが大きく効いて $\Delta G° < 0$ となり,右向きが自発変化だとわかる.

いまは標準状態を考えたため,25℃・1 atm での予測だという点に注意したい.

例題 13・6 激しい運動をすると,筋肉内でブドウ糖(グルコース)から乳酸ができる.

ブドウ糖 → 2 乳酸

つぎの $\Delta_{ac}H°$ と $\Delta_{ac}S°$ のデータを使い,298.15 K で反応が右に進むかどうか確かめよ.

化合物	$\Delta_{ac}H°$ (kJ/mol)	$\Delta_{ac}S°$ [J/(mol·K)]
$C_6H_{12}O_6$(aq)	−9670.0	−3013.9
$CH_3CHOHCOOH$(aq)	−4889.7	−1417

【答】 例題 13・5 と同様に,ブドウ糖 1 mol 当たりの反応の $\Delta H°$ と $\Delta S°$ を計算する.

	$\Delta H°$ (kJ)	$\Delta S°$ (J/K)
結合切断:	−(−9670.0)	−(−3013.9)
結合生成:	2 × (−4889.7)	2 × (−1417)
	$\Delta H° = -109.4\,\text{kJ}$	$\Delta S° = 180\,\text{J/K}$

$\Delta H°<0$ も $\Delta S°>0$ も，右向きが自発変化だと語る（$\Delta S°>0$ は，ブドウ糖の分解で系の乱雑さが増えるため）．むろん $\Delta G°$ も負値になる．

$$\Delta G° = \Delta H° - T\Delta S°$$
$$= (-109.4\,\text{kJ}) - (298.15\,\text{K} \times 0.180\,\text{kJ/K})$$
$$= -163\,\text{kJ}$$

$\Delta G°$ の絶対値が大きいので，右向き反応の勢いはかなり大きい．

▶ チェック ──
セメントが固まるとき，系の乱雑さは減るか，増えるか．発熱せずに固まるセメントはありうるか．理由も答えよ．

13・8 反応ギブズエネルギーと温度

$\Delta G°$ の表式は温度 T を含むため，温度が変わると $\Delta H°$ と $\Delta S°$ の比率が変わり，ひいては $\Delta G°$ の値が変わる．そのことを以下の例題二つでみてみよう．

例題 13・7 例題 13・4 で得た $\Delta H°$ と $\Delta S°$ から，つぎの反応が 25 ℃・1 atm で右に進むかどうか予想せよ．

$$N_2(g) + 3H_2(g) \longrightarrow 2NH_3(g)$$

【答】 例題 13・4 の結果は NH_3 2 mol あたりこうだった．
$$\Delta H° = -92.2\,\text{kJ} \quad (右向きが有利)$$
$$\Delta S° = -198.8\,\text{J/K} \quad (右向きが不利)$$
$T = 25 + 273 = 298\,\text{K}$ として $\Delta G°$ を計算する．
$$\Delta G° = \Delta H° - T\Delta S°$$
$$= (-92.2\,\text{kJ}) - (298\,\text{K})(-0.1988\,\text{kJ/K})$$
$$= (-92.2\,\text{kJ}) + (59.2\,\text{kJ})$$
$$= -33.0\,\text{kJ}$$
$\Delta G°<0$ だから，標準状態で反応は右に進む．

つぎに温度の効果を調べよう．$\Delta G° = \Delta H° - T\Delta S°$ だから，エントロピー項が $\Delta G°$ に影響する．

例題 13・8 例題 13・7 と同じ反応は，500 ℃・1 atm で右に進むか．$\Delta H°$ と $\Delta S°$ の値は同じとする．

> 【答】 $T = 500 + 273 = 773$ K での $\Delta G°$ を計算しよう．
> $$\begin{aligned}\Delta G°_{773} &= \Delta H°_{298} - T\Delta S°_{298} \\ &= (-92.2 \text{ kJ}) - (773 \text{ K})(-0.1988 \text{ kJ/K}) \\ &= (-92.2 \text{ kJ}) - (-154 \text{ kJ}) \\ &= 62 \text{ kJ}\end{aligned}$$
> $T\Delta S°$ 項が効き，25 ℃・1 atm で自発変化だった反応が，500 ℃・1 atm では非自発変化になる．

13・9 温度の微妙な効果

例題 13・7 では，つぎの反応の $\Delta G°$ を計算した．

$$N_2(g) + 3H_2(g) \longrightarrow 2NH_3(g)$$

$\Delta H°$ も $\Delta S°$ も 25 ℃・1 atm の値だから，$\Delta G°$ の計算結果に疑問の余地はない．例題 13・8（500 ℃）でも 25 ℃の $\Delta H°$ と $\Delta S°$ を使ったけれど，問題はないのだろうか？

実のところ，せまい温度範囲なら $\Delta H°$ も $\Delta S°$ も一定とみてよいが，25 ℃から遠い温度だと誤差も出る．いまの場合，500 ℃（773 K）の $\Delta H°$ と $\Delta S°$ を使って計算した $\Delta G°_{773}$ は，62 kJ ではなく 73 kJ になる（"非自発変化"という結論に変わりはないが）．

13・10 標準反応ギブズエネルギー

反応の $\Delta G°$ は，表 B・13 の**標準原子結合ギブズエネルギー**（standard Gibbs energy of atom combination，$\Delta_{ac}G°$）から計算する．$\Delta_{ac}G°$ は，真空中の原子集団が物質 1 mol になるときのギブズエネルギー変化だった．どんな物質もバラバラの原子より安定だから，$\Delta_{ac}G°$ は負の値（エネルギー放出）になる*．

つぎの反応（メタンの燃焼）を考えよう．燃焼は高温で進むけれど，$\Delta G°$ の値は，反応物も生成物も 25 ℃・1 atm にあるとして計算する．

$$CH_4(g) + 2O_2(g) \longrightarrow CO_2(g) + 2H_2O(g)$$

必要なデータを表 B・13 から抜き出す．

物 質	$\Delta_{ac}G°$ (kJ/mol)
$CH_4(g)$	-1535.00
$O_2(g)$	-463.46
$CO_2(g)$	-1529.08
$H_2O(g)$	-866.80

---

* 訳注: 同じ $\Delta G°$ 値は，表 B・16 の標準生成ギブズエネルギー $\Delta_f G°$ を使っても求められる．日本では $\Delta_f G°$ を使うほうが主流．§13・15 参照．

定石どおり，いったん真空中の原子になって反応すると考え，つぎのイメージを描く．

$$CH_4(g) + 2O_2(g) \longrightarrow C(g) + 4H(g) + 4O(g) \longrightarrow CO_2(g) + 2H_2O(g)$$

結合の切断では，1 mol の CH_4 と 2 mol の O_2 がバラバラになる．

結合切断：

$$CH_4(g) \longrightarrow C(g) + 4H(g) \qquad \Delta G° = -(-1535.00 \text{ kJ})$$
$$2O_2(g) \longrightarrow 4O(g) \qquad \Delta G° = -2 \times (-463.46 \text{ kJ})$$
$$\overline{\Delta G° = 2461.92 \text{ kJ}}$$

続いて原子が結合し，1 mol の CO_2 と 2 mol の H_2O になる．

結合生成：

$$C(g) + 2O(g) \longrightarrow CO_2(g) \qquad \Delta G° = -1529.08 \text{ kJ}$$
$$4H(g) + 2O(g) \longrightarrow 2H_2O(g) \qquad \Delta G° = 2 \times (-866.80 \text{ kJ})$$
$$\overline{\Delta G° = -3262.7 \text{ kJ}}$$

以上を合わせた $\Delta G°$ は大きな負値となり，25 ℃・1 atm では自発変化だとわかる．

$$\text{結合切断：} \quad \Delta G° = 2461.92 \text{ kJ}$$
$$\text{結合生成：} \quad \underline{\Delta G° = -3262.7 \text{ kJ}}$$
$$\Delta G° = -800.8 \text{ kJ}$$

このように変化の向きは，$\Delta H°$（結合強度の変化）と $\Delta S°$（乱雑度の変化）を総合した $\Delta G°$ の符号で決まる．根元にある $\Delta_{ac}G°$ は（§13・15 の $\Delta_f G°$ も），物質の反応活性を凝縮した量だと考えよう．

13・11 分圧で表す平衡定数

反応の向きを教える $\Delta G°$ は，平衡反応が左右どちらにかたよるかも教える．細かい考察は次節にゆずり，一つ形式面をみておこう．気体反応の場合，濃度（M = mol/L 単位）の代わりに分圧を使ったら，平衡定数の表式はどう変わるのか？

つぎの平衡反応を考える．

$$N_2(g) + 3H_2(g) \rightleftharpoons 2NH_3(g)$$

濃度平衡定数（K_c）はこう書けた．

$$K_c = \frac{[NH_3]^2}{[N_2][H_2]^3}$$

13・11 分圧で表す平衡定数

理想気体 1 mol の状態方程式を思い起こそう．

$$PV = nRT$$

変形すれば，圧力 P は濃度（n/V）に比例する．

$$P = \frac{n}{V} \times RT$$

そこで圧力（分圧）を使い，平衡定数（K_p）をつぎのように書く．

$$K_p = \frac{P_{NH_3}{}^2}{P_{N_2} P_{H_2}{}^3}$$

K_c と同じく，K_p にも単位はない[*1]．ただし計算には，反応物や生成物の分圧（atm 単位）を使う．

K_p と K_c の関係を見よう．分圧は"濃度×RT"と書けるため，K_p はこうなる．

$$K_p = \frac{P_{NH_3}{}^2}{P_{N_2} P_{H_2}{}^3} = \frac{([NH_3] \times RT)^2}{([N_2] \times RT)([H_2] \times RT)^3}$$

整理すると，K_c と K_p はつぎの形で結びつく．

$$K_p = K_c \times (RT)^{-2}$$

以上のことを一般化しよう．気体成分の総量（mol 単位）が反応物側で n_1，生成物側で n_2 のとき，$\Delta n = n_2 - n_1$ を使って次式が成り立つ．

$$K_p = K_c \times (RT)^{\Delta n}$$

例題 13・9 つぎの反応の K_c は 650 ℃で 0.040 になる．K_p 値を計算せよ．

$$N_2(g) + 3H_2(g) \longrightarrow 2NH_3(g)$$

【答】 気体は右辺が 2 mol，左辺が 4 mol で $\Delta n = -2$ だから，次式が成り立つ．

$$K_p = K_c \times (RT)^{-2}$$

計算してつぎの結果を得る[*2]．

$$K_p = 0.040 \times [\{0.082\,06\,\text{L·atm/(mol·K)}\} \times 923\,\text{K}]^{-2} = 7.0 \times 10^{-6}$$

K_p を使う計算は，K_c を使う計算（§10・8，§10・9）と同様に進める．それをつぎの例題でみてみよう．

[*1] 訳注：単位つきの圧力 P を標準圧力 1 atm で割り，単位を相殺したとみる．
[*2] 訳注：次元のない数と次元つきの量を等号で結んだようにみえるが，濃度と圧力を単位（それぞれ mol/L，atm）つきで代入すると，次元の面も整合する．

例題 13・10 つぎの反応の K_p は 350℃で 60 になる.
$$H_2(g) + I_2(g) \rightleftharpoons 2HI(g)$$
始状態を各 1.00 atm の $H_2 + I_2$ として，HI, H_2, I_2 の平衡分圧を計算せよ．

【答】 最初に HI はないため，反応は右に進んで平衡に向かう．H_2 と I_2 の圧力減少が $-\Delta P$ なら HI の圧力増加は $2\Delta P$ なので，情報をつぎのようにまとめる．

	$H_2(g)$ +	$I_2(g)$ $\rightleftharpoons$	$2HI(g)$
初期圧力：	1.00 atm	1.00 atm	0 atm
圧力変化：	$-\Delta P$	$-\Delta P$	$2\Delta P$
平衡圧力：	$1.00-\Delta P$	$1.00-\Delta P$	$2\Delta P$

変数を $\Delta P = x$ と変えて圧力平衡定数の表式を書く．

$$K_p = \frac{P_{HI}^2}{P_{H_2}P_{I_2}} = \frac{(2x)^2}{(1.00-x)(1.00-x)} = 60$$

整理するとつぎの二次方程式になる．

$$56x^2 - 120x + 60 = 0 \quad\text{つまり}\quad 14x^2 - 30x + 15 = 0$$

根の公式を使えば，解が二つ出る．

$$x = \Delta P = \frac{30 \pm \sqrt{(30)^2 - 4\times 14\times 15}}{2\times 14} = \frac{30 \pm 8}{28}$$

最初に 1.00 atm だった H_2 や I_2 の分圧が 1.35 atm も減ることはありえない．$\Delta P = 0.79$ atm だけを採用し，平衡分圧は HI が 1.58 atm, H_2 と I_2 が 0.21 atm になる．

瞬間濃度で表した**反応商**（reaction quotient）Q_c を，平衡濃度で表した平衡定数（K_c）と比べれば，温度や圧力，濃度の変化による反応の向きがわかった（§10・6, §10・11）．分圧で表した Q_p と K_p を比べても，同様な予想ができる．

§10・11 では $Q_c = Q_n/V^{\Delta n}$ の関係を確かめた．$K_p = K_c \times (RT)^{\Delta n}$ （p.529）を使えば，分圧を使った関係式はこうなる．

$$Q_p = Q_c \times (RT)^{\Delta n}$$
$$Q_p = \frac{Q_n}{V^{\Delta n}} \times (RT)^{\Delta n} = Q_n \times \left(\frac{RT}{V}\right)^{\Delta n}$$

また，全圧（$P_全$）と物質の総量（$n_全$）はつぎのように結びつく（§6・14）．

$$P_全 V = n_全 RT$$
$$Q_p = Q_n \left(\frac{P_全}{n_全}\right)^{\Delta n}$$

以上をもとに，圧力，体積，温度，濃度の変化が平衡に及ぼす効果を，つぎの例題で調べよう．

例題 13・11 つぎの反応が平衡にある．①〜④の操作で平衡はどちらに動くか．

$$N_2(g) + 3H_2(g) \rightleftharpoons 2NH_3(g)$$

① 温度一定のまま，容器の体積を減らして全圧を上げる．
② 温度と体積一定のまま，不活性ガスを加える．
③ 温度と圧力一定のまま，不活性ガスを加える．
④ 温度と圧力一定のまま，平衡混合物に H_2 を加える．

【答】 反応が右に進むと気体 4 mol が 2 mol に減って $\Delta n = -2$ だから，Q_n と Q_p の関係はこうなる．

$$Q_p = Q_n \left(\frac{P_\text{全}}{n_\text{全}}\right)^{-2} = Q_n \left(\frac{n_\text{全}}{P_\text{全}}\right)^2$$

$$Q_p = \frac{(n_{\text{NH}_3})^2}{(n_{\text{N}_2})(n_{\text{H}_2})^3} \times \frac{(n_\text{全})^2}{(P_\text{全})^2}$$

① 圧力を上げると $(n_\text{全}/P_\text{全})$ が減って $Q_p < K_p$ となるため，生成物を増やす右向きに平衡が動く（ルシャトリエの法則にも合う）．
② $n_\text{全}$ も $P_\text{全}$ も増えるが，$n_\text{全}/P_\text{全}$ は（状態方程式より）V/RT に等しく，T と V が一定だから，$n_\text{全}/P_\text{全}$ も変わらない（全圧は増えても成分の分圧は同じなので，平均運動エネルギーも衝突回数も変わらない）．
③ $n_\text{全}/P_\text{全}$ が増えて $Q_p > K_p$ となるため，生成物を減らす左向きに平衡が動く．
④ H_2 を加えると n_{H_2} も $n_\text{全}$ も増えるが，Q_p は $n_\text{全}^2/n_{\text{H}_2}^3$ の形をもち，$n_{\text{H}_2} < n_\text{全}$ なので，n_{H_2} の増加率は $n_\text{全}$ の増加率より大きい．また，べき数も n_{H_2} のほうが大きいから，$n_\text{全}^2/n_{\text{H}_2}^3$ が減って $Q_p < K_p$ となり，生成物を増やす右向きに平衡が動く．

13・12 標準状態の姿

つぎの反応を例に，$\Delta G°$ の意味をまた考えよう．

$$N_2(g) + 3H_2(g) \rightleftharpoons 2NH_3(g) \quad \Delta G° = -33.0 \text{ kJ}$$

$\Delta G°$ は，関係する物質がどれも標準状態（活量 $a = 1$．§7・11，§10・14 参照）にあるとき，生成物の G から反応物の G を引いた量だった．気体では活量の代用に分圧 P を使う．上の反応の $\Delta G°$ は，3 成分の分圧がみな 1 atm のときの値なので，反応商 Q_p も 1 になる*．

$$\text{標準状態：} \quad Q_p = \frac{P_{\text{NH}_3}^2}{P_{\text{N}_2} P_{\text{H}_2}^3} = \frac{1^2}{1 \times 1^3} = 1$$

---

* 訳注：濃度を使う Q_c も同様．

$\Delta G°$ の符号は変化の向きを語る．25℃で $\Delta G° < 0$ だから，反応は右に進んで平衡に向かう．

$\Delta G°$ の絶対値から，標準状態と平衡状態の遠さがわかる．絶対値が大きいほど，平衡までの反応量は多い（平衡に向かう勢いが強い）．

先ほどの反応の標準状態は図 13・5 のイメージに描ける．その瞬間，ΔG は $\Delta G°$ に等しい．

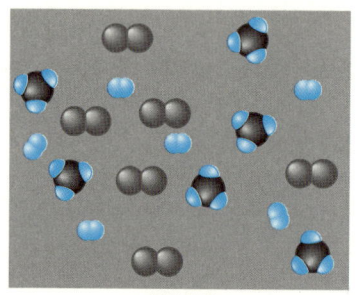

図 13・5 標準状態のイメージ．N_2，H_2，NH_3 の分圧が 1 atm だから反応商は $Q_p = 1$.

標準状態
$P_{NH_3} = P_{N_2} = P_{H_2} = 1$ atm

では，反応が始まったあと時々刻々と変わる ΔG は，どう表せるのだろう？

13・13　ギブズエネルギー変化と平衡定数：化学熱力学の基本式

標準状態を"反応のスタート地点"とみよう．平衡に向けて反応が始まり，物質の濃度や分圧が変わっていく途中の姿は，反応ギブズエネルギー（ΔG）で表せる．$\Delta G°$ と ΔG の違いに注意したい．系を決めれば $\Delta G°$ 値は一つに決まるけれど，ΔG はどんな値もとれる．

ΔG と $\Delta G°$ は，気体定数 $R = 8.314$ J/(mol·K)，温度 T を使うつぎの関係で結びつく．

$$\Delta G = \Delta G° + RT \ln Q$$

物質の G が自然対数の項を含むため（§12・9），ΔG も自然対数の形をもつ．

温度一定のとき，上式には変数 2 個（ΔG, $\ln Q$）と定数 2 個（$\Delta G°$, RT）がある．変数の ΔG は $\ln Q$ の一次関数だから，直線の式 $y = a + bx$ と同じ形をもつ．

再びつぎの平衡反応を考える．

$$N_2(g) + 3H_2(g) \rightleftharpoons 2NH_3(g)$$

ΔG と $\ln Q_p$ の関係を図 13・6 に描いた．左端では $\ln Q_p$ が小さく，平衡が反応物側にかたよっている．ΔG は負で絶対値が大きいため，系は右に大きく進んで平衡に向かう．右端では反応物より生成物のほうが多く，ΔG は正で絶対値がかなり大きい．

ΔG の符号から，平衡への向きがわかる．$\Delta G < 0$ の点では右向き，$\Delta G > 0$ の点では左向きに反応が進んで平衡に向かう．また ΔG の絶対値は，平衡からのずれを表す．

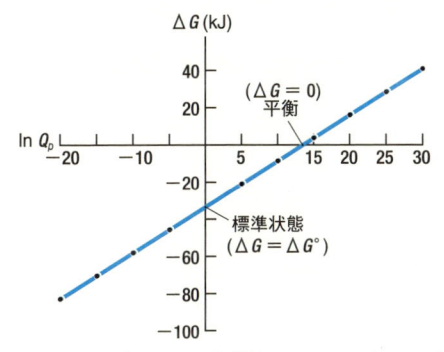

図 13・6 ΔG と $\ln Q_p$ の関係（$N_2 + 3H_2 \rightleftharpoons 2NH_3$）．反応商 $Q_p = 1$（$\ln Q_p = 0$）のとき $\Delta G = \Delta G°$，平衡のとき $\Delta G = 0$ となる．

直線と座標軸の交点に注目しよう．縦軸との交点では反応商 Q_p が 1（$\ln Q_p = 0$）だから，ΔG は $\Delta G°$ に等しい．

> $Q_p = 1$ のとき，$\Delta G = \Delta G°$ となる．

横軸との交点は $\Delta G = 0$，つまり駆動力ゼロの平衡状態を表す．そのとき反応商（Q）は平衡定数（K）に等しいため，つぎのことが成り立つ．

> $Q_p = K_p$ のとき，$\Delta G = 0$ となる．

▶ チェック ─────────────
$Q_p > K_p$ のとき，反応はどちら向きに進むか．

つまり平衡状態はつぎのように書ける．
$$0 = \Delta G° + RT \ln K$$
つぎのように書き直そう．
$$\Delta G° = -RT \ln K$$

上式を使えば $\Delta G°$ から K が計算でき，$K \rightarrow \Delta G°$ の計算もできる．平衡状態のエッセンスを凝縮したような式だから，ときに"**化学熱力学の基本式**"ともよぶ．

電子授受反応を組合わせて電池にしたとき，標準状態の起電力 $\Delta E°$（$= E°_{正極} - E°_{負極}$）は，電池反応（酸化還元反応）の平衡定数（K_c）とつぎの関係にあった（§12・9）

$$\ln K_c = \frac{nF\Delta E°}{RT}$$

化学熱力学の基本式と組合わせ，次式が成り立つ．

$$\frac{-\Delta G°}{RT} = \ln K_c = \frac{nF\Delta E°}{RT}$$

それをこう書き直す．

$$\Delta G° = -nF\Delta E°$$

起電力は正の値だから，電池反応は $\Delta G° < 0$ の自発変化になる．たとえば表 12・1 にある電子授受系の二つ（$Fe^{3+} + e^- \rightleftharpoons Fe^{2+} : E° = 0.770\,V$，$Sn^{2+} + 2e^- \rightleftharpoons Sn : E° = -0.136\,V$）を組合わせた電池では，つぎの自発変化が進む．

$$2Fe^{3+}(aq) + Sn(s) \longrightarrow 2Fe^{2+}(aq) + Sn^{2+}(aq)$$

例題 13・12 表 12・1 のデータを使い，つぎの平衡反応の $\Delta G°$ と K を 298.15 K で計算せよ．

$$2Ag^+(aq) + Cu(s) \rightleftharpoons 2Ag(s) + Cu^{2+}(aq)$$

【答】 表 12・1 から，Ag^+/Ag 系と Cu^{2+}/Cu 系の標準電極電位（$E°$）を抜き出す．

$$Ag^+(aq) + e^- \rightleftharpoons Ag(s) \qquad E° = 0.799\,V$$
$$Cu^{2+}(aq) + 2e^- \rightleftharpoons Cu(s) \qquad E° = 0.339\,V$$

$E°$ 値を見ると銀が正極，銅が負極だから，電池反応は電子授受の形でこう書ける．

$$Cu(s) \longrightarrow Cu^{2+}(aq) + 2e^- \qquad E°_{Cu} = 0.339\,V$$
$$2Ag^+(aq) + 2e^- \longrightarrow 2Ag(s) \qquad E°_{Ag} = 0.799\,V$$
$$\overline{2Ag^+(aq) + Cu \longrightarrow 2Ag(s) + Cu^{2+}(aq)} \qquad \Delta E° = 0.460\,V$$

$\Delta E° = 0.460\,V$ を使って標準反応ギブズエネルギー（$\Delta G°$）を計算する．

$$\Delta G° = -nF\Delta E = -2\,\text{mol} \times 96\,485\,\text{C/mol} \times 0.460\,V = -8.877 \times 10^4\,J$$

基本式に $R = 8.314\,\text{J/(mol·K)}$ と $T = 298.15\,K$ も代入し，$K_c = 3.6 \times 10^{15}$ を得る．

$\Delta G°$ と K の関係をまとめよう．$\Delta G°$ の絶対値は平衡からのずれを表し，小さいと平衡に近く，大きいと平衡から遠い．また，$\Delta G° < 0$ なら $K > 1$，$\Delta G° > 0$ なら $K < 1$ になる．

$\Delta G°$ 値と K 値の例を表 13・2 にまとめた．

13・13 ギブズエネルギー変化と平衡定数：化学熱力学の基本式　　535

表 13・2　$\Delta G°$ 値と K 値の例（25 ℃）

反　応	$\Delta G°$(kJ)	K
$2SO_3(g) \rightleftharpoons 2SO_2(g) + O_2(g)$	141.7	1.5×10^{-25}
$H_2O(l) \rightleftharpoons H^+(aq) + OH^-(aq)$	79.9	1.0×10^{-14}
$AgCl(s) \xrightleftharpoons[]{H_2O} Ag^+(aq) + Cl^-(aq)$	55.7	1.7×10^{-10}
$HOAc(aq) \xrightleftharpoons[]{H_2O} H^+(aq) + OAc^-(aq)$	27.1	1.8×10^{-5}
$N_2(g) + 3H_2(g) \rightleftharpoons 2NH_3(g)$	−33.0	6×10^5
$HCl(g) \xrightleftharpoons[]{H_2O} H^+(aq) + Cl^-(aq)$	−35.9	2×10^6
$Cu^{2+}(aq) + 4NH_3(aq) \longrightarrow Cu(NH_3)_4^{2+}(aq)$	−70.6	2.3×10^{12}
$Zn(s) + Cu^{2+}(aq) \longrightarrow Zn^{2+}(aq) + Cu(s)$	−212.6	1.8×10^{37}

$\Delta G°$ 値から求められる平衡定数は K_p なのか，それとも K_c なのか？　気体だけの反応や"気体＋固体"や"気体＋液体"の反応なら K_p になる．また，"溶質＋固体"や"溶質＋溶媒"の反応なら K_c だと考えてよい．

例題 13・13　例題 13・7 で得た $\Delta G°$ 値を使い，つぎの反応の平衡定数（25 ℃）を計算せよ．

$$N_2(g) + 3H_2(g) \rightleftharpoons 2NH_3(g)$$

【答】　例題 13・7 の結果（$\Delta G° = -33.0\,\text{kJ} = -33\,000\,\text{J}$）を基本式（$\Delta G° = -RT \ln K$）に入れる．気体反応なので平衡定数は K_p と書く．

$$\ln K_p = -\frac{(-33.0 \times 10^3\,\text{J})}{8.314\,\text{J/K} \times 298\,\text{K}} = 13.3$$

計算により K_p は 6×10^5 となる．

$$K_p = e^{13.3} = 6 \times 10^5$$

基本式の負号は忘れやすいので，結果が妥当かどうか確かめよう．$\Delta G° < 0$ だったから，平衡は右にかたよって $K > 1$ のはず．事実そうなっているため安心できる．

例題 13・14　① 下記の情報から，ギ酸の酸解離定数（K_a）を計算せよ．
$$HCOOH(aq) \rightleftharpoons H^+(aq) + HCOO^-(aq) \quad \Delta G° = 21.3\,\text{kJ}$$
② 1.0 M ギ酸水溶液の水素イオン濃度と pH はいくらか．

【答】 ① 平衡定数 (K_c) の表式はつぎのようになり，酸解離定数 (K_a) に等しい．

$$K_c = \frac{[\text{H}^+][\text{HCOO}^-]}{[\text{HCOOH}]} = K_a$$

$\Delta G° = 21.3 \text{ kJ} = 21\,300 \text{ J}$ を $\Delta G° = -RT \ln K$ に入れ，例題 13・13 と同様に計算すれば 25 ℃ で $\ln K_c = -8.60$ となる．つぎの計算で出る K_a 値は，表 B・8 の値に一致する．

$$K_a = e^{-8.60} = 1.8 \times 10^{-4}$$

$\Delta G° > 0$ だから平衡は左にかたより，$K = K_a < 1$ となっている．
② $K_a \ll 1$ なのでほとんど電離せず，$[\text{HCOO}^-] \fallingdotseq [\text{HCOOH}] \fallingdotseq 1\text{ M}$ とみてよいため，近似的に次式が成り立つ．

$$[\text{H}^+] = K_a = 1.8 \times 10^{-4} \text{ M}$$

これより，$\text{pH} = -\log_{10}(1.8 \times 10^{-4}) = 3.7$ が得られる．

例題 13・15 37 ℃（体温）でブドウ糖（グルコース，G）がアデノシン 5′-三リン酸イオン（ATP^{4-}）と反応すれば，グルコース 6-リン酸イオン（GP^{2-}）と ADP^{3-}, H_3O^+ ができる．

$$\text{G(aq)} + \text{ATP}^{4-}\text{(aq)} \rightleftharpoons \text{GP}^{2-}\text{(aq)} + \text{ADP}^{3-}\text{(aq)} + \text{H}_3\text{O}^+\text{(aq)}$$

$\Delta G° = 24.8$ kJ を使い，つぎの問いに答えよ．
① どの物質も濃度 1 M のとき，反応商 Q_c はいくらか．
② 平衡定数 K_c は Q_c より大きいか，小さいか．
③ K_c と Q_c を比べ，自発変化の向きを推定せよ．

【答】 ① どの物質も 1 M なので，Q_c は 1 になる．
② $\Delta G° > 0$ だから $K_c < 1$ となって（計算すると $K_c = 6.6 \times 10^{-5}$），Q_c より小さい．
③ $Q_c > K_c$ だから，反応は左向き（反応物側）に進む．

13・14 平衡定数と温度

平衡定数 (K) は，"定数" とはいっても温度で変わる (§10・10)．その理由を考えよう．$\Delta G°$ は K とつぎの関係にあった（化学熱力学の基本式）．

$$\Delta G° = -RT \ln K$$

$\Delta G°$ 自体も温度でつぎのように変わるため，K が温度に依存することとなる．

$$\Delta G° = \Delta H° - T\Delta S°$$

13・14 平衡定数と温度

NO_2 と N_2O_4 の平衡反応をみてみよう．

$$2\,NO_2(g) \rightleftharpoons N_2O_4(g)$$
$$\text{褐色} \qquad\qquad \text{無色}$$

NO_2 は褐色，N_2O_4 は無色の気体だから，ガラスに封じた気体の色合いから平衡のかたよりがわかる．たとえば温度を下げたとき，平衡はどう動くのか？

25 ℃ の平衡混合物を液体窒素（−196 ℃）に浸すと，NO_2 が減って褐色が消える（図 13・7）．

図 13・7 液体窒素で冷やせば NO_2 の褐色が消える．

右向き（NO_2 の二量体化）は $\Delta H° = -57.2$ kJ の発熱になる．発熱変化の K 値は低温ほど大きいので（表 13・3），低温では N_2O_4 が増える向きに平衡が動く．

表 13・3　$2\,NO_2 \rightleftharpoons N_2O_4$ の平衡定数と温度

温度(℃)	K_c	K_p
100	2.1	0.069
25	170	6.95
0	1.4×10^3	62.5
−78	4.0×10^8	2.5×10^7

先ほど書いた式二つを組合わせよう．

$$\Delta G° = -RT \ln K = \Delta H° - T\Delta S°$$

それをつぎのように書き直す．

$$\ln K = -\frac{\Delta H°}{RT} + \frac{\Delta S°}{R}$$

$\Delta H°$ と $\Delta S°$ は，温度にあまりよらない．温度が変わると $-\Delta H°/RT$ 項だけが変わる．$\Delta H° < 0$（発熱）なら $-\Delta H°/RT > 0$ なので，温度が上がると $\ln K$ が（つまりは K が）

小さくなる（上記の反応がその例）．逆に $\Delta H°>0$（吸熱）だと $-\Delta H°/RT<0$ になり，温度が上がるほど $\ln K$ が（つまりは K が）大きくなる．

混乱しがちな点を注意しておこう．$\Delta G°, \Delta H°, \Delta S°$ は次式で結びつく．

$$\Delta G° = \Delta H° - T\Delta S°$$

たとえば $\Delta H°>0$（吸熱），$\Delta S°<0$（秩序化）の反応では，高温になると $\Delta G°$ が正の度合を増す．すると"平衡定数（K）が小さくなる結果，反応は左（反応物側）に向かう"と思いたくなる．

だが吸熱変化（$\Delta H°>0$）は，ルシャトリエの法則に従い，温度が上がれば右（生成物側）に進み，K も大きくなるはず．その食い違いは，どこからくるのだろう？

実のところ K は，$\Delta G°$ 自体ではなく "$\Delta G°/T$" の関数になる．そこに謎を解く鍵がある．

$$\Delta G° = -RT\ln K \quad\text{つまり}\quad \ln K = -\frac{\Delta G°}{RT}$$

$\Delta G°$ が定数ではなく，温度で変わる性質にはよく注意したい．

メタンと"エタン＋水素"の平衡反応もみてみよう．

$$2\mathrm{CH_4(g)} \rightleftharpoons \mathrm{C_2H_6(g)} + \mathrm{H_2(g)}$$

$\Delta_{ac}H°$ と $\Delta_{ac}S°$（表 B・13）を使う計算で，$\Delta H° = 64.94\,\mathrm{kJ}$，$\Delta S° = -12.24\,\mathrm{J/K}$ が求まる．$\Delta H°$ と $\Delta S°$ を定数とみれば，温度が高いほど $\Delta G°$ は正になり，反応は左に進むはず．しかし平衡定数 K は大きくなっていく（表 13・4）．

$$\Delta G° = 64.94\,\mathrm{kJ} - T \times (-0.012\,24\,\mathrm{kJ/K})$$

$\Delta G°$ は正の度合を強めても，$\Delta G°/T$ が小さくなっていくので，K の値が大きくなる．

表 13・4　$2\mathrm{CH_4} \rightleftharpoons \mathrm{C_2H_6} + \mathrm{H_2}$ の平衡定数と温度の関係

温度(K)	$\Delta G°$(kJ)	$\Delta G°/T$(J/K)	$\ln K$	K
298	68.58	230	-27.7	9×10^{-13}
400	69.84	175	-21.0	8×10^{-10}
600	72.28	120	-14.7	6×10^{-7}

例題 13・16　アミノ酸（$-\mathrm{NH_2}$ と $-\mathrm{COOH}$ をもつ分子）がつながり合ったタンパク質の一部に，生体内の酵素がある．たとえば消化酵素の一つトリプシンは，タンパク質の鎖を切るはたらきをもつ．ふつう酵素の活性は，鎖が一定の形に折りたたまれた状態で現れる（図 13・8）．

13・14 平衡定数と温度

図 13・8 トリプシン分子の構造

酵素の分子は加熱や pH 変化で構造を変える（変性）．たいていは鎖がほぐれ，酵素の機能が失われる．トリプシンの天然型と変性型は 50 ℃ でつぎの平衡関係にある．下の問いに答えよ．

$$\text{トリプシン} \rightleftharpoons \text{変性トリプシン} \quad K_c = 7.20$$

① 変性反応の $\Delta G°$ は何 kJ か．
② 変性反応の $\Delta H°$ を 278 kJ として，$\Delta S°$ を J/K 単位で計算せよ．
③ $\Delta S°$ の符号と絶対値から，天然型と変性型の構造について何がわかるか．
④ 標準状態のトリプシン分子は 50 ℃ で自発的に変性するか．
⑤ $\Delta H°$ 値と $\Delta S°$ 値をもとに，トリプシンの変性を考察せよ．
⑥ 温度を上げると，変性反応の平衡定数 (K) はどう変わるか．また平衡はどちらに動くか．

【答】 ① $\Delta G°$ は化学熱力学の基本式を使って計算する．
$$\Delta G° = -RT \ln K = -8.314 \text{ J/K} \times 323 \text{ K} \times \ln 7.20 = -5.30 \text{ kJ}$$
② $\Delta G° = \Delta H° - T\Delta S°$ に $\Delta G°$ と $\Delta H°$ を代入し，$\Delta S° = 877$ J/K となる．
③ $\Delta S°$ は正で絶対値が大きい．つまりトリプシンは変性すると運動の自由度がかなり増す．
④ $\Delta G° < 0$ だから，トリプシンを 50 ℃ に熱すると変性が進む．
⑤ $\Delta H° > 0$ だから，折りたたみ型のほうが分子内結合は強い．また $\Delta S°$ は大きな正値だから，鎖がほぐれると運動の自由度が激増する．つまり，分子内の結合は弱まっても，それを補って余りあるエントロピー増加があるため，変性が進むといえる．
⑥ $\Delta H° = 278$ kJ/mol の吸熱だから，高温ほど K が大きくなって変性が進む．

▶ チェック
$\Delta H° > 0$，$\Delta S° > 0$ の平衡反応は，温度が下がるとどちら向きに動くか．また，$\Delta H° > 0$，$\Delta S° < 0$ の平衡反応は，温度が下がるとどちら向きに動くか．

50℃でトリプシンは自発的に変性するとわかった．では，何℃以下なら天然型が安定に存在するのだろう？

変性は $\Delta G° < 0$ のときに進むため，$\Delta G° = 0$ となる温度を見つければよい．$\Delta G° = \Delta H° - T\Delta S°$ で $\Delta G° = 0$ とすれば $\Delta H° = T\Delta S°$ だから，その温度 T はこう計算できる．

$$T = \frac{\Delta H°}{\Delta S°} = \frac{278\,\text{kJ}}{0.877\,\text{kJ/K}} = 317\,\text{K} = 44\,℃$$

つまりトリプシンは 44℃以下なら安定で，44℃より高温では $\Delta G° < 0$ になるから変性する．

13・15　標準生成ギブズエネルギーと絶対エントロピー

物質の数は多いけれど，化学反応の数はさらに何桁も多い．膨大な反応ごとに得られた $\Delta H°,\Delta S°,\Delta G°$ でデータ集をつくるのは賢い方法ではないから，重要物質の基礎データを整え，それを反応式に当てはめて $\Delta H°,\Delta S°,\Delta G°$ を計算する．

ここまでは，表 B・13 の標準原子結合エンタルピー（$\Delta_{ac}H°$），標準原子結合ギブズエネルギー（$\Delta_{ac}G°$），標準原子結合エントロピー（$\Delta_{ac}S°$）をおもな基礎データに使った．

別の基礎データとして，表 B・16 の標準生成エンタルピー（$\Delta_f H°$），標準生成ギブズエネルギー（$\Delta_f G°$），絶対エントロピー（$S°$）がある*．

どちらの基礎データを使おうと，反応の $\Delta H°,\Delta S°,\Delta G°$ は同じ値になる．§7・17 では $\Delta_f H°$ を使い，$\Delta_{ac}H°$ からの反応エンタルピー（$\Delta H°$）と同じ値が得られるのを確かめた．

この節では，$\Delta_{ac}H°\cdot\Delta_{ac}G°\cdot\Delta_{ac}S°$ ではなく，$\Delta_f H°\cdot\Delta_f G°\cdot S°$ を使う計算法をみてみる．まず，**絶対エントロピー**（absolute entropy）または**標準エントロピー**（standard entropy）$S°$ の扱いを考えよう．§13・5 に述べたとおり，物質のエントロピーは絶対値で表せる．一般的な平衡反応の場合，つぎのように表 B・16 の $S°$ を当てはめ，反応の $\Delta S°$ を計算する．

$$aA + bB \rightleftharpoons cC + dD$$
$$\Delta S° = (cS°_C + dS°_D) - (aS°_A + bS°_B)$$

$\Delta_{ac}H°$ と $\Delta_{ac}S°$ が $\Delta_{ac}G°$ に集約されたように，$\Delta_f H°$ と $S°$ は $\Delta_f G°$ に集約されるので，平衡を扱うときは $\Delta_f G°$ が主役になる．そこで，$\Delta_{ac}G°$ と同じく物質の活性が凝縮された**標準生成ギブズエネルギー**（standard Gibbs energy of formation）$\Delta_f G°$ の素性と使いかたをみてみよう．

---

*　訳注: 日本では通常，$\Delta_f H°\cdot\Delta_f G°\cdot S°$ のほうを使う．

13・15 標準生成ギブズエネルギーと絶対エントロピー

物質の $\Delta_f G°$ は，§12・6（標準電極電位 $E°$ の計算）でもざっとふれたとおり，25℃・1 atm で最も安定な単体から物質 1 mol をつくるのに必要なエネルギー（仕事）を表す．また基準物質はつぎのように約束する．

化合物 25℃・1 atm で最も安定な単体（元素の数だけ存在）は $\Delta_f G° = 0$ とみる．
イオン $H^+(aq)$ を $\Delta_f G° = 0$ とみた相対値にする．

このように決めた $\Delta_f G°$ を反応式に当てはめると，反応の $\Delta G°$ が出る．一般的な平衡反応の場合，つぎのように表 B・16 の $\Delta_f G°$ を当てはめ，反応の $\Delta G°$ を計算する．

$$a A + b B \rightleftharpoons c C + d D$$

$$\Delta G° = (c \Delta_f G°_C + d \Delta_f G°_D) - (a \Delta_f G°_A + b \Delta_f G°_B)$$

$\Delta_{ac} G°$ と $\Delta_f G°$ の相違点をまとめるとつぎのようになる．

	標準原子結合ギブズエネルギー $\Delta_{ac} G°$	標準生成ギブズエネルギー $\Delta_f G°$
基準物質	真空中の原子集団（単純明快でわかりやすい）	25℃・1 atm で最も安定な単体（固体・液体・気体が混在）
値が 0 の物質	なし（反応式中の全物質が 0 以外の値をもつ）	上記に同じ（$\Delta_f G° = 0$ の物質がある分だけ計算が容易）
イオン	全イオンが 0 以外の値をもつ	$H^+(aq)$ だけは $\Delta_f G° = 0$

続く例題二つで，以上のことを確かめよう．

例題 13・17 つぎの平衡反応につき，下の問いに答えよ．

$$CH_4(g) + 2 O_2(g) \rightleftharpoons CO_2(g) + 2 H_2O(g)$$

① 表 B・16 の $\Delta_f G°$ を使って $\Delta G°$ を計算せよ．
② 表 B・16 の $\Delta_f H°$ と $S°$ を使って $\Delta G°$ を計算せよ．

【答】 ①表 B・16 からつぎの $\Delta_f G°$ を抜き出す．

	$\Delta_f G°$ (kJ/mol)
$CH_4(g)$	-50.752
$O_2(g)$	0
$CO_2(g)$	-394.359
$H_2O(g)$	-228.572

本文の式を使い，$\Delta G°$ を計算する．
$\Delta G° = (-394.359) + 2 \times (-228.572) - (-50.752) - 2 \times 0 = -800.751$ kJ

② 表 B・16 からつぎの $\Delta_f H°$ と $S°$ を抜き出す．

	$\Delta_f H°$ (kJ/mol)	$S°$ [J/(mol·K)]
$CH_4(g)$	-74.81	186.264
$O_2(g)$	0	205.138
$CO_2(g)$	-393.509	213.74
$H_2O(g)$	-241.818	188.25

まず，反応の $\Delta H°$ と $\Delta S°$ を計算する．
$\Delta H° = (-393.509) + 2 \times (-241.818) - (-74.81) - 2 \times 0 = -802.34$ kJ
$\Delta S° = 213.74 + 2 \times 188.25 - 186.264 - 2 \times 205.138 = -6.30$ J/K
つぎに $\Delta G°$ を計算する．
$\Delta G° = \Delta H° - T\Delta S° = -802.34 - 298 \times (-0.006\ 30) = -800.46$ kJ
①と②の結果は約 0.04％の差があるけれど，その程度の差は無視してよい．

例題 13・18 ダイヤモンドとグラファイト（黒鉛）は，つぎの平衡にあるとみてよい．下の問いに答えよ．

$$C(ダイヤモンド) \rightleftharpoons C(黒鉛)$$

① $\Delta_{ac}G°$（表 B・13）と $\Delta_f G°$（表 B・16）を使い，25℃での平衡定数 K をそれぞれ計算せよ．
② 平衡時のモル比 "C(黒鉛)/C(ダイヤモンド)" はいくらか．
③ その結果と，ダイヤモンドが安定に存在する事実との関係を考察せよ．

【答】 ① 付録の表から，$\Delta_{ac}G°$ と $\Delta_f G°$ の値を抜き出す．
$\Delta_{ac}G°$　ダイヤモンド：-668.357 kJ/mol，黒鉛：-671.257 kJ/mol
$$\Delta G° = -671.257 - (-668.357) = -2.900 \text{ kJ}$$
$\Delta_f G°$　ダイヤモンド：2.900 kJ/mol，黒鉛：0 kJ/mol（約束）
$$\Delta G° = 0 - 2.900 = -2.900 \text{ kJ}$$
どちらでも "ダイヤモンド → 黒鉛" のギブズエネルギー変化は $\Delta G° = -2.900$ kJ $= -2900$ J となる．それを基本式 $\Delta G° = -RT \ln K$ に入れ，$K = 3.22$ を得る．
② ダイヤモンドと黒鉛が共存する固体は，純固体ではないため活量 $a = 1$ とは考えず，モル分率 x のダイヤモンドとモル分率 y の黒鉛からなるとみる．すると $K = y/x$ だから，モル比 "C(黒鉛)/C(ダイヤモンド)" は 3.22 となり，黒鉛：ダイヤモンド ≒ 3：1 が平衡状態になる．
③ 現実のダイヤモンドは安定で，黒鉛に変わる気配はない．ダイヤモンドと黒鉛は原子間結合に大差があり（§9・2，§9・3），結合の組替えに必要な活性化エネルギーがきわめて大きく，反応速度（次章）が実質的に 0 だから変化は進まない．

● キーワード（13章）

エネルギー吸収変化	振　動	標準原子結合エントロピー
エネルギー放出変化	絶対エントロピー	標準原子結合ギブズエネルギー
エンタルピー	熱力学第一法則	標準状態
エントロピー	熱力学第二法則	標準生成ギブズエネルギー
回　転	熱力学第三法則	標準反応エントロピー
ギブズエネルギー	発エルゴン変化	標準反応ギブズエネルギー
吸エルゴン変化	発熱変化	並　進
吸熱変化	反応商	乱雑さ
自発変化	標準エントロピー	

14 反応速度論

- 14・1 熱力学と速度論
- 14・2 反応の速度
- 14・3 反応の進みと速度
- 14・4 反応の瞬間速度
- 14・5 速度式と速度定数
- 14・6 反応式と速度式
- 14・7 反応次数
- 14・8 分子の衝突と律速段階
- 14・9 反応機構
- 14・10 ゼロ次反応
- 14・11 反応次数の決定
- 14・12 ゼロ次・一次・二次反応の速度式の積分形
- 14・13 積分形を使う反応次数の決定
- 14・14 擬一次反応
- 14・15 反応の活性化エネルギー
- 14・16 触媒と反応速度
- 14・17 活性化エネルギーの測定
- 14・18 酵素反応

14章の発展
- 14A・1 速度式の積分

14・1 熱力学と速度論

熱力学は，反応が"進むならどちらの向きか"を教えてくれる (13章)．たとえばつぎの反応は，$\Delta G° < 0$ なので右向きに進む．

$$2H_2(g) + O_2(g) \longrightarrow 2H_2O(g)$$

酸化鉄(Ⅲ) とアルミニウムの反応も，矢印の向きに進む．

$$Fe_2O_3(s) + 2Al(s) \longrightarrow Al_2O_3(s) + 2Fe(s)$$

Fe_2O_3 と Al 粉末の反応．大量の熱を出すので"**テルミット（熱い）反応**"という．

実際，水素入りの風船にロウソクの火を近づければ第1の反応が起き（§7・9参照），Fe_2O_3 とアルミ粉末に点火すれば第2の反応が起きる．

ただし，水素と酸素を混ぜただけでは燃えない．Fe_2O_3 とアルミ粉末も，触れただけでは反応しないから，市販の混合物（商品名 テルミット）を扱う際，びくびくするには及ばない．

熱力学は，変化が進む向きは教えても，現実に進むかどうかは教えない．熱力学の予言どおりに進む反応を"**熱力学支配**（thermodynamic control）"の反応という．$\Delta G°$ が負で絶対値の大きいつぎの反応が好例になる*．

$$2K(s) + 2H_2O(l) \longrightarrow 2K^+(aq) + 2OH^-(aq) + H_2(g)$$
$$\Delta G° = -406.77 \text{ kJ}$$

たいていの反応は**速度論支配**（kinetic control）になる．熱力学的には進むはずのところ，速度がゼロに近いので進まない．つぎの燃焼反応三つも速度論に支配される．

$$S_8(s) + 8O_2(g) \longrightarrow 8SO_2(g)$$
$$CS_2(g) + 3O_2(g) \longrightarrow CO_2(g) + 2SO_2(g)$$
$$2H_2S(g) + 3O_2(g) \longrightarrow 2H_2O(g) + 2SO_2(g)$$

三つ目の反応では，熱力学的には SO_2 より SO_3 のほうが安定でも，$SO_2 \longrightarrow SO_3$ の反応が進みにくいから，生成物は SO_2 どまりになってしまう．

つまり現実の反応は，熱力学と**反応速度論**（reaction kinetics, chemical kinetics）の両方に従う．だから反応をきちんとつかむには，両方の理解が欠かせない．英語 kinetics は，ギリシャ語の動詞 *kineo*（動く）にちなむ．

▶ チェック ─────────────
熱力学的にはダイヤモンドより黒鉛（グラファイト）のほうが安定なのに，ダイヤモンドはなぜ存在するのか（例題13・18参照）．

14・2 反応の速度

反応速度論は，つぎのような問いに答える．

- 反応はどんな速度で進むのか．
- 反応の速度は何が決めるのか．
- 反応はどんな経路で進むのか．

---

* 訳注：ΔG の値は，係数1の物質（"1"は書かないので，係数のない物質）1 mol あたりのギブズエネルギー変化を表す．

速度 (rate, velocity) とは，単位時間（たとえば1秒間）の変化量をいう．車の販売速度は，一定期間に所有者が変わる車の数に等しい．物体の動く速度は，時速 50 km (50 km/h) のように表す．

反応の速度は通常，"単位時間の濃度変化"とみて，物質 X の濃度 [X] が時間 Δt 内に変化した大きさとする．

$$速度 = \frac{[X]_終 - [X]_始}{t_終 - t_始} = \frac{\Delta[X]}{\Delta t}$$

1850 年にハイデルベルク大学のルートヴィッヒ・ヴィルヘルミー (Ludwig Wilhelmy) は，ショ糖（スクロース）が酸と反応して果糖（フルクトース）とブドウ糖（グルコース）の混合物（転化糖）になる速度を調べた[*]．

$$ショ糖(aq) + H_3O^+(aq) \longrightarrow \underbrace{果糖(aq) + ブドウ糖(aq)}_{(転化糖)}$$

温度と pH が一定のとき，速度はショ糖の濃度に比例した．すると，M = mol/L 単位のショ糖濃度を [ショ糖]，比例定数を k として，反応の速度はこう書ける．

$$速度 = k[ショ糖]$$

反応が進むほどにショ糖の濃度は下がるから，速度も落ちていく．

14・3　反応の進みと速度

酸塩基滴定（図 14・1）の指示薬フェノールフタレイン (PP) は，酸性〜中性で無色，pH 8.3〜11 でピンクになる．中和後に過剰量の塩基を加えると，OH^- とゆっくり反応

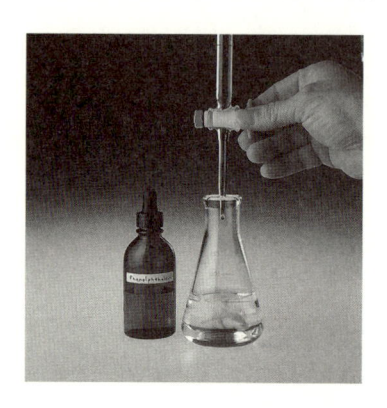

図 14・1　フェノールフタレインを指示薬にした滴定

---

[*] 訳注："転化 (inversion)" は，物質の変化ではなく，光学活性の変化つまり"旋光角の符号反転"をいう．

14・3 反応の進みと速度

して再び無色になる*.

$[PP]_0 = 0.00500\,M$, $[OH^-]_0 = 0.61\,M$ で行った実験の結果を表 14・1 に示す.データのグラフ (図 14・2) より,約 230 秒で PP の濃度が 10 分の 1 に減るとわかる.

表 14・1　フェノールフタレイン (**PP**) と **OH⁻** の反応データ

[PP] (M)	時間 (s)
0.005 00	0.0
0.004 50	10.5
0.004 00	22.3
0.003 50	35.7
0.003 00	51.1
0.002 50	69.3
0.002 00	91.6
0.001 50	120.4
0.001 00	160.9
0.000 500	230.2
0.000 250	299.5
0.000 150	350.7
0.000 100	391.2

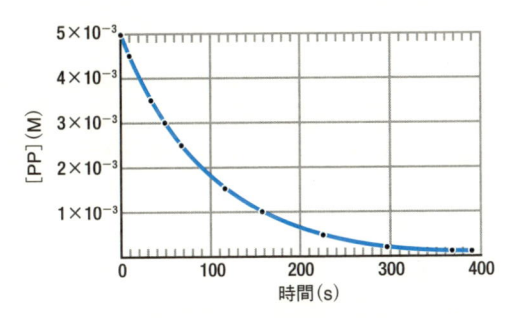

図 14・2　実験データ (表 14・1) のグラフ化

速度は,[PP] の変化量 (Δ[PP]) を経過時間 (Δt) で割って求める.PP が減る反応だから,Δ[PP] は負の値になる.ふつう速度は正の値にするため,減る物質に注目したときの速度は,"濃度変化 ÷ 時間" に負号をつけて表す.

$$\text{速度} = -\frac{\Delta[PP]}{\Delta t}$$

例題 14・1　表 14・1 を使い,PP の濃度変化が ①〜③ の範囲で,反応の速度を求めよ.

① 濃度 0.005 00 → 0.004 50 M　　② 濃度 0.004 50 → 0.004 00 M
③ 濃度 0.004 00 → 0.003 50 M

【答】　それぞれつぎのように計算できる.

① $\text{速度} = -\dfrac{\Delta[PP]}{\Delta t} = -\dfrac{0.004\,50\,M - 0.005\,00\,M}{10.5\,s - 0\,s} = 4.8 \times 10^{-5}\,M/s$

---

* 訳注: ピンク着色時にできていた π 電子の共役系が寸断され,吸収波長が紫外線域だけになる.

② 速度 $= -\dfrac{\Delta[\text{PP}]}{\Delta t} = -\dfrac{0.004\,00\,\text{M} - 0.004\,50\,\text{M}}{22.3\,\text{s} - 10.5\,\text{s}} = 4.2\times 10^{-5}\,\text{M/s}$

③ 速度 $= -\dfrac{\Delta[\text{PP}]}{\Delta t} = -\dfrac{0.003\,50\,\text{M} - 0.004\,00\,\text{M}}{35.7\,\text{s} - 22.3\,\text{s}} = 3.7\times 10^{-5}\,\text{M/s}$

このように速度は，反応が進むにつれて小さくなる．

14・4 反応の瞬間速度

フェノールフタレイン (PP) と OH^- が反応する速度は，時間とともに変わった（例題14・1）．

速度は測定中にも変わるため，誤差を減らすには，なるべく短い時間間隔で測るとよい．理想的には，無限小の時間 dt 内で，無限小の濃度変化 $d[\text{X}]$ を測る．$d[\text{X}]$ を dt で割った値が**反応の瞬間速度** (instantaneous rate of reaction) になる．

$$\text{速度} = -\dfrac{d[\text{X}]}{dt}$$

成分の濃度と時間の関係が細かく測ってあれば，そのグラフから瞬間速度を計算できる．PP と OH^- の反応（図 14・3）なら，曲線に引いた接線の勾配に負号をつけると瞬間速度になる．

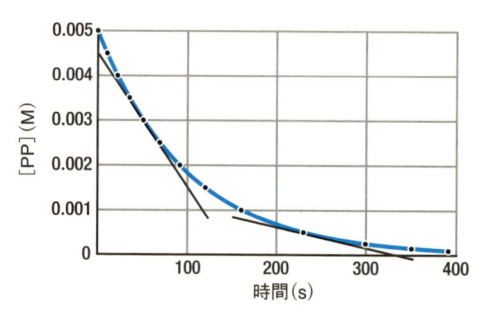

図 14・3 瞬間速度の求めかた．時刻 50 s での速度は $2.7\times 10^{-5}\,\text{M/s}$，250 s での速度は $4.1\times 10^{-6}\,\text{M/s}$ となる．

瞬間速度は，反応開始から平衡になるまで，どの時点でも計算できる．反応開始直後の速度を**初期速度** (initial rate of reaction) という．

▶チェック
速度を"$-\Delta[X]/\Delta t$"で計算するとき，Δt は大きくしない．なぜか．

14・5　速度式と速度定数

図 14・3 の曲線上あちこちで計算した速度は，どの点でも，その瞬間のフェノールフタレイン（PP）濃度に比例する*．

$$速度 = k[PP]$$

このように，実験でわかる速度と濃度の関係を**速度式**（rate equation）といい，比例係数 k を**速度定数**（rate constant）とよぶ．

▶チェック
PP と OH^- の反応速度が減少していく理由を，速度式で説明せよ．

例題 14・2　PP を過剰量の OH^- と反応させた際，$[PP] = 0.00250\,M$ での瞬間速度は $2.5\times 10^{-5}\,M/s$ だった．速度定数を計算せよ．

【答】　まずは速度式を書く．
$$速度 = k[PP]$$
問いの情報を代入する．
$$2.5\times 10^{-5}\,M/s = k \times 0.00250\,M$$
簡単な計算で k 値がわかる．
$$k = 0.010\,s^{-1}$$
反応の速度は $M/s = mol/(L\cdot s)$ 単位だった．いまの例では速度が PP の濃度に比例するため，速度定数 k の単位は s^{-1} になる．

▶チェック
反応の速度と速度定数の違いを説明せよ．濃度や反応時間に応じ，速度と速度定数はどう変わるか．

---

*　訳注：OH^- が過剰量だという点に注意．

▶ チェック

速度が $k[X]^2$ と書ける反応で，速度定数 k の単位はどうなるか．

例題 14・3 例題 14・2 の結果を表 14・1 のデータに当てはめ，反応の初期速度を計算せよ．

【答】 速度 = $k[PP]$ に k 値と初期濃度を入れ，つぎの結果を得る．

初期速度 = $0.010\,\text{s}^{-1} \times 0.005\,00\,\text{M} = 5.0 \times 10^{-5}\,\text{M/s}$

14・6 反応式と速度式

1930 年代にロンドン大学のクリストファー・インゴルド (Christopher Ingold) らは，つぎの置換反応を調べた．

$$\text{H}-\underset{\underset{\text{H}}{|}}{\overset{\overset{\text{H}}{|}}{\text{C}}}-\text{Br(aq)} + \text{OH}^-(\text{aq}) \longrightarrow \text{H}-\underset{\underset{\text{H}}{|}}{\overset{\overset{\text{H}}{|}}{\text{C}}}-\text{OH(aq)} + \text{Br}^-(\text{aq})$$

反応の速度は反応物それぞれの濃度に比例していた．

$$\text{速度} = k[\text{CH}_3\text{Br}][\text{OH}^-]$$

構造の似た別の反応物で実験したところ，生成物も似ていた．

$$\text{H}_3\text{C}-\underset{\underset{\text{CH}_3}{|}}{\overset{\overset{\text{CH}_3}{|}}{\text{C}}}-\text{Br(aq)} + \text{OH}^-(\text{aq}) \longrightarrow \text{H}_3\text{C}-\underset{\underset{\text{CH}_3}{|}}{\overset{\overset{\text{CH}_3}{|}}{\text{C}}}-\text{OH(aq)} + \text{Br}^-(\text{aq})$$

けれど今度はつぎのように，速度は $(\text{CH}_3)_3\text{CBr}$ の濃度だけに比例した．

$$\text{速度} = k[(\text{CH}_3)_3\text{CBr}]$$

その結果に注目しよう．速度式は，反応式ではなく実験から決める．つぎの反応の速度式は，反応式どおり，速度が HI 濃度の 2 乗に比例する．

$$2\text{HI(g)} \longrightarrow \text{H}_2(\text{g}) + \text{I}_2(\text{g}) \qquad \text{速度} = k[\text{HI}]^2$$

しかし N_2O_5 の分解だと，反応式どおりなら $[\text{N}_2\text{O}_5]$ の 2 乗に比例するところ，現実の速度は 1 乗に比例する．

$$2\text{N}_2\text{O}_5(\text{g}) \longrightarrow 4\text{NO}_2(\text{g}) + \text{O}_2(\text{g}) \qquad \text{速度} = k[\text{N}_2\text{O}_5]$$

N_2O_5 の分解を例に，成分どうしの量関係をみてみよう．反応の進みは，N_2O_5 の消失速度からも，NO_2 や O_2 の生成速度からもわかる．反応式より，2 mol の N_2O_5 が消えると 4 mol の NO_2 が生じるため，NO_2 の生成速度は N_2O_5 の消失速度の 2 倍になる．

$$\frac{d[NO_2]}{dt} = -2\frac{d[N_2O_5]}{dt}$$

また，2 mol の N_2O_5 が消えると 1 mol の O_2 が生じるから，O_2 の生成速度は N_2O_5 の消失速度の半分になる．

$$\frac{d[O_2]}{dt} = -\frac{1}{2}\frac{d[N_2O_5]}{dt}$$

▶ チェック ─────────────────────
つぎの反応で，HI の消失速度と H_2 の生成速度はどんな関係にあるか．

$$2HI(g) \longrightarrow H_2(g) + I_2(g)$$

14・7 反 応 次 数

$ClNO_2$ が Cl 原子 1 個を NO に与えて NO_2 と ClNO ができる反応は，1 段階で進む．

$$ClNO_2(g) + NO(g) \longrightarrow NO_2 + ClNO(g)$$

かたや $N_2O_5 \rightarrow NO_2 + O_2$ の分解は，つぎの 3 段階で進む．

段階 1: $N_2O_5 \longrightarrow NO_2 + NO_3$
段階 2: $NO_2 + NO_3 \longrightarrow NO_2 + NO + O_2$
段階 3: $NO + NO_3 \longrightarrow 2NO_2$

段階それぞれは，反応分子の数で分類できる．分子 1 個だけの変化なら**単分子反応**（unimolecular reaction），2 個の分子が衝突して変化するなら**二分子反応**（bimolecular reaction）という．

例題 14・4 N_2O_5 が分解する反応の 3 段階を，単分子反応と二分子反応に分類せよ．

【答】 それぞれつぎのようになる．
段階 1: 単分子反応   段階 2: 二分子反応   段階 3: 二分子反応

反応は，**反応次数**（reaction order）でも分類できる．白金が触媒になって進む一酸化二窒素（N_2O）の分解を考えよう．

$$2N_2O(g) \xrightarrow{Pt} 2N_2(g) + O_2(g)$$

実測の速度は N_2O 濃度に関係しない（$[N_2O]$ の 0 乗に比例する）ので，**ゼロ次反応**（zero-order reaction）という．

$$速度 = k[N_2O]^0 = k$$

N_2O_5 の分解は，$[N_2O_5]$ に比例するから**一次反応**（first-order reaction）とよぶ．

$$速度 = k[N_2O_5]$$

また HI の分解は，$[HI]$ の 2 乗に比例する**二次反応**（second-order reaction）になる．

$$速度 = k[HI]^2$$

速度式が複数成分の濃度を含むなら，成分ごとの次数を明示する．たとえば CH_3Br と OH^- の反応は，CH_3Br と OH^- についてそれぞれ一次，全体では二次になる．

$$速度 = k[CH_3Br][OH^-]$$

つぎの一般的な反応を考えよう．

$$A + B \longrightarrow C + D$$

速度定数 k と，実測の濃度依存性をもとに速度式を書く．

$$速度 = k[A]^m[B]^n$$

このとき反応は，A について m 次，B について n 次，全体では $(m+n)$ 次という．

例題 14・5 大気中の NO 濃度がわずかなら事実上 NO と O_2 の反応は起きないが，NO 濃度が高いとこう反応する．

$$2NO(g) + O_2(g) \longrightarrow 2NO_2(g)$$

実測の速度式はつぎのようになった．反応次数はどのように表現できるか．

$$速度 = k[NO]^2[O_2]$$

【答】 NO について二次，O_2 について一次，全体では三次反応だといえる．

反応の速度が，ある反応物の濃度によらない（濃度の 0 乗に比例する）なら，反応はその物質についてゼロ次という．つぎの例を先ほどみた．

$$\underset{\underset{CH_3}{|}}{\overset{\overset{CH_3}{|}}{H_3C-C-Br}}(aq) + OH^-(aq) \longrightarrow \underset{\underset{CH_3}{|}}{\overset{\overset{CH_3}{|}}{H_3C-C-OH}}(aq) + Br^-(aq)$$

速度式は次式のように書けて，$(CH_3)_3CBr$ について一次だが，OH^- についてはゼロ次となる．

$$速度 = k[(CH_3)_3CBr][OH^-]^0 = k[(CH_3)_3CBr]$$

"単分子反応・二分子反応" と "ゼロ次反応・一次反応・二次反応" を混同しないよう注意したい．反応の分子数はミクロ世界のできごとを，反応次数はマクロ世界の観測事実を教える．反応の分子数は，あくまで観測事実を解釈するためのモデルと心得よう．

14・8 分子の衝突と律速段階

実測の速度式は，反応の**衝突理論**（collision theory．§10・4 参照）で説明できる．1段階反応も多段階反応も，とにかく粒子が衝突して起こる．1段階で進むつぎの反応をまた考えよう．

$$ClNO_2(g) + NO(g) \longrightarrow NO_2(g) + ClNO(g)$$

衝突と反応のイメージを図 14・4 に描いた．毎秒の衝突回数は，体積あたりの分子数に比例するので，NO_2 と $ClNO$ の生成速度は，$ClNO_2$ 濃度と NO 濃度に比例する．

$$速度 = k[ClNO_2][NO]$$

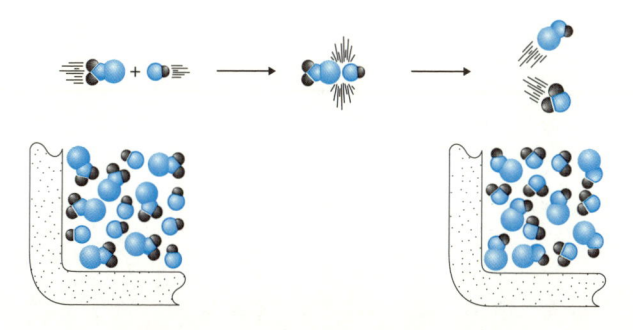

図 14・4 容器に入れた気体の拡大図．$ClNO_2$ と NO がぶつかって NO_2 と $ClNO$ ができる．反応の速度は衝突回数に比例する．

反応の速度は，ぶつかり合う物質の濃度に比例するため，1段階で起こる反応なら，反応式をそのまま速度式にしてよい．たとえばつぎの反応は1段階で起こる．

$$CH_3Br(aq) + OH^-(aq) \longrightarrow CH_3OH(aq) + Br^-(aq)$$

適切な向きでぶつかり合うと，OH^- の非結合電子対が CH_3Br の C 原子に移る（図14・5）．そのとき C–O 結合が生まれ，C–Br 結合が切れる（OH^- が Br^- に置換する）．

以上が反応のすべてだから，速度は両方の濃度に比例する．

$$速度 = k[CH_3Br][OH^-]$$

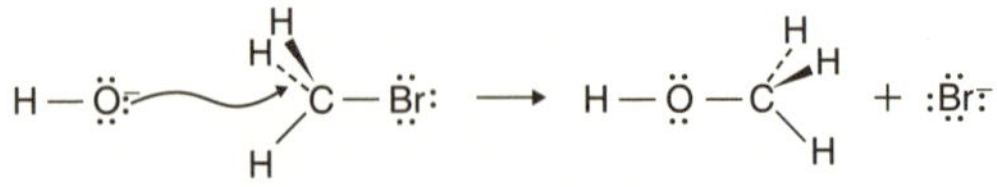

図 14・5　CH_3Br と OH^- の 1 段階反応．ぶつかったとき，C-O 結合の生成と C-Br 結合の切断が同時に進む．

けれど，反応物が似ていても，つぎの反応は 3 段階で進む．

$$(CH_3)_3CBr(aq) + OH^-(aq) \longrightarrow (CH_3)_3COH(aq) + Br^-(aq)$$

段階 1 では，$(CH_3)_3CBr$ 分子がイオン解離する．

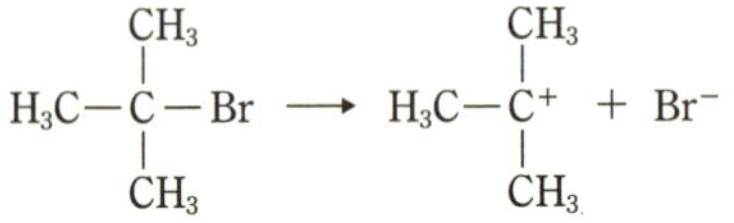

$$H_3C-\underset{CH_3}{\overset{CH_3}{C}}-Br \longrightarrow H_3C-\underset{CH_3}{\overset{CH_3}{C^+}} + Br^- \quad (段階 1)$$

つぎに，生じた陽イオン $(CH_3)_3C^+$ が水と反応する．

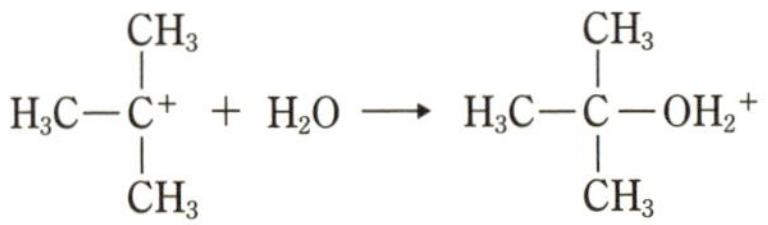

$$H_3C-\underset{CH_3}{\overset{CH_3}{C^+}} + H_2O \longrightarrow H_3C-\underset{CH_3}{\overset{CH_3}{C}}-OH_2^+ \quad (段階 2)$$

最後に，段階 2 の生成物が H^+ を OH^- (または H_2O 分子) に渡す．

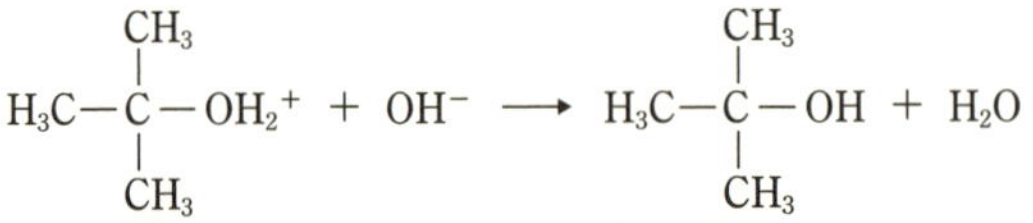

$$H_3C-\underset{CH_3}{\overset{CH_3}{C}}-OH_2^+ + OH^- \longrightarrow H_3C-\underset{CH_3}{\overset{CH_3}{C}}-OH + H_2O \quad (段階 3)$$

段階 1 の速度定数 (k_1) は，続く 2 段階の速度定数 (k_2, k_3) よりずっと小さい．いちばん遅い段階は，全体の速度を決める（速度を律する）ので**律速段階** (rate-determining step. RDS と略す) という．

$$(CH_3)_3CBr \longrightarrow (CH_3)_3C^+ + Br^- \quad (律速段階)$$
$$(CH_3)_3C^+ + H_2O \longrightarrow (CH_3)_3COH_2^+$$
$$(CH_3)_3COH_2^+ + OH^- \longrightarrow (CH_3)_3COH + H_2O$$

律速段階の反応物は $(CH_3)_3CBr$ だけだから，全体の速度も $(CH_3)_3CBr$ の濃度に比例する．

$$速度 = k[(CH_3)_3CBr]$$

速度は速度定数 k と濃度の積なので，反応が速いか遅いかには両方が効く．濃度が低ければ律速段階になる反応も，濃度が十分に高いと律速段階ではなくなる．

速度式が反応式から決まらないことは，よく心したい．いまの場合，$(CH_3)_3CBr$ と OH^- との反応なのに，速度は $(CH_3)_3CBr$ の濃度だけが決める．

速度式を考える際の注意点をまとめよう．
- 多段階反応の場合，段階それぞれの速度は反応物の濃度に比例する．
- 全体の速度式は，**反応機構**（reaction mechanism）が決める．
- 全体の速度式は，律速段階が決める．

14・9 反応機構

NO と O_2 から NO_2 ができる反応を例に，反応機構や律速段階をみてみよう．
$$2NO(g) + O_2(g) \longrightarrow 2NO_2(g)$$

NO と O_2 の反応で生じる褐色の気体 NO_2

反応は 2 段階で進む．段階 1 では，2 個の NO 分子が二量体（N_2O_2）になる．つぎに N_2O_2 が O_2 と反応し，2 個の NO_2 分子ができる（各段階を，全反応の"素反応"という）．

段階 1: $\quad 2NO \rightleftharpoons N_2O_2$
段階 2: $\quad N_2O_2 + O_2 \longrightarrow 2NO_2 \quad$ (律速段階)

2 段階の反応を足し合わせると，全体の反応になる．
$$\begin{aligned} 2NO &\rightleftharpoons N_2O_2 \\ \underline{N_2O_2 + O_2 &\longrightarrow 2NO_2} \\ 2NO + O_2 &\longrightarrow 2NO_2 \end{aligned}$$

段階2の速度はつぎのように書ける．

$$\text{段階2の速度} = k_2[N_2O_2][O_2]$$

段階2が律速段階だから，全反応の速度も同じ形になる．

$$\text{反応全体の速度} \approx k_2[N_2O_2][O_2]$$

反応中に生成・消滅を繰返す N_2O_2 のような物質を**中間体** (intermediate) という．中間体の濃度は測りにくいので，上記の速度式はあまり役に立たない．全反応の速度は，最初にあった反応物の濃度を使って表すほうがわかりやすい．

段階1は速いため，平衡にあるとしよう：

$$\text{段階1:} \quad 2NO \rightleftharpoons N_2O_2$$

素反応だから正反応 (forward reaction) の速度は NO 濃度の2乗に比例し，速度定数 k_f を使ってつぎのように書く．

$$\text{段階1:} \quad \text{正反応の速度} = k_f[NO]^2$$

逆反応 (reverse reaction) の速度は，速度定数 k_r を使ってこうなる．

$$\text{段階1:} \quad \text{逆反応の速度} = k_r[N_2O_2]$$

両向きとも十分に速く，平衡になっているなら，つぎの等式が成り立つ．

$$k_f[NO]^2 = k_r[N_2O_2]$$

書き直せばこうなる．

$$[N_2O_2] = \frac{k_f}{k_r}[NO]^2$$

その $[N_2O_2]$ を，段階（素反応）2の速度式に入れる．

$$\text{段階2の速度} = k_2\left(\frac{k_f}{k_r}\right)[NO]^2[O_2]$$

比 k_f/k_r は，段階1の平衡定数にほかならない（§10・5参照）．k_2, k_f, k_r はみな定数だから，まとめて1個の定数 k' としよう．

$$\text{全反応の速度} \approx \text{段階2の速度} = k'[NO]^2[O_2]$$

以上のことは，現実世界で窒素酸化物が見せるふるまいの理解に役立つ．まず，フラスコ内の空気に火花（スパーク）を飛ばせば，N_2 と O_2 が反応し，無色の気体 NO ができる．

$$N_2(g) + O_2(g) \xrightarrow{\text{火花}} 2NO(g)$$

水にあまり溶けない NO は水上置換で集める．そのフラスコを開けた瞬間，NO が空気中の O_2 と反応して褐色の気体 NO_2 になる．

$$2NO(g) + O_2(g) \longrightarrow 2NO_2(g)$$

ところが大気汚染の話では、窒素酸化物を"NO＋NO₂"とみてNO$_x$（ノックス）と書く．NOとO₂が一瞬でNO₂になるなら，稲妻の通り道やエンジン内でも，ほぼ純粋なNO₂が生じるはず．それをなぜ"NO＋NO₂"とみるのだろう？

謎を解く鍵は反応機構にある．段階1は，つぎの速い可逆反応だった．

$$段階1: \quad 2NO \rightleftharpoons N_2O_2$$

NO分子の不対電子が合体し，2個の分子が共有結合する（図14・6）．

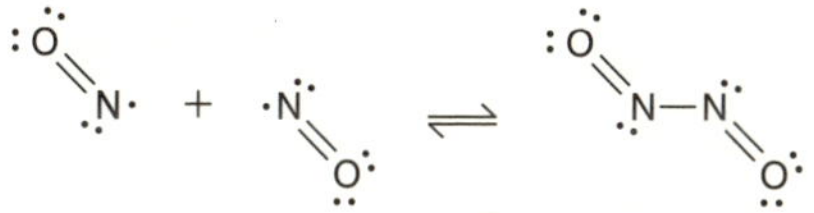

図14・6　NO → N₂O₂の二量体化

段階2が進むには，N₂O₂とO₂がぶつかり合わなければいけない．

$$段階2: \quad N_2O_2 + O_2 \longrightarrow 2NO_2$$

NO入りフラスコを開けたときは，大量に生じていたN₂O₂が空気中のO₂とたちまち反応し，褐色のNO₂になる．しかし排ガス中のNOは薄いため，生じているN₂O₂もずっと少ない．また，段階2は遅い律速段階だから，NO₂はゆっくりと生じる．その結果，エンジン内のN₂とO₂を出発物質とした大気汚染の主犯は，NOとNO₂の混合物（NO$_x$）とみるのが正しい．

14・10　ゼロ次反応

いまやゼロ次反応の意味もわかる．つぎの反応は，律速段階にOH⁻が関係しないため，全反応の速度がOH⁻についてゼロ次となる．

$$H_3C-\underset{CH_3}{\overset{CH_3}{\underset{|}{\overset{|}{C}}}}-Br(aq) + OH^-(aq) \longrightarrow H_3C-\underset{CH_3}{\overset{CH_3}{\underset{|}{\overset{|}{C}}}}-OH(aq) + Br^-(aq)$$

しかし，反応物のすべてについてゼロ次の反応もある．なぜなのか？　たとえば白金表面で進むNOの分解反応を考えよう．

$$2NO(g) \xrightarrow{Pt} N_2(g) + O_2(g)$$

NOが過剰だと，速度はNOについてゼロ次となる．

$$速度 = k[NO]^0 = k$$

身近な例にたとえよう．食堂で空席待ちの列にいる．誰かが席を立たないかぎり座れない．一定時間内に座れる人の数は，行列の長さと関係なく，席を立つ人の数で決まる．

白金表面で進むNOの分解も似ている．触媒反応は，"表面の原子1個に分子1個が吸着して"始まるため，空いた原子がないとNOも吸着できない．NOがどれほど大量でも，吸着点の数には限度があり，そこに吸着した分子だけが反応する．だからNO濃度が一定値を超せば，NOのゼロ次反応となってしまう．

白金触媒上で進むエチレン（C_2H_4）と水素（H_2）の反応も，そんな例になる．

$$\begin{array}{c} H \\ \diagdown \\ C=C \\ \diagup\diagdown \\ HH \end{array} + H_2 \xrightarrow{Pt} H-\underset{H}{\overset{H}{C}}-\underset{H}{\overset{H}{C}}-H$$

反応は，C_2H_4 と H_2 の両方が Pt 原子に吸着して進む．C_2H_4 と H_2 が大量にあれば，速度はどちらにもゼロ次となる．

$$速度 = k[C_2H_4]^0[H_2]^0 = k$$

▶ チェック ─────────────────────
　ゼロ次反応と一次反応の濃度依存性はどう違うか．また，反応の速度と時間の関係はどうか．
────────────────────────────

14・11　反応次数の決定

速度式は，初期濃度と初期速度の関係からわかる．そのことを，つぎの反応でみてみよう．

$$2HI(g) \longrightarrow H_2(g) + I_2(g)$$

表 14・2　反応 "$2HI \longrightarrow H_2 + I_2$" の実測速度

実験回	$[HI]_0$ (M)	初期速度 (M/s)
1	1.0×10^{-2}	4.0×10^{-6}
2	2.0×10^{-2}	1.6×10^{-5}
3	3.0×10^{-2}	3.6×10^{-5}

初期濃度 $[HI]_0$ を変えた3回の実験につき，初期速度の実測値を表14・2にまとめた．実験では $[HI]_0$ だけを変えた．一度に二つだけ比べよう．実験2の $[HI]_0$ は実験1の2倍だが，初期速度には4倍の開きがある．

$$\frac{実験2の速度}{実験1の速度} = \frac{1.6 \times 10^{-5} \text{M/s}}{4.0 \times 10^{-6} \text{M/s}} = 4.0$$

$[\text{HI}]_0$ を 3 倍にした実験 3 で,初期速度は 9 倍になった.

$$\frac{\text{実験 3 の速度}}{\text{実験 1 の速度}} = \frac{3.6 \times 10^{-5} \text{M/s}}{4.0 \times 10^{-6} \text{M/s}} = 9.0$$

つまり初期速度は $[\text{HI}]_0$ の 2 乗に比例し,反応は HI について二次となる (§14・6).

$$\text{速度} = k[\text{HI}]^2$$

例題 14・6 表の実測データから,つぎの反応の速度式を求めよ.

$$\text{NH}_4^+(\text{aq}) + \text{NO}_2^-(\text{aq}) \longrightarrow \text{N}_2(\text{g}) + 2\text{H}_2\text{O}(\text{l})$$

実験回	NH_4^+ の初期濃度(M)	NO_2^- の初期濃度(M)	初期速度 (M/s)
1	5.0×10^{-2}	2.0×10^{-2}	2.7×10^{-7}
2	5.0×10^{-2}	4.0×10^{-2}	5.4×10^{-7}
3	1.0×10^{-1}	2.0×10^{-2}	5.4×10^{-7}

【答】 反応物の一つだけ濃度を変えた実験のデータから,速度式の見当がつく.たとえば実験 2 では,$[\text{NO}_2^-]_0$ だけが実験 1 の 2 倍で,速度が 2 倍になったから,NO_2^- の次数は 1 になる.

実験 3 では,$[\text{NH}_4^+]_0$ だけが実験 1 の 2 倍で,速度が 2 倍になったから,NH_4^+ の次数も 1 になる.

$$\text{速度} = k[\text{NH}_4^+][\text{NO}_2^-]$$

反応次数をすぐ見抜けないときは一般形で扱う.§14・7 に従い,実験 1 の速度式をこう書く.

$$\text{速度}_1 = k[\text{NH}_4^+]_1^m[\text{NO}_2^-]_1^n$$

実験 2 の速度式は次式のように書ける.

$$\text{速度}_2 = k[\text{NH}_4^+]_2^m[\text{NO}_2^-]_2^n$$

以上を使い,速度比と濃度項の比から n と m がわかる.まず実験 1 と実験 2 の結果を比べよう.

$$\frac{\text{速度}_1}{\text{速度}_2} = \frac{k[\text{NH}_4^+]_1^m[\text{NO}_2^-]_1^n}{k[\text{NH}_4^+]_2^m[\text{NO}_2^-]_2^n}$$

実測値を代入すればつぎのようになる.

$$\frac{2.7 \times 10^{-7}}{5.4 \times 10^{-7}} = \frac{k \times (5.0 \times 10^{-2})^m \times (2.0 \times 10^{-2})^n}{k \times (5.0 \times 10^{-2})^m \times (4.0 \times 10^{-2})^n} = \left(\frac{1}{2}\right)^n$$

これより $n = 1$ (NO_2^- について一次) が求まる.同様なことを実験 1 と実験 3 で行うと,$m = 1$ (NH_4^+ について一次) となり,速度式はこう書ける.

$$\text{速度} = k[\text{NH}_4^+][\text{NO}_2^-]$$

反応物それぞれについて一次,全体では二次反応になる.

▶ チェック ─────────
解析に実験 2 と実験 3 の組を使わなかったのはなぜか．また，実験 1 と実験 2 の結果から NH_4^+ の反応次数は決まるか．

▶ チェック ─────────
例題 14・6 で扱った反応の速度定数を計算せよ．

14・12 ゼロ次・一次・二次反応の速度式の積分形

速度式は，反応の仕組みを反映するものだった．反応物や生成物がどう増減するかは，**速度式の積分形**(integrated form of the rate equation) を使って追える．積分手順は"14章の発展"にまとめてある．

まずは簡単なゼロ次反応を考えよう．

$$\frac{d[X]}{dt} = k[X]^0 = k$$

積分すれば，濃度 $[X]$ と時間 t の関係はつぎのようになる．

$$[X] - [X]_0 = -kt$$

> **例題 14・7** 初期濃度 2.0 M で $k = 1.5 \times 10^{-2}$ M/s のゼロ次反応が進むとき，濃度 1.0 M になるのは何秒後か．
>
> 【答】 ゼロ次反応は次式に従う．
> $$[X] - [X]_0 = -kt$$
> $[X] = 1.0\,M$, $[X]_0 = 2.0\,M$, $k = 1.5 \times 10^{-2}$ M/s を上式に代入し，$t = 67\,s$ を得る．

つぎに一次反応を考える．微分形の速度式はこうだった．

$$-\frac{d[X]}{dt} = k[X]$$

式を少し変形したあと積分し，つぎの結果を得る．

$$\ln\left(\frac{[X]}{[X]_0}\right) = -kt \qquad \text{つまり} \qquad [X] = [X]_0\,e^{-kt}$$

例題 14・8 N_2O_5 は $k = 0.420\,\text{min}^{-1}$ の一次反応で分解する。初期濃度が $1.0\,\text{M}$ のとき、$5\,\text{min}$ 後の濃度はいくらか。

【答】 速度式の積分形はこう書ける。
$$[N_2O_5] = [N_2O_5]_0\,e^{-kt}$$
初期濃度と k 値を代入すれば $[N_2O_5] = 0.12\,\text{M}$ となり、N_2O_5 は $5\,\text{min}$ で約 8 分の 1 に減る。

続いて、反応物が 1 種だけの二次反応をみてみよう。微分形の速度式はこうだった。
$$-\frac{d[X]}{dt} = k[X]^2$$
積分してつぎの結果を得る。
$$\frac{1}{[X]} - \frac{1}{[X]_0} = kt$$

例題 14・9 NO_2 は $k = 32.6\,\text{M}^{-1}\,\text{min}^{-1}$ の二次反応で NO と O_2 に分解する。
$$2NO_2(g) \longrightarrow 2NO(g) + O_2(g)$$
NO_2 の初期濃度を $0.15\,\text{M}$ として、$1.0\,\text{min}$ 後の濃度を計算せよ。

【答】 速度式はこう書ける。
$$\text{速度} = k[NO_2]^2$$
積分形は次式のようになる。
$$\frac{1}{[NO_2]} - \frac{1}{[NO_2]_0} = kt$$
$[NO_2]_0 = 0.15\,\text{M}$、$k = 32.6\,\text{M}^{-1}\,\text{min}^{-1}$、$t = 1.0\,\text{min}$ を代入して $[NO_2] = 0.025\,\text{M}$ を得る。

同じ二次反応でも、2 種の反応物それぞれについて一次 (全体で二次) の反応は、だいぶ複雑になる。その速度式はつぎのように書いた。
$$\text{速度} = k[X][Y]$$
積分形は、初期濃度 $[X]_0, [Y]_0$ を使って次式のように書ける。
$$\frac{1}{[X]_0 - [Y]_0} \ln \frac{[Y]_0[X]}{[X]_0[Y]} = kt$$

一次反応の積分形速度式は，放射性核種原子の壊変を追うのに役立つ．死んだ生物の組織内にある放射性の ^{14}C は，一次の速度式に従って壊変する．

$$\text{速度} = k\,[^{14}\text{C}] \qquad k = 1.210\times 10^{-4}\,\text{y}^{-1}$$

一次反応の速度式は積分形でつぎのように書けた．

$$[^{14}\text{C}] = [^{14}\text{C}]_0\,e^{-kt}$$

^{14}C の濃度が半分になる時間を考えるとわかりやすい．それを**半減期**（half-life）といい，$t_{1/2}$ と書く．$t_{1/2}$ 後には $[^{14}\text{C}] = 0.5\times[^{14}\text{C}]_0$ が成り立ち，上式より $\ln 2 = 0.6931 = k\,t_{1/2}$ となるため，半減期と速度定数はつぎの関係にある（^{14}C 年代測定について詳しくは §15・7 を参照）．

$$t_{1/2} = \frac{\ln 2}{k} = \frac{0.6931}{1.210\times 10^{-4}\,\text{y}^{-1}} = 5728\,\text{y}$$

"死海文書"．^{14}C 年代測定法で制作時期がわかった．

▶ **チェック**

^{15}O と ^{19}O はつぎの一次反応で壊変する．半減期はどちらの原子が長いか．

$$^{15}\text{O} \qquad k = 5.63\times 10^{-3}\,\text{s}^{-1}$$
$$^{19}\text{O} \qquad k = 2.38\times 10^{-2}\,\text{s}^{-1}$$

ゼロ次・一次・二次反応の半減期を表 14・3 にまとめた．一次反応の $t_{1/2}$ だけは真の定数だが，ゼロ次反応と二次反応の $t_{1/2}$ は，反応物の初期濃度で変わる．

表14・3　ゼロ次・一次・二次反応の特徴

次 数	速度式	積分形	半減期
ゼロ次	速度 $= k$	$[X] - [X]_0 = -kt$	$t_{1/2} = \dfrac{[X]_0}{2k}$
一 次	速度 $= k[X]$	$\ln\left(\dfrac{[X]}{[X]_0}\right) = -kt$	$t_{1/2} = \dfrac{0.6931}{k}$
二 次	速度 $= k[X]^2$	$\dfrac{1}{[X]} - \dfrac{1}{[X]_0} = kt$	$t_{1/2} = \dfrac{1}{k[X]_0}$

▶チェック

　ある反応を初期濃度1M（1回目）と2M（2回目）で進めた．ゼロ次・一次・二次反応で，2回目の $t_{1/2}$ と1回目の $t_{1/2}$ はどう違うか．

14・13　積分形を使う反応次数の決定

　速度式の積分形に注目すると，実験結果を表すグラフの姿から反応次数がわかる．まず，ゼロ次反応の速度式と積分形はこうだった．

　　　速度 $= k[X]^0 = k$　　　　　積分形： $[X] - [X]_0 = -kt$

濃度 $[X]$ と時間 t が直線的に変わり，勾配が $-k$ に等しい（図14・7）．

図14・7　ゼロ次反応のグラフ　　図14・8　一次反応のグラフ

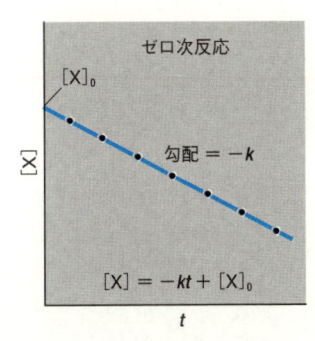

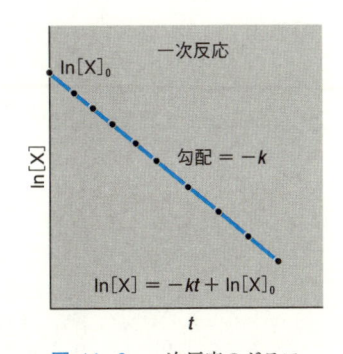

　一次反応は，速度式とその積分形がつぎの形だった．

　　　速度 $= k[X]$　　　　　積分形： $\ln[X] - \ln[X]_0 = -kt$

そのとき $\ln[X]$ と t が直線関係になり，勾配が $-k$ に等しい（図14・8）．
反応物1種の二次反応だと，速度式とその積分形はこうだった．

　　　速度 $= k[X]^2$　　　　　積分形： $\dfrac{1}{[X]} - \dfrac{1}{[X]_0} = kt$

つまり $1/[X]$ と t が直線関係になり，勾配が k に等しい（図 14・9）．

反応物 A と B それぞれにつき一次（合計で二次）の反応は，p.561 に書いた速度式と積分形をもち，$\ln([A]/[B])$ と t が直線関係になって，勾配が k に等しい（図 14・10）．

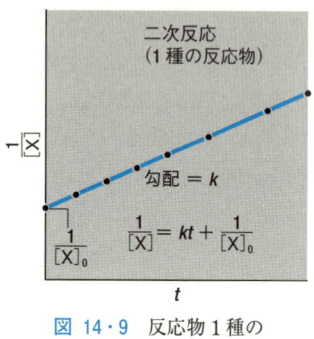

二次反応（1種の反応物）
勾配 = k
$$\frac{1}{[X]} = kt + \frac{1}{[X]_0}$$

図 14・9　反応物 1 種の二次反応のグラフ

二次反応（2種の反応物）
勾配 = k
$$\frac{1}{[X]_0 - [Y]_0} \ln \frac{[Y]_0[X]}{[X]_0[Y]} = kt$$

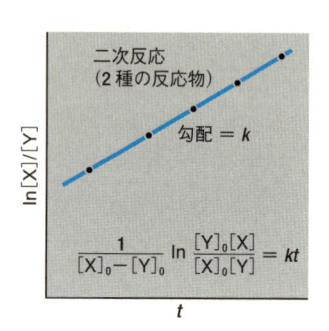

図 14・10　反応物 2 種の二次反応のグラフ

例題 14・10　表 14・1 のデータより，フェノールフタレイン（PP）と OH^-（過剰量）の反応が，PP についてゼロ次か一次か二次かを判定せよ．

【答】　まず，$\ln[PP]$ と $1/[PP]$ を計算する．

[PP] (M)	ln [PP]	1/[PP]	時間(s)
0.005 00	-5.298	200	0
0.004 50	-5.404	222	10.5
0.004 00	-5.521	250	22.3
0.003 50	-5.655	286	35.7
0.003 00	-5.809	333	51.1
0.002 50	-5.991	400	69.3
0.002 00	-6.215	500	91.6
0.001 50	-6.502	667	120.4
0.001 00	-6.908	1.00×10^3	160.9
0.000 500	-7.601	2.00×10^3	230.2
0.000 250	-8.294	4.00×10^3	299.5
0.000 150	-8.805	6.67×10^3	350.7
0.000 100	-9.210	1.00×10^4	391.2

つぎに，[PP] と t の関係（図 14・11），$\ln[PP]$ と t の関係（図 14・12），$1/[PP]$ と t の関係（図 14・13）をグラフ化する．

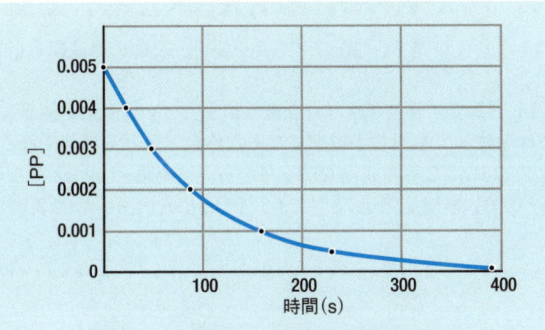

14・13 積分形を使う反応次数の決定

図 14・11 [PP]とtの関係．直線ではない（ゼロ次反応ではない）．

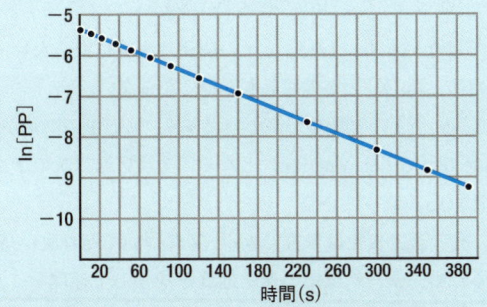

図 14・12 ln[PP]とtの関係．直線になる（一次反応だとわかる）．

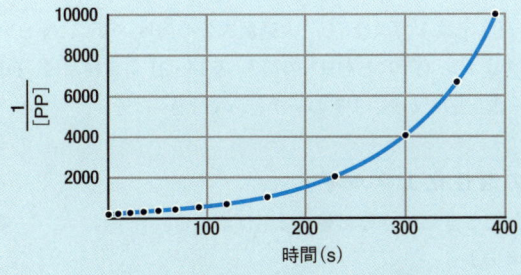

図 14・13 1/[PP]とtの関係．直線ではない（二次反応ではない）．

図14・12だけが直線になるため，"速度 = k[PP]"の一次反応だとわかる．

例題 14・11 例題 14・10 のデータを使い,反応の半減期を計算せよ.

【答】 図 14・12 でデータがきれいな直線に乗っているため,濃度が半分になる 2 点なら,どれを使っても同じ半減期になるだろう.たとえば初期濃度 0.005 00 M が半分の 0.002 50 M になる時間は 69.3 s だから,半減期 = 69.3 s となる.ほかに,0.002 00 M → 0.001 00 M となる時間でも,160.9 s − 91.6 s = 69.3 s と,同じ半減期になる.

14・14 擬一次反応

反応物 X と Y につきそれぞれ一次(合計で二次)の反応は,速度をこう表せた.

$$\text{速度} = k[X][Y]$$

X について二次ではないから,$1/[X]$ と t の関係は直線にならない.また,X だけの一次反応でもないため,$\ln[X]$ と t の関係も直線にならない.

そんな反応は,[X] と [Y] のどちらかが十分に多く,反応中の消費がごくわずかなら,**擬一次反応**(pseudo-first-order reaction)となる.全反応は二次のままでも,少ないほうの物質だけが一次反応で減っていく.

Y が大過剰なら,その濃度変化は無視できる(Y についてゼロ次).見かけ上,反応は X の一次反応となるため,擬一次反応の速度定数 k' を使って速度をこう書いてよい.

$$\text{速度} = k'[X]$$

逆に X が大過剰なら,別の速度定数 k'' を使ってつぎのように書ける.

$$\text{速度} = k''[Y]$$

k' も k'' も真の速度定数 k ではなく,"大過剰成分の濃度 × k" に等しい.

フェノールフタレイン(PP)と OH⁻ の反応(§ 14・3)も,初期に [OH⁻] が [PP] の 120 倍もある擬一次反応だから,PP の一次とみてよかった.

14・15 反応の活性化エネルギー

ふつう,衝突したときに結合を組替える(反応する)分子は,ごく一部しかない.つぎの反応をまた考えよう.

$$\text{ClNO}_2(g) + \text{NO}(g) \longrightarrow \text{NO}_2(g) + \text{ClNO}(g)$$

結合が組替わるには,ClNO_2 の Cl 原子と,NO の N 原子が向き合う形で衝突しなければいけない.

14・15 反応の活性化エネルギー

つぎのような衝突では反応しない．

↓ 反応しない

つぎのような衝突でも反応しない．

↓ 反応しない

また反応には，衝突する分子のエネルギーも大いに効く．分子の運動エネルギーは一定の分布をもち（図14・14），一定値より大きいエネルギーの分子だけが反応できる．

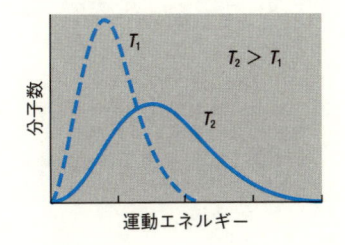

図 14・14 分子の運動エネルギー分布．平均運動エネルギーは温度 T に比例するが，同じ温度でも，分子それぞれの運動エネルギーは異なる．

反応ギブズエネルギー $\Delta G°$ が負値なので，ともかく反応は進みうる．

$$\text{ClNO}_2(g) + \text{NO}(g) \longrightarrow \text{NO}_2(g) + \text{ClNO}(g) \qquad \Delta G° = -23.6\,\text{kJ}$$

しかし反応が起こるには，分子どうしの衝突から結合の組替えに至る一連のできごとが，原子レベルで正しく進まなければいけない．その流れを"反応座標"とよぼう．

反応座標に沿って ClNO_2 分子と NO 分子が衝突したあと，$\text{Cl}-\text{NO}_2$ 結合が伸びて切れる（Cl 原子が NO 分子に移る）から反応が進む．目的の結合を切るのに必要なエネルギーを，**活性化エネルギー**（activation energy $= E_a$）という（図 14・15）．正反応の活性化エネルギーを $E_a(\text{正})$，逆反応のそれを $E_a(\text{逆})$ と書こう．$E_a(\text{正})$ と $E_a(\text{逆})$ には，反応エンタルピー $\Delta H°$ 分だけの差がある．

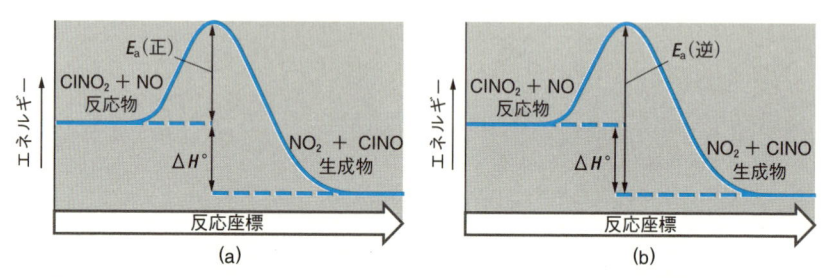

図 14・15 反応座標図．(a) 正反応の活性化エネルギー $E_a(\text{正})$ は，反応物が越すべき位置エネルギー（ポテンシャルエネルギー）を表す．(b) 生成物は，逆反応の活性化エネルギー $E_a(\text{逆})$ を越えて反応物に戻る．

ぶつかり合う分子群（反応系）が活性化エネルギー曲線の"峠"に達すると，坂を転げ落ちるように結合の組替えが進む．言い換えると，"峠"を越さないかぎり反応は始まらない．

ふつう，"峠"に行き着くためのエネルギーは，分子の運動エネルギーからくる．温度を上げると，運動エネルギーの大きい分子の数が増す（図 14・16）．だからこそ反応は

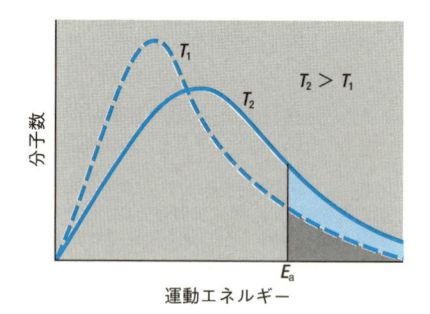

図 14・16 高温では，活性化エネルギー E_a より大きいエネルギーの分子（■ + □）が増す（E_a 自体は温度にほぼよらない）．

高温ほど速い（10°Cの上昇で2〜3倍になる反応が多い）.

　活性化エネルギーがあまりにも大きい反応は，熱力学的には進むはずでも，反応系が"峠"に行き着けないから始まらない．§14・1で見た室温の"$H_2 + O_2$"や"$Al + Fe_2O_3$"が例になる．火を近づけると，大きな運動エネルギーを得た一部の分子が"峠"を越えて反応し，その放出エネルギーでそばの分子もつぎつぎと"峠越え"を果たすため，連鎖的に反応が進む．

▶ チェック ─────────────────────
発熱反応では $E_a(正) < E_a(逆)$ となる．図14・15のような図を描き，吸熱反応ではどうなるか考察せよ．
────────────────────────────

14・16　触媒と反応速度

　過酸化水素の水溶液（オキシドール）は，保存中かなり安定だが，少量の I^-，白金片，数滴の血液，ジャガイモ片などを入れるとたちまち分解する．

$$2H_2O_2(aq) \longrightarrow 2H_2O(l) + O_2(g)$$

　この反応が，**触媒**（catalysit）のはたらきを浮き彫りにする．触媒はつぎのような性質をもつ．

① 反応を速める．
② 反応中に消費されない．
③ 少量でも大規模な変化を進める．
④ 反応の平衡定数を変えない（反応の経路を変えるが，反応物と生成物は変えない）．
⑤ 反応の ΔH も ΔS も変えない．

　性質③は②からくる．④を言い換えると，触媒は正逆両方向の反応を速める．⑤は，ΔH も ΔS が状態量なのでそうなる（状態量は反応の経路によらない）．

　触媒は，活性化エネルギー（E_a）の小さい経路を用意して反応を速める（図14・17）．E_a が小さいと，衝突したときに E_a 以上のエネルギーをもつ分子の割合が増す（図14・18）．その結果として反応が速まる．

　活性化エネルギーを下げるとは，"ある結合を切れやすくする"ことにほかならない．触媒の原子は，目標分子の2原子を引きつけて互いの距離を延ばしたり，原子間の電子密度を減らしたりして結合を弱める．それが活性化エネルギーの低下につながる．

　過酸化水素の分解を促す触媒3種につき，E_a と反応速度（相対値）を表14・4にまとめた．I^- は E_a を25%ほど減らして速度を2000倍にする．白金は E_a をさらに減らし，

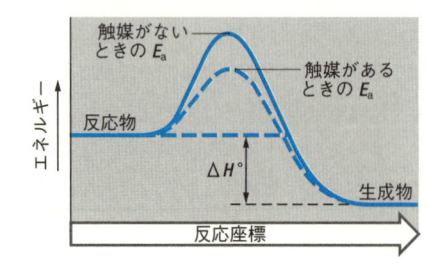

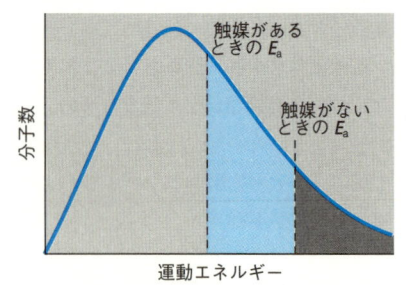

図 14・17 触媒は活性化エネルギー(E_a)を下げて反応を速める．

図 14・18 活性化エネルギーが下がると，E_a 以上のエネルギーをもつ分子が増える．

速度を約4万倍にする．血液やジャガイモが含む酵素カタラーゼは，E_a を約10分の1にも減らすため，速度が6000億倍にも上がる*．

表 14・4 H_2O_2 の分解に対する触媒の効果

触 媒	E_a(kJ/mol)	反応の相対速度
なし	75.3	1
I^-	56.5	2.0×10^3
Pt	49.0	4.1×10^4
カタラーゼ	8	6.3×10^{11}

ホソクビゴミムシという甲虫は，H_2O_2 の酵素分解を護身用の武器に使う．敵の攻撃を受けたとき，袋に入っている液体（H_2O_2 の約25%水溶液）とカタラーゼ懸濁液を混ぜる．発熱反応がたちまち進み，生じた熱い液体を噴射して敵をひるませる．

H_2O_2 の分解を例に，触媒の作用をみてみよう．I^- があると H_2O_2 の分解は2段階で進む．どちらも活性化エネルギーが小さいので速い．段階1では H_2O_2 が I^- を次亜ヨウ素酸イオン（IO^-）に酸化する．

$$H_2O_2(aq) + I^-(aq) \longrightarrow H_2O(l) + IO^-(aq)$$

段階2では，H_2O_2 が IO^- を I^- に還元する．

$$IO^-(aq) + H_2O_2(aq) \longrightarrow H_2O(l) + O_2(g) + I^-(aq)$$

I^- は段階2で再生されるため，正味の増減はない．段階1（H_2O_2 と I^- の反応）が律速段階だから，全体の速度は H_2O_2 と I^- について一次となる．また段階1で生じる IO^-

---

* 訳注：1分子のカタラーゼは，1秒間におよそ20万個の H_2O_2 分子を分解する．

は，段階2で消費されるため全体の速度式には現れず，反応生成物にもならない．

14・17 活性化エネルギーの測定

高温では粒子の運動エネルギーが増え，動きが速まって衝突の頻度も増し，"峠"を越える粒子が多くなるから，反応の速度が大きくなるのだった．

反応の速度と温度の関係は，速度定数(k)と温度(T)の関係からくる．1889年にスウェーデンのスヴァンテ・アレニウス（Svante Arrhenius）は，kとTを結びつける**アレニウス式**（Arrhenius equation）を発表した．

$$k = Z\mathrm{e}^{-E_\mathrm{a}/RT}$$

指数項 $\mathrm{e}^{-E_\mathrm{a}/RT}$（ボルツマン因子）は，粒子の運動エネルギーが$E_\mathrm{a}$以上になる確率を表す．また，衝突因子ともよぶ比例係数Zは，毎秒の有効な衝突回数だと思えばよい．

$E_\mathrm{a}=0$ならボルツマン因子は1だから，有効な衝突（p.567参照）をするたびに必ず反応が起きる．一般には$E_\mathrm{a}>0$なのでボルツマン因子は1未満となり，衝突回数の一部だけが反応回数になる．

アレニウス式を使うと活性化エネルギーを決定できる．まず，両辺の対数をとる．

$$\ln k = \ln Z - \frac{E_\mathrm{a}}{RT}$$

変形すれば次式のようになる．

$$\ln k = -\frac{E_\mathrm{a}}{R}\left(\frac{1}{T}\right) + \ln Z$$

変数$1/T$をx，$\ln k$をyとみれば，直線の式$y=ax+b$と同形だから，$1/T$を横軸，$\ln k$を縦軸にしたグラフは，勾配が$-E_\mathrm{a}/R$の直線になる（図14・19）．

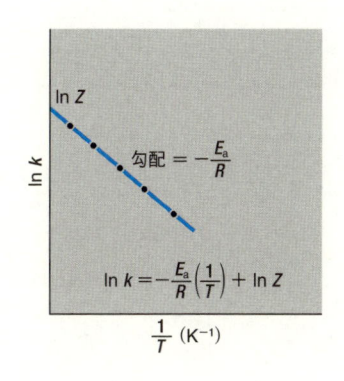

図14・19 速度定数と温度の関係（アレニウスプロット）

二つの温度 T_1 と T_2（速度定数 k_1 と k_2）で書いたアレニウス式を組合わせれば，速度定数と温度の間につぎの関係が成り立つ．

$$\ln\left(\frac{k_1}{k_2}\right) = \frac{E_\mathrm{a}}{R}\left(\frac{1}{T_2} - \frac{1}{T_1}\right)$$

▶ チェック ─────────────────────────

E_a が大きいと，k は大きいか小さいか．k が小さいと，反応は速いか遅いか．また，アレニウス式で触媒の効果はどう説明できるか．

例題 14・12 白金表面で進む HI の分解（ゼロ次反応）についてのデータ（下表）から，活性化エネルギーを計算せよ．

温度(K)	速度定数(M/s)
573	2.91×10^{-6}
673	8.38×10^{-4}
773	7.65×10^{-2}

【答】 k と T の関係を，$\ln k$ と $1/T$ の関係に書き直す．

$\ln k$	$1/T$ (K^{-1})
-12.75	0.001 75
-7.08	0.001 49
-2.57	0.001 29

グラフ化すれば直線ができ，勾配は -2.2×10^4 K となる．勾配は $-E_\mathrm{a}/R$ に等しいので次式が成り立つ．

$$-2.2\times 10^4\,\mathrm{K} = -\frac{E_\mathrm{a}}{8.314\,\mathrm{J/(mol\cdot K)}}$$

簡単な計算で $E_\mathrm{a} = 1.8\times 10^2$ kJ/mol を得る．

例題 14・13 例題 14・12 の結果をもとに，600 ℃ における速度定数を計算せよ．

【答】 温度 T_1 と T_2 につき，アレニウス式を組合わせる．

$$\ln\left(\frac{k_1}{k_2}\right) = \frac{E_\mathrm{a}}{R}\left(\frac{1}{T_2} - \frac{1}{T_1}\right)$$

$T_1 = 573\,{\rm K}$ での値 (k_1) を使い,$T_2 = 600\,{}^\circ{\rm C} = 873\,{\rm K}$ での値 (k_2) を求めよう.
$$T_1 = 573\,{\rm K} \quad k_1 = 2.91 \times 10^{-6}\,{\rm M/s}$$
$$T_2 = 873\,{\rm K} \quad k_2 = ?$$

$k_1 = 2.91 \times 10^{-6}\,{\rm M/s}$, $E_a = 1.8 \times 10^2\,{\rm kJ/mol} = 1.8 \times 10^5\,{\rm J/mol}$, $R = 8.314\,{\rm J/(mol \cdot K)}$, $T_1 = 573\,{\rm K}$, $T_2 = 873\,{\rm K}$ を式に入れて計算し,つぎの結果を得る.
$$k_2 = 1.3\,{\rm M/s}$$
つまり,温度を 573 K から 873 K に上げると,速度定数がほぼ 100 万倍になる.

▶チェック
高山で卵をゆでると,平地でゆでるより時間がかかる.その理由をアレニウス式で説明せよ.

14・18 酵素反応

生体内ではたらく触媒を**酵素**(enzyme)という.

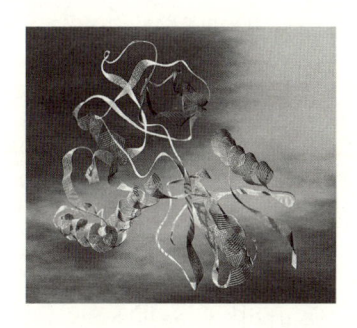

ポルホビリノーゲン
デアミナーゼという
酵素の模型

1913 年にベルリン大学のレオノール・ミカエリス (Leonor Michaelis) と女性研究者モード・メンテン (Maud Menten;カナダ籍) は,酵母から抽出した酵素がショ糖(スクロース)を果糖(フルクトース)とブドウ糖(グルコース)に分解する速度を調べた.

$$\text{ショ糖(aq)} + {\rm H_2O(l)} \xrightarrow{\text{酵素}} \text{果糖(aq)} + \text{ブドウ糖(aq)}$$

反応は見かけ上,60 年前にヴィルヘルミーが調べたつぎの反応 (p.546) と似ていた.
$$\text{ショ糖(aq)} + {\rm H_3O^+(aq)} \longrightarrow \text{果糖(aq)} + \text{ブドウ糖(aq)}$$
ヴィルヘルミーの結果だと,一定 pH での速度は,ショ糖について一次だった.
$$\text{速度} = k\,[\text{ショ糖}]$$

だがミカエリスとメンテンが調べた酵素反応では，ショ糖が十分に薄いと初期速度はショ糖の一次でも，ショ糖が濃くなると，初期速度は頭打ちになった．

つまりショ糖の酵素反応は，ショ糖の濃度が増すにつれ，一次反応からゼロ次反応に変わる（図14・20）．ショ糖をいくら濃くしても，初期速度には限界値がある．限界値に達したあとは，酵素の量を増やさないかぎり反応の速度は上がらない．

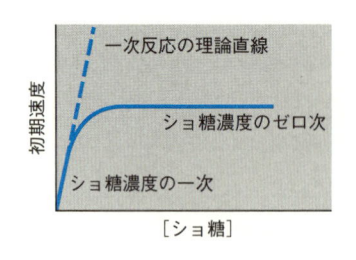

図 14・20 酵素反応でわかったショ糖濃度と初期速度の関係．低濃度では一次，高濃度ではゼロ次になる．

ミカエリスらは，2段階反応を仮定して実験結果を説明した．段階1では，酵素（E=enzume）とショ糖（基質，S=substrate）が結合した複合体（ES）になる．それを可逆反応と考え，正反応の速度定数を k_1，逆反応の速度定数を k_{-1} と書く．

$$E + S \underset{k_{-1}}{\overset{k_1}{\rightleftarrows}} ES$$

酵素-基質の複合体から生成物（P=product）ができ，酵素が再生される．

$$ES \xrightarrow{k_2} E + P$$

Sの消費速度とPの生成速度は次式のように書ける．

$$\frac{-d[S]}{dt} = k_1[S][E] - k_{-1}[ES] \quad \text{（Sの消費速度）}$$

$$\frac{d[P]}{dt} = k_2[ES] \quad \text{（Pの生成速度）}$$

複合体ESの濃度が時間的に変わらないなら（定常状態），反応の速度はこう書ける．

$$速度 = \frac{-d[S]}{dt} = \frac{d[P]}{dt}$$

酵素量は一定だから，$[E]+[ES]=[E]_0$（初期濃度）とみてよい．以上を整理し，次式を得る．

$$速度 = \frac{k_2[S][E]_0}{(k_2 + k_{-1})/k_1 + [S]}$$

ここで，濃度の単位をもつ量（ミカエリス定数 K_m）をつぎのように定義する．

$$(k_2 + k_{-1})/k_1 = K_m$$

K_m を使うと，速度はつぎのミカエリス-メンテンの式（Michaelis-Menten equation）で表せる．

$$速度 = \frac{k_2[S][E]_0}{K_m + [S]}$$

図 14・20 がミカエリス-メンテンの式に合うのを確かめよう．横軸の [S] が十分に小さいと，$K_m \gg [S]$ なので分母の [S] は無視でき，速度 $\propto$ [S] が成り立つ．また，[S] が十分に大きいと $[S] \gg K_m$ だから，分母は [S] とみてよい．そのとき分子と分母の [S] が打ち消し合い，速度は一定値 $k_2[E]_0/K_m$（S つまりブドウ糖についてゼロ次）になる．

酵素反応は金属触媒反応（§14・10）に似ている．結局のところ，反応物（基質）が十分に多いと反応部位が全部ふさがってゼロ次反応になり，いくら反応物を増やしても速度は変わらない．

● キーワード（14章）

アレニウス式	触媒	単分子反応	反応次数
一次反応	ゼロ次反応	中間体	反応速度論
活性化エネルギー	速度	二次反応	反応の瞬間速度
擬一次反応	速度式	二分子反応	ミカエリス-メンテンの式
酵素	速度式の積分形	熱力学支配	律速段階
衝突理論	速度定数	半減期	
初期速度	速度論支配	反応機構	

14章の発展

14A・1　速度式の積分

14A・1　速度式の積分

速度式の積分方法を，ゼロ次・一次・二次反応の順にまとめておく．

ゼロ次反応

微分形の速度式はこうだった．

$$\frac{d[X]}{dt} = k[X]^0 = k$$

つぎのように書き直す．

$$d[X] = -k\,dt$$

時刻 0（濃度 $[X]_0$）から t（濃度 $[X]$）まで積分した結果はこうなる．

$$[X] - [X]_0 = -kt$$

一次反応

微分形の速度式はこうだった．

$$-\frac{d[X]}{dt} = k[X]$$

つぎのように書き直す．

$$-\frac{d[X]}{[X]} = k\,dt$$

時刻 0（濃度 $[X]_0$）から t（濃度 $[X]$）まで積分した結果はこうなる．

$$\ln\left(\frac{[X]}{[X]_0}\right) = -kt$$

二次反応

反応物 1 種の二次反応で，微分形の速度式はこうだった．

$$-\frac{d[X]}{dt} = k[X]^2$$

14A・1 速度式の積分

つぎのように書き直す.

$$-\frac{d[X]}{[X]^2} = k\,dt$$

時刻 0 (濃度 $[X]_0$) から t (濃度 $[X]$) まで積分した結果はこうなる.

$$\frac{1}{[X]} - \frac{1}{[X]_0} = kt$$

15 核化学

- 15・1 放射線
- 15・2 原子のつくり
- 15・3 放射壊変の種類
- 15・4 中性子過剰核と中性子不足核
- 15・5 核子の結合エネルギー
- 15・6 放射壊変の速度論
- 15・7 放射壊変と年代測定
- 15・8 電離放射と非電離放射
- 15・9 電離放射の生体影響
- 15・10 自然放射能と誘導放射能
- 15・11 核分裂
- 15・12 核融合
- 15・13 元素の起源
- 15・14 核医学

15・1 放射線

1895年11月にヴィルヘルム・レントゲン（Wilhelm Konrad Röntgen）がX線を発見し，"固体を通り抜ける放射線"は熱い関心をよんだ．数カ月後，ウラン化合物の出す**放射線**（radiation）も固体を通り抜けるのをアンリ・ベクレル（Henri Becquerel）が確認する．1898年には，マリー・キュリー（Marie Curie）がトリウムの"**放射能**（radioactivity）"を確かめ，ウラン鉱石から抽出したごく微量のポロニウムとラジウムも**放射性**（radioactive）だと証明した．

実験室のマリー・キュリー
（1905年ごろ）

1899年にはアーネスト・ラザフォード（Ernest Rutherford）が，金属の薄い箔に放射線を当てる実験で，放射線には少なくとも2種類があると知る．α（アルファ）粒子

15・1 放　射　線

(α線)は厚み0.01mm台の金属箔も通らない．しかしβ(ベータ)粒子(β線)は，厚み約1mm以下の金属なら透過した．ほどなく見つかるγ(ガンマ)線は，厚み数cmの鉛板をも突き抜けた．

3種の放射線を調べる初期の実験で，図15・1の結果が得られた．α粒子は，電場の中で正電荷と同じ向きに曲がる．計算してみると電荷/質量比はHe^{2+}イオン（Heの原子核）と同じだった．ラザフォードは，真空ガラス容器のごく薄い壁にα粒子を何日間か当て続けたあと，容器内の電極2枚に電圧をかけ，進入したHeが出す特性発光線を観測して，α粒子 = He^{2+} を証明した．

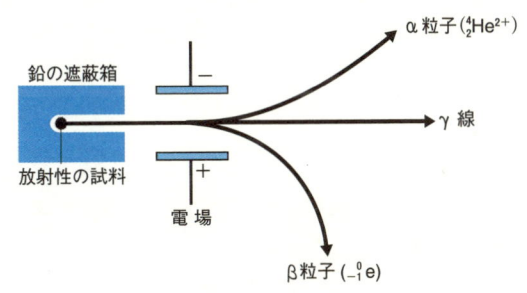

図 15・1　α粒子・β粒子・γ線の性質

電場と磁場に対する応答から，β粒子は負に帯電し，電子と同じ電荷/質量比をもつとわかる．ただし，放射性原子の出す電子は特に"β粒子"とよぶ．

γ線は，電磁場の影響を受けないので電荷をもたない．また，光と同じ速さで空間を進むため，X線より光子エネルギーの大きい（波長の短い）電磁波だとわかった．

"原子は分割できない"というのが1900年ごろの常識だった．しかしラザフォードとフレデリック・ソディ（Frederick Soddy）は，物質の放射能が徐々に減るとき（図15・

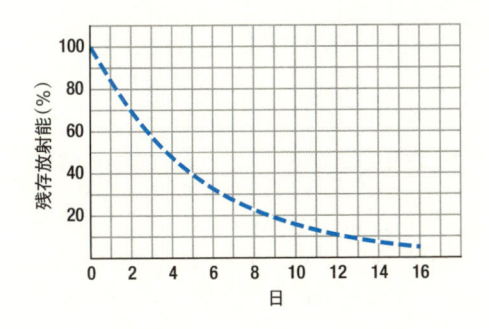

図 15・2　ラザフォードとソディが報じた"ウランX"の減衰曲線

2) 別の元素ができるのを突き止め，"原子は放射線を出して変身する"と結論した（1903年）．

1910年ごろ，ウラン（U）→鉛（Pb）の放射壊変で約40種の放射性元素ができるとわかる．だが周期表上でPb～U間には11元素しかない．その謎を，カシミール・ファヤンス（Kasimir Fajans）とソディが解く．周期表の同じ位置を占める元素に，違う原子があるのだろう．たとえばUのα壊変で生じる放射性トリウム（Th）原子と，アクチニウム（Ac）のβ壊変で生じる放射性Th原子は，別物に違いない．

そこでソディは，周期表の同じ位置にある原子群を"同位体"と名づける．同位体の質量に差があることは，J. J. トムソン（J. J. Thomson）とフランシス・アストン（Francis Aston）が質量分析で確かめた．

15・2 原子のつくり

1897年にトムソンが電子を見つけ，"原子の成分"に関心が集まる．まず，原子は電子を何個もつのか？ トムソンはX線やα粒子の散乱を調べ，原子がもつ電子の数を相対質量の0.2～2.0倍*と見積もった．

1911年にラザフォードは，金属箔がα粒子を散乱する角度を調べ，正電荷の全部と質量のほとんどは微小な核（原子核）に集中しているとつかむ（§3・1）．金で実験してみると，核の正電荷は電子1個の約80倍らしかった（80は金の原子番号79に近い）．

1932年にジェームズ・チャドウィック（James Chadwick）が中性子を発見して，核電荷と原子質量の差が説明できた．たとえば相対質量197 amuの金原子では，核内に陽子79個と中性子118個がある（電子は陽子と同じ79個）．そのことをつぎの記号で表す．

質量数 → $^{197}_{79}$Au

陽子数＝核の電荷 →

放射線の粒子も，電子・陽子・中性子を小文字で書き，同じように表記する．

$^{4}_{2}$He　　　$^{0}_{-1}$e　　　$^{1}_{1}$p　　　$^{1}_{0}$n
α粒子　　電子（β⁻粒子）　　陽子　　中性子

周期表が手元にあれば原子番号（核の正電荷）はわかるから，元素記号に質量数だけを添え，^{197}Auと書いてもよい．

---

* 訳注：いまの知識では，約0.4倍（^{238}U）から1.0倍（^{1}H）まで．

15・3 放射壊変の種類

> **例題 15・1** ^{210}Pb^{2+} イオンがもつ陽子, 中性子, 電子の数はいくつか.
>
> 【答】 Pb は原子番号 82 だから, 核内の陽子は 82 個. +2 価のイオンなので, 電子は (陽子より 2 個だけ少ない) 80 個. 中性子は, 質量数 210 から陽子数 82 を引いた 128 個になる.

陽子数と中性子数のセットが**核種** (nuclide) を決める. 陽子数の同じ核種を**同位体** (isotope), 質量数の同じ核種を**同重体** (isobar), 中性子数の同じ核種を**同中性子体** (isotone) とよぶ.

> **例題 15・2** つぎにあげた核種の組を, 同位体, 同重体, 同中性子体に分類せよ.
> ① ^{12}C, ^{13}C, ^{14}C ② ^{40}Ar, ^{40}K, ^{40}Ca ③ ^{14}C, ^{15}N, ^{16}O
>
> 【答】 ① 同じ元素 (どれも陽子が 6 個) だから同位体.
> ② 質量数 (40) が共通だから同重体.
> ③ 異種元素だから同位体ではなく, 質量数が異なるため同重体でもない. どれも中性子を 8 個もつので同中性子体になる.

15・3 放射壊変の種類

1900 年前後に見つかった放射線は, ギリシャ語の冒頭 3 文字 (α, β, γ) で名づけたが, "β" だけは 3 種類あるとやがてわかった. また核分裂も, 自発核分裂と誘導核分裂 (§ 15・11; p.602) を区別しなければいけない.

α 壊 変

α 壊変 (α decay) は, おもに重い元素で起こる (α 壊変する原子番号 83 未満の元素は数種しかない). 壊変の産物は, 質量と電荷の保存則から予測できる*. たとえば**親核種**

---

* 訳注: 壊変の前後で質量と電荷は変わらないため (質量と電荷の保存則), 壊変の産物は予測できる.

(parent nuclide) の ^{238}U はつぎのように α 壊変し，**娘核種** (daughter nuclide) の ^{234}Th になる．

$$^{238}_{92}\text{U} \longrightarrow {}^{234}_{90}\text{Th} + {}^{4}_{2}\text{He} \quad (\alpha \text{ 壊変})$$

産物の総質量数(234+4)は，親核種の質量数(238)に等しい．また，産物の核がもつ正電荷の和(90+2)は，親核種の正電荷(92)に等しい．

β 壊 変

β 壊変 (β decay) には，① 電子(β⁻)放出，② 電子捕獲，③ 陽電子(β⁺)放出の 3 種がある．

電子(β⁻)放出 (electron emission, β⁻ emission) は，核内に生じた電子（β⁻ 粒子）の放出をいう（核内に電子が生じる仕組みは§15・4 参照）．そのとき核の正電荷（原子番号）は 1 だけ増す．電子を出して壊変する元素は，最軽量の ^{3}H から最重量の ^{255}Es まで幅広い．電子放出の産物も質量と電荷の保存則から予想でき，たとえば ^{40}K はつぎの反応で ^{40}Ca に変わる．

$$^{40}_{19}\text{K} \longrightarrow {}^{40}_{20}\text{Ca} + {}^{0}_{-1}\text{e} \quad (\text{電子}(\beta^-)\text{放出})$$

電子捕獲 (electron capture) では，軌道上の電子（通常，核にいちばん近い 1s 電子）を核が取込む．そのとき核の正電荷（原子番号）は 1 だけ減る．ふつう電子捕獲では γ 線が出て，その光子エネルギーを $h\nu$（h: プランク定数，ν: 振動数）と書く．むろん壊変産物は質量と電荷の保存則から予測でき，^{40}K の電子捕獲はつぎのように進む．

$$^{40}_{19}\text{K} + {}^{0}_{-1}\text{e} \longrightarrow {}^{40}_{18}\text{Ar} + h\nu \quad (\text{電子捕獲})$$

三つ目の β 壊変を**陽電子(β⁺)放出** (positron emission, β⁺ emission) という．陽電子は電子の反物質で，質量は同じだが正電荷をもつ（核内に陽電子が生じる仕組みは§15・4 参照）．陽電子放出のときは，核の正電荷（原子番号）が 1 だけ減った娘核種ができる．

$$^{40}_{19}\text{K} \longrightarrow {}^{40}_{18}\text{Ar} + {}^{0}_{+1}\text{e} \quad (\text{陽電子}(\beta^+)\text{放出})$$

陽電子は物質と相互作用しやすく，物質内に入るとたちまち運動エネルギーを失うため，陽電子の寿命はたいへん短い．止まった瞬間に電子 1 個と反応し，"物質-反物質対消滅"で γ 線の光子 2 個に変わる．

$$^{0}_{+1}\text{e} + {}^{0}_{-1}\text{e} \longrightarrow 2\gamma$$

理論上は"陽電子捕獲"もありうるが，陽電子の寿命が短いため自然界では観測されない．

＊ 訳注: 光子については，上巻 p.62 を参照．

^{40}K 原子を例に,3 種の β 壊変を図 15・3 にまとめた.β 壊変では親核種と娘核種の質量数が等しいので,式に書かれた核種はみな同重体となる.

$$^{40}_{19}\text{K} \longrightarrow {}^{40}_{20}\text{Ca} + {}^{0}_{-1}\text{e}$$

$$^{40}_{19}\text{K} + {}^{0}_{-1}\text{e} \longrightarrow {}^{40}_{18}\text{Ar} + h\nu$$

$$^{40}_{19}\text{K} \longrightarrow {}^{40}_{18}\text{Ar} + {}^{0}_{+1}\text{e}$$

図 15・3　^{40}K の β 壊変 3 種

▶ チェック ────────────────
β 壊変では同重体ができる.なぜか.
────────────────────────

γ 壊 変

α 壊変や β 壊変の産物(娘核種)は,ふつう高エネルギー状態(励起状態)にある.娘核種は余分なエネルギーを γ 線の形で放出し,安定な基底状態に戻る.それを **γ 壊変**(γ decay)や **γ 線放出**(γ emission)という.γ 線の放出は,α 壊変や β 壊変のあと 1 ps (10^{-12} 秒)以内に起きる.

γ 線をゆっくりと出す核種もある.そんな核種を**準安定核種**(metastable nuclide)とよび,質量数に文字 m を添えて表す.核医学(§15・14)で使う ^{99m}Tc は,^{99}Mo の電子放出で生じる.

$$^{99}_{42}\text{Mo} \longrightarrow {}^{99}_{43}\text{Tc} + {}^{0}_{-1}\text{e}$$

^{99m}Tc は半減期 6.04 h で γ 線を出す(24 時間で ^{99m}Tc の 94% が消える).電磁波は電荷も質量もゼロだから,γ 線を出した ^{99m}Tc は ^{99}Tc になる.

$$^{99m}_{43}\text{Tc} \longrightarrow {}^{99}_{43}\text{Tc} + \gamma \quad (\gamma\text{ 線放出})$$

半減期が(γ 壊変にしては長いものの)ほどほどに短い ^{99m}Tc は,患者の負担が少ないので臨床に向く(たとえば心筋梗塞の検査で心臓負荷試験をする際,血流の可視化に使う).^{99m}Tc の親核種 ^{99}Mo は高濃縮ウランからつくる.高濃縮ウランは核拡散防止条約で規制されるため,^{99}Mo を製造できる原子炉は少なく,いま ^{99}Mo の供給は需要に追いつけない.

自発核分裂

原子番号 90 以上の核種は,2 個の娘核種に分かれる**自発核分裂**(spontaneous fission)で壊変し,そのとき数個の中性子を出す.たとえば ^{252}Cf の自発核分裂はこう進む.

$$^{252}_{98}\text{Cf} \longrightarrow {}^{140}_{54}\text{Xe} + {}^{108}_{44}\text{Ru} + 4{}^{1}_{0}\text{n}$$

極端に重い核種を別にして，自発核分裂はゆっくり進む．たとえば ^{238}U の自発核分裂は，同じ核種の α 壊変より 200 万倍も遅い．

例題 15・3 つぎの核反応で生じる核種を予想せよ．
① ^{14}C の電子放出　② ^{8}B の陽電子放出　③ ^{125}I の電子捕獲
④ ^{210}Rn の α 壊変　⑤ ^{56m}Ni の γ 線放出

【答】　質量と電荷の保存則から，つぎのように予想できる．
① $^{14}_{6}\text{C} \longrightarrow {}^{14}_{7}\text{N} + {}^{0}_{-1}\text{e}$
② $^{8}_{5}\text{B} \longrightarrow {}^{8}_{4}\text{Be} + {}^{0}_{+1}\text{e}$
③ $^{125}_{53}\text{I} + {}^{0}_{-1}\text{e} \longrightarrow {}^{125}_{52}\text{Te} + h\nu$
④ $^{210}_{86}\text{Rn} \longrightarrow {}^{206}_{84}\text{Po} + {}^{4}_{2}\text{He}$
⑤ $^{56m}_{28}\text{Ni} \longrightarrow {}^{56}_{28}\text{Ni} + \gamma$

15・4　中性子過剰核と中性子不足核

エンリコ・フェルミ（Enrico Fermi）は 1934 年，3 種の β 壊変を説明できる理論を発表した．まず，核内の中性子が陽子と電子に分かれる．

$$^{1}_{0}\text{n} \longrightarrow {}^{1}_{1}\text{p} + {}^{0}_{-1}\text{e} \quad (\text{電子}(\beta^{-})\text{放出})$$

陽子は二つの経路で中性子に変わり，その一つ電子捕獲はこう進む．

$$^{1}_{1}\text{p} + {}^{0}_{-1}\text{e} \longrightarrow {}^{1}_{0}\text{n} \quad (\text{電子捕獲})$$

もう一つの陽電子放出でも，陽子は中性子に変身する．

$$^{1}_{1}\text{p} \longrightarrow {}^{1}_{0}\text{n} + {}^{0}_{+1}\text{e} \quad (\text{陽電子}(\beta^{+})\text{放出})$$

電子放出は，原子核の陽子数（原子番号）を増やす．

$$^{14}_{6}\text{C} \longrightarrow {}^{14}_{7}\text{N} + {}^{0}_{-1}\text{e}$$

かたや電子捕獲と陽電子放出は原子番号を減らす．

$$^{7}_{4}\text{Be} + {}^{0}_{-1}\text{e} \longrightarrow {}^{7}_{3}\text{Li} + h\nu$$

$$^{11}_{6}\text{C} \longrightarrow {}^{11}_{5}\text{B} + {}^{0}_{+1}\text{e}$$

天然には安定な核種（安定同位体）が約 280 種ある．その陽子数と中性子数の関係を図 15・4 に描いた．図から，つぎのことがわかる．

- 安定な核種の"中性子：陽子"比は，せまい帯の形に分布する．
- 核の陽子が増すにつれ，"中性子：陽子"比は少しずつ 1 より大きくなる．
- ^{12}C のような軽い核種は"中性子：陽子"比が 1 に近く，^{238}U のような重い核種は"中性子：陽子"比が 1 よりだいぶ大きい（最高で約 1.6）．
- 原子番号 84 以上の元素には，安定な核種がない．

15・4 中性子過剰核と中性子不足核

- 帯の左(上)側にあるはずの不安定核種は,**中性子過剰**(neutron-rich)といえる.
- 帯の右(下)側にあるはずの不安定核種は,**中性子不足**(neutron-poor)といえる.

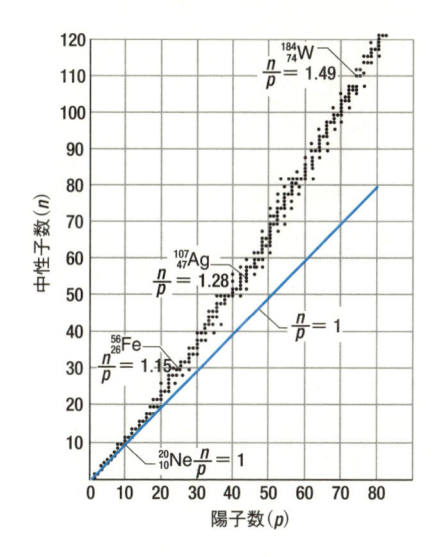

図 15・4 安定な核種の陽子数と中性子数.核種(・)は帯状に分布し,帯の右(下)は中性子不足の不安定核種,帯の左(上)は中性子過剰の不安定核種がある.実線は中性子:陽子 = 1:1 の関係.

▶ チェック

^{35}S は中性子過剰の核種だといえる.硫黄の原子量(32.07)をもとに,その理由を説明せよ.

中性子過剰核は,"中性子 ⟶ 陽子 + 電子"の変化を通じ,電子(β^-)放出で壊変しやすい.^{14}C, ^{32}P, ^{35}S など原子番号 83 未満の放射性核種は,みな電子放出で壊変する.

$$^{35}_{16}\text{S} \longrightarrow {}^{35}_{17}\text{Cl} + {}^{0}_{-1}\text{e} \qquad (電子放出)$$

中性子不足核は,"陽子 ⟶ 中性子 + 陽電子"の変化を通じ,陽電子(β^+)放出で壊変しやすい.原子番号 83 未満の中性子不足核は,電子捕獲と陽電子放出の両方で壊変するが,かなり軽い核種(^{22}Na など)だと陽電子放出が主体になる.

$$^{22}_{11}\text{Na} \longrightarrow {}^{22}_{10}\text{Ne} + {}^{0}_{+1}\text{e} \qquad (陽電子放出)$$

^{125}I のような重い核では,1s 軌道が核にずっと近いため,電子捕獲が主体になる.

$$^{125}_{53}\text{I} + {}^{0}_{-1}\text{e} \longrightarrow {}^{125}_{52}\text{Te} + h\nu \qquad (電子捕獲)$$

原子番号 84 以上の中性子不足核が起こす α 壊変も,"中性子:陽子"比を増して不足を緩和する現象とみてよい.^{238}U の α 壊変を調べてみよう.

$$^{238}_{92}\text{U} \longrightarrow {}^{234}_{90}\text{Th} + {}^{4}_{2}\text{He} \qquad (\alpha \text{ 壊変})$$

親核種の ^{238}U は陽子 92 個と中性子 146 個だから，"中性子：陽子"比が 1.587 になる．かたや娘核種の ^{234}Th は陽子 90 個と中性子 144 個で，"中性子：陽子"比が 1.600 になるため，α 壊変すれば中性子の不足状況が少しだけ解消する（図 15・5）．

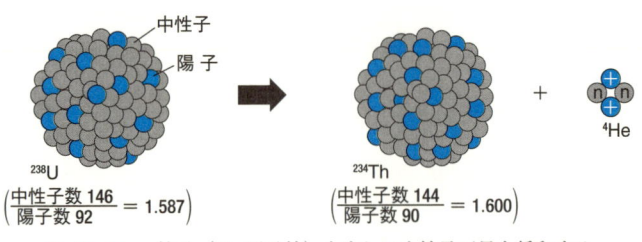

図 15・5 α 粒子（He 原子核）を出して中性子不足を緩和する ^{238}U の α 壊変

例題 15・4 つぎにあげた核種の壊変経路と壊変産物を予想せよ．
① ^{17}F   ② ^{105}Ag   ③ ^{185}Ta

【答】 まず核の質量数と原子番号を比べ，中性子が過剰か不足かを見る．
① フッ素の原子量は 18.998 で，^{17}F はそれより軽く（中性子が少なく），中性子不足だと思える．かなり軽い核だから，陽電子放出で壊変するだろう．

$$^{17}_{9}\text{F} \longrightarrow \,^{17}_{8}\text{O} + \,^{0}_{+1}\text{e} \quad (陽電子放出)$$

② 銀の原子量は 107.868 で，^{105}Ag はそれより軽く（中性子が少なく），中性子不足だと思える．かなり重い核だから，電子捕獲で壊変するだろう．

$$^{105}_{47}\text{Ag} + \,^{0}_{-1}\text{e} \longrightarrow \,^{105}_{46}\text{Pd} + h\nu \quad (電子捕獲)$$

③ タンタルの原子量は 180.948 で，^{185}Ta はそれよりだいぶ重いから，中性子過剰だと思える．そのため電子(β^-)放出で壊変するだろう．

$$^{185}_{73}\text{Ta} \longrightarrow \,^{185}_{74}\text{W} + \,^{0}_{-1}\text{e} \quad (電子放出)$$

15・5 核子の結合エネルギー

原子の質量を，構成粒子の質量を足し合わせて見積もろう．たとえば He 原子の質量は，陽子 2 個，中性子 2 個，電子 2 個の質量を足せば 4.032 980 2 amu になる．

$$
\begin{aligned}
2 \times (1.007\ 276\ 5)\ \text{amu} &= 2.014\ 553\ 0\ \text{amu} \\
2 \times (1.008\ 665\ 0)\ \text{amu} &= 2.017\ 330\ 0\ \text{amu} \\
\underline{2 \times (0.000\ 548\ 58)\ \text{amu}} &= \underline{0.001\ 097\ 2\ \text{amu}} \\
計 &= 4.032\ 980\ 2\ \text{amu}
\end{aligned}
$$

15・5 核子の結合エネルギー

だが実測の原子質量は，上記の計算値より 0.030 376 9 amu だけ小さい．

$$
\begin{aligned}
計算値 &= 4.032\,980\,2\,\text{amu} \\
-\,実測値 &= 4.002\,603\,3\,\text{amu} \\
\hline
質量欠損 &= 0.030\,376\,9\,\text{amu}
\end{aligned}
$$

原子の質量と，構成粒子の質量和の差を，**質量欠損**（mass defect）という．質量欠損は，陽子と中性子から核ができるときの放出エネルギーを表す．陽子と中性子をまとめて**核子**（nucleon）とよべば，質量欠損は核子の**結合エネルギー**（binding energy）に等しい．

核子の結合エネルギーは，化学反応の $\Delta H°$ に似ている．$\Delta H°$ は，生成物と反応物の安定性の差だった．同様に，結合エネルギーの大きい核ほど安定性が高い．結合エネルギーは，核を中性子と陽子に分解するエネルギーや，核内で核子をまとめ上げているエネルギーとみてもよい．

核の結合エネルギーと質量欠損は，質量（m），真空中の光速（c），エネルギー E の間に成り立つ名高いアインシュタインの式で結びつく．

$$E = mc^2$$

結合エネルギーをジュール（J）単位で計算するには，質量欠損を kg 単位に直す．

$$0.030\,376\,9\,\text{amu} \times \frac{1.660\,565\,5\times10^{-24}\,\text{g}}{1\,\text{amu}} \times \frac{1\,\text{kg}}{1000\,\text{g}} = 5.044\,28\times10^{-29}\,\text{kg}$$

光速（$c = 2.997\,924\,6\times10^8$ m/s）を使い，He 原子 1 個の結合エネルギーはつぎのように計算できる．

$$\begin{aligned}E &= (5.044\,28\times10^{-29}\,\text{kg})(2.997\,924\,6\times10^8\,\text{m/s})^2 \\ &= 4.533\,57\times10^{-12}\,\text{J}\end{aligned}$$

アボガドロ定数を掛けると，モルあたりの結合エネルギー（2.730×10^9 kJ/mol）になる．

$$\frac{4.533\,57\times10^{-12}\,\text{J}}{原子1個} \times \frac{6.022\times10^{23}\,原子}{1\,\text{mol}} = 2.730\times10^{12}\,\text{J/mol}$$

つまり，1 mol の He 原子核が秘めているエネルギーは，メタン 1 mol の燃焼で出る 800 kJ の 340 万倍にもなる．こうした数字が，核反応の驚異と魅力をよく語る．

核反応で出入りするエネルギーは，原子 1 個あたりの電子ボルト（eV）や百万電子ボルト（MeV = million eV）単位で表すと，感覚がつかみやすい．$1\,\text{eV} = 1.602\times10^{-19}\,\text{J}$ の関係を使い，たとえば He 原子 1 個の結合エネルギーはこうなる．

$$\frac{4.533\,57\times10^{-12}\,\text{J}}{原子1個} \times \frac{1\,\text{eV}}{1.602\times10^{-19}\,\text{J}} = 28.30\times10^6\,\text{eV}/原子$$

質量欠損（amu 単位）を結合エネルギーに直すときは，つぎの換算式を使う．
$$1\,\text{amu} = 931.5016\,\text{MeV}$$

例題 15・5 ^{235}U（相対質量 235.0439 amu）の結合エネルギーは原子あたり何 MeV か．

【答】 ^{235}U 原子は陽子 92 個，電子 92 個，中性子 143 個をもつ．核子と電子の質量を足すと，小数点以下 3 桁でこうなる．

$$\begin{aligned}
92 \times (1.007\,28)\,\text{amu} &= 92.6698\,\text{amu} \\
92 \times (0.000\,548\,6)\,\text{amu} &= 0.0505\,\text{amu} \\
143 \times (1.008\,67)\,\text{amu} &= 144.240\,\text{amu} \\
\hline
計 &= 236.960\,\text{amu}
\end{aligned}$$

計算値から実測の質量を引く．

$$\begin{aligned}
計算値 &= 236.960\,\text{amu} \\
-\,実測値 &= 235.0439\,\text{amu} \\
\hline
質量欠損 &= 1.916\,\text{amu}
\end{aligned}$$

本文中の換算式を使い，^{235}U の結合エネルギーはつぎのようになる．

$$\frac{1.916\,\text{amu}}{原子1個} \times \frac{931.5\,\text{MeV}}{1\,\text{amu}} = 1785\,\text{MeV}/原子$$

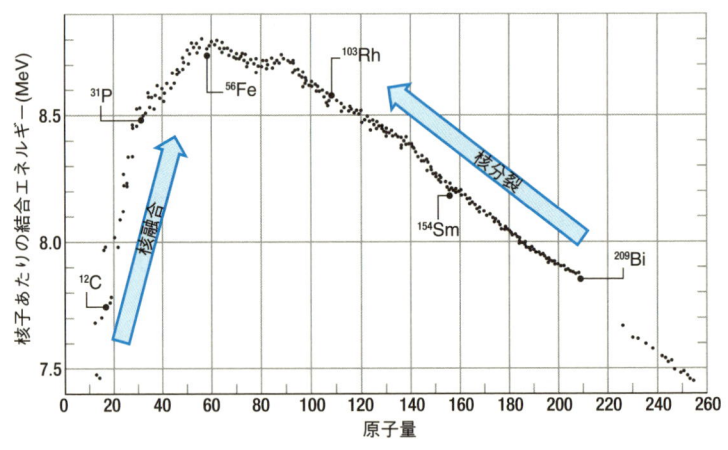

図 15・6 核子あたりの結合エネルギーと原子量の関係．最も安定な ^{56}Fe より軽い核種は核融合で，重い核種は核分裂で安定になろうとする．

核子の結合エネルギーは，原子番号とともに増えながら一定値に近づく．結合エネルギーを核子（陽子＋中性子）の総数で割った**核子あたりの結合エネルギー**（binding energy per nucleon）で表せば，もっとわかりやすい（図 15・6）．

図 15・6 の範囲で，核子あたりのエネルギーは 7.5〜8.8 MeV に及び，原子量ほぼ 60 の核で最大になる．ピークを占める ^{56}Fe が，宇宙で最も安定な原子だといえる．

軽い核どうしは，**核融合**（nuclear fusion）したときにエネルギーを出す．

$$^{12}_{6}C + ^{12}_{6}C \longrightarrow ^{24}_{12}Mg \qquad (核融合)$$

かたや重い核は，**核分裂**（nuclear fission）したときにエネルギーを出す．

$$^{235}_{92}U \longrightarrow ^{139}_{56}Ba + ^{94}_{36}Kr + 2^{1}_{0}n \qquad (核分裂)$$

図 15・6 の左端付近では，グラフがやや不規則になる（拡大図を図 15・7 に示す）．たとえば ^{4}He 核（α粒子）は，左右の核種に比べて安定性がずっと高い．だからこそ重い核種は，似たようなサイズの核 2 個に分裂するよりも，α壊変で変身しやすい．

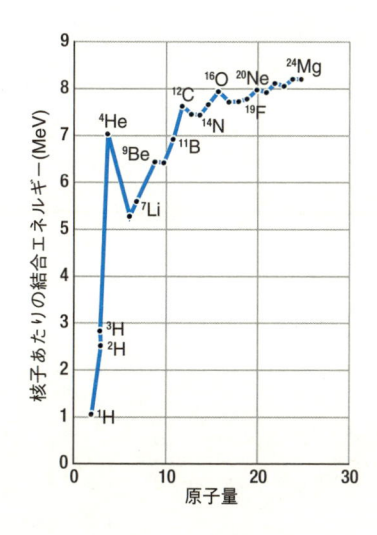

図 15・7 軽い核で，核子あたりの結合エネルギーは不規則に変わる．^{4}He は安定性が抜群に高いため，重い核種はα壊変しやすい．

15・6 放射壊変の速度論

放射性核種の壊変は，一次反応の形で進む．核種の個数を N，速度定数を k とした微分形ではこう書ける．

$$速度 = -\frac{dN}{dt} = kN$$

放射壊変は核の性質なので，同じ原子なら，どんな物質中でも同じ壊変速度を示す．たとえば ^{238}U の壊変速度は，金属ウラン中でも六フッ化ウラン中でも変わらない．

放射性核種の壊変速度を**放射能**という．放射能は**ベクレル**（becquerel. 記号 Bq）単位で表し，1Bq は"毎秒1個の壊変"を意味する（ヘルツ $Hz=s^{-1}$ と同じ）．

放射能の単位には**キュリー**（curie. 記号 Ci）もある．1Ci は，"1g の ^{226}Ra 中で1秒間に壊変する原子数"と定義され，実測値は $3.700 \times 10^{10}\,s^{-1}$ だから，Ci と Bq は次式で結びつく．

$$1\,\text{Ci} = 3.700 \times 10^{10}\,\text{Bq} = 37\,\text{GBq}$$

例題 15・6 心筋梗塞の検査で患者に合計 31.6 ミリキュリー（mCi）の ^{99m}Tc を投与し，心臓まわりの血流を調べた．^{99m}Tc は**半減期**（half-life）6.04 h で γ 線を出し，^{99}Tc に壊変する．

$$^{99m}_{43}Tc \longrightarrow {}^{99}_{43}Tc + \gamma \quad (\gamma\text{線放出})$$

患者に投与した ^{99m}Tc の原子数を計算せよ．

【答】 ^{99m}Tc の壊変速度を，速度定数 (k) と試料中の Tc 原子数 (N) を使って書く．

$$\text{速度} = -\frac{dN}{dt} = kN$$

^{99m}Tc の半減期 ($t_{1/2}$) を速度定数 k に換算する．

$$k = \frac{\ln 2}{t_{1/2}} = \frac{0.6931}{t_{1/2}} = \frac{0.6931}{6.04\,\text{h}} = 0.115\,\text{h}^{-1}$$

速度定数の単位を h^{-1} から s^{-1} に変えよう．

$$k = \frac{0.115}{1\,\text{h}} \times \frac{1\,\text{h}}{3600\,\text{s}} = 3.19 \times 10^{-5}\,\text{s}^{-1}$$

単位 Ci の定義より，^{99m}Tc の壊変速度（s^{-1} 単位）はつぎのように計算できる．

$$\text{速度} = 31.6 \times 10^{-3}\,\text{Ci} \times \frac{3.700 \times 10^{10}\,\text{s}^{-1}}{1\,\text{Ci}}$$

$$= 1.17 \times 10^{9}\,\text{s}^{-1} = 1.17 \times 10^{9}\,\text{Bq}$$

壊変速度は kN なので，速度と k 値から $N = 3.67 \times 10^{13}$ を得る．3.67×10^{13} 個は約 6×10^{-11} mol だから，投与量はごくわずかでも，Bq 単位ではたいへん大きな値になるとわかる．

15・6 放射壊変の速度論

核種の壊変速度は，速度定数と半減期のどちらかで表せる．たとえば ^{14}C と ^{238}U の速度定数を比べると，^{14}C のほうが壊変はずっと速い．

$$^{14}\text{C}: \quad k = 1.210 \times 10^{-4}\,\text{y}^{-1}$$
$$^{238}\text{U}: \quad k = 1.54 \times 10^{-10}\,\text{y}^{-1}$$

半減期は，むろん壊変の速い ^{14}C のほうが短くなる．

$$^{14}\text{C}: \quad t_{1/2} = 5730\,\text{y}$$
$$^{238}\text{U}: \quad t_{1/2} = 4.50 \times 10^{9}\,\text{y}$$

一次反応の速度定数と半減期は次式で結びつく（§14・12）．

$$t_{1/2} = \frac{\ln 2}{k} = \frac{0.6931}{k}$$

半減期に注目すると，一定時間が経ったあと残っている核種の量を見積もれる．

例題 15・7 半減期の 8 倍だけ時間が経ったとき，残っている ^{14}C は初期量の何 % か．

【答】 半減期で量が $\frac{1}{2}$ になるから，8 倍だと $\left(\frac{1}{2}\right)^8 = 0.00391$（0.4 % 未満）に減る．

半減期を速度定数に直したほうが計算しやすい場合もある（§14・12 参照）．

例題 15・8 ^{222}Rn は半減期 3.823 d（日）で壊変する．0.750 g の ^{222}Rn は何日で 0.100 g に減るか．

【答】 速度定数（k）は，半減期からつぎのように換算できる．

$$k = \frac{\ln 2}{t_{1/2}} = \frac{0.6931}{3.823\,\text{d}} = 0.1813\,\text{d}^{-1}$$

一次速度式の積分形はこうだった．

$$\ln \frac{N}{N_0} = -kt \quad\text{つまり}\quad N = N_0 e^{-kt}$$

$N = 0.100\,\text{g}$，$N_0 = 0.750\,\text{g}$，$k = 0.1813\,\text{d}^{-1}$ を代入し，$t = 11.1\,\text{d}$ を得る．つまり 0.750 g の ^{222}Rn は，11 日と少し経てば 0.100 g に減る．

15・7 放射壊変と年代測定

地球には太陽からさまざまな振動数の電磁波と宇宙線が届く．宇宙線の総エネルギーはせいぜい星明り程度でも，光子1個のエネルギーは数MeV（数億kJ/mol）にもなる[*1]．宇宙線は高層大気中の原子から中性子（n）を叩き出し，その中性子が ^{14}N 原子を ^{14}C 原子に変える．

$$^{14}_{7}\text{N} + ^{1}_{0}\text{n} \longrightarrow ^{14}_{6}\text{C} + ^{1}_{1}\text{H}$$

中性子過剰の ^{14}C は，半減期 5730 y（年）の電子放出で ^{14}N に戻る．

$$^{14}_{6}\text{C} \longrightarrow ^{14}_{7}\text{N} + ^{0}_{-1}\text{e}$$

戦後すぐのころウィラード・リビー（Willard F. Libby）は，以上のことが炭素系試料の年代測定に使えると見抜く（1960年ノーベル化学賞受賞）．**炭素14（^{14}C）年代測定法**（^{14}C dating）では，つぎの原理を使う．

- 大気高層の核反応で ^{14}C が生じる速度はほぼ一定．
- 気圏・水圏・生物圏の炭素循環は ^{14}C の壊変よりずっと速いため，生きた動植物中の炭素は一定濃度の ^{14}C を含む．
- 死んで環境との物質交換をやめた試料中で ^{14}C は減る一方だから，^{14}C 濃度を測れば死んだ年代がわかる．

自然界の ^{14}C は，炭素全体の約1兆分の1（1.2×10^{-12}）を占め，炭素1g中では毎分15.3個の ^{14}C が壊変する[*2]．

炭素14年代測定は，木炭や木材，布，紙，貝殻，石灰岩，肉，髪，土壌，泥炭，骨に使える．鉄（鋼）も炭素を含むので，古い鉄試料の製造年代も炭素14法でわかる．

例題 15・9 ネバダ州のチムニー洞窟で発掘された成人女性のミイラ "ウィスキー・リル（Whisky Lil）" の皮膚，骨，衣料の炭素14年代測定をしたところ，^{14}C 濃度は現在の 73.9% だった．女性は何年前に死んだと推定できるか．

[答] ^{14}C の当初量 N_0，現在量 N，壊変速度定数 k，経過時間 t は次式で結びつく．

$$\ln \frac{N}{N_0} = -kt \qquad \text{つまり} \qquad N = N_0 \mathrm{e}^{-kt}$$

[*1] 訳注：可視光の光子エネルギーは 1.7〜3.1 eV（160〜300 kJ/mol）．
[*2] 訳注：ヒト体内の炭素は体重の約25%を占めるため，体重50 kgなら約12500 gが炭素．換算すれば体内では毎秒2500個ほどの ^{14}C が壊変するから，^{14}C の放射能は約 2500 Bq になる．p.593 の ^{40}K なども合わせ，人体が出す"天然放射能"は 5000〜10000 Bq にのぼる．

15・8 電離放射と非電離放射

^{14}C の半減期 (5730y) は, $k = 1.210 \times 10^{-4} \mathrm{y}^{-1}$ にあたる (p.592). $N/N_0 = 0.739$ を入れて計算するとつぎの結果になり, 約 2500 年前の骨だとわかる.
$$t = 2.50 \times 10^3 \mathrm{y}$$

実のところ, リビーの仮定も万全ではない. 長い時間でみると, 大気の ^{14}C 濃度はゆっくりと変動してきた. 太陽活動や地磁場の変化が ^{14}C 濃度を±5%ほど変える. 化石燃料の燃焼や核実験も ^{14}C 濃度を変えた. そのため, 年代測定の結果を"現在から何年前"と表す場合, 炭素 14 法が使われ始めた 1950 年を"現在"とみる.

カリフォルニア州に生えるヒッコリー松の一部は, 樹齢が 5000 年を超す. 年輪の ^{14}C 濃度を測った結果をもとに, 紀元前 5145 年までの較正曲線ができている.

半減期の 8 倍 (約 46000 年) を超す試料の ^{14}C 濃度は, 現在の 0.4% に満たない (例題 15・7 参照). 0.4% はほぼ検出限界だから, それより古い試料に炭素 14 法は使えない. ずっと古い岩や土壌, 遺物の年代は, 別の放射性核種に注目して見積もる.

カリウム-アルゴン (K-Ar) 年代測定法なら 43 億年前までの年代測定ができる. 天然のカリウム (K) は, 半減期 13 億年で ^{40}Ar に変わっていく ^{40}K を 0.0118% 含む. 岩が結晶化したあとに ^{40}K から生じた ^{40}Ar は, 結晶格子につかまっている. 高温で融解させた岩から出る ^{40}Ar の量を測り, 岩のカリウム量と比べれば, 結晶化した年代がわかる.

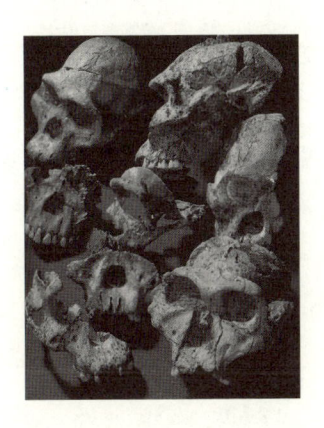

アウストラロピテクスの頭骨化石. あまりに古いため ^{14}C 年代測定法は使えず, K-Ar 法で 160 万〜370 万年前のものとわかった.

15・8 電離放射と非電離放射

人体はいつも多様な放射を浴びる. 太陽からの赤外線, 可視光, 紫外線, 宇宙線や, 放送のラジオ波, 電子レンジと携帯電話が出すマイクロ波, ブラウン管テレビからの X

線もある．レンガや粘土の不純物が α 粒子を出す．食品が含む天然成分の原子は β^- 線（高速の電子）を出し，土壌や岩は γ 線を出す．

そんな放射線を怖がって，原子力発電所のそばに住みたがらない人，日焼けと皮膚がんの関係を述べた報告におびえる人，電子レンジのマイクロ波やテレビの X 線を恐れる人が少なくない．

最大の恐怖は，放射線が目に見えないことだろう．また，被曝の効果が何カ月も何年も，あるいは何十年もあとに現れるという事実も大きい．

放射線の生体影響をつかむため，まず**電離放射**（ionizing radiation）と**非電離放射**（nonionizing radiation）を明確に区別しよう．放射線を吸収した物質の中では，**励起**（excitation）か**電離**（**イオン化** ionization）のどちらかが起こる．

励起では，原子・分子の並進や振動が活発化したり，電子が低いエネルギー準位から高い（空いた）準位に上がったりする．かたや電離では，放射線が原子やイオンから電子をたたき出す．

生物の体は重さの 70〜90% までが水だから，励起と電離の境目は，H_2O 分子から電子 1 個を引き離すエネルギー（1216 kJ/mol = 12.6 eV）とみる．それよりエネルギーの小さい放射線は励起しか起こさない（非電離放射）．1216 kJ/mol より大きい放射線が電離を起こす（電離放射）．

放射のエネルギーを表 15・1 にまとめた．ラジオ波・マイクロ波・赤外線・可視光が非電離放射，X 線・γ 線・α 粒子・β^- 粒子（高エネルギー電子）が電離放射で，両者の中

表 15・1　電離放射と非電離放射のエネルギー

放射線	およその振動数 (s^{-1})	およそのエネルギー (kJ/mol)	
粒子線			
α 粒子		4.1×10^8	
β 粒子		1.5×10^7	
電磁波			
宇宙線	6×10^{21}	2.4×10^9	電離放射
γ 線	3×10^{20}	1.2×10^8	
X 線	3×10^{17}	1.2×10^5	
紫外線	3×10^{15}	1200	
可視光	5×10^{14}	200	
赤外線	3×10^{13}	12	非電離放射
マイクロ波	3×10^9	1.2×10^{-3}	
ラジオ波	3×10^7	1.2×10^{-5}	

間（紫外線）に境目がある．同じ紫外線(UV)も，波長範囲でUV$_A$(400～315nm)，UV$_B$(315～280nm)，UV$_C$(280～10nm)に分ける（地球に届く太陽光はUV$_C$を含まない）．光子エネルギー1216kJ/molは波長98nmのUV$_C$にあたり，その作用はX線やγ線と肩を並べる．

　生物の組織に入った電離放射線は，H_2O分子をH_2O^+イオンにする．ほぼ1.6×10^{-17}J (10^4kJ/mol)の吸収エネルギーあたり，3～4個（3～4mol）のH_2O分子がイオン化される．

$$H_2O \longrightarrow H_2O^+ + e^-$$

このH_2O^+を，酸のH_3O^+と混同してはいけない．H_2O^+は，価電子殻に不対電子をもつ**フリーラジカル**（free radical）で，強烈な酸化力を示す．水溶液中に存在できる最強の酸化剤がH_2O^+だと考えてよい．H_2O^+は生体分子の電子やH原子を奪い，機能を破壊する．生体膜や細胞核，染色体，ミトコンドリアを傷つけ，正常細胞を殺したり，がん細胞をつくったりする．

15・9　電離放射の生体影響

　発見の当初から放射線の害は明白だった．ラジウムを入れたガラス容器は放射線の作用で紫色になり，度を超せば割れてしまう．ラジウムに触れた皮膚の傷害は，もう1901年にピエール・キュリー（Pierre Curie）が確かめた．可視光やマイクロ波のような非電離放射と，X線やγ線，α・β粒子のような電離放射で，生体影響は天地ほども違う．

　ラジオ波，マイクロ波，赤外線は，原子や分子の動きを活発化させて温度を上げる．可視光と低振動数の紫外線は電子を励起し，基底状態に戻る電子の出すエネルギーが熱になる（ときには蛍光に変わる）．つまり非電離放射は，おもに物質の温度を上げる．

　生体が熱に弱いことは，電子レンジ調理や海水浴の際にわかる．ただし非電離放射の害は，莫大な量を浴びないかぎり現れない．たとえば体温が6℃上昇すると命にかかわる．体重の80%が水として，体重70kgの人が150万Jの非電離放射線を浴びれば，体温が6℃上がって死ぬ．振動数5×10^{14}s^{-1}の可視光なら，光子7molを吸収するとそうなる．

　電離放射の作用はまったく違う．平均的な成人が300JのX線やγ線を浴びると，体温は0.001℃しか上がらないのに命を落とす．もっと危険なα粒子は15Jで致死量になる．可視光の光子なら7molのところ，α粒子だと7×10^{-10}molでしかない．

　電離放射の作用を考えるときは，以下の3点に注目する．

- 放射能（線源線量）：単位はベクレル（Bq）．毎秒1回の壊変を1Bqとする（§15・6）．

- 照射線量：単位はレントゲン（R）．空気 1 kg をイオン化させ，2.58×10^{-4} C の電荷を生む線量を 1 R とする[*1]．
- 吸収線量：単位は**グレイ**（gray．記号 Gy）．物質 1 kg がエネルギー 1 J を吸収したときの線量を 1 Gy とする[*2]．

人体の吸収線量が 1 Gy（体重 70 kg なら総量 70 J）のとき，体温は 0.0002℃しか上がらない．体温に影響はなくても，水のイオン化でできるフリーラジカル（H_2O^+）の破壊力はすさまじく，1 Gy で細胞は死に，4 Gy を超すと平均的な成人は命を落とす．

放射線の生体影響は，放射線の種類で大差がある．生体分子との相互作用が強く，組織に入ってたちまち消える放射線ほど害が大きい．そこで，**生物学的効果比**（**RBE** = relative biological effectiveness）というものを考え，生体影響まで考えた線量を**シーベルト**（sievert．記号 Sv）単位で表す[*3]．つまりグレイとシーベルトは，つぎの関係で結びつく．

$$シーベルト(Sv) = RBE \times グレイ(Gy)$$

放射線の種類で RBE 値がどうなるかを，表 15・2 にまとめた．

表 15・2　生物学的効果比（RBE）の例

放射線	RBE
X 線と γ 線	1
β^- 粒子	1
熱(低速)中性子	5
高速の中性子と陽子	10
α 粒子や重イオン	20

人体は，太陽の宇宙線，岩石や土壌の α 粒子や γ 線から外部被曝を，呼吸で取込む核種（^{14}C, ^{85}Kr, ^{220}Rn, ^{222}Rn）や食品中の天然核種（^{14}C, ^{40}K, ^{90}Sr, ^{131}I, ^{137}Cs）から内部被曝を受ける．こうした自然な被曝の度合は居住場所で違い，ロッキーの山岳地帯なら，太陽の宇宙線をさえぎる大気層が薄いこともあって，平均的な米国民の 2 倍ほど被曝する．

X 線撮影で浴びる線量は，フィルムの感度が上がったために減ってきた．核実験に由来する線量は，核実験禁止のおかげで激減した[*4]．1976 年に中国が行った核実験の影

[*1] 訳注：照射線量をレントゲン単位で表す場面は昨今ほとんどない．
[*2] 訳注：古い単位ラド（rad）とは，1 Gy = 100 rad の関係になる．
[*3] 訳注：古い単位レム（rem）とは，1 Sv = 100 rem の関係になる．
[*4] 訳注：日本の場合，1960～70 年代の放射性物質降下量は，現在の 1000～10000 倍だった．

響で,ペンシルヴェニア州ハリスバーグ近郊の牛乳に検出された放射能 11 Bq/L は,同州スリーマイル島で起きた原発事故 (1979 年) のときより 8 倍も多かった.核実験の影響はそれほどに大きい.

1950〜60 年代のセントルイス市では,抜け落ちた乳歯 30 万本を集めて放射性 ^{90}Sr の濃度を調べた.大気圏核実験が多発した 1954〜64 年の歯は,^{90}Sr が母乳を汚染したせいで,濃度が 14 倍にも上がっていた.その調査結果が,米国の部分的核実験禁止条約署名につながる.

日用品や工業製品の放射能は,建材の放射線,テレビの X 線,タバコの煙が含む核種からくる.ウランの採鉱・粉砕,原子炉の建設・運転,放射性廃棄物の保管に由来する総被曝量は,平常時なら年間 0.01 mSv にも満たない.

平均的な米国民が浴びる電離放射をミリシーベルト (mSv) 単位で表 15・3 にまとめた.年間の総量は約 1.70 mSv (1 時間平均の被曝強度で約 0.2 μSv/h) になる[*1].米国科学アカデミー "電離放射線の生物影響に関する委員会" の見積もりだと,もし年間 10 mSv に被曝量が増せば,人口 100 万あたりのがん死者が 169 名の増だという.年間のがん死者は 100 万人あたり 17 万人なので,増加率は 0.1% になる.

表 15・3 平均的な米国民が 1 年間に浴びる電離放射

被曝源	年間ひとりの被曝量 (mSv)
自然被曝	0.82
X 線撮影	0.77
核実験の降下物	0.05
日用品と工業製品	0.05
原子力発電	0.01
合　計	1.70

低線量の被曝は発がんにつながり,がん細胞ができてからほぼ 20 年で発症する.

大量被曝ならどうか？ 活発に分裂する骨髄,生殖器官,小腸上皮,皮膚の細胞は,電離放射の害を受けやすい[*2].肝臓,腎臓,筋肉,脳,骨の細胞は害を受けにくい.被曝量 2〜10 Gy (RBE = 1 の放射なら 2〜10 Sv) だと骨髄が,10〜100 Gy では消化器系が,100 Gy を超す大量被曝なら中枢神経系がやられて死亡する.

[*1] 訳注: 日本の値もほぼ同じ.
[*2] 訳注: 放射線は,分裂途中の細胞の DNA 分子などに作用しやすい.

15・10 自然放射能と誘導放射能

自然放射能

天然にある核種のほとんどは安定同位体で，ごく少数の放射性核種は，以下3種類のどれかになる（前二者には，地球の年齢 = 46億年が関係する）．

- 半減期が10億年を超す核種（^{40}K, ^{238}U など）
- 長寿命の放射性核種から生じる娘核種（^{238}U から生じる $t_{1/2}$ = 24.1 d の ^{234}Th など）
- 自然界で生じ続ける核種（^{14}C など）

§15・4 でみたとおり，核の安定性を決める要因の一つは，中性子数と陽子数の比だった（中性子が過剰でも不足でも不安定）．安定な核種の陽子数と中性子数を調べると，もう一つの要因が浮き彫りになる．

元素の半数は原子番号（Z）が奇数だから，核に奇数個の陽子を含む．しかし同位体まで考えた約280種の核をみてみると，安定同位体のほぼ80%までが偶数個の陽子をもっている．複数の安定同位体がある奇数番の元素は，ごくわずかしかない．

かたや偶数番の元素には安定同位体が多く，たとえばスズ（Z = 50）の安定同位体は10種もある．また，奇数番元素の安定同位体は，91%までが偶数個の中性子をもつ．こうした事実をみると，核の安定性は，陽子数と中性子数の組合わせで決まるのだろう．

電子が2個，10個，18個，36個，54個，86個の貴ガス原子はたいへん安定だった（3章）．その数を**魔法数**（magic number）とみよう．じつは核内の陽子数と中性子数にも魔法数があるらしく，陽子や中性子が2個，8個，20個，28個，50個，82個，126個の原子核は安定性が高い．たとえば ^{4}He, ^{16}O, ^{20}Ne は異常に大きい結合エネルギーを示す（図15・7）．どの核も偶数個の陽子と中性子をもっている．しかも ^{20}Ne では "陽子数＋中性子数" が魔法数になり，^{4}He と ^{16}O では，陽子と中性子がそれぞれ魔法数になる．^{4}He が安定だからこそ，重い核種は α 粒子（^{4}He^{2+}）を出して壊変しやすい．

それなら，陽子と中性子の両方が奇数個の核種は不安定だろう．事実，そんな核種は天然に5種しかない．その一つ ^{40}K は，中性子不足核種で起きやすい電子捕獲・陽電子放出と，中性子過剰核種で起きやすい電子（β^-）放出の両方で壊変する（p.583, 図15・3）．

原子番号80以下の元素で，天然の放射性同位体は18個しかない．大気高層で生じ続ける ^{14}C を除き，みな寿命が10億年を超す．どれも放射線を出して壊変中なのだが，地球誕生から46億年しか経っていないため，自然界にまだ少し残っている．

天然の放射性同位体で，上記18種に加わる45種は，原子番号が80を超す．45種は3群に分類でき，その一つを図15・8に描いた．親核種 ^{232}Th の α 壊変で生じる ^{228}Ra が

電子放出で ^{228}Ac になり，それが ^{228}Th に…，と壊変する結果，安定な核種 ^{208}Pb に落ち着く．こうした壊変の流れを**壊変系列**（decay series）という．いまの系列は核種群の質量数がみな 4 の倍数だから "$4n$ 壊変系列"，または親核種の名で "トリウム系列" とよぶ．

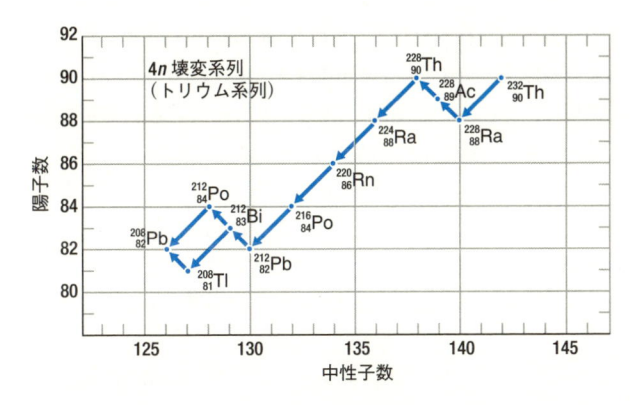

図 15・8　^{232}Th から ^{208}Pb に至る $4n$ 壊変系列（トリウム系列）

二つ目は，親核種 ^{238}U から安定な ^{206}Pb に向かい，質量数が $4n+2$ と書けるので "$4n+2$ 壊変系列（ウラン系列）" という．三つ目の "$4n+3$ 壊変系列（アクチニウム系列）" は，^{235}U から ^{207}Pb に向かう．地球誕生のころは，^{237}Np から ^{209}Bi に至る "$4n+1$ 壊変系列（ネプツニウム系列）" も存在したけれど，途中でできる放射性核種の寿命がどれも 200 万年未満だから，現在の自然界には存在しない．

誘 導 放 射 能

1934 年，マリー・キュリーの娘イレーヌ・ジョリオ=キュリー（Irène Joliot-Curie）と夫フレデリック・ジョリオ=キュリー（Frédéric Joliot-Curie）が，初の人工放射性核種をつくる．ポロニウムの壊変で出る α 粒子をアルミニウムの薄膜にぶつけたら，Al が放射性を帯びた．化学分析をしたところ，リンの同位体だとわかる．

$$^{27}_{13}\text{Al} + ^{4}_{2}\text{He} \longrightarrow ^{30}_{15}\text{P} + ^{1}_{0}\text{n}$$

以後 50 年のうちに，2000 種を超す人工放射性核種がつくられている．

核反応は，親核種と娘核種を（　）で隔て，当てる粒子と出る粒子を（　）内に並べて書けばわかりやすい．いまの反応はこう書ける．

$$^{27}_{13}\text{Al}(\alpha, \text{n})^{30}_{15}\text{P}$$

人工放射性元素をつくるには，とにかく核子の組成を変える．線形加速器やサイクロトロンを使う場合は，超高速の陽子や電子，α粒子，重イオンを標的原子にぶつけ，たとえばつぎの核反応を起こす．

$$^{24}_{12}Mg + {}^{2}_{1}H \longrightarrow {}^{22}_{11}Na + {}^{4}_{2}He$$

この核反応では核が正電荷の粒子を取込む結果，中性子不足の核種ができる．

核に中性子を入れても核種が変わる．電荷ゼロの中性子は電場で加速できないため，原子炉内に生まれる低速の中性子つまり**熱中性子**（thermal neutron）を利用する*．中性子を取込んだ核は，むろん中性子過剰になる．たとえば原発で冷却材に使う液体ナトリウムの原子核が中性子を取込む核反応は，つぎのように進む．

$$^{23}_{11}Na + {}^{1}_{0}n \longrightarrow {}^{24}_{11}Na + \gamma$$

1940年にはエドウィン・マクミラン(Edwin M. McMillan)とフィリップ・エイベルソン(Philip H. Abelson)が熱中性子を使い，天然で最重量の元素（ウラン）よりさらに重い**超ウラン元素**（transuranium element）をつくる．^{238}U に中性子をぶつけたら，産物の ^{239}U からネプツニウムとプルトニウムができた．まずは中性子が ^{238}U を ^{239}U に変える．

$$^{238}_{92}U + {}^{1}_{0}n \longrightarrow {}^{239}_{92}U + \gamma \quad \text{（中性子捕獲）}$$

その ^{239}U が β^- 壊変し，^{239}Np と ^{239}Pu が生まれる．

$$^{239}_{92}U \longrightarrow {}^{239}_{93}Np + {}^{0}_{-1}e$$
$$^{239}_{93}Np \longrightarrow {}^{239}_{94}Pu + {}^{0}_{-1}e$$

重い粒子をぶつけると，さらに重い超ウラン元素もできる．

$$^{253}_{99}Es + {}^{4}_{2}He \longrightarrow {}^{256}_{101}Md + {}^{1}_{0}n$$
$$^{246}_{96}Cm + {}^{12}_{6}C \longrightarrow {}^{254}_{102}No + 4{}^{1}_{0}n$$

一般に，原子量の大きい元素ほど α 壊変や自発核分裂が速い（半減期が短い）．たとえば104番のラザホージウムは半減期0.3sで分裂する．だから重い元素ほど性質を調べにくいけれど，最近の原子核理論によれば，$Z = 114$ と 120 が陽子の魔法数になるらしい．つまり，不安定な核種の海に"安定性の島"が浮かぶイメージだ（図15・9）．その理論が正しく，命名がいちばん新しい112番元素（コペルニシウム）より先に行く手段が見つかれば，超重量級元素もつくれよう．

114番元素（フレロビウム，Fl）は Pu に ^{48}Ca イオンを8日間ぶつけたら生じ，0.3sで消える286amuの原子1個と，0.5sでα壊変する287amuの原子1個が確認された（2009年）．

---

* 訳注：低速中性子の平均的な速度は 2 km/s．

少し前の 2006 年には，^{249}Cf に ^{40}Ca イオンを衝突させて 118 番元素（オガネソン，Og）ができた．Pu に Fe をうまくぶつける実験ができれば，120 番元素もできるだろう．

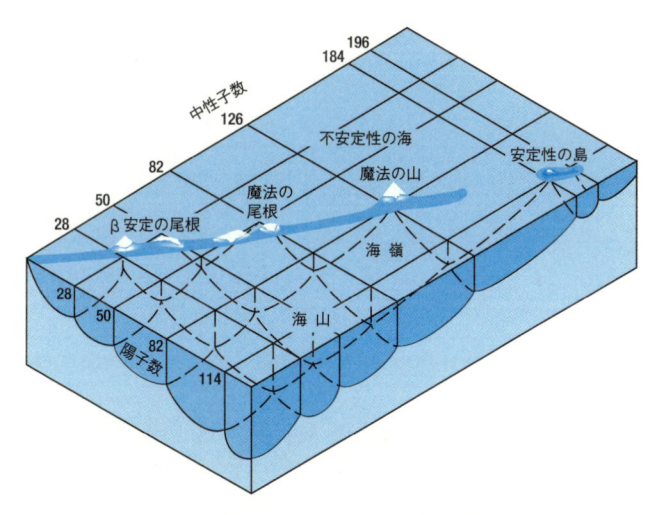

図 15・9 核種の安定・不安定と陽子数・中性子数．安定な原子核は左端から右に伸びる帯状に分布し，延長上の $Z = 114$ 付近に"安定性の島"があると予想されている〔グレン・シーボーグ（Glenn Seaborg）の原図より改変．"β 安定"とは"β 壊変しにくさ"をいう〕．

フレロビウムは，核に 114 個の陽子をもつ．理論によると，陽子どうしの反発に打ち勝って核を安定化させるには，184～196 個の中性子が必要だという．ぴったりの陽子数と中性子数になる粒子衝突実験はむずかしい．たとえば，半減期が 800 y と長い ^{251}Cf に ^{32}S イオンをぶつけ，両者の合体したフレロビウムができたとしても，中性子は 168 個にしかなってくれない．

$$^{251}_{98}\text{Cf} + ^{32}_{16}\text{S} \longrightarrow ^{282}_{114}\text{Fl} + ^{1}_{0}\text{n}$$

$Z = 168$ まで拡張した周期表を図 15・10 に示す．104～112 番は，電子が 6d 軌道に入る遷移元素* となる．113～120 番の典型元素（118 番が貴ガス）では，電子が 7p 軌道と 8s 軌道に入る．続く 5g 軌道は計 18 個の電子を受け入れる．軌道エネルギーの理

---

* 訳注: IUPAC では水素と遷移元素を除く元素を"主要族元素（main group element）"としている．日本では従来から水素および主要族元素を"典型元素"とよんでいるため，本書でも"典型元素"を用いる．

論計算結果より，5g 軌道と 6f 軌道（計 14 個の電子を収容）はセットで満ちてゆき，続く 32 元素を"超アクチノイド元素"にする．

H 1																	H 1	He 2
Li 3	Be 4											B 5	C 6	N 7	O 8	F 9		Ne 10
Na 11	Mg 12											Al 13	Si 14	P 15	S 16	Cl 17		Ar 18
K 19	Ca 20	Sc 21	Ti 22	V 23	Cr 24	Mn 25	Fe 26	Co 27	Ni 28	Cu 29	Zn 30	Ga 31	Ge 32	As 33	Se 34	Br 35		Kr 36
Rb 37	Sr 38	Y 39	Zr 40	Nb 41	Mo 42	Tc 43	Ru 44	Rh 45	Pd 46	Ag 47	Cd 48	In 49	Sn 50	Sb 51	Te 52	I 53		Xe 54
Cs 55	Ba 56	ランタノイド 57-71	Hf 72	Ta 73	W 74	Re 75	Os 76	Ir 77	Pt 78	Au 79	Hg 80	Tl 81	Pb 82	Bi 83	Po 84	At 85		Rn 86
Fr 87	Ra 88	アクチノイド 89-103	Rf 104	Db 105	Sg 106	Bh 107	Hs 108	Mt 109	Ds 110	Rg 111	Cn 112	Nh 113	Fl 114	Mc 115	Lv 116	Ts 117		Og 118
(119)	(120)	超アクチノイド 121-153	(154)	(155)	(156)	(157)	(158)	(159)	(160)	(161)	(162)	(163)	(164)	(165)	(166)	(167)		(168)

ランタノイド	La 57	Ce 58	Pr 59	Nd 60	Pm 61	Sm 62	Eu 63	Gd 64	Tb 65	Dy 66	Ho 67	Er 68	Tm 69	Yb 70	Lu 71
アクチノイド	Ac 89	Th 90	Pa 91	U 92	Np 93	Pu 94	Am 95	Cm 96	Bk 97	Cf 98	Es 99	Fm 100	Md 101	No 102	Lr 103
超アクチノイド	(121)	(122)	(123)												(153)

図 15・10　原子番号 1～168 の周期表

15・11　核 分 裂

核子あたりの結合エネルギー（図 15・6）をみると，質量数 130 以上の核は，自然に分裂して安定化する性質をもつ．だが実際は，質量数 230 以上の核しか自発核分裂しない．しかも分裂は遅くて，たとえば ^{238}U の半減期（45 億年）は，ほぼ地球の年齢に等しい．

自発分裂が遅い核も，低速の熱中性子を吸収したときに分裂する．それを**誘導核分裂**（induced fission）という．^{235}U が熱中性子 1 個を吸収すると 2 個の核に分かれ，そのとき平均 2.5 個の中性子を出す（図 15・11）．

熱中性子による ^{235}U の核分裂では，質量数 72～161 の娘核種が 370 種以上もできる．反応例を下に書いた．

$$^{235}_{92}\text{U} + ^{1}_{0}\text{n} \longrightarrow ^{139}_{56}\text{Ba} + ^{94}_{36}\text{Kr} + 3^{1}_{0}\text{n}$$

15・11 核分裂

誘導核分裂するウラン同位体は複数あるが，熱中性子で分裂するのは，天然に0.72%しかない ^{235}U にかぎる．1g の ^{235}U は，核分裂して $8×10^7$ kJ（原子あたり200MeV）のエネルギーを出す．メタン1g の燃焼エネルギー（50kJ）の160万倍だから，原子力発電の威力がわかる．

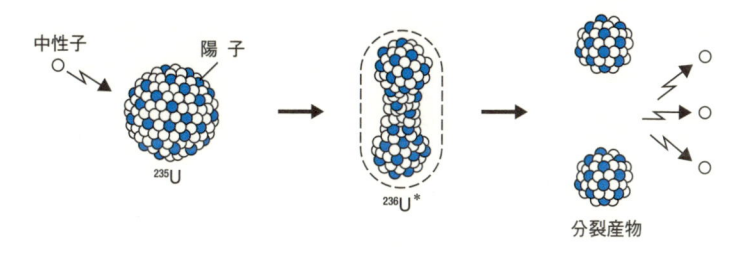

図 15・11 中性子を吸収し，液滴のように振動・変形してから分裂する ^{235}U 原子核

史上初の原子炉は1942年12月2日，シカゴ大学のフットボール場地下にフェルミらが造る．金属ウランと酸化ウラン40トンを立方体に積み，計385トンの黒鉛ブロックで囲った（出力は数kW）．^{238}U と ^{235}U が自発核分裂で出す中性子は少ないけれど，ウランが密集していると，どれか1個の中性子が ^{235}U を分裂させて出る2.5個の中性子が触媒のようにはたらき，^{235}U 原子の連鎖的な分裂をひき起こす（図15・12）．連鎖反応が持続する核種の最少量を **臨界量**（critical mass）という．

フェルミがシカゴ大学に造った原子炉の絵

フェルミの原子炉をもとに，米国は1943年，テネシー州オークリッジとワシントン州ハンフォードに大型炉を建設し，^{239}Pu を製造した（長崎に投下された原子爆弾の原料）．中性子を吸収した ^{238}U は ^{239}U になり，そのあと2個の $β^-$ 粒子を出して ^{239}Pu に変わる．^{238}U のような核を **親物質核**（fertile nuclide）という．親物質核そのものは熱中性子を吸収しても分裂しないが，壊変産物の ^{239}Pu が熱中性子を吸収して分裂する．

原子炉の燃料は，天然の多量同位体 ^{238}U でもよいし，低濃縮ウラン（2～5% ^{235}U），高濃縮ウラン（20～30% ^{235}U），特別高濃縮ウラン（>90% ^{235}U）でもよい．核分裂で出る熱を冷却材に伝え，高温になった冷却材が熱交換器の中で水を水蒸気にし，その勢いで発電機のタービンを回す．核分裂が生む熱エネルギーの約3分の1が電力に変わる．

毎秒 10^{11} 回の核分裂が電力 1W になるため，1日に燃料 1g を消費すれば 1000kW となる．平均的な原子力発電所1基は出力が約 100万 kW だから，1日に燃料 1kg を消費して約 1kg の廃棄物（半分は ^{239}Pu）を出す．放射性廃棄物は，再処理で燃料に戻さないかぎり，放射能が安全レベルに落ちるまで（数万年）保管する．

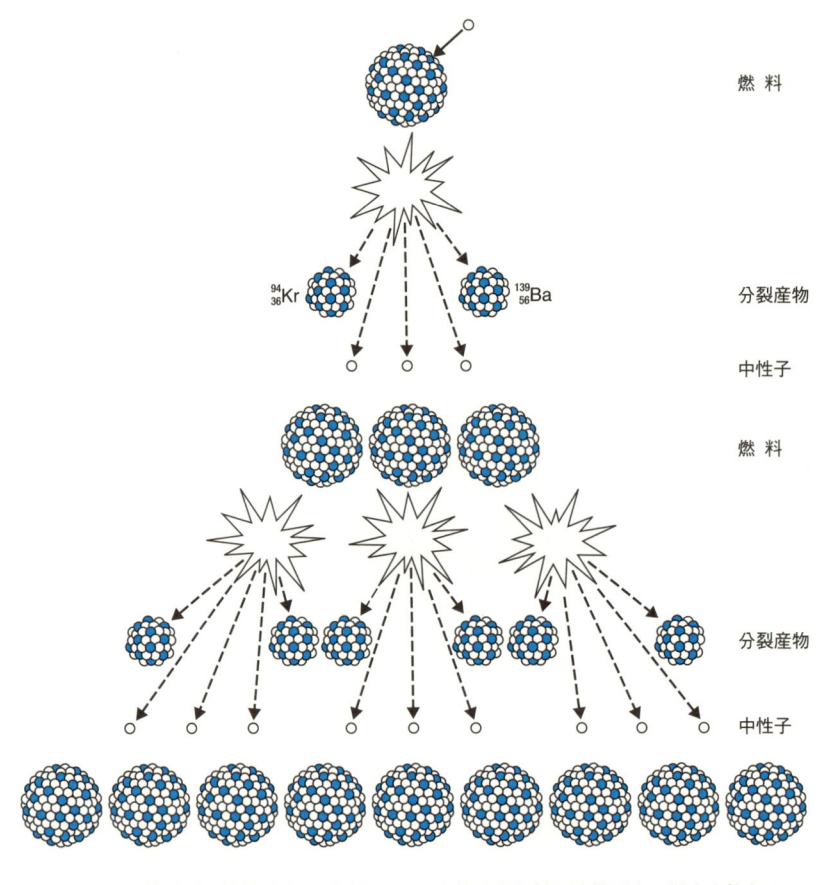

図 15・12 核分裂の連鎖反応．原子炉では，中性子吸収材が連鎖反応の暴走を抑える．

フランスが以前から商用発電をしている増殖炉では, ^{235}U の消費量が1のとき, 1以上の ^{239}Pu や ^{235}U が炉内で生まれる.

増殖炉の効率を上げるには, 吸収した中性子あたりなるべく多い中性子を出す燃料を使う. 昨今の増殖炉は, PuO_2 と UO_2 の混合物（MOX 燃料）に高速中性子を当てて核分裂を起こす. 1個のエネルギーが keV 級の高速中性子は, 飛ぶ距離が熱中性子の 10000 倍以上になる*. 高速中性子1個を吸収した ^{239}Pu は分裂し, 3個の中性子を出す. その中性子を吸収した ^{238}U が, 壊変でまた ^{239}Pu を生み出す.

増殖炉では燃料が文字どおり増殖していくけれど, 建設費が高いうえ, 使用ずみ燃料を集めて再処理し, ^{239}Pu を増殖炉に戻す工場も用意しなければいけない. まさにその再処理が, 増殖炉を導入するかどうかの争点になる. ^{239}Pu は発がん性が強いため, 原子力産業では作業者の生涯吸入量を 0.2 µg 未満と決めている. また, ^{239}Pu をテロリストが盗めば核爆弾に化けかねない.

米国で増殖炉が今後どうなるかはまだ読めない. 建設費の高さと ^{239}Pu 再処理の安全面を考えると, 増殖炉が経済的に見合うのは, ウランの枯渇が迫って価格が高騰したときだろう. ともあれ原子力が将来の電力供給で主役になるとすれば, 増殖炉が切り札になる.

1942 年にフェルミが造った第1号の原子炉は, 地球上初の原子炉ではない. 1972 年にフランスの研究チームが, 西アフリカ・ガボン共和国のオクロ鉱山で, ^{235}U 濃度が天然の値 0.72% よりずっと低い 0.4% の鉱床を見つけた. 鉱床中の微量元素も分析した結果, 約 20 億年前に 60 万〜80 万年間ほど "天然原子炉" が稼働し, ^{235}U を激減させたと思われている.

15・12 核 融 合

核子あたりの結合エネルギー（図 15・6）は, 核反応からエネルギーを取出す別の方法を教える. 軽い原子核2個が合体すると, 核分裂と同規模のエネルギーを出す（核融合）. たとえば陽子4個が融合して He 原子核（と陽電子2個）になれば, 24.7 MeV のエネルギーが出る.

$$4\,^{1}_{1}\text{H} \longrightarrow \,^{4}_{2}\text{He} + 2\,^{0}_{+1}\text{e}$$

太陽エネルギーのほとんどは, この核融合反応から生まれる.

---

* 訳注: 高速中性子の平均的な速度は 10^4 km/s.

核融合は，爆弾（水素爆弾）の形で実現された．広島で 75 000 人の命を奪った ^{235}U 原爆（1945 年 8 月 6 日）と，長崎に投下された ^{239}Pu 原爆（同年 8 月 9 日）の破壊力を見た関係者は戦後，水爆の製造について論争する．マンハッタン計画関係者の意見も二つに分かれ，アーネスト・ローレンス（Ernest Lawrence）やエドワード・テラー（Edward Teller）は推進派，ロバート・オッペンハイマー（J. Robert Oppenheimer）やエンリコ・フェルミは慎重派だった．やがて推進派の意見が通り，最初の水爆実験が 1952 年 11 月に決行された*．

核融合研究は，核分裂研究と逆の道をたどった．核分裂の場合は，原子炉ができたあとに原爆を造った．かたや核融合は，まず水爆を造ったものの，約 60 年を経た現在，制御された形の核融合炉ができるかどうかは見えていない．

いずれ核融合炉ができるなら，まず利用されるのは，^{2}H 原子核（重水素，ジュウテリウム，D）と ^{3}H 原子核（三重水素，トリチウム，T）から ^{4}He 原子核（と中性子）を生むつぎの**熱核反応**（thermonuclear reaction）だろう．

$$^2_1\text{H} + ^3_1\text{H} \longrightarrow ^4_2\text{He} + ^1_0\text{n}$$

熱核反応のむずかしさをみておこう．D-T 反応では，正電荷をもつ粒子 2 個が融合する．強烈な静電反発に打ち勝つ莫大なエネルギーを供給しないと原子核は融合しない．反応を持続させるには，莫大な熱エネルギーを粒子に与え，衝突のたび一定確率で融合させなければいけない．

核融合に必要な"点火温度"は，D-T 核融合なら 1 億℃（10^8 K）を超す．水爆の場合は，小型の原爆を爆発させて超高温をつくった．制御された核融合で，そんな手段は使えない．

10^8 K もの高温だと，どんな物質もイオンと電子の集団（プラズマ）になる．核融合の研究では，以下 3 点を目標にする．

- 必要な点火温度を実現する．
- プラズマ状態を十分に長く保って核融合を促す．
- プラズマづくりに投入したエネルギーより大きいエネルギーを核融合で生み出す．

どれもまだまだむずかしい．10^8 K のプラズマを閉じこめる"容器"として，有望なのは磁場だろう．ドーナツ形の（トロイダル）容器と，線形磁場の容器が研究されている．ただし当面，点火に必要な高温を生んだ炉と，十分に長いプラズマ閉じこめに成功した炉は，同じものではない．

---

* 訳注：少しあとの 1954 年 3 月，ビキニ環礁の水爆実験で日本の漁船"第五福竜丸"が被曝する．

熱核融合に必要な物質群の固体に強力なパルスレーザーを当てても，制御された核融合を起こせるだろう．レーザーが強ければ固体は内側に向けて崩壊し（爆縮），中心部の密度が何桁も上がる．超高温・超高密度のプラズマになれば，核融合が始まる．

15・13 元素の起源

古代から現代に至るまで人類は，世界の起源を説明しようとした．ここ60〜70年で科学者が手に入れた"新・創世記"は，元素の起源を解き明かすモデルでもある．

1929年にエドウィン・ハッブル（Edwin Hubble）は，宇宙が膨張を続けている証拠をつかむ．1946〜48年にはジョージ・ガモフ（George Gamow）らが"ビッグバン"理論を発表した．あるとき超高温・超高密度の特異点"アイレム（ylem）"が大爆発し，その余波がまだ続いているのだという．アイレム内の中性子がβ^-壊変で陽子（水素の原子核）に変わり，つぎに中性子と陽子が合体して^{4}Heができた．以後は火の玉の温度も圧力も下がり，宇宙空間では核反応も起きなくなった．

HとHeが凝集し，第一世代の星が生まれる．万有引力が凝集を促すうちに，星の内部はどんどん高温になる．中心部はやがて10^7Kに達し，第一世代の主系列星が生まれた．中心部にできる超高温のもとでは，つぎの熱核反応が進む．

$$^1_1H + {^1_1H} \longrightarrow {^2_1H} + {^0_{+1}e}$$
$$^1_1H + {^2_1H} \longrightarrow {^3_2He}$$
$$^3_2He + {^3_2He} \longrightarrow {^4_2He} + 2{^1_1H}$$

正味の変化は，陽子4個からヘリウム原子1個の生成になる．

$$4{^1_1H} \longrightarrow {^4_2He} + 2{^0_{+1}e}$$

核融合反応から出る莫大な熱が星の重力崩壊を防ぐおかげで星は安定期に入り，核融合の発生エネルギーと，表面から放射で失われるエネルギーがつり合う．

主系列星の中心部では，水素の核融合が進む．水素が底を尽きかけると星は中心に向けて崩壊を始め，中心部は10^8Kに迫る（大きい星ほど表面からのエネルギー放散が多いので，水素の消費も早い）．崩壊が進むほどに星の実効表面積は増えるため，表面付近が冷えて星の色が赤みを帯びる（赤色巨星）．

赤色巨星の中心部は超高温だから，He → Cの熱核融合も進む．

$$3{^4_2He} \longrightarrow {^{12}_6C}$$

この反応が赤色巨星の主要エネルギー源となる（HがあるかぎりH → Heの核融合も続く）．中心部に生じる^{12}Cはさらに核融合し，^{16}Oや^{20}Neを生み出す．

$$^{12}_6C + {^4_2He} \longrightarrow {^{16}_8O} + \gamma$$
$$^{16}_8O + {^4_2He} \longrightarrow {^{20}_{10}Ne} + \gamma$$

やがて中心部の ^{4}He がなくなって星がさらにつぶれる結果，温度は 7×10^8 K にも上がる．それほどの高温だと，^{28}Si や ^{32}S をつくる核融合も起こる．

$$^{12}_{6}\text{C} + ^{16}_{8}\text{O} \longrightarrow ^{28}_{14}\text{Si} + \gamma$$

$$^{16}_{8}\text{O} + ^{16}_{8}\text{O} \longrightarrow ^{32}_{16}\text{S} + \gamma$$

重力崩壊が進み続けて中心部が 10^9 K に上がると，核融合のレベルも上がり，核子あたりの結合エネルギーが最大の Fe や Ni (図 15・6 参照) もできる．そのあたりで星は寿命を迎え，"超新星爆発" を起こして残骸を宇宙にばらまく．爆発の残骸が凝集してできる第二世代の星は，Fe や Ni より原子量の大きい元素も含む．

銀河の年齢は約 150 億歳だという．太陽と惑星は 46 億歳なので，太陽は第二世代の星になる．そんな星の内部では，^{12}C を触媒とする ^{1}H → ^{4}He の核融合が進む (図 15・13)．

$$^{12}_{6}\text{C} + ^{1}_{1}\text{H} \longrightarrow ^{13}_{7}\text{N} + \gamma$$

$$^{13}_{7}\text{N} \longrightarrow ^{13}_{6}\text{C} + ^{0}_{+1}\text{e}$$

$$^{13}_{6}\text{C} + ^{1}_{1}\text{H} \longrightarrow ^{14}_{7}\text{N} + \gamma$$

$$^{14}_{7}\text{N} + ^{1}_{1}\text{H} \longrightarrow ^{15}_{8}\text{O} + \gamma$$

$$^{15}_{8}\text{O} \longrightarrow ^{15}_{7}\text{N} + ^{0}_{+1}\text{e}$$

$$^{15}_{7}\text{N} + ^{1}_{1}\text{H} \longrightarrow ^{12}_{6}\text{C} + ^{4}_{2}\text{He}$$

図 15・13 第二世代の星の内部で進む核融合 (^{1}H → ^{4}He)．重い原子核が触媒になる．

鉄よりも重い元素は，遅い **s 過程** (s-process = <u>s</u>low process) と，速い **r 過程** (r-process = <u>r</u>apid process) で生じた．重い原子核が生じるには，とにかく中性子の吸収が必須だから，s 過程も r 過程も (n, γ) 反応で進む．

遅い s 過程では，中性子 1 個を吸収した核が α 壊変または β$^-$ 壊変し，つぎの中性子を吸収できる状態になる．たとえば ^{120}Sn から始まる s 過程をみてみよう．

まず中性子 1 個を吸収してできた ^{121}Sn が β$^-$ 壊変し，安定な核種 ^{121}Sb になる．^{121}Sb が中性子 1 個を吸収して ^{122}Sb に変わり，その β$^-$ 壊変で ^{122}Te が生じる．^{122}Te は，β$^-$ 壊変で ^{122}I になるか，中性子 1 個を吸収して ^{123}Te に変わる．^{123}Te が中性子を 1 個ずつ 4 段階で吸収すると ^{127}Te になり，それが β$^-$ 壊変すれば安定な ^{127}I が生じる．

$$^{120}_{50}\text{Sn}(n,\gamma)^{121}_{50}\text{Sn} \xrightarrow{\beta^-} {}^{121}_{51}\text{Sb}(n,\gamma)^{122}_{51}\text{Sb} \xrightarrow{\beta^-} {}^{122}_{52}\text{Te}(5n,5\gamma)^{127}_{52}\text{Te} \xrightarrow{\beta^-} {}^{127}_{53}\text{I}$$

83〜90 番元素だと，壊変の途中に生じる核種の寿命が短すぎるため，中性子を 1 個ずつ吸収してゆっくり進む s 過程では，^{232}Th や ^{238}U など重い核種をつくれない．そんな

核種はr過程から生まれる．r過程では，α壊変やβ壊変が起きる間もなく，中性子がつぎつぎと何個も吸収される．そのためには，大量の中性子が供給されなければいけない（核爆発の環境）．現在の太陽のような星の内部に，大量の中性子を供給する仕組みはない．だが超新星爆発なら，r過程を進める条件が整う．地球上にある重元素も，いつか銀河内のどこかで起きた超新星爆発の産物だといえる．

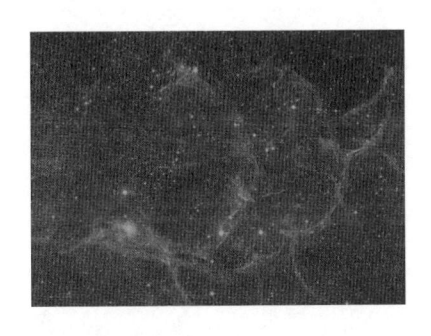

宇宙にある元素群は，星の中で進む遅い核反応（s過程）と，超新星爆発のときに進む速い核反応（r過程）で生じた．

15・14 核 医 学

レントゲンが初めてX線画像を得た1895年以来，電離放射と放射性核種は，病気の診断や治療に使われてきた（核医学）．

がんの治療には，手術，化学療法，放射線療法の三つがある．手術は組織を傷つけ，化学療法と放射線療法は正常細胞も傷つける．近年，そうした欠点の少ない放射線療法に注目が集まる．その一つ，ホウ素中性子捕捉療法を紹介しよう．

ホウ素には安定同位体 ^{10}B（19.7％）と ^{11}B（80.3％）がある．^{10}B は熱中性子を吸収し，核子が励起状態の ^{11}B になる．不安定な ^{11}B の原子核は，^{7}Li と α粒子に分裂する．

$$^{10}_{5}B + ^{1}_{0}n \longrightarrow ^{11}_{5}B \longrightarrow ^{7}_{3}Li + ^{4}_{2}He$$

熱中性子1個のエネルギーはわずか 0.025 eV（電磁波なら赤外線域）なので，^{10}B が吸収しなかった中性子は正常細胞を傷めない．ただし，熱中性子の吸収でできた ^{11}B が出す α粒子のエネルギーは 2.79 MeV と大きいから，正常細胞をも傷つける．α粒子は RBE（生物学的効果比）が最大だった（表15・2）．ただし，重いα粒子は，生体分子にぶつかってたちまち止まるため，熱中性子を当てた箇所からごく近い組織しか傷めない．

また，^{10}B が熱中性子を吸収する効率は，ほかの核種より1000倍も大きい．中性子の吸収効率は，核種の**中性子捕獲断面積**（neutron-capture cross section）という量で表す．核種を"中性子をとらえる円"とみたときの半径は，H原子が 2×10^{-13} cm，窒素原子が 10^{-12} cm になる．B原子は半径が 2×10^{-9} cm と抜群に大きいため，中性子がほかの原子に及ぼす害を防ぐ．

15. 核 化 学

こうした事実は，もう 1936 年にわかっていた．1950 年代末から 60 年代初頭の臨床試験では，がん細胞にホウ素化合物が濃縮されず，脳腫瘍患者の延命は果たせていない．しかし近年，がん細胞に濃縮されやすいホウ素化合物が開発され，手術の補助手段や手術に代わる治療法として，ホウ素中性子捕捉療法に期待が集まる．

● キーワード (15章)

r 過程
α 壊変
イオン化
s 過程
親核種
親物質核
壊変系列
核 子
核子あたりの
　結合エネルギー
核 種
核分裂
核融合

γ 壊変
γ 線放出
キュリー
グレイ
結合エネルギー
質量欠損
自発核分裂
シーベルト
準安定核種
生物学的効果比 (RBE)
炭素 14 年代測定法
中性子過剰
中性子不足

中性子捕獲断面積
超ウラン元素
電子放出
電子捕獲
電 離
電離放射
同位体
同重体
同中性子体
熱核反応
熱中性子
半減期
非電離放射

フリーラジカル
ベクレル
β 壊変
放射性
放射線
放射能
魔法数
娘核種
誘導核分裂
陽電子放出
臨界量
励 起

有機化学 16

16・1	有機化合物	16・11	アルカンのハロゲン化
16・2	飽和炭化水素 (アルカン)	16・12	アルコールとエーテル
16・3	C−C 単結合の回転	16・13	アルデヒドとケトン
16・4	アルカンの命名法	16・14	カルボニル基の反応性
16・5	不飽和炭化水素 (アルケンとアルキン)	16・15	カルボン酸
		16・16	エステル
16・6	芳香族炭化水素	16・17	アミン, アルカロイド, アミド
16・7	石油の化学		
16・8	石炭の化学	16・18	アルケンの立体異性
16・9	官能基	16・19	立体化学
16・10	有機化合物の酸化還元	16・20	光学活性

16・1 有機化合物

　ガソリンスタンドに"無鉛レギュラー"が3種類あり,それぞれオクタン価が違うらしい.適当に選んで入れながら,あれこれと疑問が浮かぶ."無鉛とは? ガソリンに鉛を入れる? ハイオクのプレミアムガソリンは,どこがいいのか".

　友人の引っ越しを手伝って筋肉が痛み,薬局に行く.昔ながらのアスピリンを買うか,ずっと新しいイブプロフェン系の鎮痛剤にしてみるか.アスピリンとイブプロフェンの差は? そもそも鎮痛剤はどうやって効くのだろう?

イブプロフェン

　プラスチックのベンチに座り,サンドイッチのプラスチック包装を破る.同じプラスチックでも,ベンチは硬いのに包装は軟らかいのはなぜか? 卵はコレステロールを増

16. 有機化学

やすよ、と仲間が脅す。コレステロールとは何か？ 増えたらどう危ないのか？

以上のような疑問には、**有機化学**（organic chemistry）が答えをくれる。18世紀から200年以上に及び化学者は、生物由来の**有機物**と、鉱物系の**無機物**に物質を二分してきた。"有機物は**生命力**（vital force）が生み、無機物とは一線を画す"というのが常識だった。

1828年にフリードリッヒ・ヴェーラー（Friedrich Wöhler）が無機物から尿素をつくり、生命力説に穴が開く。彼はシアン酸アンモニウム（NH_4OCN）ができると思い、シアン酸銀と塩化アンモニウムを混ぜてみた。

$$AgOCN(aq) + NH_4Cl(aq) \longrightarrow AgCl(s) + NH_4OCN(aq)$$

だが生成物はシアン酸アンモニウムとは似ても似つかない。結晶性の白い粉を分析したら、尿に含まれる尿素（H_2NCONH_2）と同じものだった。

予想　　　　　　　　　現実

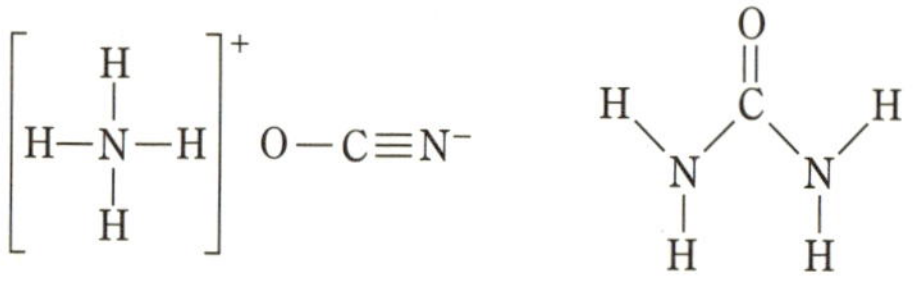

では有機物と無機物は、どう区別すればいいのか。生体分子はたいてい炭素を含むので、有機物は"炭素の化合物"か？ だが炭酸カルシウム（$CaCO_3$）やダイヤモンド、グラファイト（黒鉛）は、どうみても無機物だろう。そこで通常、"C–H結合のある化合物"を有機物とみる。

天然物と合成物を合わせて数千万種にのぼる物質のうち、95%以上を有機化合物[*]が占める。その事実は、炭素原子のユニークな価電子数、電気陰性度、サイズからくる（表16・1）。

表16・1　炭素の性質

電子配置	$1s^2\,2s^2\,2p^2$
電気陰性度	2.54
共有結合半径	0.077 nm

---

[*] 訳注: 有機物は例外なく化合物だから"有機化合物"、無機物は単体もあるから"無機物質"と総称する。

外殻の電子配置が $2s^2 2p^2$ の C は価電子が 4 個だから，電子 4 個のやりとりで安定化する．電気陰性度は，C^{4-} イオンになれるほど大きくはなく，C^{4+} イオンになれるほど小さくはないため，もっぱら共有結合をつくる．相手になる H, N, O, P, S は，どれも生命に欠かせない．

サイズが小さくて近寄りやすい C 原子は，C＝C 二重結合も C≡C 三重結合もつくる．やはり小さい N や O とも二重・三重結合をつくるし，サイズが大きくて仲間どうし二重結合しない S や P が相手でも，二重結合をつくれる．そんな多重結合も C–C 単結合も強いので，バラエティ豊かな化合物の世界が生まれる．ビタミン C（アスコルビン酸）もその例になる．

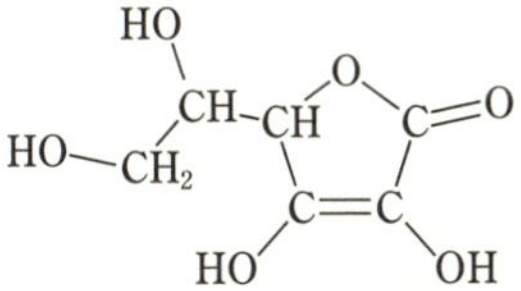

ビタミン C

火星に無人探査機を着陸させ，生命の痕跡を探す 1970 年代のバイキング計画でも，注目したのは炭素化合物だった（ただし生命の痕跡は見つかっていない）．

16・2　飽和炭化水素（アルカン）

C と H だけの化合物を**炭化水素**（hydrocarbon）という．どの C にも限度いっぱいの H が結合したら"飽和"とみなし，**飽和炭化水素**（saturated hydrocarbon）を**アルカン**（alkane）とよぶ*．

アルカンのうち最も単純なメタン（CH_4）のルイス構造は，C の価電子 4 個と，H の電子 4 個を合わせ，C の価電子が 8 個となるように描けばよい．

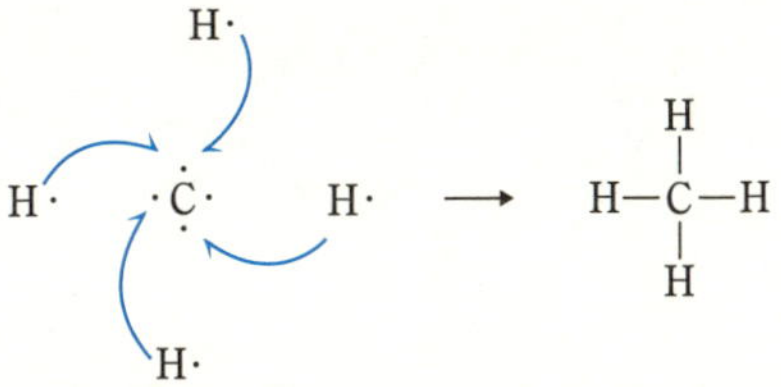

---

*　訳注：脂肪族炭化水素（aliphatic hydrocarbon）とも，パラフィン系炭化水素（paraffinic hydrocarbon）ともいう．

多くの化合物中でCは4本の結合をつくる．4個の電子ドメイン（§4・14参照）ができるだけ遠ざかるよう，結合は正四面体の頂点に向かう（下図）．紙面上にある結合は ―，紙面の裏に向かう結合は ⫶⫶⫶，紙面の手前に飛び出す結合は ◂ で描く．

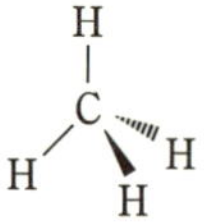

$$\underset{\text{メタン}}{\overset{H}{\underset{H}{H-C-H}}}$$

例題 16・1 エタン（ethane；C原子2個のアルカン）の分子構造を予測せよ．

【答】 Cが2個以上のアルカンはC–C単結合をもつ．Cから4本の結合が伸びるので，エタン分子の構造はつぎの形（分子式は C_2H_6）に決まる．

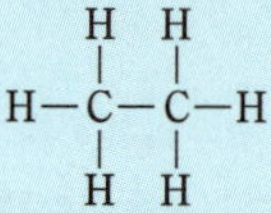

$$\underset{\text{エタン}}{H-\overset{H}{\underset{H}{C}}-\overset{H}{\underset{H}{C}}-H}$$

その先も見よう．Cが3個のアルカンは**プロパン**（propane）とよび，分子式が C_3H_8，構造が下図のようになる．

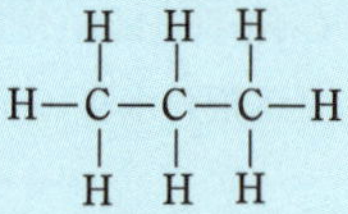

$$\underset{\text{プロパン}}{H-\overset{H}{\underset{H}{C}}-\overset{H}{\underset{H}{C}}-\overset{H}{\underset{H}{C}}-H}$$

Cが4個のアルカン（**ブタン**；butane）は分子式が C_4H_{10} で，構造はつぎのように描ける．

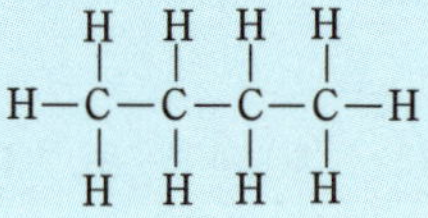

$$\underset{\text{ブタン}}{H-\overset{H}{\underset{H}{C}}-\overset{H}{\underset{H}{C}}-\overset{H}{\underset{H}{C}}-\overset{H}{\underset{H}{C}}-H}$$

アルカン（一般式 C_nH_{2n+2}）のよび名と性質を表16・2に示す．分子量が大きいほど沸点が高く，室温では分子量が増すにつれ 気体 → 液体 → 固体（タール）と変わる．

16・2 飽和炭化水素（アルカン）

表 16・2　飽和炭化水素（アルカン）のよび名と性質

名　称	分子式	融点(℃)	沸点(℃)	25℃での状態
メタン	CH_4	−182.5	−162	気体
エタン	C_2H_6	−183.3	−88.6	気体
プロパン	C_3H_8	−189.7	−42.1	気体
ブタン	C_4H_{10}	−138.4	−0.5	気体
ペンタン	C_5H_{12}	−129.7	36.1	液体
ヘキサン	C_6H_{14}	−95	69.0	液体
ヘプタン	C_7H_{16}	−90.6	98.4	液体
オクタン	C_8H_{18}	−56.8	125.7	液体
ノナン	C_9H_{20}	−53.5	150.8	液体
デカン	$C_{10}H_{22}$	−29.7	174.1	液体
ウンデカン	$C_{11}H_{24}$	−24.6	195.9	液体
ドデカン	$C_{12}H_{26}$	−9.6	216.3	液体
エイコサン	$C_{20}H_{42}$	36.8	343.8	固体
トリアコンタン	$C_{30}H_{62}$	65.8	449.7	固体

　四面体の結合角 109.5°を考えると，アルカン分子は"直線"ではなく"ジグザグに伸びる鎖"なので**直鎖炭化水素**（straight-chain hydrocarbon, normal-chain hydrocarbon）とよぶ．CH_2 単位が繰返し，両端の C が余分に 1 個の H をもつから，C が n 個のアルカンは一般式が C_nH_{2n+2} になる．

プロパン

ブタン

　アルカンは**枝分れ(分枝)構造**（branched structure）もとれる．枝分れする最小の分子は C が 4 個のブタンで，分子式 C_4H_{10} は同じでも構造の違う分子ができる．そんな分子どうしを**異性体**（isomer．ギリシャ語 "*isos* ＝ 同じ" と "*meros* ＝ 部分" に由来）と名づけたため，発見の当初，枝分かれ C_4H_{10} を"イソブタン"とよんだ．

イソブタン

ブタンとイソブタンのように，原子のつながりかたが異なる異性体を，**構造異性体**（constitutional isomer, structural isomer）という．ブタンは2個のCH_3と2個のCH_2をもち，イソブタンは3個のCH_3と1個のCHをもつ．

ペンタン（C_5H_{12}）には構造異性体が3種ある．直鎖の分子はただ単に"ペンタン"とよぶ*．

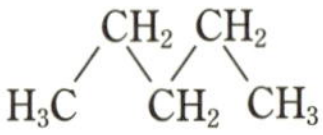

$$H_3C \begin{matrix} CH_2 & CH_2 \\ & CH_2 & \end{matrix} CH_3$$
ペンタン

枝分れ1個の分子を"イソペンタン"とよんだ都合上，新たに見つかった別の枝分れ分子は，ギリシャ語 *neos*（英語 new）から"ネオペンタン"と名づけられた．

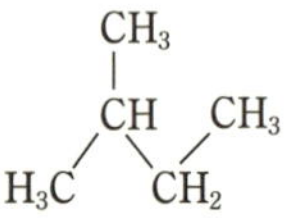

イソペンタン 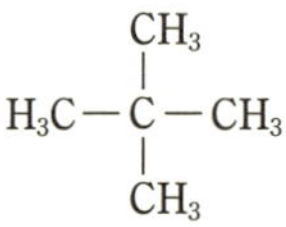　　　　ネオペンタン

例題 16・2 同じ分子式 C_6H_{14} で書ける下記3種のうち，二つは同じ分子を表す．どれとどれか．

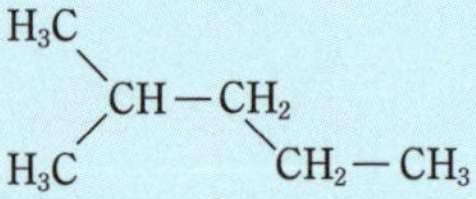

① 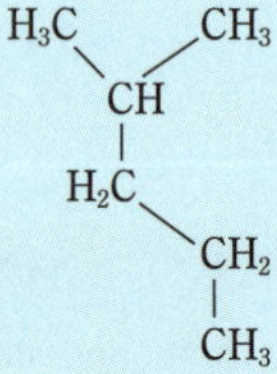 ② 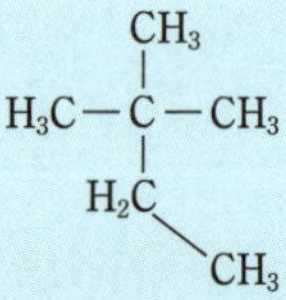 ③

【答】 ①と②は，5個のCがつながり，端から2番目のCで枝分れした同じ分子．③は，4個のCがつながり，端から2番目のCに2本の枝分れをもつ別の分子になる．

---

* 訳注：異性体を区別したいときは，標準＝normal の頭文字をつけて *n*-ペンタンと書いてもよいが（*n* の読みは"ノルマル"），混乱の恐れがないかぎり "*n*-" はつけない．

> **例題 16・3**　分子式 C_6H_{12} の炭化水素に構造異性体は何個あるか.
>
> 【答】　まずは直鎖の分子（ヘキサン）がある.
>
> $$H_3C-CH_2-CH_2-CH_2-CH_2-CH_3$$
>
> 枝分れ 1 個の異性体には，端から 2 番目の C で枝分かれした分子と，端から 3 番目（中央）の C で枝分れした分子がある.
>
> $$H_3C-\underset{\underset{CH_3}{|}}{CH}-CH_2-CH_2-CH_3 \qquad H_3C-CH_2-\underset{\underset{CH_3}{|}}{CH}-CH_2-CH_3$$
>
> ほかに，炭素 4 個の鎖が別々の 2 箇所で枝分れした分子と，同じ C から 2 本の枝が伸びる分子もある.
>
> $$H_3C-\underset{\underset{CH_3}{|}}{CH}-\underset{\underset{CH_3}{|}}{CH}-CH_3 \qquad H_3C-\underset{\underset{CH_3}{|}}{\overset{\overset{CH_3}{|}}{C}}-CH_2-CH_3$$

こうして C_4H_{10} には 2 種，C_5H_{12} には 3 種，C_6H_{14} には 5 種の構造異性体がある. 炭素が増えると異性体の数は急増し，たとえば $C_{30}H_{62}$ の構造異性体は 40 億種を超す.

▶ チェック

つぎの 2 分子は異性体どうしになる. なぜか（分子模型を思い浮かべよう）.

$$H_3C-\underset{\underset{}{|}}{\overset{\overset{CH_3}{|}}{CH}}-\underset{\underset{}{|}}{\overset{\overset{CH_3}{|}}{CH}}-CH_3 \qquad H_3C-\underset{\underset{CH_3}{|}}{\overset{\overset{CH_3}{|}}{C}}-CH_2-CH_3$$

つぎの 2 個は同じ分子になる. 確かめよう.

$$H_3C-\overset{\overset{CH_3}{|}}{CH}-\overset{\overset{CH_3}{|}}{CH}-CH_3 \qquad H_3C-\overset{\overset{CH_3}{|}}{CH}-\underset{\underset{CH_3}{|}}{CH}-CH_3$$

16・3　C−C 単結合の回転

紙の上に描いた構造式は，分子の素顔を伝えない. たとえば室温のエタン分子は，"ジェット機の 2 倍を超す秒速 500 m で飛び，毎秒 1 兆回ほど回転し，C−H 結合が毎秒 100 兆（10^{14}）回ほど伸縮振動する" といった目まぐるしい "動" の世界にある.

C−C 軸の回転も止まらない．回転すると CH_3（メチル基）の相対位置が変わるため，無数の**立体配座**（コンホメーション conformation）をつぎつぎにとる．メチル基の H どうしが向き合った瞬間の**重なり形**（eclipsed）配座は，エネルギーがいちばん高い（不安定）．C−C 軸に沿って見ると，手前のメチル基についた 3 個の H が，向こうにある 3 個の H を隠してしまう．

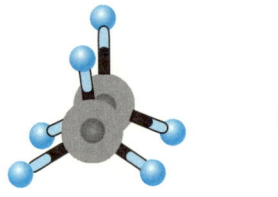

重なり形の立体配座　　　　ねじれ形の立体配座

H どうしがいちばん遠い**ねじれ形**（staggered）配座は，エネルギーがいちばん低い（安定な）姿だ．

重なり形とねじれ形のエネルギー差（約 12kJ/mol）はほどほどに大きいため，C−C 軸の回転は一様に進むわけではない．毎秒 100 億（10^{10}）回にも及ぶ回転中，安定なねじれ形に近い配座で過ごす時間が，ほかの配座より少しだけ長くなる．

16・4　アルカンの命名法

分子式 C_5H_{12} の異性体なら，慣用名三つ（ペンタン，イソペンタン，ネオペンタン）で区別できる．しかし鎖が伸びると異性体がどんどん増えるため，慣用名ではとうてい間に合わない．

IUPAC（国際純正・応用化学連合）の方式では，アルカンとシクロ（環状）アルカンを，つぎの段階を踏んで系統的に命名する．

- 分子の主鎖（最長の C 鎖）を見つけ，それと同じ C 原子数のアルカン名を基本名とし，その誘導体として命名する．たとえば下図は 5 個の C が主鎖になるから，ペンタン誘導体とみる．

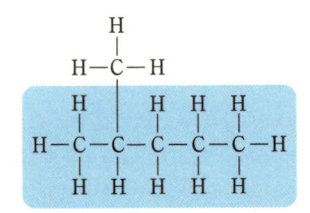

16・4 アルカンの命名法

- 側鎖（主鎖から出た鎖）置換基の名前を決める．アルカン由来の置換基は，英語名の接尾語 –ane（アン）を –yl（イル）に変えてよぶ．この例だと CH_3 は "メタン methane" 由来の "メチル methyl" 基になる．

$$\begin{array}{c} H \\ | \\ H-C-H \\ | \\ H \quad H \quad H \quad H \\ | \quad | \quad | \quad | \\ H-C-C-C-C-C-H \\ | \quad | \quad | \quad | \quad | \\ H \quad H \quad H \quad H \quad H \end{array}$$

- 置換基をにらみ，最初の置換基がいちばん若い番号となるよう，主鎖のCに番号を振る．この分子は，"4-メチル"ペンタンではなく"2-メチル"ペンタンとする．

$$\begin{array}{c} H \\ | \\ H-C-H \\ | \\ H \quad H \quad H \quad H \\ | \quad | \quad | \quad | \\ H-C_1-C_2-C_3-C_4-C_5-H \\ | \quad | \quad | \quad | \quad | \\ H \quad H \quad H \quad H \quad H \end{array}$$

- 同じ置換基が主鎖上にいくつかあるなら，ジ（2個），トリ（3個），テトラ（4個），… の接頭語をつけてよぶ．たとえばつぎの化合物は 2,3-ジメチルペンタンになる．

$$\begin{array}{c} CH_3 \\ | \\ H_3C-CH-CH-CH_2-CH_3 \\ | \\ CH_3 \end{array}$$

- 置換基の種類が複数あるときは，置換基名を（接頭語は除き）アルファベット順に並べる．

例題 16・4 つぎの化合物の系統名は何か．

$$\begin{array}{c} CH_3 \quad\quad CH_3 \\ | \quad\quad\quad | \\ H_3C-CH-CH_2-CH-CH_3 \\ | \\ CH_3 \end{array}$$

【答】 主鎖のC原子が5個だから，ペンタン誘導体とみなす．主鎖にメチル基（CH_3）を3個もち，うち2個はC2に，1個はC4にあるため，系統名は2,2,4-トリ

メチルペンタンとなる。かつてはCが8個のオクタン異性体とみなし、慣用名を（構造異性体は18種あるのに、なぜか）イソオクタンと名づけた（イソオクタンは"オクタン価"の基準物質。§16・7）。

例題 16・5 つぎの化合物の系統名は何か。

$$H_3C-CH-CH_2-CH-CH_2-CH_3$$

（主鎖に CH_3 が1番Cの位置、$CH_2-CH_2-CH_3$ が下側に枝分かれ）

【答】 最長の鎖はC原子7個だから、ヘプタン誘導体とみる。

主鎖の2番Cにはメチル基が、4番Cにはエチル基がある。

接頭語は ethyl → methyl の順だから、系統名は 4-エチル-2-メチルヘプタンになる。

16・5 不飽和炭化水素（アルケンとアルキン）

炭素原子は、C−C単結合のほか、もっと強いC=C二重結合もつくる。C=C二重結合をもつ化合物は、固体になりにくいところから当初はオレフィン（olefin＝油になるもの）とよんだ。学術名は**アルケン**（alkene）になる。

16・5 不飽和炭化水素（アルケンとアルキン）

アルカンとアルケンの関係をつかむため，エタン分子の仮想変化を考えよう．隣り合う C－H 結合をどちらも切ると，C 上に 1 個ずつ電子が残る．切れた 2 個の H が合体して H_2 分子になり，C 上の電子が 2 本目の結合（π 結合）をつくれば，アルケンができる．

これは仮想の反応だが，逆の反応はたやすく進む．白金を触媒にすれば，アルケンに水素が付加してアルカンが生じる．

C＝C 二重結合が 1 個のアルケンは，一般式が C_nH_{2n} になる[*1]．

飽和炭化水素の H が一部とれてできるアルケンは，**不飽和炭化水素**（unsaturated hydrocarbon）という．慣用名は，C が同数の置換基名に -ene（エン）を添える．

$H_2C＝CH_2$ $CH_2＝CH－CH_3$
エチレン   プロピレン

アルケンの系統名は，アルカン名の末尾 -ane（アン）を -ene（エン）に変えてつくる．

$H_3C－CH_3$ $H_2C＝CH_2$
エタン   エテン

$H_3C－CH_2－CH_3$ $H_2C＝CH－CH_3$
プロパン   プロペン

二重結合の位置は，二重結合が始まる C の番号を接頭語にして示す[*2]．

$H_2C＝CH－CH_2－CH_3$ $H_3C－CH＝CH－CH_3$
1-ブテン   2-ブテン

[*1] 訳注：単純なシクロアルカンの一般式も C_nH_{2n}．
[*2] 訳注："A Guide to IUPAC Nomenclature of Organic Compounds: Recommendations 1993" では，二重結合，三重結合の位置番号は，相当する接尾語の前に記す．いまの例ではブタ-1-エン，ブタ-2-エンとなる．本書では，官能基が二つ以上あるなど複雑な化合物の場合，こちらの命名法を使う．

例題 16・6 つぎの化合物の系統名は何か．

$$H_3C-CH=C(CH_3)-CH_2-CH(CH_3)-CH_3$$

【答】 最長の鎖は C 原子 6 個だから，ヘキサン誘導体とみる．二重結合が 1 個あるのでヘキセン類になる．二重結合は C2〜C3 間だから 2-ヘキセンになり，さらにはメチル基が C3 と C5 にあるため，3,5-ジメチル-2-ヘキセンとなる．

C≡C 三重結合をもつ化合物を**アルキン**（alkyne）という．三重結合が 1 個なら，アルカンより H が 4 個だけ少ないため，一般式は C_nH_{2n-2} となる．いちばん単純なアルキン（C_2H_2）は，古くからの慣用名で**アセチレン**（acetylene）とよぶ．

$$H-C\equiv C-H \quad アセチレン$$

アルキンの系統名は，アルカン名の接尾語 -ane（アン）を -yne（イン）に変えてつくる．

$H_3CC\equiv CCH_2CH_3$ $HC\equiv CCH_2CH_3$ $H_3CC\equiv CCH_2CH(CH_3)CH_2CH_3$
2-ペンチン   1-ブチン   5-メチル-2-ヘプチン

二重結合が 1 個の**アルケン**，三重結合が 1 個の**アルキン**に加え，二重結合が 2 個の"ジエン"，3 個の"トリエン"や，二重結合と三重結合の両方をもつ化合物もある．

$H_3CCH=CHCH_2C\equiv CH$ $H_2C=CHCH=CH_2$
4-ヘキセン-1-イン   1,3-ブタジエン

16・6 芳香族炭化水素

19 世紀末の文明生活では，家にガス管を引き，夜にはガス灯をつけた．メタン（CH_4）が主成分のそのガスは，酸素のない雰囲気で石炭を熱してつくる**石炭ガス**（coal gas）だった．

1825 年にマイケル・ファラデー（Michael Faraday）は，石炭ガスを入れた高圧容器の底にたまる油の分析を頼まれ，組成式が CH だとつかむ．10 年後にはアイルハルト・ミッチェルリッヒ（Eilhardt Mitscherlich）が，安息香酸と石灰の混合物を熱して同じ物質をつくった．いまではそれを**ベンゼン**（benzene）とよぶ．ミッチェルリッヒはベンゼンの分子式（C_6H_6）も決めた．

16・6 芳香族炭化水素

C原子6個のアルカン（C_6H_{14}）よりHが少ないため，不飽和炭化水素には違いない．石炭の抽出物中に，よく似た性質の化合物があれこれ見つかる．複数のC=C二重結合があると分子式からわかったが，アルケンのような反応性はない．特有の香り（芳香）があるところから，**芳香族化合物**（aromatic compound）の名がついた．

多くの科学者がベンゼン分子の構造に挑んだ．謎解きに向けた一歩を1865年，ギーセン大学で建築学を修めたフリードリッヒ・ケクレ（Friedrich August Kekulé）が踏み出す．ある日ケクレは暖炉の前でまどろみながら夢を見た．原子どうしがつながり合い，ヘビのように身をくねらせつつ自分の"尻尾"にかみついた．それをヒントにケクレは，C−CとC=Cが交互に続く環状構造を提案する．彼は，構造が等価な下記2分子の平衡混合物をベンゼンとみた．

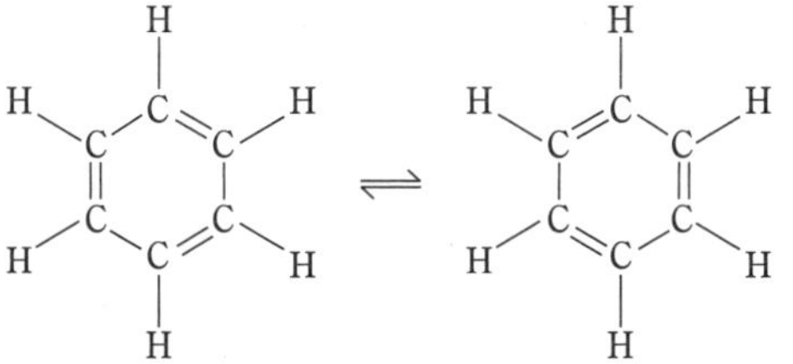

ケクレが提案したベンゼン分子の平衡

ケクレ構造は化学式に合うけれど，ベンゼンとアルケンの性質にみえる大きな違いは謎だった．ベンゼンの異常な安定性は，やがて共鳴理論が解き明かす．共鳴理論によると，複数のルイス構造が描ける分子は，両構造を同時にもつ"混成体"として存在する．ベンゼンの素顔も，ケクレ構造2個の共鳴混成体とみればよい．

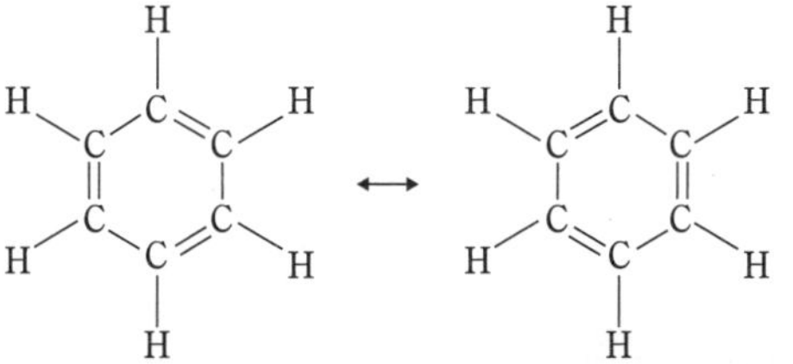

ベンゼン分子の共鳴構造

平衡と共鳴を混同してはいけない．平衡は2本の矢印（⇌）で，共鳴は両向きの矢印1本（↔）で表す．ベンゼン分子も，2構造の平衡ではなく，両構造が混ざった姿で存在する．

平衡か共鳴かは，C−C結合の長さが教える．ケクレ構造だと，単結合の0.154nmと二重結合の0.133nmの両方がなければいけない．だがベンゼンの結晶をX線回折という方法で調べると，どのC−C結合も0.139nmだった．つまりケクレ構造の平衡状態ではない．

アルケンと区別するため，正六角形の中に○を描いてベンゼン分子を表すことが多い．環上に非局在化した電子が自由に動ける感じが伝わるだろう．

芳香族化合物は1830年代に続々とコールタールから単離されていたため，そのころついた慣用名でよぶ化合物も多い．五つの例を下に描いた．

トルエン　フェノール　アニソール　アニリン　安息香酸

ベンゼン環に置換基2個がつけば，隣り合うCの**オルト位**，C原子1個をはさんだ**メタ位**，対向したCどうしの**パラ位**と3種の異性体ができる．たとえばキシレン（ジメチルベンゼン）には3種の置換異性体（位置異性体）がある．

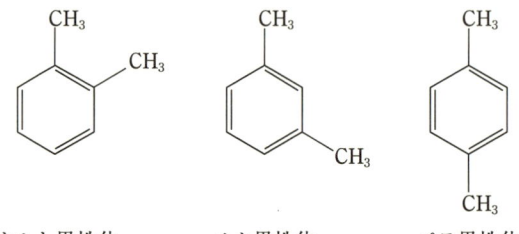

オルト異性体　メタ異性体　パラ異性体

例題 16・7　防虫剤に使う"パラジクロロベンゼン"を構造式で描け．

【答】　"ジクロロ"は置換Cl原子2個，"パラ"は対向位置のCだから，構造式はつぎのようになる．

ナフタレン，アントラセン，フェナントレン（図 16・1）など，六員環（ベンゼン環）がいくつか合体（縮合）した多環芳香族化合物も多い．

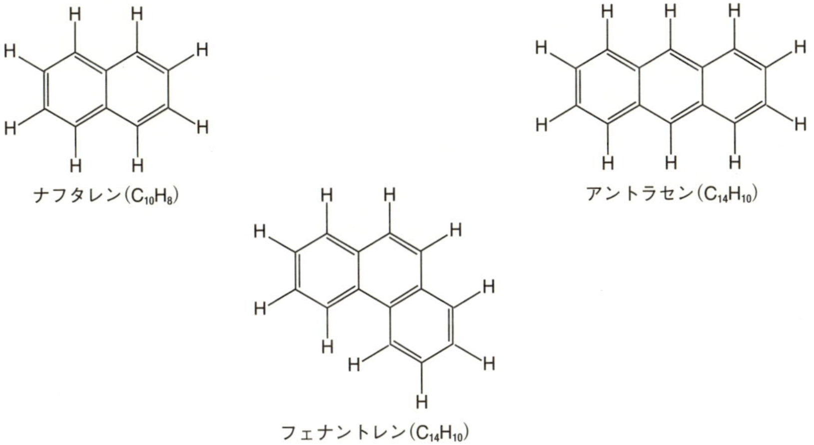

ナフタレン($C_{10}H_8$)

アントラセン($C_{14}H_{10}$)

フェナントレン($C_{14}H_{10}$)

図 16・1　多環芳香族化合物の例

16・7　石油の化学

　ラテン語の *petra*（石）と *oleum*（油）にちなむ "石油 petroleum" は，"化石になった炭化水素" を指す．ふつうは天然ガスも "石油" の一種とみる*．

　天然ガス（natural gas）は，軽いアルカンの混合物をいう．採掘時の天然ガスは，メタン（CH_4）80％，エタン（C_2H_6）7％，プロパン（C_3H_8）6％，ブタン＋イソブタン（C_4H_{10}）4％，ペンタン類（C_5H_{12}）3％からなる．C_3〜C_5 成分を除いたあと，少しエタンの混じったメタンを出荷する．プロパンとブタンを加圧すれば液化天然ガス（LPG ＝ liquefied natural gas）ができる．

　かつて石炭が主要エネルギー源だった米国では第二次世界大戦後，パイプライン網の整備に伴って天然ガスが主役に踊り出た．2008 年に世界の天然ガス生産量は約 3 兆 kL に及び，その 25％近くを米国が消費して国内エネルギー需要の 24％をまかなう．

　原油のほうは，1859 年にペンシルヴェニア州タイタスビルでエドウィン・ドレークが最初の油井を掘った．初期の日産 3 m³ は使いきれないほどの量だったが，150 年を経た現在，世界の 1 日消費量は 1 億 3200 万 m³ にもなっている．

＊　訳注：日本語の語感とはずれる．

1859～2000年の140年間に6500億バレル (1000億m^3) の石油が掘られた。原油の確認埋蔵量1兆6500億バレル (2630億m^3) は，究極推定埋蔵量2兆2000億バレル (3500億m^3) の75%にあたる。4億年ほどかけてたまった原油も，いまのペースで掘り続ければ，"ドレーク200周年"ごろに枯渇しよう。

原油 (crude oil) は，50～95重量%の炭化水素を含む複雑きわまりない混合物だ。蒸留で分かれる成分のあらましを表16・3にまとめた。どの留分も複雑な組成をもち，たとえばガソリン留分は500種以上の炭化水素からなる。

表16・3 原油の成分

留分	沸点範囲(℃)	炭素数
天然ガス	<20	C_1～C_4
ガソリン	40～200	C_5～C_{12} (大半はC_6～C_8)
ケロシン	150～260	ほぼC_{12}+C_{13}
灯油とディーゼル油	>260	C_{14}以上
潤滑油	>400	C_{20}以上
アスファルトとコークス	残渣	多環化合物

原油のほぼ10%にあたるガソリン留分を**直留ガソリン** (straight-run gasoline) という。初期のエンジンは直留ガソリンをそのまま使った。やがてエンジンの馬力アップを目的に，圧縮比がどんどん上がる (最新のエンジンは圧縮比9：1だから，混合気体を9分の1に圧縮して点火)。直留ガソリンは燃焼にむらがあるため，エンジンがノッキング (衝撃波の発生) を起こす。その対策が石油産業の課題になった。

むらなく燃える (ノッキングを起こしにくい) かどうかで炭化水素を評価すればこうなる。

- 直鎖アルカンよりは，枝分れアルカンやシクロ (環状) アルカンがよい。
- 長鎖アルカン (C_7H_{16}など) よりは，短鎖アルカン (C_4H_{10}など) がよい。
- アルカンよりは，アルケンがよい。
- シクロアルカンよりは，芳香族炭化水素がよい。

ノッキングの度合は，ヘプタンを0(最悪)，イソオクタン (2,2,4-トリメチルペンタン) を100(最善) とみた**オクタン価** (octane number, octane value) で表す。オクタン価87のガソリンは，"イソオクタン87%＋ヘプタン13%"と同じ燃えかたをする。炭化水素のオクタン価を表16・4にまとめた。

オクタン価を上げる添加物が1922年に見つかる。ガソリン1ガロン (3.8L) にわずか6mLのテトラエチル鉛 $(C_2H_5)_4Pb$ を加えるだけで，オクタン価が15～20も上がっ

た．それが"鉛入りガソリン"を生み，オクタン価100以上の航空燃料もできる．しかし1972年，健康影響を懸念した米国環境保護局（EPA）がテトラエチル鉛の全廃を決めた*．

オクタン価は，炭化水素の**熱改質**（thermal reforming）でも上がる．直鎖アルカンを高温（500〜600℃）・高圧（25〜50 atm）で処理すると，枝分れや環化が進む．水素と触媒を使う**接触改質**（catalytic reforming）も，さらにオクタン価を上げた．

表16・4 炭化水素のオクタン価

炭化水素	オクタン価
ヘプタン	0
2-メチルヘプタン	23
ヘキサン	25
2-メチルヘキサン	44
1-ヘプテン	60
ペンタン	62
1-ペンテン	84
ブタン	91
シクロヘキサン	97
イソオクタン（2,2,4-トリメチルペンタン）	100
ベンゼン	101
トルエン	112

表16・4のデータより，ケロシン（ジェット機の燃料）や灯油の留分をクラッキング（分解）すれば，ガソリンの収率が上がる．1860年代に始まった**熱分解**（thermal cracking）は，500℃・25 atm で炭化水素を分解し，たとえばケロシン留分の C_{12} 化合物を C_6 化合物に変える．ただの分解でCとHの総数は変わらないため，分解産物のどちらかはC＝C二重結合をもつ．

$$CH_3(CH_2)_{10}CH_3 \longrightarrow CH_3(CH_2)_4CH_3 + CH_2＝CH(CH_2)_3CH_3$$

熱分解ガソリンはアルケンを含むのでオクタン価は高いけれど，反応しやすい二重結合が保存性を落とす．そこで**接触分解**（catalytic cracking）が開発され，水素源となる触媒を使い，アルケンの生成を抑えつつ炭化水素を分解できるようになった．

---

* 訳注：日本でもほぼ同じ時期に禁止した．ただし航空機の燃料にはいまなお添加する．

16・8 石炭の化学

石炭 (coal) は 2 億〜5 億年前の植物体が分解・変性してできた堆積岩を指し，高品質のものから無煙炭，歴青炭，亜歴青炭，亜炭(褐炭) に分類する．元素分析により，歴青炭の組成は $C_{137}H_{97}O_9NS$，無煙炭の組成は $C_{240}H_{90}O_4NS$ だとわかる．石炭の典型的な構造を図 16・2 に描いた．

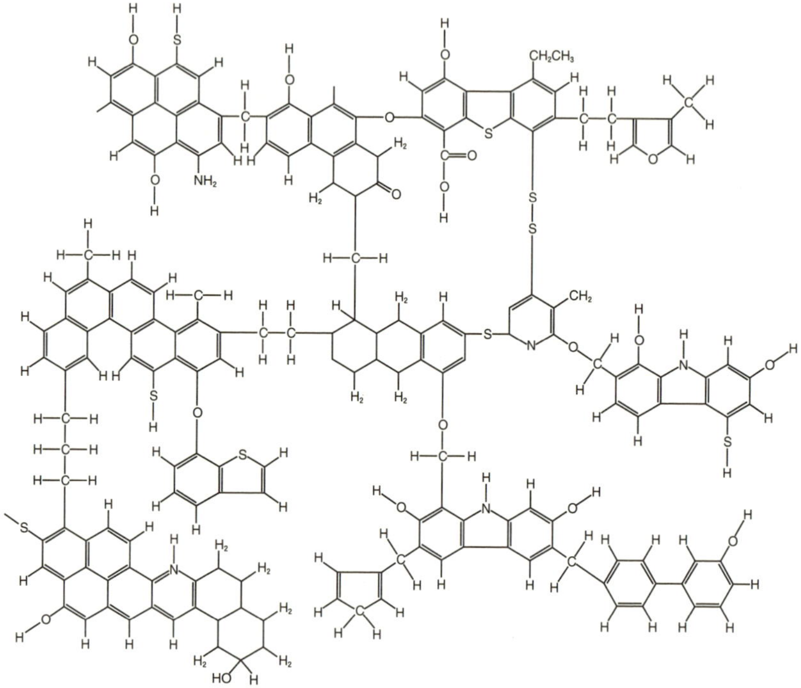

図 16・2 石炭の典型的な構造

米国は年間エネルギー消費（約 10^{17} kJ）の 41% を石油，20% を天然ガス，25% を石炭でまかなう*．2008 年の石炭消費量（約 10 億トン）はことごとく自給できた．米国内には莫大な資源があり，現在の消費ペースで自給するなら 1000 年はもつ．安価な石炭も固体のままでは扱いにくいため，石炭を気体燃料や液体燃料に変える努力が続いてきた．

---

* 訳注: 日本 (2009 年) の場合，年間エネルギー消費は約 3×10^{16} kJ で，うち 46% を石油，18% を天然ガス，21% を石炭でまかなった．

石炭のガス化

メタンが主成分の石炭ガスは，1L あたり 20.5kJ の燃焼熱を出す．1800 年ごろの英国では**都市ガス** (town gas) の名で普及した．多くの自治体がガス製造プラントを備え，石炭ガスのバーナーもいろいろ工夫されている．

燃焼熱がやや小さい**水性ガス** (water gas) は，石炭（炭素）に水蒸気を作用させてつくる*．

$$C(s) + H_2O(g) \longrightarrow CO(g) + H_2(g) \qquad \Delta H° = 131.3\text{kJ}$$

水性ガス 1L は 11.2kJ の熱を出して燃え，CO_2 と H_2O になる．石炭，酸素，水蒸気を反応させると，CO, CO_2, H_2 の混じった水性ガスができる．混合物に H_2O を加えれば**水性ガスシフト反応** (water-gas-shift reaction) が進み，$H_2:CO$ 比が上がる．

$$CO(g) + H_2O(g) \longrightarrow CO_2(g) + H_2(g) \qquad \Delta H° = -41.2\text{kJ}$$

水性ガスから CO_2 を除いた気体は，有機・無機物質の合成原料になるため**合成ガス** (synthesis gas) とよぶ．たとえばメタノールはつぎの反応でつくれる．

$$CO(g) + 2H_2(g) \longrightarrow CH_3OH(l)$$

メタノールからは，アルケンや芳香族化合物，酢酸，ホルムアルデヒド，エタノールもできる．メタン製造にも利用でき，そのメタンを合成天然ガス（SNG = synthetic natural gas）という．

$$CO(g) + 3H_2(g) \longrightarrow CH_4(g) + H_2O(g)$$
$$2CO(g) + 2H_2(g) \longrightarrow CH_4(g) + CO_2(g)$$

石炭の液化

石炭の液化は，合成ガス（$CO + H_2$）を出発点にする．1925 年にフランツ・フィッシャー（Franz Fischer）とハンス・トロプシュ（Hans Tropsch）が，250〜300℃・1atm で CO と H_2 を液体燃料に変える触媒を開発．ドイツは 1941 年にフィッシャー-トロプシュ法で 74 万トンの液体燃料をつくり，戦争に使った．

フィッシャー-トロプシュ法では，CO を H_2 で還元し，長鎖の炭化水素にする．

$$CO(g) + 2H_2(g) \longrightarrow -(CH_2)_n-(l) + H_2O(g) \qquad \Delta H° = -165\text{kJ}$$

生じた H_2O が水性ガスシフト反応を進め，H_2 と CO_2 ができる．

$$CO(g) + H_2O(g) \longrightarrow CO_2(g) + H_2(g) \qquad \Delta H° = -41.2\text{kJ}$$

まとめると総反応はつぎのようになる．

$$2CO(g) + H_2(g) \longrightarrow -(CH_2)_n-(l) + CO_2(g) \qquad \Delta H° = -206\text{kJ}$$

---

* 訳注：ΔH の値は，係数が 1 の（ただし "1" は書かない）物質 1mol あたりのエンタルピー変化を表す（上巻 p.250 参照）．

第二次世界大戦直後は先進国のほとんどがフィッシャー-トロプシュ法を研究していた．だが安い原油の大量供給が始まり，石炭の液化は世の関心を失う*．米国鉱山局も，1944年発足の開発計画を1986年に放棄した．現在，南アフリカにあるサソール社の商用生産コンビナートが，年に3000万トンの石炭を液化している．

COとH_2の反応ではメタノールもつくれる．

$$CO(g) + 2H_2(g) \longrightarrow CH_3OH(l)$$

メタノールはそのまま燃料になるほか，ゼオライト触媒を使うとガソリンに転化できる．油田はないがメタン産出量の多いニュージーランドなどには，その方法が有望だといえる．

石油の枯渇が迫って価格が急騰した暁には，石炭の液化も魅力を回復するだろう．そのとき，フィッシャー-トロプシュ法に戻るか，メタノール合成に進むか，バイオディーゼル油に向かうか，あるいは別の道を見つけるのかは，状況しだいとなる．

16・9 官 能 基

臭素が2-ブテンと反応すれば2,3-ジブロモブタンが生じる．

$$H_3CCH=CHCH_3 + Br_2 \longrightarrow H_3C\underset{Br}{\overset{Br}{\underset{|}{\overset{|}{C}}}}HCHCH_3$$

同じ臭素と3-メチル-2-ペンテンとの反応では，2,3-ジブロモ-3-メチルペンタンができる．

$$H_3CCH=\underset{}{\overset{CH_3}{\underset{|}{C}}}CH_2CH_3 + Br_2 \longrightarrow H_3C\underset{Br}{\overset{Br\ CH_3}{\underset{|}{\overset{|\ \ |}{C}}}}HCCH_2CH_3$$

複雑きわまりない有機反応を個別に覚えなくても，"二重結合のC原子に臭素が付加する"とみればよい．そんなふうに有機化合物の性質は，特別な原子や原子団が決める．分子内にある特別な原子（団）を**官能基**（functional group）という．

官能基は，分子内の個性的な部分を指す．HBrと反応する1-ブテンや2-メチル-2-ヘキセンも，全体の分子構造には目をつぶり，"HBrのHとBrをつかまえるアルケン"とみよう．

---

* 訳注：石油が数十年で枯渇することを思えば，石炭液化の研究開発も考えるべきだろう．

16・9 官能基

$$CH_2=CHCH_2CH_3 + HBr \longrightarrow CH_3CHCH_2CH_3$$
$$|$$
$$Br$$

$$\begin{array}{c}CH_3\\|\\CH_3C=CHCH_2CH_3\end{array} + HBr \longrightarrow \begin{array}{c}CH_3\\|\\CH_3CCH_2CH_2CH_3\\|\\Br\end{array}$$

よく出会う官能基を表 16・5 に示す.

表 16・5 官能基の例

官能基	名 称	例
—C—	アルカン	$CH_3CH_2CH_3$（プロパン）
C=C	アルケン	$CH_3CH=CH_2$（プロペン）
C≡CH	アルキン	$CH_3C≡CH$（プロピン）
F, Cl, Br, I	ハロゲン化アルキル	CH_3Br（臭化メチル）
—OH	アルコール	CH_3CH_2OH（エタノール）
—O—	エーテル	CH_3OCH_3（ジメチルエーテル）
—NH$_2$	アミン	CH_3NH_2（メチルアミン）

原子団 C=O を**カルボニル**（carbonyl）基という. 有機化学ではカルボニル基が活躍する（§16・14 参照）. カルボニルを含む官能基の例を表 16・6 にまとめた.

表 16・6 カルボニルを含む官能基の例

官能基	名 称	例
—C(=O)—H	アルデヒド	CH_3CHO（アセトアルデヒド）
—C(=O)—	ケトン	CH_3COCH_3（アセトン）
—C(=O)—Cl	塩化アシル	CH_3COCl（塩化アセチル）
—C(=O)—OH	カルボン酸	CH_3COOH（酢酸）
—C(=O)—O—	エステル	CH_3COOCH_3（酢酸メチル）
—C(=O)—NH$_2$	アミド	CH_3CONH_2（アセトアミド）

例題 16・8

下図のサフロールは，かつてルートビア（p.463 参照）に加えたものの，ラットに発がん性があるからと使用禁止になった．サフロール分子はどんな官能基をもつか．

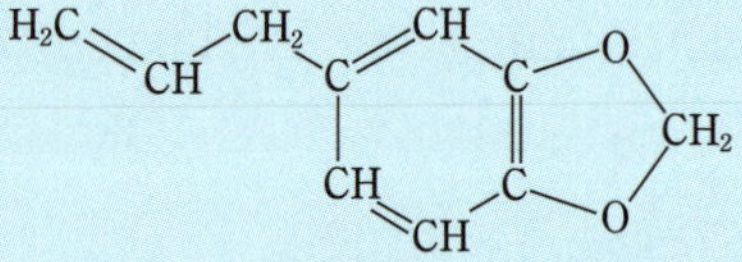

サフロール

【答】 まず，芳香族性をもたらすベンゼン環がある．アルケンの性質を示す C＝C 二重結合と，2 個のエーテル基（－O－）も官能基になる．

例題 16・9

つぎの 3 化合物は，プロスタグランジンの合成を抑えて鎮痛・解熱・抗炎症性を示し，非ステロイド性抗炎症剤（NSAID）と総称する．化合物それぞれの官能基を指摘せよ．

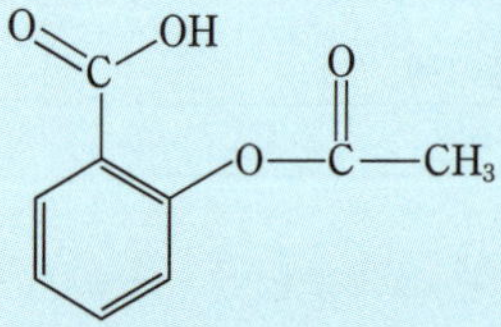

アセチルサリチル酸
（商品名 アスピリン）

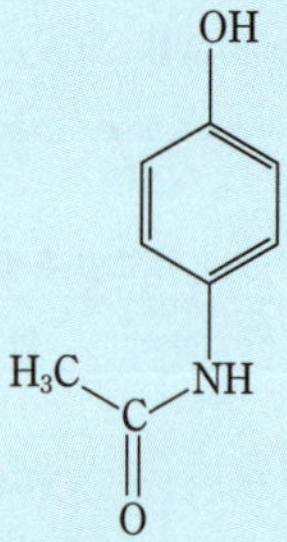

アセトアミノフェン
（商品名 タイレノール）

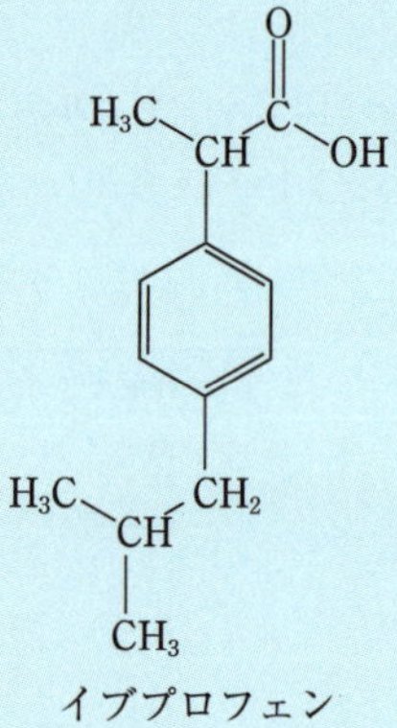

イブプロフェン
（商品名 アドビル）

【答】 どれも芳香族性のベンゼン環がある．
アセチルサリチル酸は，カルボン酸($COOH$) とエステル($COOCH_3$) の両面をもつ．
アセトアミノフェンはアルコール(OH) かつアミド($CONH$)．
イブプロフェンにはカルボン酸基がある．

【例題 16・10】 1928年のペニシリン発見が抗生物質時代の幕を開け，細菌感染の撲滅につながった．ペニシリン過敏症の患者に投与するテトラサイクリン（下図）の官能基を指摘せよ．

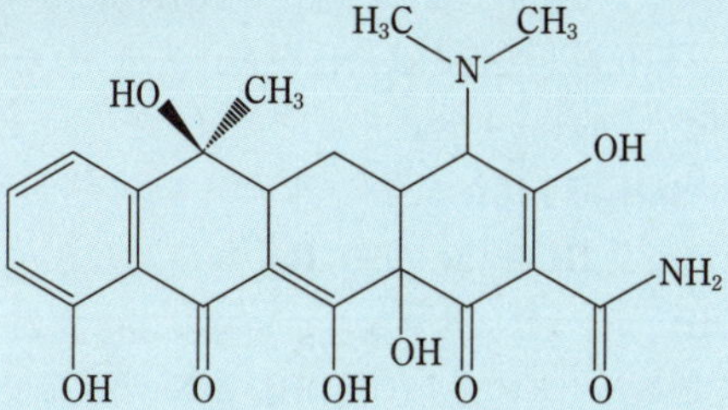

テトラサイクリン

【答】 まずはシクロヘキサン環に縮合した芳香族環が目を引く．ほかの官能基には，アルコール(6個のOH)，ケトン(左から二つ目と四つ目の六員環にあるC＝O)，アミン(四つ目の六員環についたN(CH$_3$)$_2$)，アミド(右下のCONH$_2$) がある．

【例題 16・11】 アヘンなど植物系の麻酔剤は数千年前から知られ，16世紀のガブリエレ・ファロッピオが"弱い催眠剤は無力．強い催眠剤は命を奪う"と書き残す．コカインを局部麻酔に使ったのは1859年のこと．20世紀初頭には，コカインの代わりにプロカインが登場した．いま歯科の局部麻酔にはリドカインを使う．下記3化合物の官能基を指摘せよ．

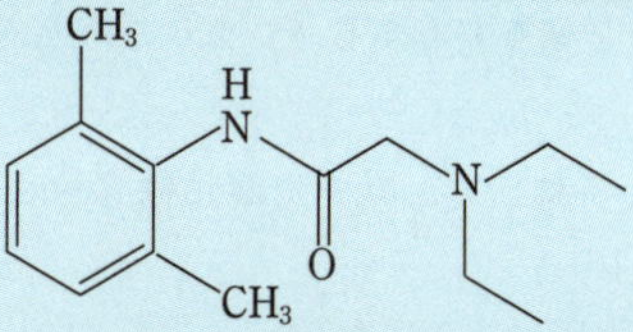

コカイン

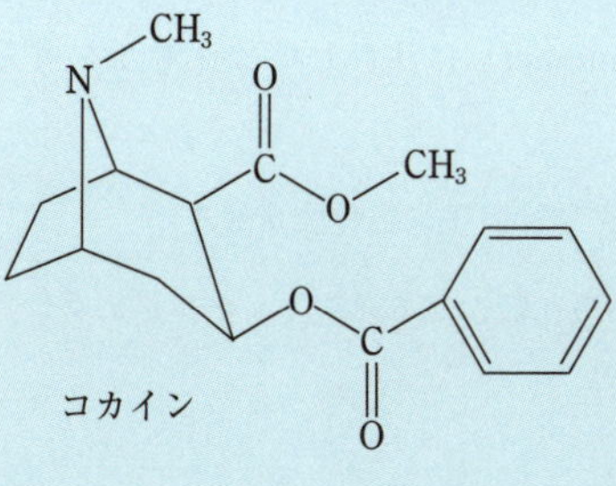

リドカイン

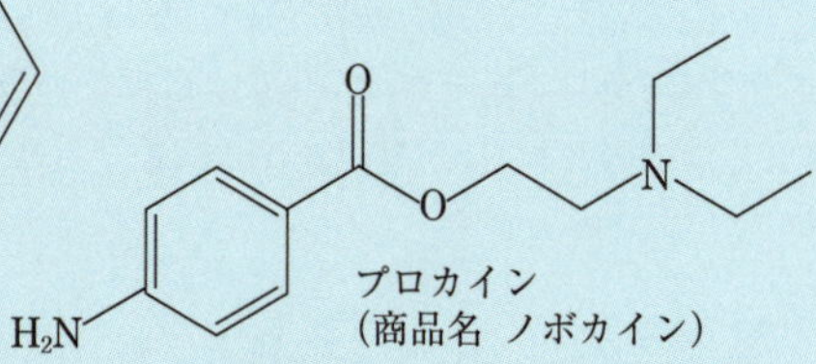

プロカイン
（商品名 ノボカイン）

【答】 どれも芳香族環をもつ．コカインは七員環のシクロアルカンで，アミン(NR$_3$)，エステル(COOR) でもある．リドカインはアミン(NR$_3$) かつアミド(CONHR)，プロカインはアミン(NR$_2$, NH$_2$) かつエステル(COOR)．

16·10 有機化合物の酸化還元

官能基に注目すると，おびただしい化合物に共通の反応パターンが浮き彫りになる．その一つに**酸化還元**（redox）がある．まず，ナトリウムと水の反応を復習しよう．

$$2Na(s) + 2H_2O(l) \longrightarrow H_2(g) + 2Na^+(aq) + 2OH^-(aq)$$

全体を2個の半反応に分ける．酸化の半反応では，NaがNa$^+$イオンになる．

$$\text{酸化}: \quad Na \longrightarrow Na^+ + e^-$$

還元の半反応では，H$^+$イオンがH$_2$分子になる．

$$\text{還元}: \quad 2H^+ + 2e^- \longrightarrow H_2$$

H$_2$O分子がヒドロキシ基（OH）という官能基をもつとみれば，同じ官能基をもつ有機化合物とNaの反応も解剖できる．メタノール（CH$_3$OH）とNaの反応ではH$_2$が生じ，アルコール（alc）に溶けたNa$^+$イオンとCH$_3$O$^-$イオンが生じるだろう．

$$2Na(s) + 2CH_3OH(l) \longrightarrow H_2(g) + 2Na^+(alc) + 2CH_3O^-(alc)$$

これは電子移動を伴うため，酸化還元反応になる．けれど，金属触媒上でH$_2$がエチレン（アルケン）と反応し，エタン（アルカン）になる反応はどう考えたらいいのか？

どの原子も価電子数を変えない．反応前後で，どのCも電子8個を共有し，どのHも電子2個を共有する．つまりこの反応は，電子ではなくH原子が動くとみるのがよい．

原子移動では，原子の**酸化数**（oxidation number）に注目して酸化還元を考える（§5·16）．

> 酸化では原子の酸化数が増え，還元では原子の酸化数が減る．

"エテン（エチレン）⟶ エタン"ではC原子の酸化数が減るから，エテンがエタンに還元される．そのときH$_2$が酸化されている．

16・10 有機化合物の酸化還元

酸化数が変わらない反応もある．酢酸（カルボン酸）とメチルアミンはこう反応する．

$$CH_3COOH + CH_3NH_2 \longrightarrow CH_3COO^- + CH_3NH_3^+$$

エタノール（アルコール）と臭化水素の反応はつぎのように書ける．

$$CH_3CH_2OH + HBr \longrightarrow CH_3CH_2Br + H_2O$$

上記の二つは，どの原子も酸化数を変えないため，酸化還元反応ではない．
さまざまな化合物中でC原子がもつ酸化数を表16・7にまとめた．

表 16・7 炭素原子の酸化数

物質群	例	Cの酸化数
アルカン	CH_4	-4
アルキルリチウム	CH_3Li	-4
アルケン	$H_2C=CH_2$	-2
アルコール	CH_3OH	-2
エーテル	CH_3OCH_3	-2
ハロゲン化アルキル	CH_3Cl	-2
アミン	CH_3NH_2	-2
アルキン	$HC\equiv CH$	-1
アルデヒド	H_2CO	0
カルボン酸	$HCOOH$	2
二酸化炭素	CO_2	4

有機化合物の反応が酸化還元かどうかは，酸化数の変化からわかる．

例題 16・12 以下の反応は酸化還元か．

① $2CH_3OH \xrightarrow{H^+} CH_3OCH_3$

② $\underset{}{HCOH} + CH_3OH \xrightarrow{H^+} \underset{}{HCOCH_3}$ （カルボニル O 付き）

③ $CO + H_2 \xrightarrow{触媒} CH_3OH$

④ $CH_3Br + 2Li \longrightarrow CH_3Li + LiBr$

【答】 ① 酸化還元ではない（Cの酸化数が変わらない）．

$$2\underset{-2}{CH_3OH} \longrightarrow \underset{-2}{CH_3OCH_3} + H_2O$$

② 酸化還元ではない（Cの酸化数が変わらない）．

$$\underset{+2}{HCOOH} + \underset{-2}{CH_3OH} \longrightarrow \underset{+2-2}{HCOOCH_3} + H_2O$$

③ 酸化還元（Cの酸化数が減る）．
$$CO + H_2 \longrightarrow CH_3OH$$
$$+2 \qquad\qquad -2$$

④ 酸化還元（Cの酸化数が減る）．
$$CH_3Br + 2Li \longrightarrow CH_3Li + LiBr$$
$$-2 \qquad\qquad -4$$

酸化と還元はセットで進むが，物質のどれかに注目すれば酸化還元かどうかはわかる．

例題 16・13 以下の3段階反応で，C原子は酸化や還元を受けるか．

$$\text{H-CH}_2\text{-OH} \longrightarrow \text{H-CHO}$$

$$\text{H-CHO} \longrightarrow \text{H-COOH}$$

$$\text{H-COOH} \longrightarrow O=C=O$$

【答】 Cの酸化数は段階ごとに2ずつ増すため，酸化されている．

$$-2 \text{（H-CH}_2\text{-OH）} \longrightarrow 0 \text{（H-CHO）}$$

$$0 \text{（H-CHO）} \longrightarrow +2 \text{（H-COOH）}$$

$$+2 \text{（H-COOH）} \longrightarrow +4 \text{（O=C=O）}$$

C原子の酸化数をすぐには見抜けない複雑な分子も多い．そのときは，つぎのことを目安にする．

酸化反応では，C 上の H が減るか，C に O が結合する．
還元反応では，C に H が結合するか，C 上の O が減る．

例題 16・13 の "アルコール → アルデヒド" は，C 上の H が減る酸化反応になる．また "アルデヒド → カルボン酸" は，C に O が結合する酸化反応だといえる．
"アルケン → アルカン" は，C に H が結合する還元反応になる．

$$H_2C=CHCH_3 + H_2 \xrightarrow{Ni} CH_3CH_2CH_3$$

有機化合物の酸化還元は，下記の流れを頭において判定しよう．

$$\underset{-4}{CH_4} \not\rightarrow \underset{-2}{CH_3OH} \rightarrow \underset{0}{HCH{=}O} \rightarrow \underset{+2}{HCO{=}OH} \rightarrow \underset{+4}{CO_2}$$

どの段階でも C の酸化数が 2 ずつ増える．最初の変化だけは 1 段階では進まないため，矢印に斜線（/）をつけた．

16・11 アルカンのハロゲン化

アルカンとハロゲン（F_2, Cl_2, Br_2, I_2）を混ぜて紫外線を当てると，つぎの反応が進む．

$$CH_4(g) + Cl_2(g) \longrightarrow CH_3Cl(g) + HCl(g)$$

この反応はつぎの特徴をもつ．
- 暗所や低温では進まない．
- 紫外線を当てるか，温度を 250℃ 以上に上げると進む．
- いったん始まった反応は，紫外線の照射をやめても続く．
- CH_3Cl（クロロメタン）のほか，CH_2Cl_2（ジクロロメタン），$CHCl_3$（クロロホルム），CCl_4（四塩化炭素）も生じる．
- 少量ながら C_2H_6（エタン）もできる．

こうした結果は**連鎖反応**（chain reaction）の特徴になる．連鎖反応は，開始・成長・停止の 3 段階を含む．

連 鎖 開 始

紫外線の光子エネルギー（または熱エネルギー）を受け，Cl_2 分子が 2 個の Cl 原子に分かれる．

$$Cl_2 \longrightarrow 2\,Cl\cdot \quad \Delta H° = 243.4\,kJ$$

生じる Cl（Cl·）は不対電子をもち，**フリーラジカル**（free radical）の類になる．

連鎖成長

Cl· のようなラジカルは反応性が高い．メタン分子とぶつかった Cl· が H を引き抜き，HCl 分子とメチルラジカル（$CH_3·$）ができる．

$$CH_4 + Cl· \longrightarrow CH_3· + HCl \qquad \Delta H° = -16 \text{kJ}$$

$CH_3·$ が Cl_2 とぶつかれば，CH_3Cl 分子が生じるとともに，Cl· が再生する．

$$CH_3· + Cl_2 \longrightarrow CH_3Cl + Cl· \qquad \Delta H° = -87 \text{kJ}$$

最初に消えた 1 個の Cl· あたり 1 個の Cl· が再生するため，反応は，連鎖成長を促すラジカルが何らかの形でなくなるまで続く．

連鎖停止

ラジカルどうしがぶつかって合体すれば，連鎖も止まる．停止反応は 3 種類ある．

$$2Cl· \longrightarrow Cl_2 \qquad \Delta H° = -243.4 \text{kJ}$$
$$CH_3· + Cl· \longrightarrow CH_3Cl \qquad \Delta H° = -330 \text{kJ}$$
$$2CH_3· \longrightarrow CH_3CH_3 \qquad \Delta H° = -350 \text{kJ}$$

ふつうラジカルの濃度は低いから，連鎖停止反応の頻度は高くない．

以上をもとに，CH_4 と Cl_2 の反応が示す五つの特徴はこう説明できる．

- まず起きるラジカル生成（次式）はエネルギー投入を要するため，暗所や低温では反応が始まらない．

$$Cl_2 \longrightarrow 2Cl· \qquad \Delta H° = 243.4 \text{kJ}$$

- 紫外線の光子も高温の熱も，Cl−Cl 結合を切れるほどエネルギーが大きい．
- 紫外線は Cl· 生成だけにはたらき，Cl· は連鎖反応で再生するから，照射後も反応は続く．

$$CH_4 + Cl· \longrightarrow CH_3· + HCl$$
$$CH_3· + Cl_2 \longrightarrow CH_3Cl + Cl·$$

- 初期生成物の CH_3Cl が Cl· に H を引き抜かれて CH_2Cl_2 になり，CH_2Cl_2 がさらに H を引き抜かれ…と反応が続くため，生成物は CH_3Cl で止まらない．

$$CH_3Cl + Cl· \longrightarrow CH_2Cl· + HCl$$
$$CH_2Cl· + Cl_2 \longrightarrow CH_2Cl_2 + Cl· \qquad \text{など}$$

- 2 個の $CH_3·$ が合体すると C_2H_6 になる．つまり C_2H_6 の生成は，ラジカル反応の証拠になる．

$$2CH_3· \longrightarrow CH_3CH_3$$

アルカンのラジカルハロゲン化は，原子移動反応の例になる．生成物を CH_3Cl とみた正味の反応は次式に書けるので，C が H を失う酸化還元反応だといえる．

$$\text{CH}_4 + \text{Cl}_2 \longrightarrow \text{CH}_3\text{Cl} + \text{HCl}$$
$\quad\quad -4 \quad\quad\quad\quad -2$

16・12 アルコールとエーテル

飽和 C 原子に OH 基が結合した化合物を**アルコール**(alcohol)という．慣用名は"アルキル基名＋アルコール"とする．系統名はアルカン名に"-ol(オール)"をつけ，必要なら，OH 基がついた C の番号を添える．

	慣用名	系統名
CH_3OH	メチルアルコール	メタノール
$\text{CH}_3\text{CH}_2\text{OH}$	エチルアルコール	エタノール
$\underset{\text{CH}_3\text{CHCH}_3}{\overset{\text{OH}}{\mid}}$	イソプロピルアルコール	2-プロパノール

例題 16・14 バラの香りは 200 種以上の有機化合物が生み，その一つにシトロネロール (慣用名) がある (下図)．シトロネロールの系統名はどうなるか．

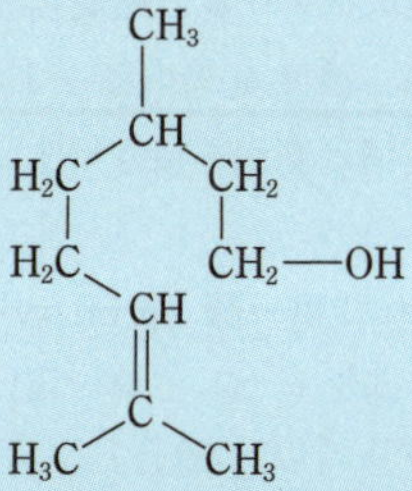

【答】 最長の炭素鎖は，OH のついた C を含めて 8 個の C からなる．

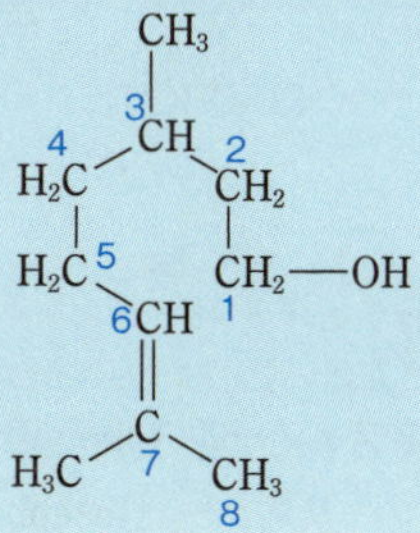

> Cが8個だから、オクタン誘導体になる。単結合だけならオクタノールとよぶところ、C=C二重結合が1個あるので"オクテノール"。OHはC1につき、二重結合はC6〜C7間だから、オクト-6-エン-1-オールが基本名となる。C3とC7上のメチル基も考え、最終的な系統名は3,7-ジメチルオクト-6-エン-1-オール (3,7-dimethyloct-6-en-1-ol) にする。

むかし木の乾留でつくったため"木精"とよんだメタノールは毒性が高く、飲むと目を傷めたり命を落としたりする。アルコール飲料の主成分エタノールは、糖類に酵母が作用してできる(醸造の歴史は6000年を超す)。酵母はつぎの反応(エタノール発酵)で糖を消化し、エタノールとCO_2を排泄する。

$$C_6H_{12}O_6(aq) \longrightarrow 2CH_3CH_2OH(aq) + 2CO_2(g)$$

酵母は10〜12%以上のエタノール濃度で死ぬため、アルコールの濃いウイスキーやブランデー、焼酎は発酵生成物の蒸留でつくる。エタノールの毒性はメタノールより低いものの、血液100mLあたり0.1gで酔っぱらい、0.4〜0.6gにもなると昏睡や死を招く。

体内のエタノールは、酵素アルコールデヒドロゲナーゼの作用で酸化され、最後はCO_2とH_2Oになり排泄される。エタノールの燃焼熱30kJ/gは炭水化物(17kJ/g)より大きく、脂肪(38kJ/g)に迫る。濃度40%の酒1オンス(約28g)が米国人の1日所要カロリーの3%にあたるから、酒は肥満を招きやすい。ただしビタミンなどを含まないため、よい栄養源ではない。

アルコールは、OHのつきかたで**第一級**(primary)・**第二級**(secondary)・**第三級**(tertiary)に分類する。アルキル基をRとして第一級はRCH_2OH、第二級はR_2CHOH、第三級はR_3COHと書ける。エタノール、2-プロパノール、第三級(*tert*-)ブチルアルコールを下に描いた。

CH_3CH_2OH $CH_3\overset{OH}{\underset{|}{C}}HCH_3$ $CH_3\overset{OH}{\underset{|}{\underset{CH_3}{\overset{|}{C}}}}CH_3$

第一級アルコール　　　　第二級アルコール　　　　第三級アルコール

芳香環にOHがついた化合物をフェノール(phenol)類という。フェノール類は殺菌力を示し、1860年代にはジョゼフ・リスター(Joseph Lister)がフェノール(石炭酸)

滅菌法を考案した．市販の消毒薬"ライソール"には o(オルト)-フェニルフェノールが入れてある．

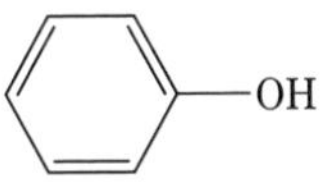

　　　　フェノール 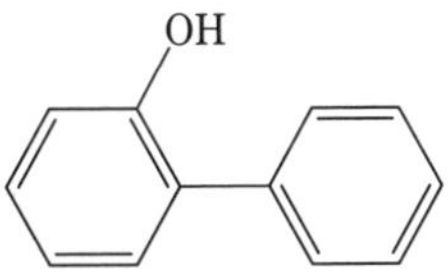　　　　　　o-フェニルフェノール

水中のアルコールはブレンステッド酸になる．
$$CH_3CH_2OH(aq) + H_2O(l) \rightleftharpoons H_3O^+(aq) + CH_3CH_2O^-(aq)$$
そのためアルコールはナトリムと反応し，共役塩基のナトリウム塩に変わる．
$$2Na(s) + 2CH_3OH(l) \longrightarrow 2Na^+(alc) + 2CH_3O^-(alc) + H_2(g)$$
アルコールの共役塩基を**アルコキシド**（alkoxide）**イオン**という．

$[Na^+][CH_3O^-]$　　　　$[Na^+][CH_3CH_2O^-]$
ナトリウムメトキシド　　　ナトリウムエトキシド

アルコール(ROH) は，H_2O の H が 1 個だけアルキル基になった分子とみてもよい．2 個ともアルキル基なら**エーテル**（ether）ROR′ になる．エーテルはアルキル基名をもとに名づける．

　　　　　　　$CH_3CH_2OCH_2CH_3$　　　ジエチルエーテル

ジエチルエーテル(通称 エーテル) は，かつて麻酔剤にした．エーテル入りの空気に火花が飛ぶと爆発して危険だから，いまはもっと安全な麻酔剤を使う．

アルコールとエーテルは物理・化学的性質に大きな違いがある．たとえば，同じ $C_4H_{10}O$ の異性体どうし，ジエチルエーテルと 1-ブタノールの性質はつぎのように違う．

$CH_3CH_2OCH_2CH_3$　　　$CH_3CH_2CH_2CH_2OH$
沸点 34.5℃　　　　　　　沸点 117.2℃
密度 0.7138g/mL　　　　　密度 0.8098g/mL
水に不溶　　　　　　　　　水に可溶

どちらの化合物も全体的な分子形は似ている．

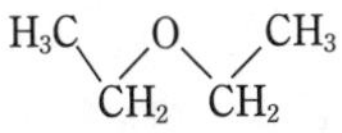

　　ジエチルエーテル 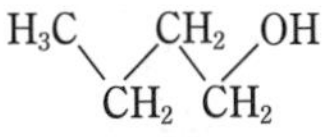　　　　　1-ブタノール

1-ブタノール分子にある OH 基が，エーテルにはない．仲間どうし水素結合できないエーテルは，沸点がアルコールより 80℃ 以上も低い．また，水素結合できない分，密度もアルコールよりだいぶ小さい．

エーテルは水素結合の受容体（アクセプター）になれても，供与体（ドナー）にはなれない．そのため，同じ分子量ならエーテルはアルコールより水に溶けにくい．OH がないエーテルの反応性は低く，酸化剤や還元剤とも，酸や塩基とも反応しにくい．だからエーテルは反応溶媒によく使う．

H^+ イオン（プロトン）を放出できる化合物を，**プロトン性**（protic）化合物という．エタノールはプロトン性溶媒になる．

$$CH_3CH_2OH(aq) + H_2O(l) \rightleftharpoons H_3O^+(aq) + CH_3CH_2O^-(aq)$$

プロトン源になれないものは**非プロトン性**（aprotic）化合物とよぶ．OH のないエーテルは非プロトン性溶媒になる．

16·13 アルデヒドとケトン

アルケンの C=C に H_2 が付加するとアルカンができた（§16·5）．

$$\underset{H}{\overset{H}{}}C=C\underset{H}{\overset{H}{}} + H_2 \xrightarrow{Pt} H-\underset{H}{\overset{H}{C}}-\underset{H}{\overset{H}{C}}-H$$

この反応（水素化）では，強い H−H 結合（435 kJ/mol）と，やや強い C−C 結合（二重結合のうち 1 本）が切れ，強い C−H 結合（439 kJ/mol）が 2 本できる．差引きで結合が強まるため，アルケン → アルカン は発熱変化になる．

C=O 結合に H_2 が付加する反応はどうか？

$$H-\underset{H}{\overset{H}{C}}-\overset{O}{\overset{\|}{C}}-H + H_2 \xrightarrow{Pt} H-\underset{H}{\overset{H}{C}}-\underset{H}{\overset{OH}{C}}-H$$

この場合も，切れる H−H 結合（435 kJ/mol）と C=O 二重結合の 1 本（375 kJ/mol）よりも，できる C−H 結合（413 kJ/mol）と O−H 結合（467 kJ/mol）のほうが総合で強いため，発熱変化になる．

C=O に H_2 がつく"水素化"の逆は，アルコールが H_2 を失って C=O になる"脱水素"だといえる．つまり第一級アルコール（alcohol）の脱水素（dehydrogenation）だから，生成物を**アルデヒド**（aldehyde）とよぶ．脱水素は酸化なので，酸化剤を [O] と書き，反応をつぎのように表す．

$$\text{CH}_3\text{CH}_2\text{OH} \xrightarrow{[\text{O}]} \text{CH}_3\overset{\displaystyle \text{O}}{\overset{\|}{\text{CH}}}$$

第一級・第二級・第三級アルコールの酸化はそれぞれ違う．2-プロパノールの酸化はこう進む．

$$\text{CH}_3\overset{\text{OH}}{\underset{|}{\text{CHCH}_3}} \xrightarrow{[\text{O}]} \text{CH}_3\overset{\displaystyle \text{O}}{\overset{\|}{\text{CCH}_3}}$$

いまアセトン (acetone) とよぶ生成物を古くはアケトン (aketone) とよんだため，"アケトン"と似た性質の物質に**ケトン** (ketone) の名がついた．

第一級アルコールの酸化ではアルデヒドが，第二級アルコールの酸化ではケトンができる．第三級アルコールはどうだろう？ じつは何も起こらない．

$$\text{CH}_3\overset{\text{OH}}{\underset{\underset{\text{CH}_3}{|}}{\underset{|}{\text{C}}}}\text{CH}_3 \xrightarrow{[\text{O}]} \!\!\!\!/$$

第三級アルコールは，H_2 になって抜ける H（2個）がないので酸化されない．

アルデヒドとケトンの命名法

アルデヒドの慣用名は，対応するカルボン酸の名にちなむ．

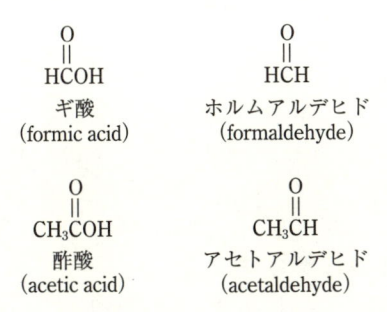

$$\underset{\substack{\text{ギ酸}\\(\text{formic acid})}}{\text{HCOH}}^{\overset{\text{O}}{\|}} \qquad \underset{\substack{\text{ホルムアルデヒド}\\(\text{formaldehyde})}}{\text{HCH}}^{\overset{\text{O}}{\|}}$$

$$\underset{\substack{\text{酢酸}\\(\text{acetic acid})}}{\text{CH}_3\text{COH}}^{\overset{\text{O}}{\|}} \qquad \underset{\substack{\text{アセトアルデヒド}\\(\text{acetaldehyde})}}{\text{CH}_3\text{CH}}^{\overset{\text{O}}{\|}}$$

アルデヒドの系統名は，元のアルカン名に "-al(アール)" をつける．

$$\underset{\text{メタナール}}{\text{HCH}}^{\overset{\text{O}}{\|}} \qquad \underset{\text{エタナール}}{\text{CH}_3\text{CH}}^{\overset{\text{O}}{\|}}$$

置換基があるなら，CHO の C を 1 番とみた番号を接頭語に使う．

$$\text{BrCH}_2\text{CH}_2\overset{\overset{\text{O}}{\|}}{\text{CH}} \quad \text{3-ブロモプロパナール}$$

ケトンの慣用名は，C=O の C についたアルキル基 2 個をアルファベット順に並べ，"ケトン"を続ける．

$$\text{CH}_3\overset{\overset{\text{O}}{\|}}{\text{C}}\text{CH}_2\text{CH}_3 \quad \text{エチルメチルケトン}$$

ケトンの系統名は，元のアルカン名に"-one(オン)"を添え，C=O の位置を接頭語にする．

$$\text{CH}_3\overset{\overset{\text{O}}{\|}}{\text{C}}\text{CH}_2\text{CH}_3 \quad \text{2-プロパノン}$$

身近なアルデヒドとケトン

ホルムアルデヒド（ホルマリンの成分）は刺激性の不快臭をもつけれど，芳香族アルデヒドには心地よい香りの物質が多い．ベンズアルデヒドはアーモンドの香り成分，バニリンはバニラの香り成分，桂皮酸(けいひ)アルデヒドはシナモンの香り成分となる．

ベンズアルデヒド　　バニリン　　桂皮酸アルデヒド

16・14 カルボニル基の反応性

カルボニル基（C=O）の結合は，純粋な共有結合ではない．C と O の電気陰性度に大差があって C=O は極性をもつため，カルボニル基はつぎのような共鳴混成体とみるのがよい．

$$\ce{>C=\ddot{O}:} \longleftrightarrow \ce{>^{+}C-\ddot{\ddot{O}}:^{-}}$$

16・14 カルボニル基の反応性

混成体の極性は，C に記号 $\delta+$（正電荷），O に記号 $\delta-$（負電荷）を添えて表す．

$$\overset{\diagdown}{\underset{\diagup}{\,}}\!C_{\delta+}\!=\!O^{\delta-}$$

C=O の $\delta-$ 端に作用する物質を**求電子試薬**（electrophile）という．求電子試薬にはイオン（H^+, Fe^{3+}）と分子（$AlCl_3$, BF_3）がある．このように，電子対の受容体（アクセプター）になる物質を**ルイス酸**（Lewis acid）とよぶ．

$\delta+$ 端に作用する物質は**求核試薬**（nucleophile）という．求核試薬（NH_3 や OH^-）は電子対の供与体（ドナー）で，そうした物質を**ルイス塩基**（Lewis base）とよぶ．

水素化物イオン（H^-）も $\delta+$ 端を攻撃するルイス塩基なので，H^- 源になる物質はアルデヒドやケトンと反応する．そのとき H^- の価電子2個がCと共有結合し，C=O 結合の電子1対がOのほうに押しやられる結果，Oの電荷が -1 のアルコキシドイオンができる．

アルコキシドは強いブレンステッド塩基だから，H_2O の H^+ を奪ってアルコールになる．

イオン化合物のテトラヒドロアルミン酸リチウム（水素化アルミニウムリチウム，$LiAlH_4$）やテトラヒドロホウ酸ナトリウム（水素化ホウ素ナトリウム，$NaBH_4$）も H^- 源になる．

$$LiAlH_4: \quad [Li^+][AlH_4^-]$$
$$NaBH_4: \quad [Na^+][BH_4^-]$$

水素化アルミニウムイオン（AlH_4^-）や水素化ホウ素イオン（BH_4^-）は，H^-（ルイス塩基）が AlH_3 や BH_3（ルイス酸）と複合化した姿ではたらく．

$$\left[\begin{array}{c} H \\ | \\ H-Al-H \\ | \\ H \end{array} \right]^- \longrightarrow H:^- \quad \begin{array}{c} H \\ | \\ Al-H \\ | \\ H \end{array}$$

H^- を出しやすい $LiAlH_4$ は，プロトン性溶媒（水など）の H^+ を奪う（H_2 が生成）．そのため，$LiAlH_4$ でカルボニル化合物を還元したいときは，$LiAlH_4$ と反応しにくいエーテルを溶媒に使う．還元のあと，生成物を水と反応させてアルコールにする．

$$CH_3CH_2\overset{O}{\overset{\|}{C}}H \xrightarrow[\text{2. }H_2O]{\text{1. }LiAlH_4 \text{ (エーテル中)}} CH_3CH_2CH_2OH$$

$NaBH_4$ はプロトン性溶媒と反応しにくいので，$NaBH_4$ によるカルボニルの還元は，アルコールを溶媒に使い，1段階反応で起こせる．

$$CH_3CH_2\overset{O}{\overset{\|}{C}}CH_3 \xrightarrow[C_2H_5OH \text{ 中}]{NaBH_4} CH_3CH_2\overset{OH}{\overset{|}{C}}HCH_3$$

16・15　カルボン酸

カルボニル炭素に OH がついた RCOOH 形の化合物を**カルボン酸**（carbolylic acid）という．カルボン酸は H^+ を出して**カルボン酸イオン**（carboxylate ion）になる．

$$H_3C-\overset{O}{\overset{\|}{C}}-OH \rightleftharpoons H_3C-\overset{O}{\overset{\|}{C}}-O^- + H^+$$

カルボン酸イオンはつぎの共鳴混成体で表す．

$$\left[H_3C-\overset{O}{\overset{\|}{C}}-O^- \leftrightarrow H_3C-\overset{O^-}{\overset{|}{C}}-O \right]$$

16・15 カルボン酸

共鳴で負電荷が非局在化するため，カルボン酸イオンはアルコキシドイオンより安定性が高い．共役塩基が安定なほど，酸の強さは増す．だからカルボン酸の酸性（$K_a \approx 10^{-5}$）は，アルコールの酸性（$K_a \approx 10^{-16}$）よりずっと高い．

$$CH_3C\begin{matrix}O\\OH\end{matrix} \rightleftharpoons CH_3C\begin{matrix}O\\O^-\end{matrix} + H^+ \quad K_a = 1.8 \times 10^{-5}$$

$$CH_3OH \rightleftharpoons CH_3O^- + H^+ \quad K_a = 8 \times 10^{-16}$$

カルボン酸の発見は古いので，単離材料のラテン語名にちなむ慣用名が浸透している．たとえばギ酸（英語名 formic acid の原語はラテン語 *formica* ＝ 蟻）はアリから，酢酸（英語名 acetic acid の原語はラテン語 *acetum* ＝ 酢）は酢から単離された．

酪酸（英語名 butyric acid の原語はラテン語 *butyrum* ＝ バター）は腐敗バター中に，カプロン酸（英語名 caproic acid）・カプリル酸（caprylic acid）・カプリン酸（capric acid）は，ヤギ（ラテン語名 *caper*）の脂肪に見つかった．

よく出会うカルボン酸を表 16・8 に示す．

表 16・8　よく出会うカルボン酸

慣用名	化学式	水への溶解度 (g/100 mL)
飽和カルボン酸と飽和脂肪酸		
ギ酸	HCOOH	∞
酢酸	CH_3COOH	∞
プロピオン酸	CH_3CH_2COOH	∞
酪酸	$CH_3(CH_2)_2COOH$	∞
カプロン酸	$CH_3(CH_2)_4COOH$	0.968
カプリル酸	$CH_3(CH_2)_6COOH$	0.068
カプリン酸	$CH_3(CH_2)_8COOH$	0.015
ラウリン酸	$CH_3(CH_2)_{10}COOH$	0.0055
ミリスチン酸	$CH_3(CH_2)_{12}COOH$	0.0020
パルミチン酸	$CH_3(CH_2)_{14}COOH$	0.00072
ステアリン酸	$CH_3(CH_2)_{16}COOH$	0.00029
不飽和脂肪酸		
パルミトレイン酸	$CH_3(CH_2)_5CH=CH(CH_2)_7COOH$	
オレイン酸	$CH_3(CH_2)_7CH=CH(CH_2)_7COOH$	
リノール酸	$CH_3(CH_2)_4CH=CHCH_2CH=CH(CH_2)_7COOH$	
リノレン酸	$CH_3CH_2CH=CHCH_2CH=CHCH_2CH=CH(CH_2)_7COOH$	

カルボン酸の系統名は，元のアルカン名に"酸"をつける．

$$HCOOH \quad メタン酸$$
$$CH_3COOH \quad エタン酸$$
$$CH_3CH_2COOH \quad プロパン酸$$

ただし命名の歴史が古いから，ふつうはどれも慣用名でよぶ．

　ギ酸と酢酸は刺激臭をもつが，アルキル鎖の長いカルボン酸は不快臭を示す（汗のいやな臭いは酪酸が出し，腐肉の悪臭もおもにカルボン酸類が出す）*．

　カルボキシ基（COOH）が2個の化合物を**ジカルボン酸**（dicarboxylic acid）という．天然にはジカルボン酸が多い（表16・9）．酒石酸はアルコール発酵で副生し，コハク酸やフマル酸，リンゴ酸，オキサロ酢酸は，糖の代謝（酸化）経路で中間体になる．

表16・9　食品中に多いジカルボン酸

HOOCCOOH	シュウ酸	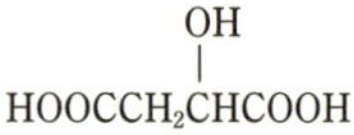 HOOCCH$_2$CHCOOH（OH）	リンゴ酸
HOOCCH$_2$COOH	マロン酸	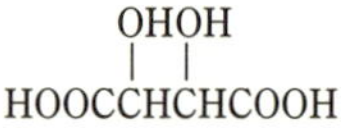 HOOCCHCHCOOH（OH OH）	酒石酸
HOOCCH$_2$CH$_2$COOH	コハク酸	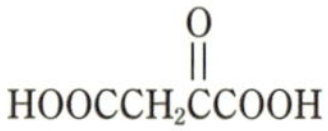 HOOCCH$_2$CCOOH（=O）	オキサロ酢酸
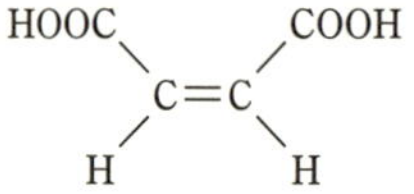 HOOC＼C=C／COOH（H, H）	マレイン酸		
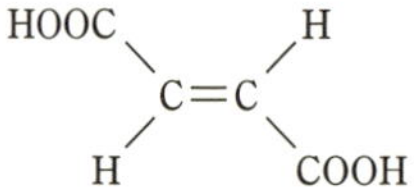 HOOC＼C=C／H（H, COOH）	フマル酸		

　糖の代謝には，カルボキシ基3個のトリカルボン酸も関係する．なかでもつぎのクエン（枸櫞＝レモン）酸は，さまざまな果汁に酸味をつける．

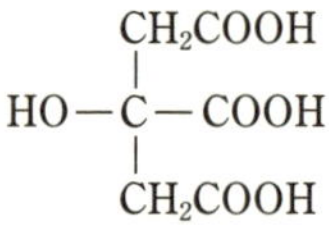

$$\begin{array}{c} CH_2COOH \\ | \\ HO-C-COOH \\ | \\ CH_2COOH \end{array}$$

クエン酸

＊　訳注：基本味のうち酸味は，腐敗物を避けさせるための警告信号だと思われている．事実，家畜やペットなどは酢を嫌う．

16・16 エステル

カルボン酸(RCOOH)は，酸か塩基を触媒にしてアルコール(R'OH)と反応し，**エステル**(ester) RCOOR'に変わる．酢酸がエタノールと反応すれば酢酸エチルができる．

$$CH_3\overset{O}{\overset{\|}{C}}OH + CH_3CH_2OH \underset{}{\overset{H^+}{\rightleftharpoons}} CH_3\overset{O}{\overset{\|}{C}}OCH_2CH_3 + H_2O$$

上の反応は平衡定数が小さい($K_c \approx 3$)ため，エステル合成法としては効率が悪い．ふつうエステルは2段階反応でつくる．まずカルボン酸を塩化チオニル(SOCl$_2$)などの塩素化剤と反応させ，いったん**塩化アシル**(acyl chloride)にする．

$$CH_3\overset{O}{\overset{\|}{C}}OH + SOCl_2 \longrightarrow CH_3\overset{O}{\overset{\|}{C}}Cl + SO_2 + HCl$$

そのあと塩基(B)を入れると，塩化アシルとアルコールからエステルができる．

$$CH_3\overset{O}{\overset{\|}{C}}Cl + C_2H_5OH \overset{B}{\longrightarrow} CH_3\overset{O}{\overset{\|}{C}}OC_2H_5 + BH^+Cl^-$$

最初の反応でできる HCl も塩基 B を消費し，右向き反応を完結させる．

エステルは，カルボン酸の誘導体とみて命名する．日本語では，カルボン酸名のあと，アルコールのアルキル基名を続ける．上記のエステルは酢酸(CH$_3$COOH)のエチルアルコール(C$_2$H$_5$OH)誘導体だから，"酢酸エチル"になる．

$$CH_3\overset{O}{\overset{\|}{C}}OC_2H_5 \quad \text{酢酸エチル}$$

エタン酸(CH$_3$COOH)のエチルアルコール(C$_2$H$_5$OH)誘導体とみればつぎの名称になる．

$$CH_3\overset{O}{\overset{\|}{C}}OC_2H_5 \quad \text{エタン酸エチル}$$

エステルには，強酸とアルコールの反応生成物もある．たとえば硫酸がメタノールと反応すれば，硫酸ジメチルというジエステルができる．

$$HO-\underset{\underset{O}{\|}}{\overset{\overset{O}{\|}}{S}}-OH + 2CH_3OH \longrightarrow CH_3O-\underset{\underset{O}{\|}}{\overset{\overset{O}{\|}}{S}}-OCH_3$$

リン酸もアルコールと反応し，リン酸トリエチルなどのトリエステルになる．

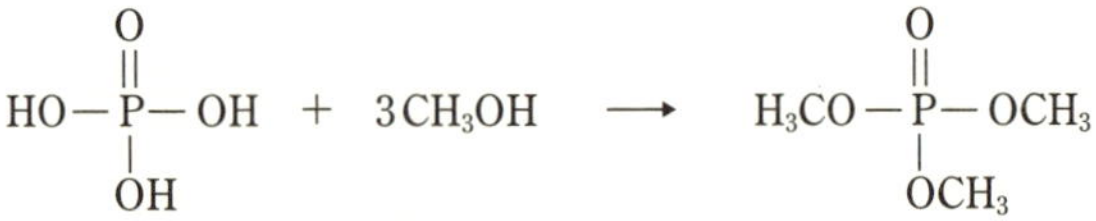

$$\text{HO-}\underset{\underset{\text{OH}}{|}}{\overset{\overset{\text{O}}{\|}}{\text{P}}}\text{-OH} + 3\text{CH}_3\text{OH} \longrightarrow \text{H}_3\text{CO-}\underset{\underset{\text{OCH}_3}{|}}{\overset{\overset{\text{O}}{\|}}{\text{P}}}\text{-OCH}_3$$

COOR 型のエステルは，原料の酸を明示して**カルボン酸エステル**（carboxylic acid ester）とよぶ．

分子量が小さいカルボン酸エステルには，無色の揮発性液体が多い．多くは芳香をもつので，天然香料や人工香料によく使う（図 16・3）．

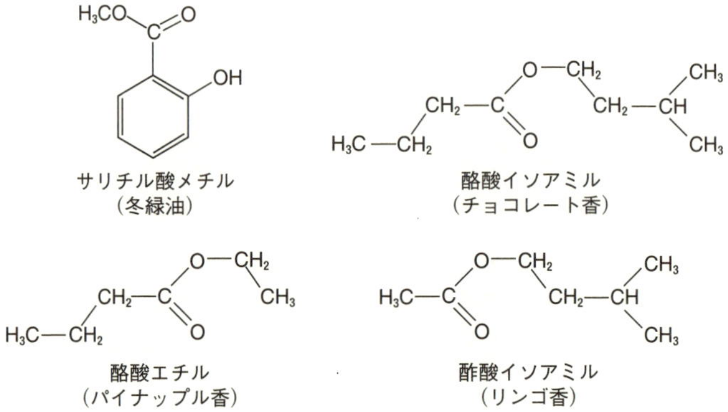

図 16・3 芳香性カルボン酸エステルの例

16・17 アミン，アルカロイド，アミド

アンモニアの H がアルキル基に変わった化合物を**アミン**（amine）という．置換の度合により第一級アミン（RNH_2），第二級アミン（R_2NH），第三級アミン（R_3N）とよぶ．アミンの慣用名は，N に結合したアルキル基名をもとにする．

$(CH_3)_2CHNH_2$　　　　　$CH_3CH_2\underset{\underset{CH_3}{|}}{N}H$　　　　　$CH_3\underset{\underset{CH_3}{|}}{N}CH_3$
イソプロピルアミン　　　エチルメチルアミン　　　トリメチルアミン

第一級アミンの系統名は，主鎖のアルカン名から始め，NH_2 基をもつ C の番号を明示する．

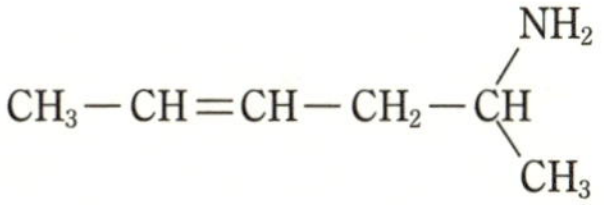

16・17 アミン，アルカロイド，アミド

$$CH_3-CH=CH-CH_2-\underset{CH_3}{\underset{|}{CH}}-NH_2 \quad \text{ヘキス-4-エン-2-アミン}$$

アミンの性質はアンモニアに似ている．まずは塩基だから，H^+ を受取ってアンモニウムイオンになる．トリメチルアミンが酸と反応すればトリメチルアンモニウムイオンができる．

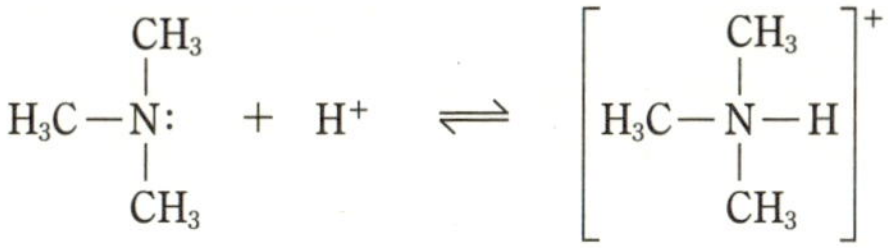

$$H_3C-\underset{CH_3}{\underset{|}{N}}:\overset{CH_3}{} + H^+ \rightleftarrows \left[H_3C-\underset{CH_3}{\underset{|}{N}}-H\overset{CH_3}{}\right]^+$$

アンモニウム塩はアミンより水溶性がずっと高いため，この反応はアミンの水溶性を高めるのに利用できる．

アミンの水溶性を高める手法は，医薬分野でよく使う．たとえば麻酔用のコカインは塩酸塩の白色粉末にしてある〔中和後にエーテル抽出すると得られる遊離塩基（free base）は，違法ドラッグになる〕．薬局で買える薬にも水溶性のアンモニウム塩が多い．説明書きを読めばわかるとおり，咳止め薬の臭化水素酸デキストロメトルファンも，鼻炎薬の塩酸プソイドエフェドリンも，アミンの塩酸塩や臭化水素酸塩だ（図16・4）．

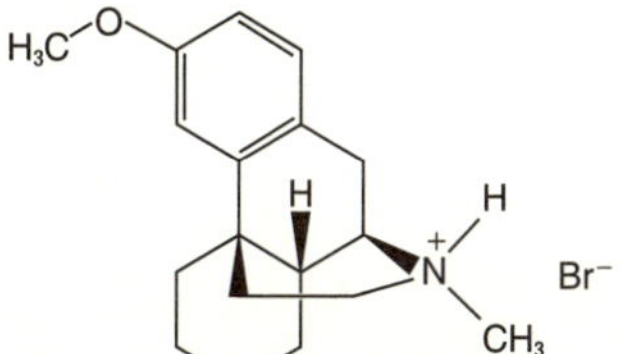

臭化水素酸
デキストロメトロファン

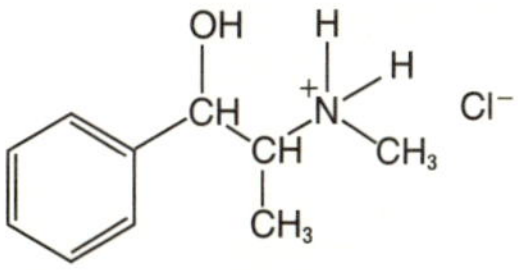

塩酸プソイド
エフェドリン

図 16・4 水溶性のアンモニウム塩にした医薬の例

植物がもつアミンを**アルカロイド**（alkaloid）という．ニコチン，コニイン，ストリキニーネなど，毒物が多い（図16・5）．ニコチンは，摂取量が少ないと爽快感を生むが，大量摂取は命にかかわる．コニインは，ソクラテスが飲んだ毒ニンジン液の活性成分だ．ストリキニーネも古くから知られる毒性アルカロイドで，小説の毒殺シーンによく使われる．

図 16・5　植物が含む毒性アルカロイド

　アルカロイド系薬剤には，モルヒネ，キニーネ，コカインがある（図16・6）．モルヒネはケシ，キニーネはキナの樹皮，コカインはコカの葉から得る．天然物をまねた合成アルカロイドには，ヘロインやLSD（リゼルギン酸ジエチルアミドのドイツ語 Lysergsäure Diäthylamid から）がある．

図 16・6　アルカロイド系薬剤の例

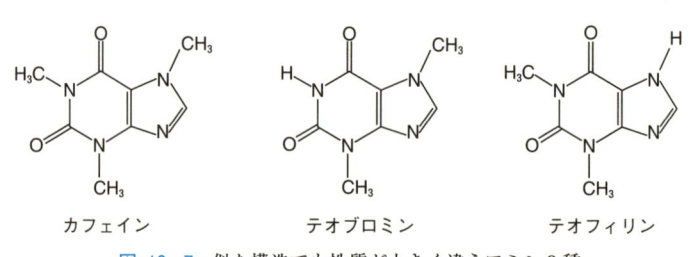

図 16・7　似た構造でも性質が大きく違うアミン3種

分子構造のわずかな差が性質を大きく変える例として，3種のアミンを図16・7に描いた．コーヒーの成分カフェインは，軽い中毒性はあるものの好む人が多い．チョコレートの大切な成分テオブロミンも，軽い中毒性がある．テオフィリンは喘息患者の気管支拡張に処方する．

カルボン酸とアミンの反応では CO−NH 結合をもつ**アミド**(amide)ができそうだが，カルボン酸水溶液とアミン水溶液を混ぜたときは酸塩基反応しか進まない．

$$\underset{}{CH_3\overset{O}{\overset{\|}{C}}OH} + CH_3NH_2 \rightleftarrows \underset{}{CH_3\overset{O}{\overset{\|}{C}}O^-} \ CH_3NH_3^+$$

アミドは塩化アシルとアミンの反応で合成し，アミン過剰にして反応を完結させる．

$$CH_3\overset{O}{\overset{\|}{C}}Cl + 2CH_3NH_2 \longrightarrow CH_3\overset{O}{\overset{\|}{C}}NHCH_3 + CH_3NH_3^+Cl^-$$

16・18 アルケンの立体異性

アルケンの性質は，C=C の C 原子それぞれに結合した原子や原子団が共通でも，結合のしかたで大きく変わる．その理由を探るため，エチレン（C_2H_4）分子をつくる2個の C 上に不対電子がある仮想的な状況を考えよう．

$$\overset{}{\underset{}{>}}\dot{C}-\dot{C}\overset{}{\underset{}{<}}$$

C 上の不対電子どうしが相互作用し，2本目の共有結合ができる．その結果，C−C 単結合とは違って回転できない C=C 二重結合が生じ，原子6個は同じ平面に乗る（図16・8）．結合エネルギーがかなり大きい（600 kJ/mol）ため，室温で C=C 二重結合は回転できない．

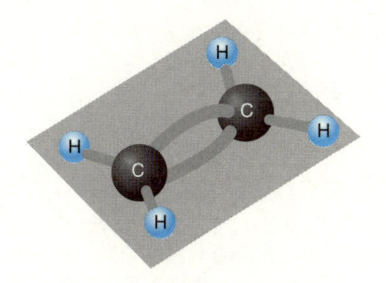

図 16・8　平面状の C_2H_4 分子

異性体とは，分子式は同じで構造の違う化合物だった（§16・2）．異性体には2種類ある．原子のつながりかたが違うものを**構造異性体**という．ブタンとイソブタンは構造異性体になる．

$$CH_3-CH_2-CH_2-CH_3 \qquad CH_3-\underset{\underset{CH_3}{|}}{CH}-CH_3$$
$$\text{ブタン} \qquad\qquad\qquad \text{イソブタン}$$

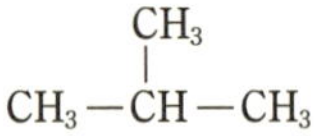

構造異性体は，化学的性質は似ていても物理的性質に差がある．融点はブタンが$-138.4℃$，イソブタンが$-159.6℃$となり，沸点はブタンが$-0.5℃$，イソブタンが$-11.7℃$となる．

空間内の原子配置が違う異性体を**立体異性体**（stereoisomer）という．$C=C$二重結合まわりで置換基の結合様式が異なるアルケンの**シス-トランス異性体**（*cis-trans* isomer）も，立体異性体の例になる．置換基が二重結合の同じ側についたものをシス体（原語はラテン語 *cis* = こちら側），逆側についたものをトランス体（原語はラテン語 *trans* = あちら側）という．

2-ブテンのシス体ではメチル基（CH_3）が2個とも$C=C$の上側にあり，トランス体ではメチル基が$C=C$の上下に分かれている．

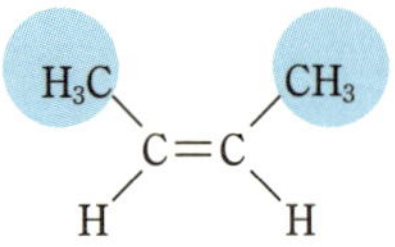

cis-2-ブテン 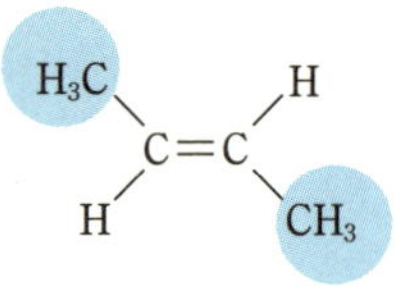   *trans*-2-ブテン

例題 16・15 直鎖ペンテン（C_5H_{10}）の構造異性体とシス-トランス異性体を命名せよ．

【答】 直鎖ペンテンには，$C=C$の位置が異なる2種の構造異性体がある．二重結合が$C1~C2$間にあるものと，$C2~C3$間にあるもので，それぞれつぎのようによぶ．

$$H_2C=CHCH_2CH_2CH_3 \qquad CH_3CH=CHCH_2CH_3$$
$$\text{1-ペンテン} \qquad\qquad \text{2-ペンテン}$$

二重結合まわりの配置が一つしかない1-ペンテンに，シス-トランス異性はない．

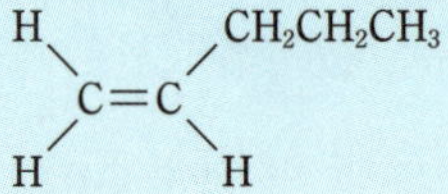

16・18 アルケンの立体異性

かたや 2-ペンテンには，下図のシス-トランス異性体がある．

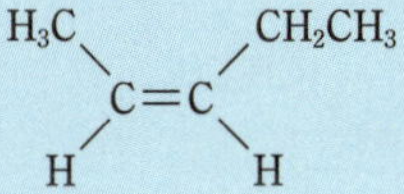

$$
\begin{array}{cc}
\underset{H}{\overset{H_3C}{\diagdown}}C=C\underset{H}{\overset{CH_2CH_3}{\diagup}} & \underset{H}{\overset{H_3C}{\diagdown}}C=C\underset{CH_2CH_3}{\overset{H}{\diagup}} \\
cis\text{-}2\text{-ペンテン} & trans\text{-}2\text{-ペンテン}
\end{array}
$$

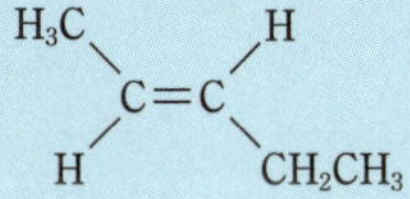

置換基が 3 種以上だと，シス体とトランス体の区別がすぐにはできない．つぎの化合物を考えよう．

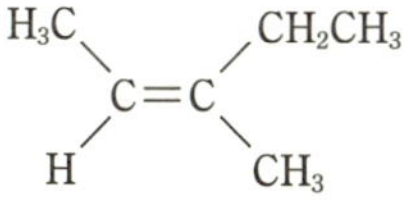

$$
\underset{H}{\overset{H_3C}{\diagdown}}C=C\underset{CH_3}{\overset{CH_2CH_3}{\diagup}}
$$

メチル基 2 個が二重結合に対し反対側にあるとみて，*trans*-3-メチル-2-ペンテンとよべそうだ．けれど，大きなメチル基とエチル基が二重結合に対し同じ側とみれば，*cis*-3-メチル-2-ペンテンになる．どちらなのか？

混乱を解消するため，置換基の優先順位を考えて命名するルールができた．

- 二重結合の C と結合した原子の原子量が大きいほど順位が高い．C（原子量 12）は H(1) よりも，Br(35) は Cl(17) よりも順位が高い．
- C に直結した原子 X が同じ場合は，X に続く原子の原子量で決める．CH_3 と CH_2CH_3 なら，CH_2CH_3 の順位が高い．
- 二重結合の C それぞれにつき，最高順位の置換基を特定する．
- 最高順位の置換基二つが二重結合に対し同じ側なら，*Z* 体とよぶ（*Z* はドイツ語 zusammen ＝ 一緒）．
- 最高順位の置換基二つが二重結合に対し反対側なら，*E* 体とよぶ（*E* はドイツ語 entgegen ＝ 逆）．

例題 16・16 つぎの分子（3-メチル-2-ペンテン）は *E* 体か *Z* 体か．

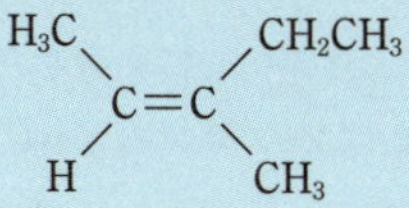

$$
\underset{H}{\overset{H_3C}{\diagdown}}C=C\underset{CH_3}{\overset{CH_2CH_3}{\diagup}}
$$

【答】 二重結合の左端にある C では，順位が $CH_3 > H$ となる．

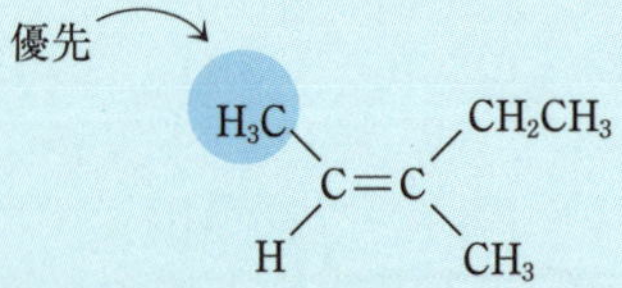

$$\underset{H}{\overset{H_3C}{>}}C=C\underset{CH_3}{\overset{CH_2CH_3}{<}}$$

優先 ←（H₃C側）

右端にある C だと直結原子はどちらも C（同順位）だが，そのつぎは "C + 2H" と "3H" なので，"C + 2H" にあたる CH_2CH_3 の順位が高い．

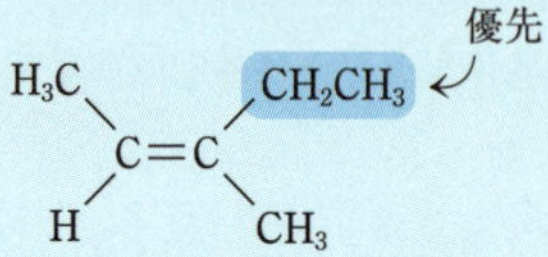

$$\underset{H}{\overset{H_3C}{>}}C=C\underset{CH_3}{\overset{CH_2CH_3}{<}}$$

優先 ←（CH₂CH₃側）

高順位の置換基どうしが同じ側にあるから Z 体となり，(Z)-3-メチル-2-ペンテンと命名する．

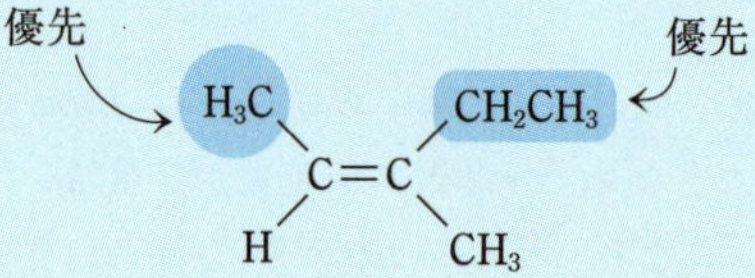

$$\underset{H}{\overset{H_3C}{>}}C=C\underset{CH_3}{\overset{CH_2CH_3}{<}}$$

優先 →（H₃C） 優先 ←（CH₂CH₃）

16・19 立体化学

シス-トランス異性体の例に，*cis*-2-ブテンと *trans*-2-ブテンがあった．

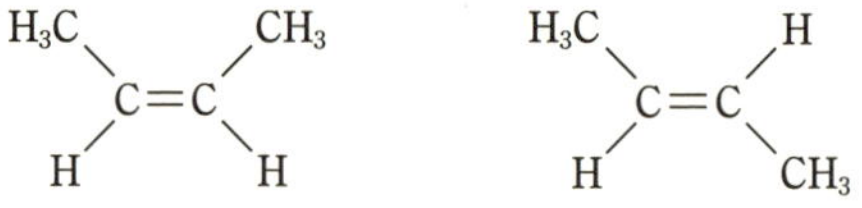

$$\underset{H}{\overset{H_3C}{>}}C=C\underset{H}{\overset{CH_3}{<}} \qquad \underset{H}{\overset{H_3C}{>}}C=C\underset{CH_3}{\overset{H}{<}}$$

cis-2-ブテン　　　　　　*trans*-2-ブテン

シス-トランス異性体は，化学的性質は似ていても物理的性質に差があり，たとえば融点は *cis*-2-ブテンが $-138.9℃$，*trans*-2-ブテンが $-105.6℃$ になる．

2-ブテンがもつような C=C 結合の C を，**立体中心**（stereocenter）または**立体中心原子**（stereogenic atom）という．立体中心に結合した原子(団)を交換すると，立体異性体どうしが入れ替わる．たとえば 2-ブテンの C=C 二重結合をつくる C は立体中心になり，置換基の交換で**シス-2-ブテン**と**トランス-2-ブテン**の相互変換が起きる．

cis-2-ブテン ⇌ trans-2-ブテン

分子のキラリティー（対掌性）

　立体異性体は，シス-トランス異性体のほかにもある．右手と左手を考えよう．どちらも置換基（5本の指）をもつ．両手を合わせれば類似性がよくわかる．親指の付け根は，4本の指より低いところにある．ふつうは中指がいちばん長く，続いて薬指，人差し指，小指の順だ．
　そんなふうに似ていても，右手と左手は決定的に違う．左手用の手袋には右手を入れにくい．右手と左手は，① 鏡像関係にあり，② 互いに重なり合わない（図 16・9）．

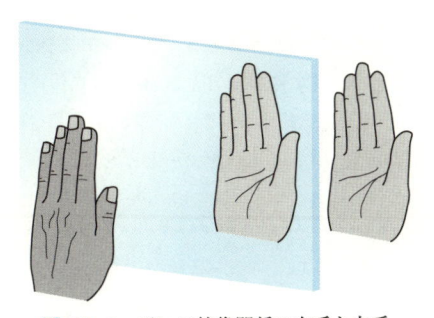

図 16・9　互いに鏡像関係の右手と左手

　分子にもそんな性質のものがある．つまり，① 鏡像関係にあり，② 互いに重なり合わない分子どうしだ．そんな分子を，対掌性の分子とか**キラル**（chiral）な分子とよぶ（chiral の原語はギリシャ語 $chiro$ ＝ 掌）．キラルでない分子を**アキラル**（achiral）という．手も手袋も，足も靴もキラルだけれど，ふつうの靴下はアキラルになる．
　"それぞれ異なる四つの原子（団）が C に結合した分子には，鏡像関係の 2 種類がある"と 1874 年にヤコブス・ファントホッフ（Jacobus van 't Hoff）とジョセフ・ルベル（Joseph Le Bel）が見抜く．たとえば CHFClBr 分子には，鏡像関係の 2 種がある（図 16・10）．
　図 16・10 で右の分子を C−H 軸のまわりに 180°回せば，図 16・11 のようになる．
　分子を回しても，鏡像とは重ならない（図 16・12）．
　つまり CHFClBr には，重なり合わないキラル分子のペアがある．

図 16・10　CHFClBr 分子の一形とその鏡像

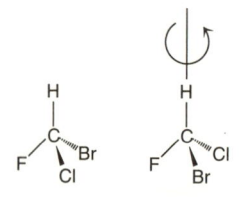

図 16・11　分子が重なり合うかどうか，H-C-F 結合をそろえて調べる．

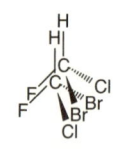

図 16・12　重なり合わないキラル分子

　図 16・10 に描いた分子の C は立体中心原子の一種だが，とくに**不斉炭素**(asymmetric carbon) とよぶ*．不斉炭素が 1 個の分子は必ずキラルになる．立体中心を 2 個以上もち，実物と鏡像が同じになるような化合物はアキラルだ．

　鏡像体の立体異性体どうしを，**鏡像異性体（エナンチオマー）**という．英語の enantiomer は，"…の状態にする" を表す接頭語 en を anti(逆) に添えたあと mer(ギリシャ語 *meros* = 部分) をつけ，"鏡の中に逆の姿をつくるもの" を意味する．

　さらには，鏡像体にならない立体異性体どうしを，**ジアステレオマー**とよぶ．英語の diastereomer は，"逆向き" を表す接頭語 dia を stereo(立体) に添えたあと mer をつけ，"別の立体形をもつもの" を意味する．2-ブテンのシス-トランス異性体は，エナンチオマー（鏡像体）ではなく，ジアステレオマーどうしになる．

例題 16・17　つぎのうち，エナンチオマーが存在する化合物はどちらか．

$$CH_3-\underset{\underset{Br}{|}}{\overset{\overset{CH_3}{|}}{C}}-CH_2CH_3 \quad\quad BrH_2C-\underset{\underset{H}{|}}{\overset{\overset{CH_3}{|}}{C}}-CH_2CH_3$$

2-ブロモ-2-メチルブタン　　　1-ブロモ-2-メチルブタン

【答】　2-ブロモ-2-メチルブタンは，炭素 2 に同じメチル基 (CH₃) を 2 個もつ．そのためアキラルとなり，エナンチオマーは存在しない．

2-ブロモ-2-メチルブタン

---

*　訳注：不斉は "置換基が斉しくない" の意味．

1-ブロモ-2-メチルブタンは，炭素2の置換基（H, Br, CH₃, CH₂CH₃）がすべて異なるからキラルとなり，エナンチオマーが存在する．

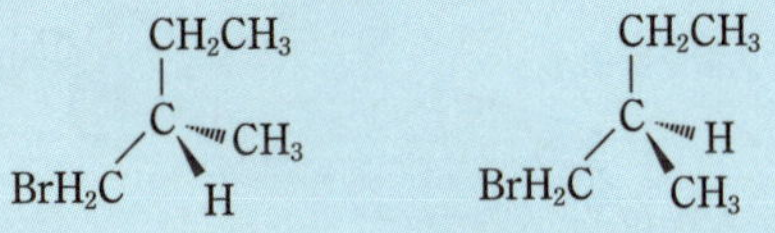

1-ブロモ-2-メチルブタンのエナンチオマー対

16・20 光学活性
マクロ世界のエナンチオマー

電磁波の光子エネルギーはラジオ波から γ 線まで広い範囲に及び，ごく一部を光が占める（§3・3）．どんな電磁波も光速で空間を進み，振動数（ν）や波長（λ）の決まった波の姿で，直角方向に振動する電場と磁場からなる．

ふつうの光源から出る光は，あらゆる向きに振動する波の集まりとみてよい．しかしニコルプリズム*や偏光サングラスなど"偏光子"を通った光は，振動面がそろっている（平面偏光）．

1813年にジャン=バプティスト・ビオ（Jean Baptiste Biot）は，水晶とか酒石酸や糖の水溶液に平面偏光を通したとき，偏光面が回転するのを見つけた．その性質を物質の**光学活性**（optical activity）という．偏光面を右向き（時計回り）に回す性質を**右旋性**（dextro-rotatory），左向き（反時計回り）に回す性質を**左旋性**（levo-rotatory）という．英語の接頭語 d, l は，それぞれラテン語の *dexter*（右），*laevus*（左）にちなむ．光学活性は，図16・13のような旋光計で調べる．

中央を原点（0）とした水平な座標軸を思い浮かべよう．原点の左側を負，右側を正とみる．偏光面が回転したとき，右旋性には正号（+），左旋性には負号（−）をつける．

エナンチオマーが偏光面をどれほど回転させるかは，① 光の波長，② 光を通す試料管の長さ，③ 試料の濃度，④ 物質の旋光能を表す**比旋光度**（specific rotation）で決まる．たとえば右旋性のブドウ糖（グルコース）は，つぎのような比旋光度を示す．

$$[\alpha]_D^{20} = +3.12$$

---

* 訳注: 2枚の方解石を貼り合わせたプリズム．英国のウィリアム・ニコル（William Nicol; 1770～1851）が考案．

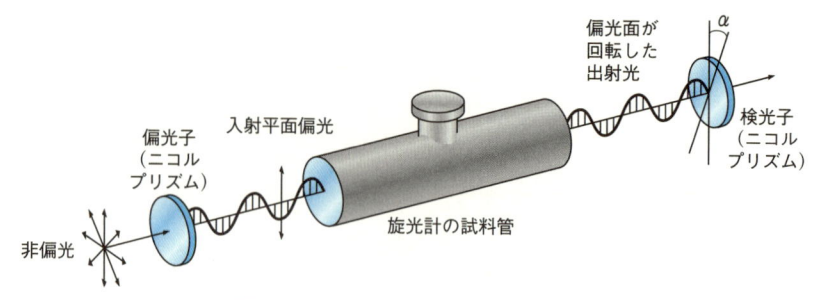

図 16・13 平面偏光の回転を測る旋光計

太陽光のスペクトルを 1814 年に初めて調べたヨーゼフ・フォン・フラウンホーファー (Joseph von Fraunhofer) は，スペクトル中に少数の暗線を認め，A〜H 線と名づけた．現在の知識で D 線の波長は，Na 原子が吸収する波長 589.6 nm だとわかっている．つまり α に付記した "D" は，波長 589.6 nm で測った旋光角を表す．"20" は，測定温度 20 ℃にあたる．正号 (＋) はグルコースの右旋性を表す．また旋光角の値 (3.12°) は，長さ 10 cm の試料管に入れた濃度 1.00 g/L の試料が，偏光面を 3.12°だけ回転させたことを意味する．

エナンチオマーの対だと，旋光角の絶対値は等しくて，符号が逆になる．そのため，同じ条件で測った左旋性グルコースは，−3.12°の旋光角を示す．

CHFClBr のようなキラル分子にも光学活性がある．**キラリティー**（**対掌性**）は分子構造の性質だが，光学活性は，分子集団が光と相互作用して現れるマクロ世界の性質になる．ある化合物が光学活性かどうかは，分子がキラルかどうかをみて判断できる＊．

エナンチオマー対の区別（*RS* 表示）

アルケンの立体異性体は "シス/トランス" や "*ZE*" で区別した（§16・18）．エナンチオマーの区別には，ラテン語の *rectus*（右）と *sinister*（左）にちなむ *RS* 表示を使う．*R* 体か *S* 体かは，つぎのような手続きで決める．

- 4 個の置換基を，まず C に直結した原子の原子番号で，1〜4 と順位付けする．2-ブロモブタンなら，直結原子の順位が Br＞CH_3＝CH_2CH_3＞H となる．

＊ 訳注: 平面偏光は，右ねじ形に進む円偏光と，左ねじ形に進む円偏光の重ね合わせで表せる．電子が右ねじ形にゆさぶられやすい分子は，右ねじ形の円偏光を弱める結果，入射した平面偏光をどちらかに傾ける．

16・20 光学活性

- 同順位の置換基がいくつかあれば，置換基内の続く原子に同じルールを当てはめる．上の例だと，順位は $CH_2CH_3 > CH_3$ だから，総合で $Br > CH_2CH_3 > CH_3 > H$ になる．

- 順位4（最低順位）の置換基が紙面の向こうに隠れ，順位1〜3の置換基が紙面の手前に飛び出すように分子をおく．上の例だと，つぎのように回転させる．

- 順位1 → 順位2 → 順位3 となるよう，丸い矢印（⤴）で置換基をたどる．それが時計回り（右向き）なら R 体，反時計回り（左向き）なら S 体とする．上の例は反時計回りだから，S 体のエナンチオマーになる．

(S)-2-ブロモブタン

RS 表示は分子のミクロな性質（構造）を表し，"＋/－"表示は分子集団のマクロな性質（旋光性）を表す．その違いには注意しよう．両方の性質を伝えたいなら表示を組合わせる．前頁の例だと，分子構造が S 型，旋光角がマイナスなので (S)-$(-)$-2-ブロモブタンと書く．

● キーワード（16章）

アキラル	カルボン酸	水性ガスシフト反応	不斉炭素
アミド	カルボン酸イオン	生命力	ブタン
アミン	カルボン酸エステル	石　炭	不飽和炭化水素
アルカロイド	官能基	石炭ガス	フリーラジカル
アルカン	求核試薬	接触改質	プロトン性
アルキン	求電子試薬	接触分解	プロパン
アルケン	鏡像異性体	第一級アルコール	ベンゼン
アルコキシド	キラリティー	第二級アルコール	芳香族化合物
アルコール	キラル	第三級アルコール	飽和炭化水素
アルデヒド	ケトン	対掌性	メ　タ
異性体	原　油	炭化水素	無機物
右旋性	光学活性	直鎖炭化水素	有機化学
エステル	合成ガス	直留ガソリン	有機物
枝分れ構造	構造異性体	天然ガス	立体異性体
エタン	コンホメーション	都市ガス	立体中心
エーテル	左旋性	ねじれ形	立体中心原子
エナンチオマー	酸化還元	熱改質	立体配座
塩化アシル	酸化数	熱分解	ルイス塩基
オクタン価	ジアステレオマー	パ　ラ	ルイス酸
オルト	ジカルボン酸	比旋光度	連鎖反応
重なり形	シス-トランス異性体	非プロトン性	
カルボニル	水性ガス	フェノール	

化学分析 17

17・1　化学分析のあらまし	17・6　光の吸収と透過
17・2　クロマトグラフィー	17・7　紫外・可視分光
17・3　高速液体クロマトグラフィー	17・8　赤外分光
17・4　ガスクロマトグラフィーと質量分析	17・9　核磁気共鳴
17・5　電気泳動とDNA型鑑定	17・10　原子吸光分析

　飲食物の成分は，どうやって知るのか？　分子の構造は，どんな方法で決めたのだろう？　DNA鑑定では，何をどう調べる？　こうした現実的な課題を扱う化学分析のうち，近代的な機器分析いくつかを本章でざっとみてみよう．

17・1　化学分析のあらまし

　分析法は，何を知りたいかで分類できる．物質を特定するのは**定性分析**（qualitative analysis），量や濃度を求めるのは**定量分析**（quantitative analysis）という．ほかに，物質の原子レベル構造をつかむ**構造解析**（structural analysis）がある．

　化学分析は**湿式法**（wet method）と**機器分析**（instrumental method）にも分類できる．溶液反応を使う湿式法には，**容量分析**（volumetric analysis），**重量分析**（gravimetric analysis），定性分析，と三つある．容量分析（滴定など）では反応に要した溶液の体積を量り，重量分析ではおもに生成物の質量を量る．また定性分析では，変色や沈殿生成，気体発生といった変化を目で追う．20世紀の中期までは湿式法が主体だったから，いまも高校や大学の実験実習は湿式法から入る．

　機器分析では，物質の（化学的というより）物理的性質に注目する．湿式法に比べて手間も時間も少なくてすみ，感度の高い機器分析は，いまや化学研究に欠かせない．ただし通常，機器分析でも試料は湿式法で調製する．

17・2　クロマトグラフィー

　身近な物質のほとんどは，さまざまな成分が混じっている．バラの香りは200種以上の化合物が生み，コーヒーの香りは1000種以上の物質が生む．ある物質を同定し，量

を正しく決めるには,その物質を混合物から分け取らなければいけない.

分離には**クロマトグラフィー**(chromatography)を多用する.簡単な器具ですむものから,コンピューター制御の高級な装置を使うものまであるが,どれも必ず**固定相**(stationary phase)と**移動相**(mobile phase)を組合わせる.文字どおり不動の固体(または固体上に塗った液体)を固定相,固定相に触れつつ動く液体や気体を移動相という.

混合物の成分それぞれは移動相の流れに乗り,固定相とも移動相とも相互作用しながら動く.移動相と引き合う成分は素早く動き,固定相と引き合う成分は動きが遅いため,成分が徐々に分かれる.固定相と移動相の組合わせで,多彩なクロマトグラフィー法ができる*.

17・3 高速液体クロマトグラフィー

高速液体クロマトグラフィー(high-performance liquid chromatography = **HPLC**)では,固体の微粒子(固定相)を**カラム**(column = 管)に詰め,100 atm 程度の圧力で液体(溶離液 = 移動相)を押し流す.移動相に混ざった化合物は,固定相や移動相と相互作用(溶解,静電的な引き合い,吸着など)をしながらカラム内を動いていく.

固定相には直径 10 μm ほどの球状シリカをよく使う.極性表面のシリカ(SiO_2)をそのまま使う分離を**順相**(normal phase)**HPLC**,長鎖炭化水素基(オクタデシル基 $-C_{18}H_{37}$ など)を結合させた非極性表面を使う分離を**逆相**(reversed phase)**HPLC**とよぶ.逆相 HPLC では,シリカ表面の炭化水素基と非極性分子が引き合う.

分離は図 17・1 のように進む.固定相の表面となじまない化合物はカラム中での動きが速く,なじむ化合物は動きが遅い.移動相(溶離液)の組成と流速,カラムの長さなど操作条件を工夫して,混合物のベストな分離をめざす.

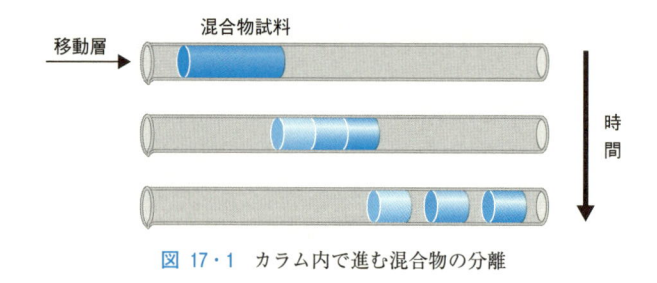

図 17・1 カラム内で進む混合物の分離

---

* 訳注: クロマトグラフィーという用語は,緑葉のクロロフィル a と b を初めてカラム分離したロシアのツヴェート(Mikhail Semyonovich Tsvet)が 20 世紀初頭につくった.原義は"色の記録".

ある化合物の注入から溶出までにかかる時間を**保持時間**（retention time）という．保持時間は化合物に特有だから，成分の特定に使える＊．

HPLC には図 17・2 のような装置を使う．溶離液（移動相）がカラムに入る少し手前で試料（混合物溶液）を注入し，カラムの出口につながった検出器で溶液の屈折率や吸光度，蛍光強度などを測る．化合物の定性・定量には，標準試料の保持時間と信号強度を使う．

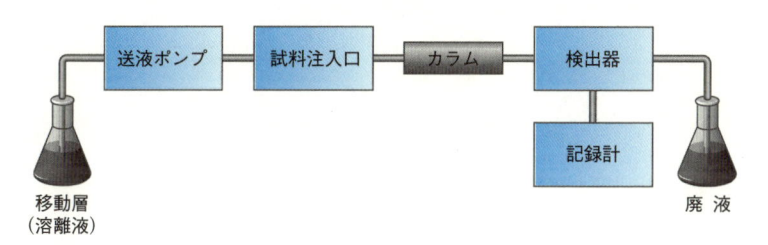

図 17・2 HPLC 装置のイメージ

実例：オリーブ油の偽装摘発

グリセロール（グリセリン．$HOCH_2-CH(OH)-CH_2OH$）の OH 基 3 個に**脂肪酸**（fatty acid．長鎖カルボン酸）がエステル結合した化合物を，油脂またはトリグリセリドという．食用油では，表 17・1 のような脂肪酸がグリセロールにエステル結合している．

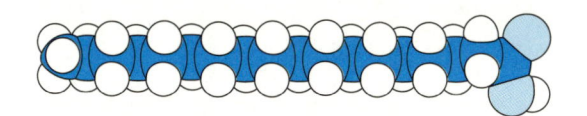

模型ふうに描いた脂肪酸（$C_{18}H_{36}O_2$ ステアリン酸）の分子

表 17・1 食用油に多い脂肪酸

脂肪酸	炭素数	二重結合の数	分子式
ミリスチン酸	14	0	$CH_3(CH_2)_{12}COOH$
パルミチン酸	16	0	$CH_3(CH_2)_{14}COOH$
ステアリン酸	18	0	$CH_3(CH_2)_{16}COOH$
オレイン酸	18	1	$CH_3(CH_2)_7CH=CH(CH_2)_7COOH$
リノール酸	18	2	$CH_3(CH_2)_4CH=CHCH_2CH=CH(CH_2)_7COOH$

＊ 訳注：こうした原理は，簡便な分離に使う薄層クロマトグラフィー（TLC）でも同じ．TLC では，毛管現象による液体の浸透流を利用する．

結合した脂肪酸3個には，いろいろな組合わせがありうる．リノール酸(L) 2個とオレイン酸(O) 1個の分子 LLO と，リノール酸・オレイン酸・パルミチン酸(P) が1個ずつの分子 LOP を下に描いた．上側の分子が LLO，下側の分子が LOP を表す．

$$\begin{array}{l} \overset{O}{\underset{\|}{}} \\ CH_2-O-C-(CH_2)_7CH=CHCH_2CH=CH(CH_2)_4CH_3 \\ \overset{O}{\underset{\|}{}}| \\ CH_3(CH_2)_4CH=CHCH_2CH=CH(CH_2)_7-C-O-CH \\ \overset{O}{\underset{\|}{}} \\ CH_2-O-C-(CH_2)_7CH=CH(CH_2)_7CH_3 \end{array}$$

$$\begin{array}{l} \overset{O}{\underset{\|}{}} \\ CH_2-O-C-(CH_2)_7CH=CHCH_2CH=CH(CH_2)_4CH_3 \\ \overset{O}{\underset{\|}{}}| \\ CH_3(CH_2)_7CH=CH(CH_2)_7-C-O-CH \\ \overset{O}{\underset{\|}{}} \\ CH_2-O-C-(CH_2)_{14}CH_3 \end{array}$$

脂肪酸の比率は，食用油の種類ごとに異なるし（表17・2），同じ油でも作物の品種や生育条件で微妙に変わるが，明らかにオリーブ油はリノール酸が少なく，オレイン酸が多い．

表17・2 食用油の脂肪酸分布

食 用 油	ミリスチン酸(M)	パルミチン酸(P)	ステアリン酸(S)	オレイン酸(O)	リノール酸(L)
オリーブ油	0〜1	5〜15	1〜4	67〜84	8〜12
ピーナッツ油	—	7〜12	2〜6	30〜60	20〜38
コーン油	1〜2	1〜11	3〜4	25〜35	50〜60
綿実油	0〜2	6〜10	2〜4	20〜30	50〜58
大豆油	1〜2	6〜10	2〜4	20〜30	50〜58

出典：J. R. Holum, "Fundamentals of General, Organic, and Biological Chemistry", 5th ed., p.570, John Wiley & Sons, New York (1978) より改変．

オリーブ油は，風味が好まれ，血中コレステロール値を上げないという評判もあって値段が高い．そのため，安いコーン油や大豆油を混ぜる業者がいる．1980年代の米国で輸入オリーブ油の偽装疑惑が浮上し，税関の研究者が分析に当たった[1]．

図17・3 の HPLC 分析チャート（クロマトグラム）では，左が純正オリーブ油，右が疑惑のオリーブ油を表す．三連の大文字（LLL など）はトリグリセリドの脂肪酸三つを意味し，ピーク面積が脂肪酸それぞれの含有量に比例する．

---

[1] Robin Meadows, *ChemMatters*, **7**, 10〜11(1989) に基づく．

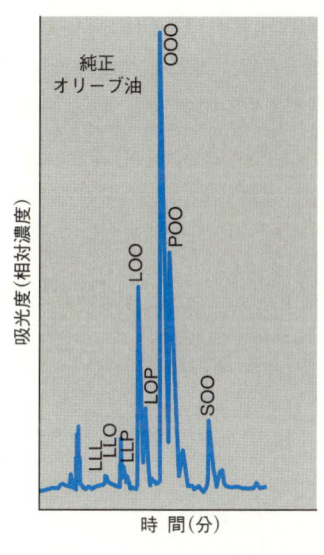

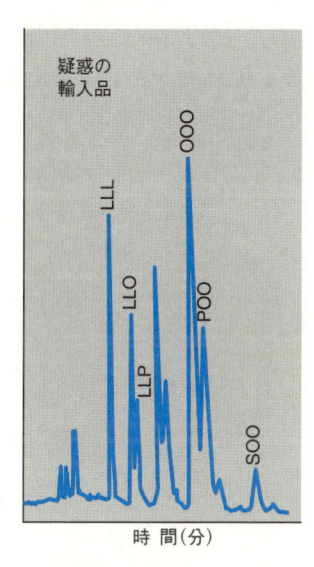

図 17・3 オリーブ油の HPLC 分析チャート［R. Meadows, *ChemMatters*, **7**(4), 11 (1989) より. © 1989 American Chemical Society.］

両チャートはよく似ているが，疑惑の油には LLL, LLO, LLP が多い．詳しい検討の結果，疑惑品は"オリーブ油 72％＋コーン油 28％"の混ぜものだとわかった．

▶ チェック
　　図 17・3 から，純正油と疑惑油が含む LLL と OOO の相対量について，どのようなことがいえるか．

17・4　ガスクロマトグラフィーと質量分析

ガスクロマトグラフィー

　気体（He, N_2 など）の移動相に混合気体をのせる分離手法を，**ガスクロマトグラフィー**（gas chromatography ＝ **GC**）という．測定のイメージを図 17・4 に描いた．
　カラム（ステンレスやガラス製）は，内径数 mm の**充塡カラム**（packed column）か，内径 1 mm ほどの**キャピラリーカラム**（capillary column）とする．
　充塡カラムには，シリカ，活性炭，ゼオライトなど吸着能の高い固体や，不揮発性の液体をコートしたけいそう（珪藻）土を詰める．キャピラリーカラムは，ポリジメチルシロキサン $-(\!\operatorname{Si(CH_3)_2-O})_n\!-$ やポリエチレングリコール $-(\!\operatorname{CH_2-CH_2-O})_n\!-$ が内壁にコートしてある．

試料注入口とカラム本体は 200〜300℃に昇温できるため，それくらいの温度で気化する化合物なら分析できる（むろん低温の分析も可能）．HPLC と同様，保持時間から標準物質を使って物質を同定し，チャート（ガスクロマトグラム）のピーク面積から量を求める．

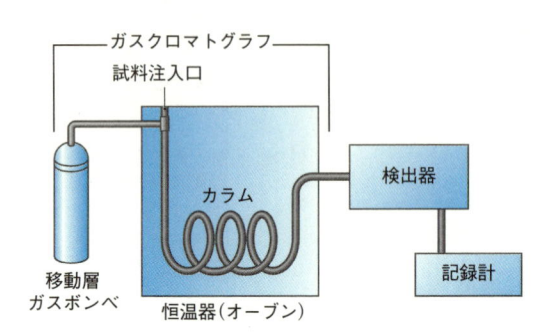

図 17・4　ガスクロマトグラフィーのイメージ

検出器では，熱伝導性の差とか，水素炎中で燃えるときの発生電子量や発光を使って成分を検出する．感度が高ければ，毎秒 1 pg（10^{-12} g）の物質も定量できる．

リンゴ果汁の分析結果（ガスクロマトグラム）を図 17・5 に示す．いかにも生物由来の試料らしく，気化する物質だけでも多数あるが，標準物質を使えば各成分を定性・定量できる．

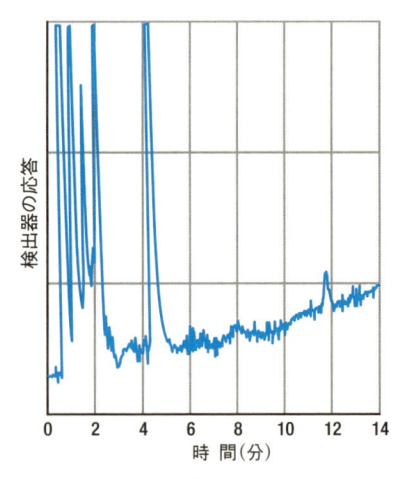

図 17・5　リンゴ果汁のガスクロマトグラム

質 量 分 析

質量分析計をガスクロマトグラフ（GC）の検出器に使ったとき，装置の全体を GC-MS という*．まず**質量分析**（mass spectrometry ＝ **MS**）の原理をみてみよう．図 17・6 左側の注入口から噴霧した試料に高電場をかけると，ぶつかる電子が分子をイオン化させる．そのとき弱い結合も切れ，断片（フラグメント）イオンがいくつもできる．

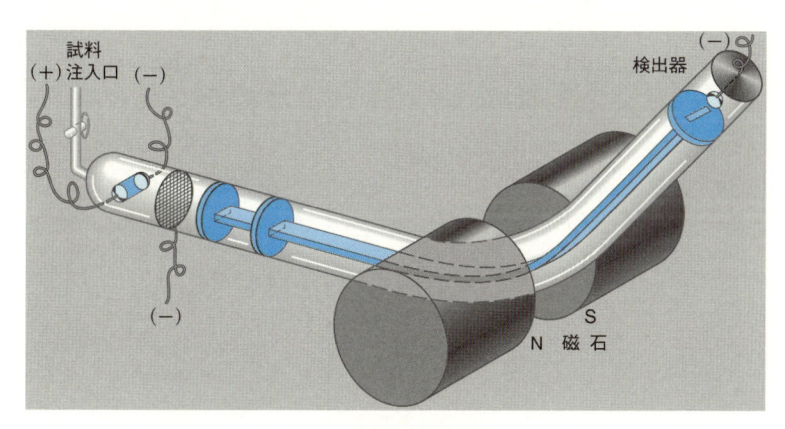

図 17・6　質量分析のイメージ

できたイオンを磁場に通して，イオンの飛行経路を曲げる．質量と電荷の比（m/e 比）が大きいイオンほど曲がりにくい．ふつうは 1 価の陽イオンができるため，m/e 比は，そのまま**親イオン**（parent ion）や断片イオンの相対質量を表す．

分子量（MW）約 164 のサリチルアルデヒドジメチルヒドラゾン（SADMH）という分子を考えよう（SADMH に注目する理由は後述）．SADMH は電子衝撃で親イオンになり，そのあと断片イオンもいくつかできる（図 17・7）．

SADMH の質量スペクトル（図 17・8）には，右端の親イオンと，三つの大きい断片イオン（図 17・7），さらに小さい断片イオンが見える．同じ実験条件なら決まったパターンで断片化が起こるため，標準試料のスペクトルと突き合わせ，分子種を確実に同定できる．

▶ チェック
図 17・8 の m/e ＝ 93 付近にピークを生む断片イオンは何か．

---

*　訳注：HPLC の検出器に使った場合は LC-MS と略称．

図 17・7　SADMH の断片化

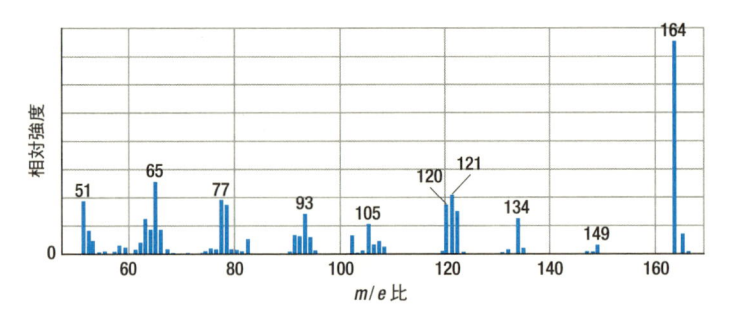

図 17・8　SADMH の質量スペクトル

17・4 ガスクロマトグラフィーと質量分析

実例：残留農薬騒ぎの検証

1980年代末の米国で，ある環境活動団体が残留農薬の発がん性を問題にした．その農薬は，リンゴの色や見栄え，食感をよくし，保存性も上げる成長調整剤エイラー（Alar）で，化学名をダミノジッド（<u>d</u>i<u>m</u>ethyl<u>a</u>mino<u>h</u>ydrazide，略称 daminozide）という．ダミノジッド自体に発がん性はないものの，その加水分解（図17・9）で生じる非対称ジメチルヒドラジン（unsymmetrical dimethylhydrazine＝UDMH）が発がん性だった．

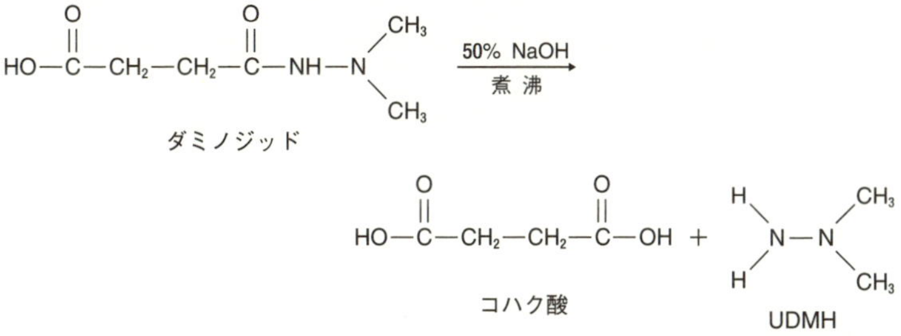

図 17・9 コハク酸とUDMHを生むエイラー（ダミノジッド）の加水分解

やり玉にあがったリンゴ加工業者が，GC-MS法でUDMHの検出・定量を試みる．まずUDMHの標準試料が必要になるけれど，UDMHそのものは熱分解しやすいため，図17・10の反応で安定なサリチルアルデヒドジメチルヒドラゾン（SADMH）に変え，それを標準試料にした（p.670の図17・8がSADMHの質量スペクトル）．

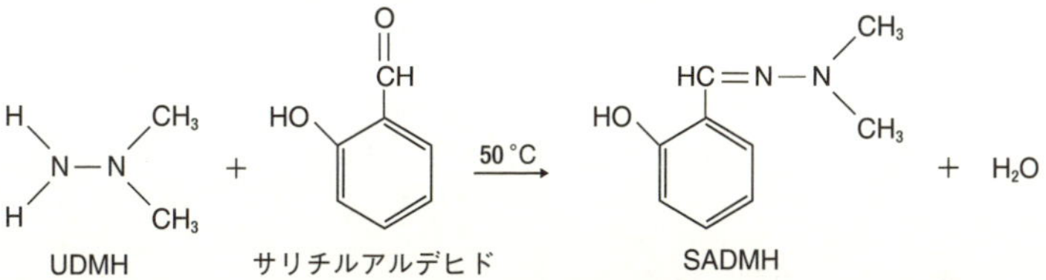

図 17・10 UDMHの誘導体化

GC-MS分析の結果，リンゴにも加工品にもUDMHは（つまりエイラーは）まったく検出されなかった．ちなみに環境活動団体が根拠とした動物の発がん試験は，体重1 kgあたり日に29 mgのUDMHを投与する試験だった．しかし平均的な米国民の1日摂取量の50万倍以上だということもわかったため，エイラーの騒ぎも幕を引いた（だが農薬メーカーは風評被害を恐れてエイラーの製造をやめた．このように，理不尽な告発が優秀な素材や製品を追放した事例は多い）．

例題 17・1 混合物からつぎの化合物を分離するには，GC と HPLC のどちらがよいか．

① ペンタン（C_5H_{12}）　② ビタミン E（α-トコフェロール，下図）

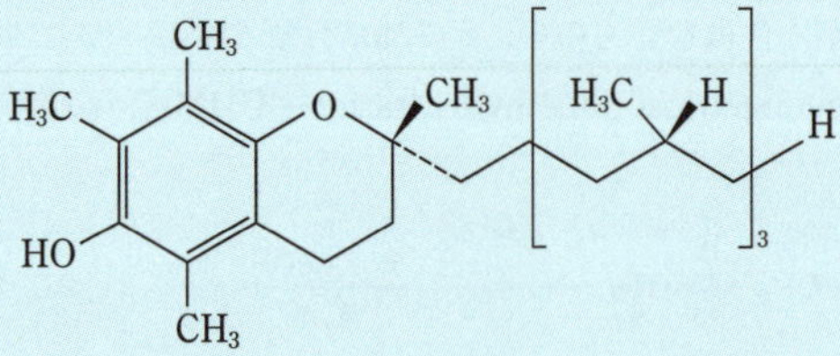

【答】 ① ペンタンは分子量が小さくて気化しやすい非極性分子だから，GC が適する．
② ビタミン E は分子量が大きくて気化しにくいが，非極性溶媒に溶けるため HPLC が適する．

例題 17・2 非極性の固定相と，極性の移動相（水系の緩衝液）を使って，オクタン（C_8H_{18}），酢酸（CH_3COOH），塩化メチル（CH_3Cl）の混合物を HPLC 分離した．最初と最後に溶出する成分はそれぞれ何か．

【答】 三つの化合物は，移動相（水）とおもに水素結合で引き合い，固定相（非極性の固体表面）とはおもに分散力（§8・2 参照）で引き合う．移動相となじむ酢酸がまず溶出し，固定相となじむオクタンが最後に溶出する（中間で溶出するのが塩化メチル）．

17・5 電気泳動と DNA 型鑑定
DNA

デオキシリボ核酸（deoxyribonucleic acid = **DNA**）は，あらゆる生物の細胞内にある長い分子で，タンパク質の設計図だと考えればよい．DNA は，核酸塩基（アデニン A，チミン T，グアニン G，シトシン C のどれか）と，五炭糖デオキシリボース，リン酸の三つからなる単位（ヌクレオチド）をもつ．

単糖の 5′ 位にある OH と，隣り合う単糖の 3′ 位にある OH がリン酸エステル結合でつながり合い，ヌクレオチドを単位にした長い鎖ができている．ヒトの場合，細胞核内

17・5 電気泳動と DNA 型鑑定

で DNA は 23 対のかたまり（染色体）に分かれ，つなげれば全長は約 2 m に及ぶ（なお，約 60 兆個の細胞すべてが同じ DNA を含む）．ヌクレオチド 4 個だけの短い鎖を図 17・11 に描いた．

A と T は 2 本の水素結合で引き合い，G と C は 3 本の水素結合で引き合う．水素結合が 2 本の DNA 鎖をぴたりと寄り添わせ，二重らせん構造を生む（図 17・12，図 17・13）．

図 17・11　DNA 分子の一部

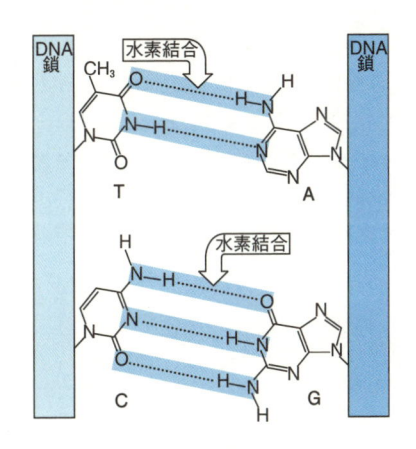

図 17・12　DNA 鎖どうしを結びつける核酸塩基の水素結合

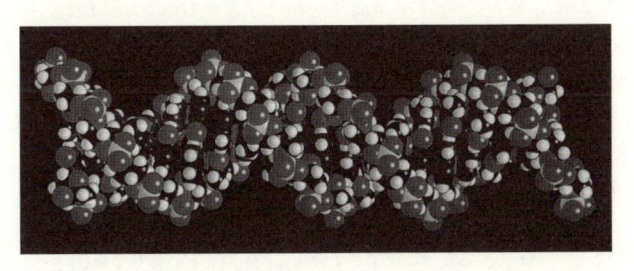

図 17・13　二本鎖 DNA 分子のコンピューターグラフィックス

▶チェック ─────────────────────────────
TTCG という DNA 断片は，どのような DNA 断片とぴったり結合するか．

　ヒトの DNA は約 30 億対のヌクレオチドからなり，タンパク質の設計図（遺伝子）部分は 2 万数千個ある．タンパク質の合成は，ヌクレオチド連続 3 個の塩基配列（コドン）をアミノ酸 1 個に翻訳しながら進む[*1]．

　同じヒトなら DNA のヌクレオチド配列はほぼ共通だけれど，0.1%台（ヌクレオチド数百個〜1000 個に 1 個）の個人差がある[*2]．そのため，特定のヌクレオチド配列をもつ部位で二本鎖 DNA を切る"制限酵素"を作用させたとき，どんな DNA 断片が生じるかは，個人ごとに異なる．その現象を**制限酵素断片長多型**（restriction fragment length polymorphism = **RFLP**）という．RFLP のイメージを図 17・14 に描いた．

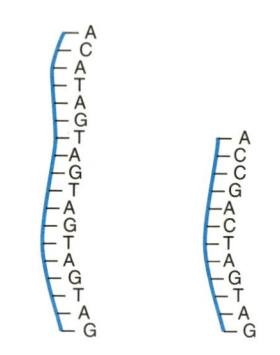

図 17・14　制限酵素の作用で生じる DNA 断片の個人差（イメージ）

電 気 泳 動

　水溶液を含ませたポリマー層に直流電圧をかけ，両極で電解が進むと，陽極付近には正電荷が増え，陰極付近には負電荷が増える．増えた電荷を中和しようと，負電荷をもつ粒子が陽極に向かい，正電荷をもつ粒子が陰極に向かう（電解の原理）．小さい粒子は大きい粒子より動きが速いため，混合物の分離ができる．そうした分離法を，**電気泳動**（electrophoresis）とよぶ（クロマトグラフィーの一種とみてよい）．

[*1] 訳注: コドン ⟶ アミノ酸 の翻訳は，1 秒間に数千塩基もの速さで進む．
[*2] 訳注: ヒトとチンパンジーの差は 2% 程度．

17・5 電気泳動と DNA 型鑑定

DNA の断片（図 17・11）は，解離したリン酸部分が負に帯電している．DNA 断片の混合物をアガロースゲル（寒天の主成分となる糖ポリマー）などにのせ，100〜200 V の直流電圧をかければ，サイズに応じた速さで断片それぞれが陽極に向かう．

実例：殺人犯の特定

DNA 断片の電気泳動は，犯罪の **DNA 型鑑定**（DNA test）に役立つ．ミネソタ州で起きた殺人事件の DNA 型鑑定例（電気泳動パターン）を図 17・15 に示した．左端（D）が容疑者の血液，続く 3 列が容疑者の衣服についていた血痕，つぎの列（V）が被害者の血液を表す（右端の列は，対照用の分子量マーカー）．容疑者の衣服についていた血痕の DNA 型が被害者の血液と一致し，それが決定的な証拠となって容疑者の有罪が確定した．

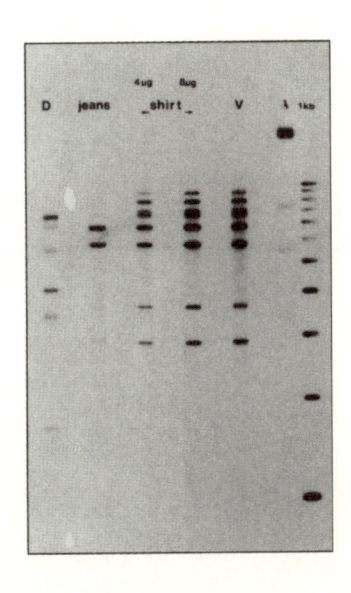

図 17・15 殺人事件の DNA 型鑑定例．説明は本文を参照．[R. Saferstein, *ChemMatters*, **9**, 12 (1991) より]

信頼性の高い DNA 型鑑定はようやく 1990 年ごろに確立したため，それ以前の殺人事件や暴行事件には冤罪もあっただろう*．

---

* 訳注：1990 年の足利事件も，当時の DNA 型鑑定で被疑者の有罪が確定しながら，再審請求に応じた 2009 年の再鑑定で DNA 型の不一致が証明され，2010 年 3 月に無罪が確定．

17・6 光の吸収と透過

電磁波と物質の相互作用に注目する分析を，**分光法**（spectroscopy）と総称する．相互作用のうち，鏡に当たったときの**反射**（reflection）と，プリズムに入ったときの**屈折**（refraction）はおなじみだろう．

本章では光の**吸収**（absorption）だけを扱う．3章でみたとおり，原子が電磁波を吸収すれば，1個の電子が安定な**基底状態**（ground state）から高エネルギーの**励起状態**（excited state）に上がる．電磁波の光子エネルギー（E）は，プランク定数（h），振動数（ν），光速（c），波長（λ）を使ってつぎのように書けた（§3・5 参照）．

$$E = h\nu = \frac{hc}{\lambda}$$

▶ チェック ─────────────────────
つぎのうち，励起状態の Zn 原子を表す電子配置はどれか．
① [Ar]$4s^2 3d^{10}$　　② [Ar]$4s^2 3d^9 4p^1$　　③ [Ar]$4s^2 3d^9 5s^1$
──────────────────────────

マクロ世界では，試料に入射した光（強度 I_0）の一部（I_A）が吸収されると，残り（I_T）は透過するので $I_0 = I_A + I_T$ が成り立つ（図17・16）．

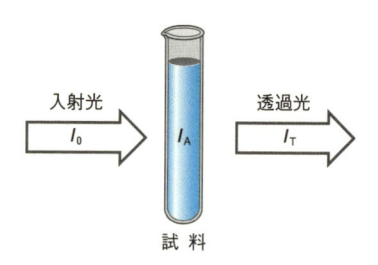

図 17・16　入射光の吸収と透過

光の**透過率**（transmittance）は次式に書ける．

$$T = \frac{I_T}{I_0}$$

吸収の強さを表す**吸光度**（absorbance）A をこう定義しよう．

$$A = \log_{10} \frac{I_0}{I_T}$$

上式は $I_T = I_0 \, 10^{-A}$ に等しい*．

───────────────────────
＊　訳注：A が3を超すと透過光がずっと弱くなるため，実測吸光度の信頼性が落ちる．

また，比 I_0/I_T は透過率 T の逆数だから，吸光度 A はつぎの形にも書ける（"$T_\%$" は透過率のパーセント表示）．

$$A = \log_{10}\left(\frac{1}{T}\right)$$

$$A = \log_{10}\left(\frac{100}{T_\%}\right)$$

17・7 紫外・可視分光

紫外・可視分光（ultraviolet and visible spectroscopy = **UV-Vis**）のうち，吸収測定は図 17・17 のように行う．光源からの光を回折格子などの分光器に通し，波長がそろった**単色光**（monochromatic light）を試料容器（セル）に入れ，透過光の強さを測る．波長を連続的に変えれば，試料の吸収スペクトルが得られる．

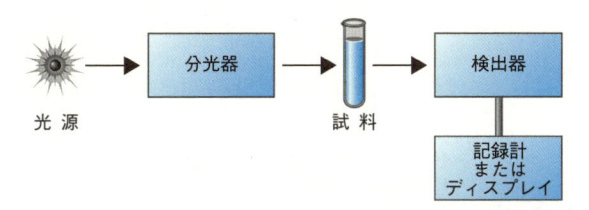

図 17・17　分光光度計のイメージ

図 17・18　O_2 型（左）と CO 型（右）のヘム

血液中のヘモグロビンを考えよう．ヘモグロビン分子がもつ鉄(II)錯体をヘムとよぶ．ヘムの中心金属 Fe には O_2 や CO が結合する（図 17・18）．

ヘムが O_2 型か CO 型かで，可視吸収スペクトルは図 17・19 のように違う．正常な O_2 型は 500 nm と 580 nm に明確なピークを示し，620 nm 以上での吸光度は小さい．ピークの波長では，光子エネルギーが電子を基底状態から励起状態に上げやすい．

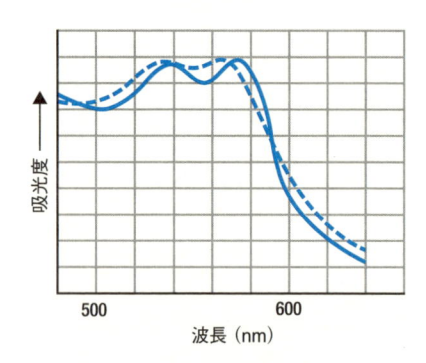

図 17・19 血液試料の可視吸収スペクトル．ヘモグロビンの O_2 結合型（実線）と CO 結合型（破線）．[H. Black, *ChemMatters*, **8**(3), 9(1990) より．© 1990 American Chemical Society.]

ランベルト–ベールの法則

吸収スペクトル（図 17・19）は物質の同定に使い，吸光度 A は定量に使う．物質の濃度が c（単位 M = mol/L）のとき，A と c は次式で結びつく．これを**ランベルト–ベールの法則**（Lambert-Beer's Law）とよぶ．

$$A = \log_{10} \frac{I_0}{I_\mathrm{T}}$$
$$= \varepsilon c l$$

セルの厚み l（単位 cm）を**光路長**（optical path length），物質固有の光吸収能を示す比例係数 ε（単位 $\mathrm{M^{-1}\,cm^{-1}}$）を**モル吸光係数**（molar absorptivity, molar extinction coefficient, molar absorption coefficient）という．

モル吸光係数 ε の値は，標準試料の濃度と吸光度の関係を表す**検量線**（calibration curve）から計算できる．ヘモグロビン水溶液の検量線を図 17・20 に描いた．図の範囲

17・7 紫外・可視分光

で検量線はきれいな直線になり，$A = \varepsilon cl$ より直線の傾きは εl だから，光路長 l がわかっていれば（通常の測定では $l = 1$ cm），傾きから ε がわかる．

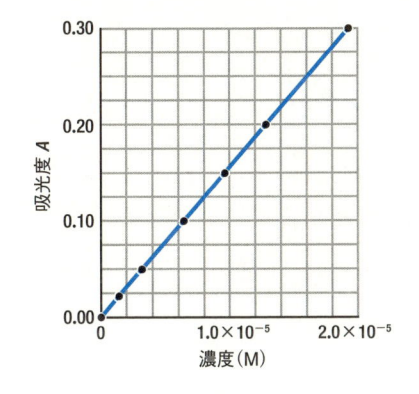

図 17・20 波長 576 nm で測ったヘモグロビン水溶液の検量線

▶ チェック

図 17・19 に描いた吸光度のスペクトルは，濃度 c と光路長 l が一定だから，モル吸光係数 ε のスペクトルとみてもよい．500 nm，620 nm，575 nm のうち，ε が最大となる波長はどれか．

実例：魚の大量死の原因究明[1]

1986 年にウィスコンシン州の川で魚の大量死が起きた．原因として，工場や家庭から流れこむ殺虫剤，除草剤，毒性有機物，重金属などが疑われたけれど，調査の結果どれも否定される．水中の溶存酸素濃度も正常だった．

そこで州衛生局の研究者が，死んだ魚と健康な魚から採取した血液の可視吸収スペクトルを測ったところ，死んだ魚の血液は，ヘモグロビンの 60〜70％が CO 型（図 17・18 参照）だと判明．某モーターボート製造企業が，強力な船外機の試作品テストで，船外機の排ガスを水に出していた．排ガス中の CO が水に溶け，魚を一酸化炭素中毒にしていたのだ．同社は以後，船外機の排ガスを（水ではなく）大気に出すよう改善したうえ，数万ドルの賠償金を州に払った．

例題 17・3 光路長 1 cm のセルを使い，波長 576 nm で測ったヘモグロビン水溶液の吸光度は 0.175 だった．図 17・20 を使い，水溶液の濃度とモル吸光係数を計算せよ．

---

1) Harvey Black, *ChemMatters*, **8**, 6〜9 (October, 1990) に基づく．

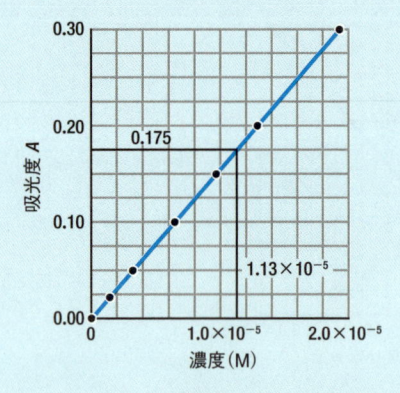

【答】 図 17・21 より，$A = 0.175$ となる濃度は $c = 1.13 \times 10^{-5}$ M とわかる．$A = \varepsilon c l$ に A と c，$l = 1$ cm を入れ，$\varepsilon = 1.55 \times 10^4 \, \text{M}^{-1} \, \text{cm}^{-1}$ を得る*．

図 17・21 検量線を使う濃度の決定

17・8 赤外分光

原子間の振動と赤外吸収

物質をつくる原子はたえず動いている（6 章）．原子間の結合は，バネでつながった球のように，原子の質量と結合の強さに応じ，毎秒 $10^{13} \sim 10^{14}$（10 兆〜100 兆）回も振動し続ける（図 17・22）．赤外線の振動数がその範囲にあるから，原子間の振動は赤外線を共鳴的に吸収する．それを測る**赤外分光**（infrared spectroscopy＝**IR** 分光）は，化合物の定性と構造解析に役立つ．

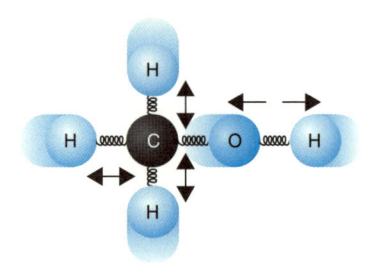

図 17・22 メタノール分子の原子間振動

---

* 訳注：自然界で最大の ε は $10^5 \, \text{M}^{-1} \, \text{cm}^{-1}$ 程度．

17・8 赤外分光

紫外・可視分光では光を nm 単位の波長で示すが（図 17・19 参照），IR 分光では，μm（10^{-6} m）単位にした波長か，cm 単位にした波長の逆数（cm^{-1}）を使う．後者を**波数**（wavenumber）といい，記号 $\bar{\nu}$ で表す．$\bar{\nu}$ は，光速 $c(3\times10^8 \text{ cm/s})$，波長 λ（単位 cm），振動数 ν（単位 s^{-1}）とつぎのように結びつく．

$$\bar{\nu} = \frac{1}{\lambda} = \frac{\nu}{c}$$

振動数に比例する波数 $\bar{\nu}$ は，光子エネルギーに正比例する．$\bar{\nu}$ が 3333 cm^{-1} のとき振動数 ν は 10^{14} s^{-1} だから，毎秒 100 兆回の振動を続ける結合が $\bar{\nu}$ = 3333 cm^{-1} の赤外線を吸収する．

IR スペクトルの解読

代表的な共有結合が吸収する赤外線の波長と波数を表 17・3 にまとめた．こうした結合は，有機化合物の核ともいえる**官能基**（functional group）の素材だから，IR 分光は官能基の検出に役立つ．たとえばアルコールの OH 基は 3650～2500 cm^{-1} にブロードな（幅広い）吸収を，ケトンやアルデヒドの C=O 基は 1800～1600 cm^{-1} に吸収を示す．

▶ チェック

NO と NO_2 の IR スペクトルを測るとしよう．N-O 結合はどちらが強いか．吸収する振動数，波長，波数は，どちらが大きいか．

表 17・3　原子間結合に特徴的な IR 波長と波数

結 合	波長範囲(μm)	波数範囲(cm^{-1})
—C—H	3.38-3.51	2960-2850
=C—H	3.23-3.33	3100-3000
≡C—H	3.03	3300
C=C	5.95-6.17	1680-1620
C≡C	4.49-4.76	2230-2100
O—H	2.74-4.00（ブロード）	3650-2500（ブロード）
N—H	2.94-3.13	3400-3200
C=O	5.56-6.13	1800-1630
C—O	7.69-10.00	1300-1000
C—N	7.35-9.80	1360-1020

紫外可視スペクトルの縦軸は吸光度 A とするが，IR スペクトルの縦軸には，習慣上，透過率 T のパーセント表示を使う（下向きが吸収）．

エタノールと 2-プロパノールの IR スペクトルを図 17・23 に示す. どちらも 3700～3330 cm^{-1} に OH 基のブロードな吸収を示すなど, 全体の姿がよく似ている.

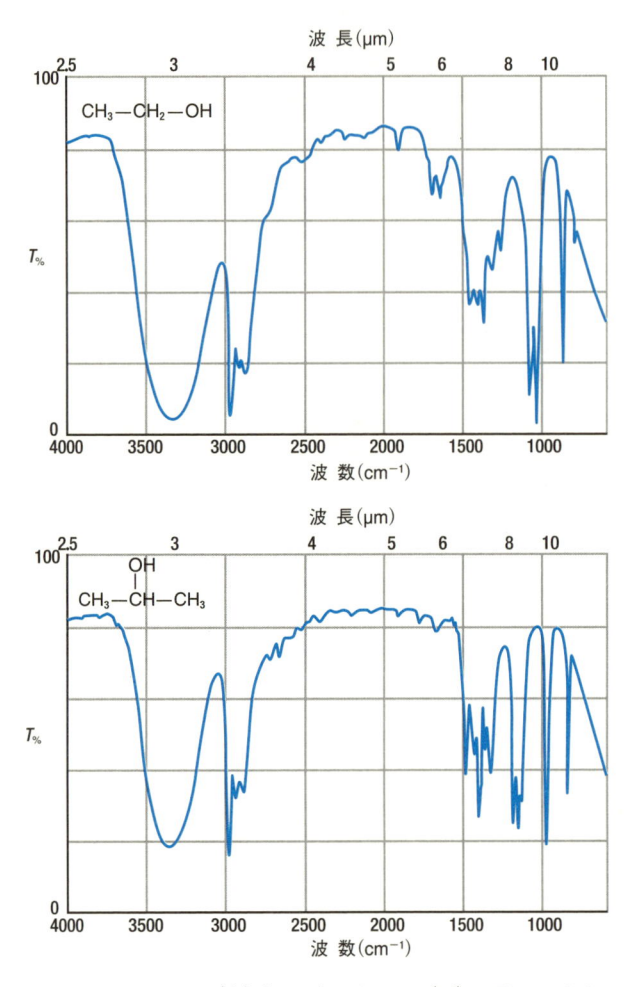

図 17・23 エタノール (上) と 2-プロパノール (下) の IR スペクトル

例題 17・4 アセトンの IR スペクトル (下図) 中, カルボニル基 (C=O) のピークはどれか.

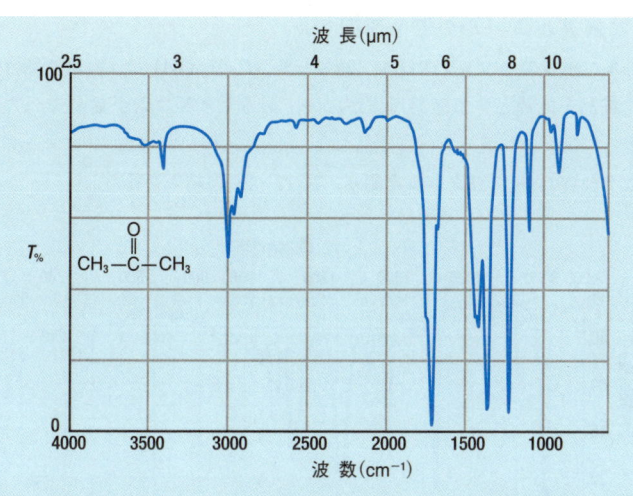

【答】 表 17・3 より C=O の吸収は波長 5.56〜6.13 μm（波数 1800〜1630 cm^{-1}）に現れるので，5.85 μm（1710 cm^{-1}）の強いピークが C=O に帰属できる．

例題 17・5 酢酸 CH_3COOH の IR スペクトル（下図）中，OH と C=O のピークはどれか．

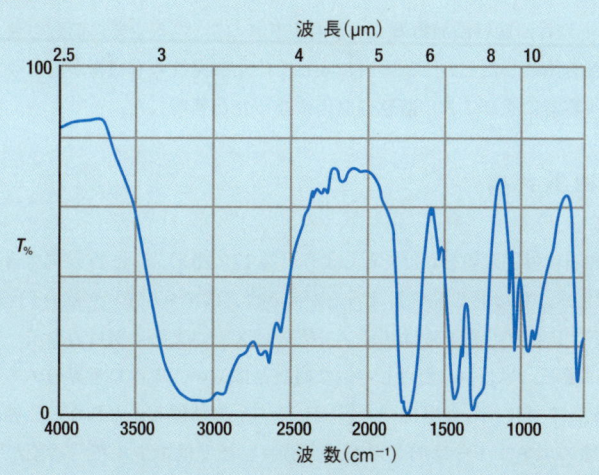

【答】 表 17・3 を参照すると，3.25 μm（3080 cm^{-1}）を中心とするブロードな吸収が OH に，5.85 μm（1710 cm^{-1}）のやや広いピークが C=O に帰属できる．

684　　17. 化 学 分 析

実例: 脂肪族アルコールの着色原因

脂肪族アルコールの一つステアリルアルコール ($C_{18}H_{37}OH$) は, 室温で純白のろう状となり, 化粧品を始めとする産業用途が広い. あるとき某ゴム企業がステアリルアルコールの着色に気づき, メーカーに返品した. そこでメーカーは, クロマトグラフィーで単離した不純物の IR スペクトルを測り, 図 17・24 の結果を得た.

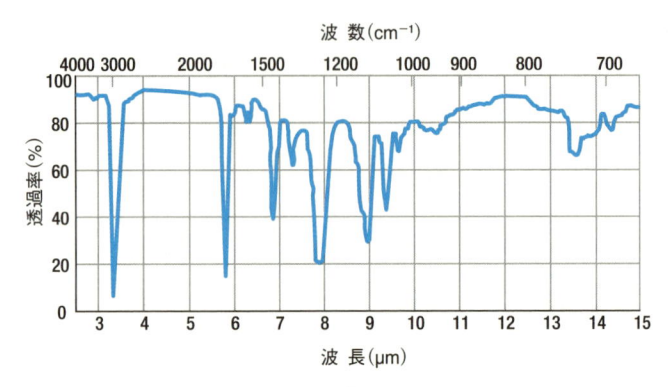

図 17・24　不純物の IR スペクトル ["Professional Analytical Chemists in Industry: A Short Course for Undergraduate Students in Problem Solving", Proctor & Gamble より]

IR スペクトルは, 塗料添加物の一つと同定された*. ゴム企業に問合わせたら, 納品後に工場内部を塗装したという. 塗料に入っていた揮発性の有機物が開封後のステアリルアルコール容器に忍びこみ, 着色の原因になったと判明した.

17・9　核磁気共鳴

核スピン

小さな棒磁石に外部磁場をかけたとしよう (図 17・25a). S と N が向き合えばエネルギーが低く (安定. 右), 同じ S や N どうしが向き合えばエネルギーが高い (不安定. 左).

^1H, ^{13}C, ^{19}F, ^{31}P などの原子核はスピン (核スピン. いまの 4 例はみな $\frac{1}{2}$) をもつ. 回転する電荷は磁石に等しい. ただし身近な磁石とは違い, ミクロ世界のエネルギーは量子化され (§3・7, §3・16 参照), "$+\frac{1}{2}$" か "$-\frac{1}{2}$" の状態しかとれない. 外部磁場がゼロなら両状態のエネルギーは同じだが, 磁場のもとではエネルギーに差ができる (図 17・25b).

---

* 訳注: 具体的な物質名の記載はない.

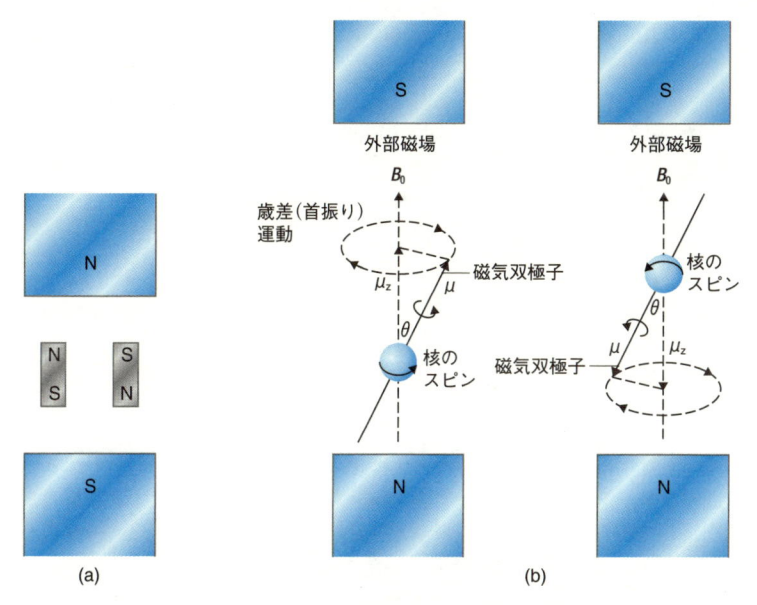

図 17・25 (a) 磁場内の棒磁石. (b) 磁場内の核スピン.

エネルギー分裂（ゼーマン分裂）の幅は，外部磁場の強さに正比例する. ^{1}H（プロトン）の場合，かなり強い 2～10 T（テスラ）の磁石を使うと，基底状態と励起状態の差が 0.034～0.17 J/mol になる. その値は，振動数 85～420 MHz のラジオ波がもつ光子エネルギーにあたるから，強磁場内の試料にラジオ波を当てれば一部が共鳴的に吸収され，^{1}H が検出できる. 以上が**核磁気共鳴**（nuclear magnetic resonance = **NMR**）の原理になる.

NMR スペクトルの解読

どの H 原子も同じ振動数に共鳴しそうなところ，現実の化合物中だと，H 原子のまわりには電子がある. 電子の負電荷は外部磁場を弱め（遮蔽し），共鳴エネルギー（振動数）を微妙にずらす. ずれる割合は，^{1}H が 10^{-6}～10^{-5}，^{13}C が 10^{-5}～10^{-4} でしかないため，ppm (10^{-6}) で表せばわかりやすい*.

測定結果のグラフは，化合物中の ^{1}H や ^{13}C それぞれの共鳴振動数が，基準物質（トリメチルシラン TMS など）の共鳴振動数から何 ppm ずれているかを横軸にして表す.

---

* 訳注: 外部磁場が強いほど，ずれの絶対値が増すので測定感度が上がる.

686　17. 化 学 分 析

エタノールの ¹H NMR スペクトルと ¹³C NMR スペクトルを図 17・26 に例示した.

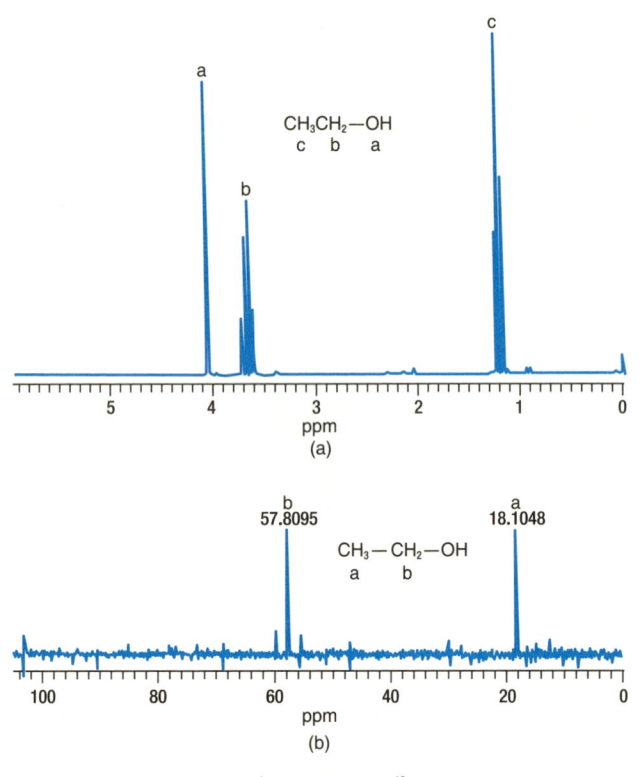

図 17・26　エタノールの ¹H NMR(a) と ¹³C NMR スペクトル (b)

図 17・26 を手がかりにすると，NMR スペクトルから得られる情報は以下 3 点にまとめられる.

- 吸収ピークの出現位置を**化学シフト** (chemical shift) という．化学シフトの値は，核を囲む電子的な環境を教える．¹H NMR スペクトルのピーク a〜c は，H 原子 a〜c の環境が異なると語り，¹³C NMR スペクトルのピーク 2 本も，2 個の C が異なる環境にあると語る.

- ピーク下の面積は，それぞれの環境におかれた核の数に比例する．^{1}H NMR スペクトルだと，ピーク b（H 原子 2 個）の総面積はピーク a（H 原子 1 個）の 2 倍になっている．
- ある H は，すぐ隣の C や O に直結した H と相互作用する結果，共鳴エネルギーが少し分裂する．近隣 H が n 個ならピークは $n+1$ 本に割れるため，近隣 H のない H_a は 1 本，近隣 H が 3 個の H_b は 4 本，近隣 H が 2 個の H_c は 3 本のピークを示す．

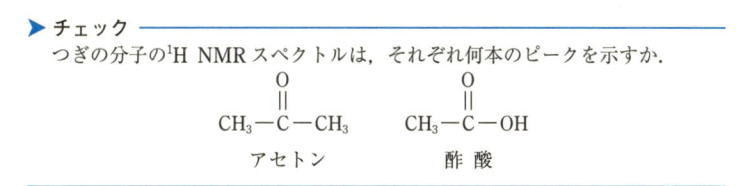

▶ **チェック**

つぎの分子の ^{1}H NMR スペクトルは，それぞれ何本のピークを示すか．

$$CH_3-\underset{\underset{\text{アセトン}}{}}{\overset{\overset{O}{\|}}{C}}-CH_3 \qquad CH_3-\underset{\underset{\text{酢酸}}{}}{\overset{\overset{O}{\|}}{C}}-OH$$

実例：生薬の構造決定

NMR を活用すれば，複雑な有機分子の細かい構造がわかる．たとえばガーナに産するガガイモ科クリプトレピス属の低木は，現地住民が昔から解熱剤に使ってきた．最近，根の抽出物がマラリアや尿道・上気道感染に薬効を示すと判明．そこで研究者は薬効成分を単離し，NMR で構造を調べた．NMR スペクトル（図 17・27）の解析から構造が図 17・28 のように決まり，クリプトスピロレピンと命名された．

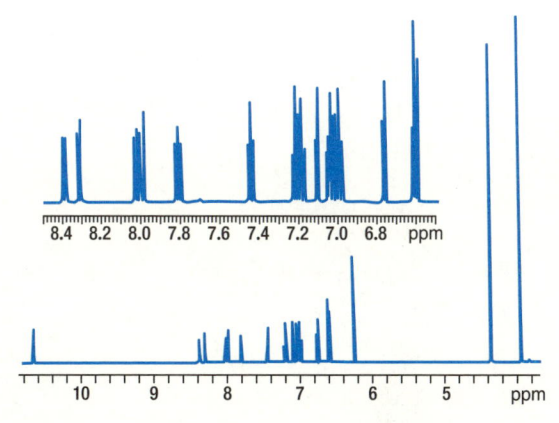

図 17・27　クリプトスピロレピンの ^{1}H NMR スペクトル
［A. N. Tackie ほか，*J. Nat. Prod.*, **56**, 657（1993）より］

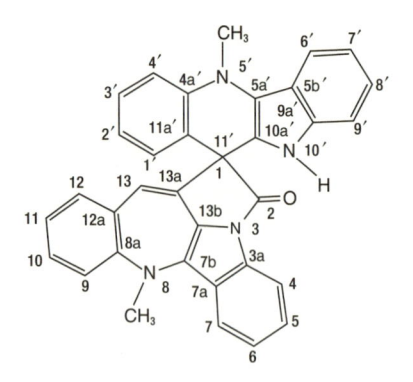

図 17・28 クリプトスピロレピンの分子構造〔出典は図 17・27 に同じ〕

17・10 原子吸光分析

原子による光の吸収

原子がエネルギーを吸収すると，1 個の電子が励起状態に移る．励起エネルギーは元素ごとに決まっているため，特定波長での吸収強度から元素を定量できる．その分析法を**原子吸光分析**（atomic absorption spectrometry ＝ **AA**）という〔原子発光を見る"炎色反応（§3・8）"の逆〕．

原子吸光のイメージを図 17・29 に示す．2000～3000 ℃の酸素アセチレン炎（フレーム）か黒鉛炉（ファーネス）に試料水溶液を噴霧して化合物を原子化させ，原子集団を高温の空間に浮かべる．そこに横から光を入射させ，元素ごとに選んだ波長で吸光度 A を測り，ランベルト-ベールの式（p.678）から原子の量を計算する．

測定感度は元素の種類で変わる．鉛（後述）の場合，溶液中の濃度が 0.1 ppm（100 mL あたり 0.01 mg）までは楽に測れる．

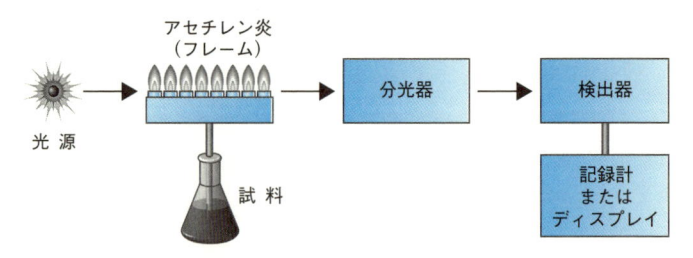

図 17・29　原子吸光測定のイメージ

実例：探検隊員の死因

1845年5月19日，ジョン・フランクリン卿を隊長とする英国海軍の艦船2隻（乗員134名）が，北西航路（カナダ北方経由で太平洋に出る航路）開拓をめざして3年間の探検航海に出た．食料も飲料も，レモン果汁（壊血病防止用）もたっぷりだったのに，探検隊は帰ってこない．

以後10年のうち何度も救援隊が北極海に派遣された．ある救援隊は，キング・ウィリアム島のイヌイットに聞いたという話，飢えた隊員が共食いしたとのホラー話をもち帰る．別の救援隊は宿営の跡と遺骨を見つけ，木のそりにつなげた救命ボートの中にも遺骨を見つける．ボートには絹のハンカチ，香料せっけん，スポンジ，スリッパ，くしなどが積んであった．絶望のなか重いボートを引きずる男たちには，なんとも不似合いな品物だ．

フランクリン隊の遭難は事実だとしても，疑問は尽きない．イヌイットが何世紀も暮らしてきた地で，厳しい訓練を受けた完全装備の隊員がなぜ全滅したのか？ 救命ボート上の妙な品々は何を意味するのか？ 1981年にアルバータ大学の法医学者オーエン・ビーティー（Owen Beattie）が調査に乗り出す．キング・ウィリアム島で，隊員の遺骨と，探検航海のころ生きていたイヌイットとカリブー（トナカイの一種）の骨を収集し，骨を原子吸光で分析した．

分析の結果（表17・4），隊員の骨には鉛が異常に多いとわかった．鉛中毒は拒食症や全身衰弱，錯乱，妄想，貧血などを起こす．救命ボートの内容物も，錯乱の証拠ではないか？ ただし，鉛中毒が探検航海中に起きたのかどうかはまだわからない．

表17・4 骨の鉛分析結果

試料	Pbの平均濃度(ppm)
探検隊員	138.1
イヌイット	5.1
カリブー	2.0
現代人	29.8

出典：W. A. Kowal, P. M. Krahn, O. B. Beattie, *Int. J. Environ. Anal. Chem.*, **35**, 119(1989) より．

1984年と86年の夏にビーティーは調査隊を編成し，探検隊が1845年の冬を過ごし，乗員3名を埋葬したと航海日誌が伝える島に出向いた．北極圏内だから，凍土に覆われた遺体の保存状態はよい．遺体を掘り出して組織を採取し，帰国後に毛髪の鉛濃度を原子吸光で分析した．乗員3名の値225〜565 ppmは，現代人（平均4 ppm）の100倍も

多い．つまり鉛中毒は探検航海中に起きていた．数百 ppm なら，命を落としてもおかしくはない．

では中毒の原因は何か？ 宿営地のそばには缶詰の空き缶が捨ててあった．探検航海の 1845 年当時，発明から間もない缶詰食品は，鉛を多く含むハンダで密封した．その鉛が隊員を鉛中毒にし，全滅させたのだろう．

● キーワード（17章）

IR	屈 折	赤外分光
移動相	クロマトグラフィー	単色光
HPLC	原子吸光分析	DNA
NMR	検量線	DNA型鑑定
MS	構造解析	定性分析
親イオン	高速液体クロマトグラフィー	定量分析
化学シフト	光路長	デオキシリボ核酸
核磁気共鳴	固定相	電気泳動
ガスクロマトグラフィー	紫外・可視分光	透過率
カラム	GC	波 数
官能基	湿式法	反 射
機器分析	質量分析	分光法
基底状態	脂肪酸	保持時間
逆相 HPLC	充塡カラム	モル吸光係数
キャピラリーカラム	重量分析	容量分析
吸光度	順相 HPLC	ランベルト–ベールの法則
吸 収	制限酵素断片長多型	励起状態

付録 A　単位系と測定値の処理

A・1　単位系
　　SI 基本単位
　　SI 組立単位
　　桁を表す接頭語
　　非 SI 単位
　　単位の換算

A・2　測定の誤差
　　系統誤差とランダム誤差
　　正確さと精密さ
A・3　有効数字
　　加減計算と有効数字
　　乗除計算と有効数字
A・4　指数表現
A・5　測定データのグラフ処理

A・1　単位系

SI 基本単位

物理量は数値と単位の組合わせで表す*．第 11 回（1960 年）の国際度量衡総会が採択した**国際単位系**（**SI**＝Système International，英語 International System of Units）では，表 A・1 の 7 種を**基本単位**（base units）とする．

表 A・1　SI 基本単位

物理量	単位の名称	記号
長さ	メートル	m
質量	キログラム	kg
時間	秒	s
温度	ケルビン	K
電流	アンペア	A
物質の量	モル	mol
光度	カンデラ	cd

SI 組立単位

体積の m^3，速度の m/s など，基本単位の乗除でつくる単位を**組立単位**（derived units）という．SI 組立単位の例を表 A・2 に示す．

＊　訳注: 物理量は "数値×単位" を意味する．通常は "×" を書かず，数値と単位記号の間にスペースを入れる（海外では，"×" のかわりに "・" を書く人も多い）．

表A・2　SI組立単位の例

物理量	単位の名称	記号	SI単位の表現
密度			kg/m^3
電荷	クーロン	C	A s
電位	ボルト	V	J/C
エネルギー	ジュール	J	kg m^2/s^2
力	ニュートン	N	kg m/s^2
振動数	ヘルツ	Hz	s^{-1}
圧力	パスカル	Pa	N/m^2
速度			m/s
体積			m^3

桁を表す接頭語

通常，数値部分が大きい量や小さい量は，表A・3の接頭語を単位記号の前に添えて表す．

表A・3　桁を表す接頭語

接頭語	記号	意味
エクサ　(exa)	E	10^{18}
ペタ　(peta)	P	10^{15}
テラ　(tera)	T	10^{12}
ギガ　(giga)	G	10^{9}
メガ　(mega)	M	10^{6}
キロ　(kilo)	k	10^{3}
デシ　(deci)	d	10^{-1}
センチ　(centi)	c	10^{-2}
ミリ　(milli)	m	10^{-3}
マイクロ　(micro)	μ	10^{-6}
ナノ　(nano)	n	10^{-9}
ピコ　(pico)	p	10^{-12}
フェムト　(femto)	f	10^{-15}
アト　(atto)	a	10^{-18}

非 SI 単位

SI単位に従う"0.001 m^{3}の容器に水0.000 25 m^{3}を入れる"より，"1 Lの容器に水250 mLを入れる"のほうがずっとわかりやすいため，非SI単位もよく使う．例を表A・4にまとめた．

表A・4　非SI単位の例

物理量	単位の名称	記号	SI単位の表現
体積	リットル	L	10^{-3} m^3
長さ	オングストローム	Å	0.1 nm
圧力	気圧	atm	101.325 kPa
	トリチェリ	mmHg	133.32 Pa
エネルギー	電子ボルト	eV	1.602×10^{-19} J
温度	摂氏温度	℃	K − 273.15
濃度	体積モル濃度	M	mol/dm^3 = mol/L

単位の換算

いろいろな単位で表せる物理量は多い．単位の換算はつぎのように行う．

$$\text{単位1} \times \text{換算係数} = \text{単位2}$$

たとえば2200 kcal（1日の所要エネルギー）は，1 kJ = 0.2390 kcal（1 J = 0.2390 cal）を換算係数として kJ 単位に変える．

$$2200 \text{ kcal} \times \frac{1 \text{ kJ}}{0.2390 \text{ kcal}} = 9205 \text{ kJ}$$

換算係数の例を付録B（表B・2）にまとめてある．

A・2　測定の誤差

"1 atm = 760 mmHg" と "太陽の直径 = 1 392 400 km" は，意味がまったく違う．前者は定義だから，厳密に 1 atm = 760 mmHg が成り立つ．しかし後者は測定値だから，測定の誤差内で正しい．

紀元前3世紀にアレクサンドリアのエラトステネス（前275〜前194）は地球の外周を初めて見積もった．その結果（25万スタジア ≒ 39000 km）は正しい値にかなり近いが，むろん誤差はある．測定法の改良で誤差は減るものの，どれほど高度な測定にも誤差はつきまとう．

系統誤差とランダム誤差

測定の誤差は，測定器の感度からくる誤差と，測定技術の良否からくる誤差に分類できる．そのどちらにも，系統誤差とランダム誤差がある．

二つの違いをつかむため，測定を射的にたとえよう（図A・1）．銃の照準が狂っていると，文字どおり"的外れ"の場所に弾が集まる．そんなふうに，道具の狂いが生む誤差を**系統誤差**（systematic error）という．系統誤差は射手（測定者）の不手際からも生

じる．射撃の音にびくついて，撃つ直前に銃を引きつける射手の弾は，的の中心から外れた場所に集中する．

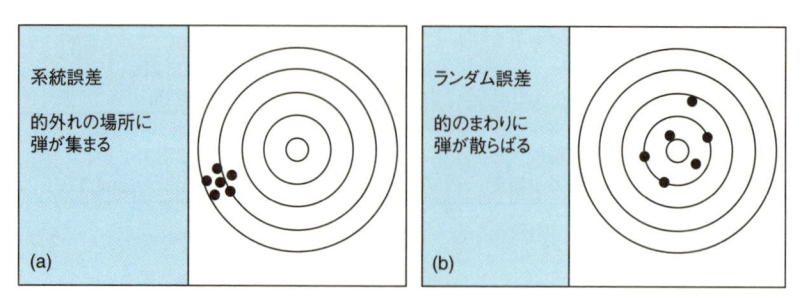

図A・1 (a) 系統誤差のイメージ（正しい値から外れる）．(b) ランダム誤差のイメージ（正しい値を中心にバラつく）．

撃つ直前に必ず目をつぶるようなら，着弾点が中心から上下左右に外れ，**ランダム誤差**（random error）が生じる．射手が未熟なほどランダム誤差は大きい．

道具の良し悪しもランダム誤差につながる．ビーカー，メスシリンダー，ビュレットのどれかで水溶液 25 mL を測りとるとしよう．50 mL ビーカーなら誤差は±5 mL ほどあり，測った体積は 20～30 mL の範囲にバラつく．メスシリンダーを使うと誤差は±1 mL に減り，ビュレットなら 1 滴分（±0.05 mL）の誤差しかない．

例題 A・1 つぎのうち，どちらが系統誤差を生み，どちらがランダム誤差を生じるか．
① いいかげんに目盛ったメスシリンダーで水 25 mL を測りとる．
② 感度±0.1 g の天びんで 250 mg のビタミン C を測りとる．

【答】
① 系統誤差（25 mL 付近に刻んだ目盛の狂い具合で，過多か過少のどちらかになる）．
② ランダム誤差（はかりの感度が低いため，250 mg の前後でバラつく）．

正確さと精密さ

日常生活で正確さ（accuracy）と精密さ（precision，精度ともいう）はまず区別しないが，科学では明確に区別する．測定値が真値に近いと"正確"，測定を何度繰返してもほぼ同じ値なら"高精度"という．

統計では妥当性と信頼性を区別する．正確さは妥当性に，精度は信頼性に通じる．精度が高い（信頼性が高い）測定は，"再現性"がよい．つまり，図 A・1 の(a)は正確さ（妥当性）に劣る測定のイメージ，(b)は精度（信頼性・再現性）に劣る測定のイメージだ．

A・3 有効数字

測定値の信頼性は，使った道具の信頼性より必ず低い．測定値を報告するときは，信頼できる数値の桁数，つまり**有効数字**（significant figures）に注意しなければいけない．

10 円玉の質量を，郵便はかり（レタースケール）と分析天びんで測るとしよう．2 g きざみの郵便はかりなら，"4 g と 6 g の間"としかわからない．しかし分析天びんなら誤差±0.001 g で 4.512 g と読める．そのため，誤差つきの測定値はこうなる．

$$郵便はかり \quad\quad 5 \pm 1 \text{ g}$$
$$分析天びん \quad\quad 4.512 \pm 0.001 \text{ g}$$

郵便はかりの測定結果は 1 桁しか信頼できないが（有効数字 1 桁），分析天びんの有効数字は 4 桁（4.512）ある（最後の桁は±1 の誤差を含む）．測定装置の感度が高いほど，有効数字の桁数は多い．

有効数字を数えるときは，0（ゼロ）に注意しよう．左端に並ぶ 0（例：0.0035），途中の 0（例：3056），右端に並ぶ 0（例：350000）は，それぞれ性格が異なる．

- 左端の 0 は有効数字ではない（小数点の位置を決めるだけ）．たとえば 0.0045, 0.045, 0.45, 4.5, 45 は，どれも±1 の誤差を含む "45" だから，有効数字は 2 桁になる．
- 3105 の 0 など，有効数字にはさまれた 0 は有効数字だ．たとえば 40.05, 0.0102, 1706.2 の有効数字は，それぞれ 4 桁，3 桁，5 桁になる．
- 小数点以下の数字で右端の 0 は有効数字とみるため，4.00 の有効数字は 3 桁になる（誤差±0.01）．小数点のない数字だと，下流の 0 が有効数字かどうかはわからない．"400 mL" は，400 ± 1 mL, 400 ± 10 mL, 400 ± 100 mL のどれもありうる．有効数字の明示には**指数表現**（exponential notation）を使い，3 桁なら 4.00×10^2, 2 桁なら 4.0×10^2, 1 桁なら 4×10^2 と書く．

右端の 0 が有効数字かどうか不明なときは，"有効数字ではない" とみるのがよい．実験書に "試料を水 400 mL に溶かす" とあれば，400 の有効数字は 1 桁だと考える．

加減計算と有効数字

水 150.0 g に食塩 0.507 g を溶かした食塩水の質量は？ 有効数字を考えない計算（電卓の答え）だと，つぎのようになる．

$$
\begin{array}{rll}
& 150.0 \text{ g} & (\text{水}) \\
+ & 0.507 \text{ g} & (\text{食塩}) \\
\hline
& 150.507 \text{ g} & (\text{食塩水})
\end{array}
$$

だがそれは意味をなさない．水の質量は 0.1 g の桁までしかわかっていない．すると食塩水の質量も ±0.1 g の誤差を含むため，有効数字を考えた計算はこうなる．

$$
\begin{array}{rll}
& 150.0 \text{ g} & (\text{水}) \\
+ & 0.507 \text{ g} & (\text{食塩}) \\
\hline
& 150.5 \text{ g} & (\text{食塩水})
\end{array}
$$

加減計算の結果は，小数点以下の桁数を，"桁数がいちばん少ない測定値"に合わせる．

乗除計算と有効数字

加減計算のときと同じ発想を使い，乗除計算の結果は，有効数字の桁数を"桁数がいちばん少ない測定値"に合わせる．

10 円玉の"値段"を考えよう．成分は銅 95%，亜鉛 3〜4%，スズ 1〜2% だが，簡単のため純銅とみなす．市場価格（800 ± 10 円/kg）から，1 g を 0.80 円とみる．すると質量の測定値（4.512 g）を使い，10 円玉 1 個の値段はこう計算できる．

$$4.512 \text{ g} \times 0.80 \text{ 円/g} = 3.6 \text{ 円}$$

電卓の表示は"3.6096"になるけれど，銅の価格は有効数字が 2 桁しかないため，最終結果の有効数字も 2 桁で止める．

A・4 指 数 表 現

指数表現は，"**(1 以上 10 未満の数)**$\times 10^x$"の形に書く．推計値と現実に ±1000 人の誤差があるとみれば，2011 年 3 月時点で東京都 23 区の人口は 8 947 000 ± 1000 人だった．指数表現にすると，有効数字 4 桁でこう書ける．

$$8\,947\,000 \pm 1000 = (8.947 \pm 0.001) \times 10^6$$

1 未満の数を指数表現で書くときは，小数点を右向きにずらす．たとえば 0.000 985 は，小数点を右に 4 回ずらし，つぎの形になる．

$$0.000\,985 = 9.85 \times 10^{-4}$$

指数表現を使うと，大きい数や小さい数の計算が楽になるほか，有効数字の桁数がわかりやすい．"$\times 10^x$"の前に書かれた数字は，すべて有効数字とみる．

1.03×10^{22}　　（有効数字 3 桁）
9.852×10^{-5}　　（有効数字 4 桁）
2.0×10^{-23}　　（有効数字 2 桁）

例題 A・2　つぎの数字を指数表現で書け．
① 0.004 694　　② 1.98　　③ 4 679 000 ± 100

【答】　① 4.694×10^{-3}　　② 1.98×10^{0}　　③ $(4.9670 \pm 0.0001) \times 10^{6}$

例題 A・3　何かの測定値（123.4 ＋ 0.42）を，別の測定値（17.48 － 17.00）で割る場合，その答えを指数表現で書け．

【答】　足し算の結果は，小数点以下 1 桁までの 123.8（有効数字 4 桁）とする．引き算の結果 0.48 は有効数字 2 桁だから，割り算の結果（電卓だと 257.9166…）も有効数字は 2 桁しかとれず，最終結果は 2.6×10^{2} と書ける．

A・5　測定データのグラフ処理

科学者は，自然界を知りたいという好奇心で観察や測定をする．結果の中に何か規則性（パターン）が見つかれば，新発見につながるかもしれない．

虹の色はプリズムと同じ原理で現れ，色の違いは振動数（波長）の違いを表す* （表A・5）．

表 A・5　色の代表的な波長（λ）と振動数（ν）

色	波　長 (m)	振動数 (s^{-1})
紫	4.100×10^{-7}	7.312×10^{14}
青	4.700×10^{-7}	6.379×10^{14}
緑	5.200×10^{-7}	5.765×10^{14}
黄	5.800×10^{-7}	5.169×10^{14}
橙	6.000×10^{-7}	4.997×10^{14}
赤	6.500×10^{-7}	4.612×10^{14}

---

* 訳注: 日本では紫〜青の間に"藍"があるとみて虹を 7 色とする．しかし 7 色とみる国は意外に少なく，5 色や 4 色，3 色の国もある．

一見してわかるとおり，波長が長いほど振動数は低い．そこで止まらず，波長と振動数を数式で結びつけたい．数式が決まれば，青緑（波長 5.00×10^{-7} m）の振動数や，藍（振動数 7.00×10^{14} s^{-1}）の波長も計算できる．

ふつう数式を決めるには，測定データをグラフ化（プロット）して直線関係を見つける．まず，縦軸が波長，横軸が振動数のグラフを描いてみよう（図 A·2）．グラフ化のときは，つぎのことに注意する．

- データ部分がグラフ全体のなるべく広い部分を占めるよう，座標軸の目盛を決める．
- 原点 (0, 0) は必ずしも必要でない．まずは原点を考えずに上の手順を行う．
- 両軸の目盛を決めたら，データを1点ずつ描きこむ．
- なるべく多くの点を通る直線(や曲線)を引いてみる．実験誤差があるから，すべての点を直線(や曲線)が通るとはかぎらない．

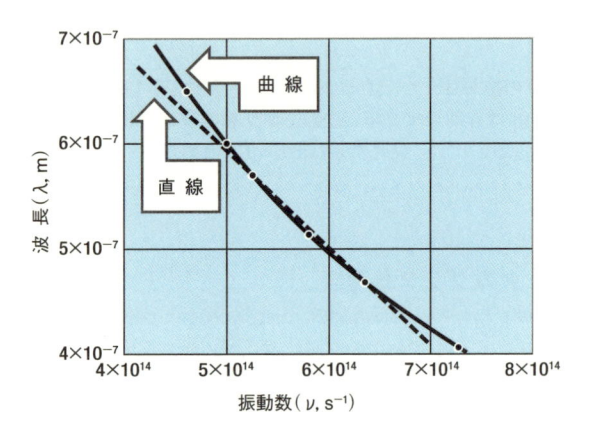

図 A·2 振動数 (ν) に対する波長 (λ) のプロット．直線にならない．

プロットが直線なら，波長 (λ) と振動数 (ν) が**正比例**（directly proportional）する．つまり直線の式 $y=ax+b$ と同じく，つぎの形に書けるだろう．

$$\lambda = a\nu + b$$

図 A·2 のグラフは直線ではない（データの有効数字は4桁もあるから，測定誤差ではない）．そこで正比例の関係は忘れ，反比例の関係（次式）はどうなのか調べよう．

$$\lambda = a\left(\frac{1}{\nu}\right) + b$$

表 A·5 の波長を，振動数の逆数に対してプロットする（図 A·3）．

A・5 測定データのグラフ処理

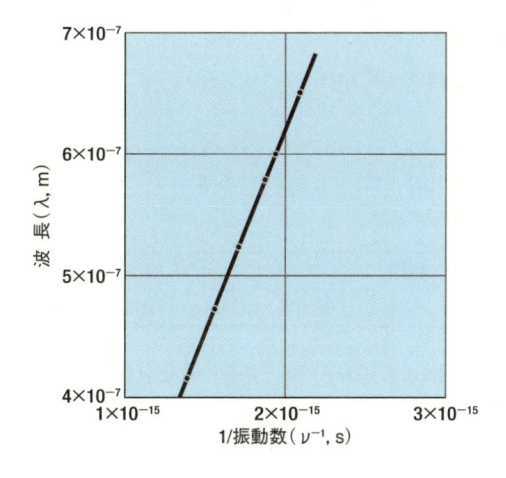

図A・3 振動数(ν)の逆数に対する波長(λ)のプロット。測定誤差内で直線になる。

図A・3はきれいな直線だから，傾き(a)とy切片(b)を計算できる（図A・4．計算の際，測定点そのものは使わないこと）．計算してみると図A・2の直線は，傾きが光速（2.998×10^8 m/s）に等しいとわかる．

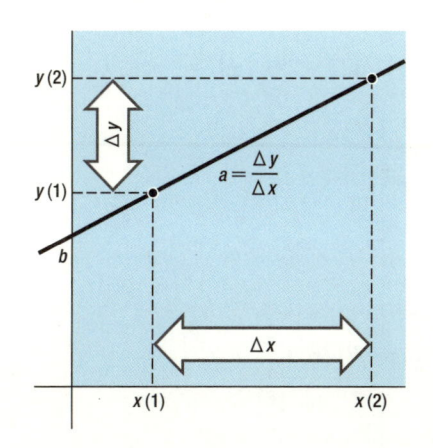

図A・4 直線の傾き(a)は，縦軸の変化量(Δy)を横軸の変化量(Δx)で割って求める．切片(b)は，直線が$x=0$と交わる点の値．

横軸の左端が$x=0$なら，直線とy軸の交点がy切片(b)になる（図A・3のままだとわからない）．直線の傾き(a)がわかっていれば，グラフ内に$x=0$の点がなくても，直線上にあるどれか1点のx値とy値を式に入れ，y切片(b)の値を出す．図A・3に適用すれば$b=0$だとわかるため，直線は次式に表せる．

$$\lambda = (2.998 \times 10^8 \text{ m/s})\left(\frac{1}{\nu}\right)$$

書き直した次式より，振動数と波長の積が光速に等しいとわかる．
$$\nu\lambda = 2.998\times10^8 \text{ m/s}$$

例題 A・4 圧力一定で気体の体積（V）と温度（T）を測り，つぎのデータを得た．気体の体積がゼロになる温度を求めよ．

体積 (mL)	273.0	277.4	282.7	287.7	293.1	298.1
温度 (℃)	0.0	5.0	10.0	15.0	20.0	25.0

【答】 データをプロットすると直線になる（図A・5）．直線の式をつぎのように書こう．
$$T = aV + b$$
線上の2点（$T=7.5$℃と$T=22.5$℃）を選び，体積を読みとって傾きを計算する．
$$a = \frac{\Delta T}{\Delta V} = \frac{22.5\text{℃} - 7.5\text{℃}}{295.5\text{ mL} - 280.1\text{ mL}} = 0.974\text{ ℃/mL}$$

つぎに，直線上の1点（たとえば 22.5 ℃，295.5 mL）を直線の式に入れ，y切片を求める．
$$b = T - aV = 22.5\text{℃} - (0.974\text{ ℃/mL})\times 295.5\text{ mL} = -265\text{ ℃}$$

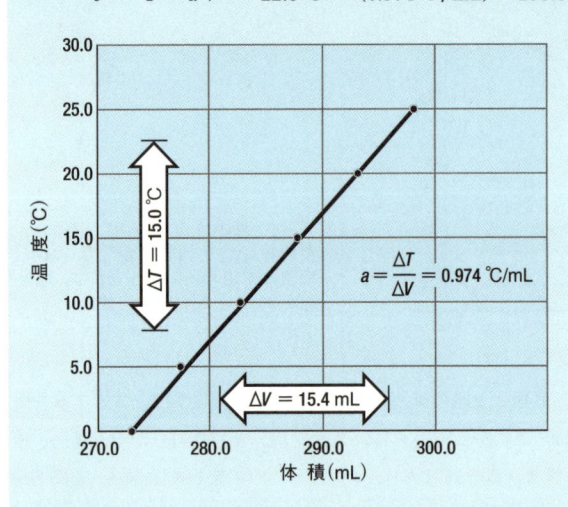

図A・5 気体の体積と温度の関係

つまり実験データが正確なら，-265℃で気体の体積はゼロになる（理論値は -273.15℃）．

付録 B　物質の基礎データ

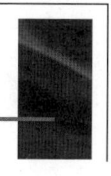

表 B・1　基本物理定数

真空中の光速 (c)	$c = 2.997\,924\,58 \times 10^8$ m/s
電気素量 (q_e)	$q_e = 1.602\,177\,33 \times 10^{-19}$ C
電子の静止質量 (m_e)	$m_e = 9.109\,389 \times 10^{-31}$ kg
陽子の静止質量 (m_p)	$m_p = 1.672\,623 \times 10^{-27}$ kg
中性子の静止質量 (m_n)	$m_n = 1.674\,928 \times 10^{-27}$ kg
ファラデー定数 (F)	$F = 96\,485$ C/mol
プランク定数 (h)	$h = 6.626\,075 \times 10^{-34}$ J·s
気体定数 (R)	$R = 0.082\,056\,8$ L·atm/(mol·K)
原子質量単位 (amu)	1 amu $= 1.660\,540\,2 \times 10^{-27}$ kg
ボルツマン定数 (k)	$k = 1.380\,658 \times 10^{-23}$ J/K
アボガドロ定数 (N_A)	$N_A = 6.022\,136\,7 \times 10^{23}$ mol^{-1}
リュードベリ定数 (R_H)	$R_H = 1.097\,371\,5 \times 10^7$ m^{-1} = $1.097\,371\,5 \times 10^{-2}$ nm^{-1}

表 B・2　単位の換算

エネルギー	$\dfrac{1\text{ J}}{0.2390\text{ cal}}$	$\dfrac{1\text{ cal}}{4.184\text{ J}}$	$\dfrac{1\text{ eV/粒子}}{1.602\,179\,3 \times 10^{-19}\text{ J/粒子}}$	$\dfrac{1\text{ eV/粒子}}{96.485\text{ kJ/mol}}$
温度	K = ℃ + 273.15	℃ $= \dfrac{5}{9}$(℉ − 32)	℉ $= \dfrac{9}{5}$℃ + 32	
圧力	$\dfrac{1\text{ atm}}{760\text{ mmHg}}$,	$\dfrac{1\text{ atm}}{760\text{ Torr}}$	$\dfrac{1\text{ atm}}{101.325\text{ kPa}}$	$\dfrac{1\text{ atm}}{14.7\text{ psi}}$

表 B・3　水の蒸気圧

温度 (℃)	蒸気圧 (mmHg)	温度 (℃)	蒸気圧 (mmHg)	温度 (℃)	蒸気圧 (mmHg)	温度 (℃)	蒸気圧 (mmHg)
0	4.6	13	11.2	26	25.2	39	52.4
1	4.9	14	12.0	27	26.7	40	55.3
2	5.3	15	12.8	28	28.3	41	58.3
3	5.7	16	13.6	29	30.0	42	61.5
4	6.1	17	14.5	30	31.8	43	64.8
5	6.5	18	15.5	31	33.7	44	68.3
6	7.0	19	16.5	32	35.7	45	71.9
7	7.5	20	17.5	33	37.7	46	75.7
8	8.0	21	18.7	34	39.9	47	79.6
9	8.6	22	19.8	35	42.2	48	83.7
10	9.2	23	21.1	36	44.6	49	88.0
11	9.8	24	22.4	37	47.1	50	92.5
12	10.5	25	23.8	38	49.7		

表B・4 原子・イオンの半径

元素	イオン半径 (nm)	イオン電荷	共有結合半径 (nm)	金属結合半径 (nm)
亜鉛	0.074	(+2)	0.125	0.1332
アスタチン	0.227	(−1)		
	0.051	(+7)		
アルミニウム	0.050	(+3)	0.125	0.1431
アンチモン	0.245	(−3)	0.141	
	0.09	(+3)		
	0.062	(+5)		
硫黄	0.184	(−2)	0.104	
	0.037	(+4)		
	0.029	(+6)		
インジウム	0.081	(+3)	0.150	0.1626
ウラン	0.083	(+6)		0.1385
塩素	0.181	(−1)	0.099	
	0.026	(+7)		
カドミウム	0.097	(+2)	0.141	0.1489
カリウム	0.133	(+1)	0.2025	0.2272
ガリウム	0.062	(+3)	0.125	0.1221
カルシウム	0.099	(+2)	0.174	0.1973
キセノン			0.130	
金	0.137	(+1)	0.134	0.1442
	0.091	(+3)		
銀	0.126	(+1)	0.134	0.1444
クロム	0.064	(+3)	0.117	0.1249
	0.052	(+6)		
ケイ素	0.271	(−4)	0.117	
	0.041	(+4)		
ゲルマニウム	0.272	(−4)	0.122	0.1225
	0.053	(+4)		
コバルト	0.074	(+2)	0.116	0.1253
	0.063	(+3)		
酸素	0.140	(−2)	0.066	
	0.176	(−1)		
臭素	0.196	(−1)	0.1142	
	0.039	(+7)		
ジルコニウム	0.079	(+4)	0.145	0.167
水銀	0.127	(+1)	0.144	0.160
	0.110	(+2)		
水素	0.208	(−1)	0.0371	
	10^{-6}	(+1)		
スカンジウム	0.081	(+3)	0.144	0.1606
スズ	0.294	(−4)	0.140	0.1405
	0.102	(+2)		
	0.071	(+4)		
ストロンチウム	0.113	(+2)	0.192	0.2151
セシウム	0.169	(+1)	0.235	0.2654
セレン	0.198	(−2)	0.117	
	0.069	(+4)		
	0.042	(+6)		
タリウム	0.095	(+3)	0.155	0.1704

付録B 物質の基礎データ 703

表B・4（つづき）

元　素	イオン半径 (nm)	イオン電荷	共有結合半径 (nm)	金属結合半径 (nm)
タングステン	0.065	(+6)	0.130	0.1370
炭　素	0.260	(-4)	0.077	
	0.015	(+4)		
チタン	0.090	(+2)	0.132	0.1448
	0.068	(+4)		
窒　素	0.171	(-3)	0.070	
	0.013	(+3)		
	0.011	(+5)		
鉄	0.076	(+2)	0.1165	0.1241
	0.064	(+3)		
テルル	0.221	(-2)	0.137	0.1432
	0.081	(+4)		
	0.056	(+6)		
銅	0.096	(+1)	0.117	0.1278
	0.072	(+2)		
ナトリウム	0.095	(+1)	0.157	0.186
鉛	0.215	(-4)	0.154	0.1750
	0.120	(+2)		
	0.084	(+4)		
ニッケル	0.072	(+2)	0.115	0.1246
白　金	0.094	(+2)	0.064	0.139
	0.077	(+4)		
バナジウム	0.059	(+5)	0.122	0.1321
バリウム	0.135	(+2)	0.198	0.2173
ビスマス	0.213	(-3)	0.152	0.1547
	0.096	(+3)		
	0.074	(+5)		
ヒ　素	0.222	(-3)	0.121	0.1248
	0.058	(+3)		
	0.047	(+5)		
フッ素	0.136	(-1)	0.064	0.0717
	0.007	(+7)		
フランシウム	0.176	(+1)		0.27
ベリリウム	0.031	(+2)	0.089	0.1113
ホウ素	0.020	(+3)	0.088	0.083
ポロニウム	0.230	(-2)	0.153	0.167
	0.056	(+6)		
マグネシウム	0.065	(+2)	0.136	0.160
マンガン	0.080	(+2)	0.117	0.124
	0.046	(+7)		
モリブデン	0.062	(+6)	0.129	0.1362
ヨウ素	0.216	(-1)	0.1333	
	0.050	(+7)		
ラジウム	0.140	(+2)		0.220
リチウム	0.068	(+1)	0.123	0.152
リ　ン	0.212	(-3)	0.110	0.108
	0.042	(+3)		
	0.034	(+5)		
ルビジウム	0.148	(+1)	0.216	0.2475

表B・5 イオン化エネルギー(kJ/mol)

原子番号	元素記号	第一	第二	第三	第四	第五	第六	第七
1	H	1 312.0						
2	He	2 372.3	5 250.3					
3	Li	520.2	7 297.9	11 814.6				
4	Be	899.4	1 757.1	14 848.3	21 005.9			
5	B	800.6	2 427.0	3 659.6	25 025.0	32 825.7		
6	C	1 086.4	2 352.6	4 620.4	6 222.5	37 829.4	47 275.6	
7	N	1 402.3	2 856.0	4 578.0	7 474.9	9 444.7	50 370.4	64 358.0
8	O	1 313.9	3 388.2	5 300.3	7 469.1	10 989.2	13 326.1	71 332
9	F	1 681.0	3 374.1	6 050.3	8 407.5	11 022.4	15 163.6	17 867.2
10	Ne	2 080.6	3 952.2	6 122	9 370	12 177	15 238	19 998
11	Na	495.8	4 562.4	6 912	9 543	13 352	16 610	20 114
12	Mg	737.7	1 450.6	7 732.6	10 540	13 629	17 994	21 703
13	Al	577.6	1 816.6	2 744.7	11 577	14 831	18 377	23 294
14	Si	786.4	1 577.0	3 231.5	4 355.4	16 091	19 784	23 785
15	P	1 011.7	1 903.2	2 912	4 956	6 273.7	21 268	25 397
16	S	999.58	2 251	3 361	4 564	7 012	8 495.4	27 105
17	Cl	1 251.1	2 297	3 822	5 158	6 540	9 362	11 017.9
18	Ar	1 520.5	2 665.8	3 931	5 771	7 238	8 780.8	11 994.9
19	K	418.8	3 051.3	4 411	5 877	7 975	9 648.5	11 343
20	Ca	589.8	1 145.4	4 911.8	6 474	8 144	10 496	12 320
21	Sc	631	1 235	2 389	7 099	8 844	10 720	13 310
22	Ti	658	1 310	2 652.5	4 174.5	9 573	11 516	13 590
23	V	650	1 413	2 828.0	4 506.5	6 294	12 362	14 489
24	Cr	652.8	1 592	2 987	4 740	6 690	8 738	15 540
25	Mn	717.4	1 509.0	3 248.3	4 940	6 990	9 220	11 508
26	Fe	759.3	1 561	2 957.3	5 290	7 240	9 600	12 100
27	Co	758	1 646	3 232	4 950	7 670	9 840	12 400
28	Ni	736.7	1 752.9	3 393	5 300	7 280	10 400	12 800
29	Cu	745.4	1 957.9	3 553	5 330	7 710	9 940	13 400
30	Zn	906.4	1 733.2	3 832.6	5 730	7 970	10 400	12 900
31	Ga	578.8	1 979	2 963	6 200			
32	Ge	762.1	1 537.4	3 302	4 410	9 020		
33	As	947	1 797.8	2 735.4	4 837	6 043	12 300	
34	Se	940.9	2 045	2 973.7	4 143.4	6 590	7 883	14 990
35	Br	1 139.9	2 100	3 500	4 560	5 760	8 550	9 938
36	Kr	1 350.7	2 350.3	3 565	5 070	6 240	7 570	10 710
37	Rb	403.0	2 632	3 900	5 070	6 850	8 140	9 570
38	Sr	549.5	1 064.5	4 120	5 500	6 910	8 760	10 200
39	Y	616	1 181	1 980	5 960	7 430	8 970	11 200
40	Zr	660	1 267	2 218	3 313	7 870		
41	Nb	664	1 382	2 416	3 960	4 877	9 899	12 100
42	Mo	684.9	1 558	2 621	4 480	5 910	6 600	12 230
43	Tc	702	1 472	2 850				
44	Ru	711	1 617	2 747				
45	Rh	720	1 744	2 997				
46	Pd	805	1 874	3 177				
47	Ag	731.0	2 073	3 361				
48	Cd	867.7	1 631.4	3 616				
49	In	558.3	1 820.6	2 704	5 200			
50	Sn	708.6	1 411.8	2 943.0	3 930.2	6 974		
51	Sb	833.7	1 595	2 440	4 260	5 400	10 400	

付録B 物質の基礎データ

表B・5（つづき）

原子番号	元素記号	第一	第二	第三	第四	第五	第六	第七
52	Te	869.2	1 790	2 698	3 609	5 668	6 820	13 200
53	I	1 008.4	1 845.8	3 200				
54	Xe	1 170.4	2 046	3 100				
55	Cs	375.7	2 440					
56	Ba	502.9	965.23					
57	La	538.1	1 067	1 850.3				
58	Ce	527.8	1 047	1 949	3 547			
59	Pr	523	1 018	2 086	3 761	5 543		
60	Nd	530	1 035	2 130	3 900			
61	Pm	535	1 052	2 150	3 970			
62	Sm	543	1 068	2 260	3 990			
63	Eu	547	1 084	2 400	4 110			
64	Gd	592	1 167	1 990	4 250			
65	Tb	564	1 112	2 110	3 840			
66	Dy	572	1 126	2 200	4 000			
67	Ho	581	1 139	2 203	4 100			
68	Er	589	1 151	2 194	4 120			
69	Tm	596	1 163	2 285	4 120			
70	Yb	603	1 175	2 415	4 216			
71	Lu	524	1 340	2 022	4 360			
72	Hf	642	1 440	2 250	3 210			
73	Ta	761						
74	W	770						
75	Re	760	1 260	2 510	3 640			
76	Os	840						
77	Ir	880						
78	Pt	870	1 791.0					
79	Au	890.1	1 980					
80	Hg	1 007.0	1 809.7	3 300				
81	Tl	589.3	1 971.0	2 878				
82	Pb	715.5	1 450.4	3 081.4	4 083	6 640		
83	Bi	703.3	1 610	2 466	4 370	5 400	8 520	
84	Po	812						
85	At							
86	Rn	1 037.0						
87	Fr							
88	Ra	509.3	979.0					
89	Ac	498.8	1 170					
90	Th	587	1 110	1 930	2 780			
91	Pa	568						
92	U	584						
93	Np	597						
94	Pu	585						
95	Am	578.2						
96	Cm	581						
97	Bk	601						
98	Cf	608						
99	Es	619						
100	Fm	627						
101	Md	635						
102	No	642						

表B·6 電子親和力

原子番号	元素記号	電子親和力 (kJ/mol)	原子番号	元素記号	電子親和力 (kJ/mol)
1	H	72.8	38	Sr	*
2	He	*	39	Y	0
3	Li	59.8	40	Zr	50
4	Be	*	41	Nb	96
5	B	27	42	Mo	96
6	C	122.3	43	Tc	70
7	N	−7	44	Ru	110
8	O	141.1	45	Rh	120
9	F	328.0	46	Pd	60
10	Ne	*	47	Ag	125.7
11	Na	52.7	48	Cd	*
12	Mg	*	49	In	29
13	Al	45	50	Sn	121
14	Si	133.6	51	Sb	101
15	P	71.7	52	Te	190.15
16	S	200.42	53	I	295.3
17	Cl	348.8	54	Xe	*
18	Ar	*	55	Cs	45.49
19	K	48.36	56	Ba	*
20	Ca	*	57-71	La-Lu	50
21	Sc	*	72	Hf	*
22	Ti	20	73	Ta	60
23	V	50	74	W	60
24	Cr	64	75	Re	14
25	Mn	*	76	Os	110
26	Fe	24	77	Ir	150
27	Co	70	78	Pt	205.3
28	Ni	111	79	Au	222.74
29	Cu	118.3	80	Hg	*
30	Zn	0	81	Tl	30
31	Ga	29	82	Pb	110
32	Ge	120	83	Bi	110
33	As	77	84	Po	180
34	Se	194.96	85	At	270
35	Br	324.6	86	Rn	*
36	Kr	*	87	Fr	44.0
37	Rb	46.89			

* 電子親和力が負の元素（電子親和力は，反応 $X(g) + e^- \longrightarrow X^-(g)$ のエンタルピー変化の符号を逆転させた値）

表B・7　電気陰性度*

原子番号	元素記号	電子陰性度	原子番号	元素記号	電子陰性度
1	H	2.300	41	Nb	1.25
2	He	4.157	42	Mo	1.39
3	Li	0.912	43	Tc	1.52
4	Be	1.576	44	Ru	1.66
5	B	2.051	45	Rh	1.79
6	C	2.544	46	Pd	1.91
7	N	3.066	47	Ag	1.98
8	O	3.610	48	Cd	1.52
9	F	4.193	49	In	1.656
10	Ne	4.787	50	Sn	1.824
11	Na	0.869	51	Sb	1.984
12	Mg	1.293	52	Te	2.158
13	Al	1.613	53	I	2.359
14	Si	1.916	54	Xe	2.582
15	P	2.253	55	Cs	0.66
16	S	2.589	56	Ba	0.88
17	Cl	2.869	57-71		
18	Ar	3.242	72		
19	K	0.734	73		
20	Ca	1.034	74		
21	Sc	1.15	75		
22	Ti	1.25	76		
23	V	1.37	77		
24	Cr	1.45	78		
25	Mn	1.55	79		
26	Fe	1.67	80	Hg	1.76
27	Co	1.76	81		
28	Ni	1.86	82		
29	Cu	1.83	83		
30	Zn	1.59	84		
31	Ga	1.756	85		
32	Ge	1.994	86		
33	As	2.211	87		
34	Se	2.424	88		
35	Br	2.685	89		
36	Kr	2.966	90		
37	Rb	0.706	91		
38	Sr	0.963	92		
39	Y	1.00	93-103		
40	Zr	1.12			

* 光電子分光のデータをもとにした値．出典：L. C. Allen, *Int. J. Quant. Chem.*, **48**, 253-277 (1993)；L. C. Allen, *J. Am. Chem. Soc.*, **111**, 9003-9014 (1989).

表 B·8　酸解離定数 (298.15 K)

酸	電離平衡	K_a	pK_a
亜塩素酸	$HClO_2 \rightleftarrows ClO_2^- + H^+$	1.1×10^{-2}	1.96
アジ化水素酸	$HN_3 \rightleftarrows N_3^- + H^+$	1.9×10^{-5}	4.72
亜硝酸	$HNO_2 \rightleftarrows NO_2^- + H^+$	5.1×10^{-4}	3.29
アスコルビン酸 (H_2Asc)	$H_2Asc \rightleftarrows HAsc^- + H^+$	6.76×10^{-5}	4.17
	$HAsc^- \rightleftarrows Asc^{2-} + H^+$	2.51×10^{-12}	11.6
亜ヒ酸	$H_3AsO_3 \rightleftarrows H_2AsO_3^- + H^+$	6.3×10^{-10}	9.22
亜硫酸	$H_2SO_3 \rightleftarrows HSO_3^- + H^+$	1.4×10^{-2}	1.86
	$HSO_3^- \rightleftarrows SO_3^{2-} + H^+$	6.4×10^{-8}	7.19
安息香酸	$C_6H_5COOH \rightleftarrows C_6H_5COO^- + H^+$	6.3×10^{-5}	4.20
アンモニウムイオン	$NH_4^+ \rightleftarrows NH_3 + H^+$	5.6×10^{-10}	9.25
塩化水素酸（塩酸）	$HCl \rightleftarrows Cl^- + H^+$	1×10^6	-6
塩素酸	$HClO_3 \rightleftarrows ClO_3^- + H^+$	5.0×10^2	-2.70
過塩素酸	$HClO_4 \rightleftarrows ClO_4^- + H^+$	1×10^8	-8
過酸化水素	$H_2O_2 \rightleftarrows HOO^- + H^+$	2.2×10^{-12}	11.66
ギ酸	$HCOOH \rightleftarrows HCOO^- + H^+$	1.8×10^{-4}	3.75
クエン酸 (H_3Cit)	$H_3Cit \rightleftarrows H_2Cit^- + H^+$	7.5×10^{-4}	3.13
	$H_2Cit^- \rightleftarrows HCit^{2-} + H^+$	1.7×10^{-5}	4.77
	$HCit^{2-} \rightleftarrows Cit^{3-} + H^+$	4.0×10^{-7}	6.40
グリシン	$H_3N^+CH_2COOH \rightleftarrows H_3N^+CH_2COO^- + H^+$	4.5×10^{-3}	2.35
	$H_3N^+CH_2COO^- \rightleftarrows H_2NCH_2COO^- + H^+$	2.5×10^{-10}	9.60
クロム酸	$H_2CrO_4 \rightleftarrows HCrO_4^- + H^+$	9.6	-0.98
	$HCrO_4^- \rightleftarrows CrO_4^{2-} + H^+$	3.2×10^{-7}	6.50
クロロ酢酸	$ClCH_2COOH \rightleftarrows ClCH_2COO^- + H^+$	1.4×10^{-3}	2.85
酢酸	$CH_3COOH \rightleftarrows CH_3COO^- + H^+$	1.75×10^{-5}	4.76
サリチル酸	$C_6H_4(OH)COOH \rightleftarrows C_6H_4(OH)COO^- + H^+$	1.55×10^{-3}	2.81
次亜塩素酸	$HClO \rightleftarrows ClO^- + H^+$	2.9×10^{-8}	7.54
次亜臭素酸	$HBrO \rightleftarrows BrO^- + H^+$	2.4×10^{-9}	8.62
次亜ヨウ素酸	$HIO \rightleftarrows IO^- + H^+$	2.3×10^{-11}	10.64
シアン化水素酸（青酸）	$HCN \rightleftarrows CN^- + H^+$	6×10^{-10}	9.22
ジクロロ酢酸	$Cl_2CHCOOH \rightleftarrows Cl_2CHCOO^- + H^+$	5.1×10^{-2}	1.29
臭化水素酸	$HBr \rightleftarrows Br^- + H^+$	1×10^9	-9
シュウ酸	$H_2C_2O_4 \rightleftarrows HC_2O_4^- + H^+$	9.1×10^{-2}	1.04
	$HC_2O_4^- \rightleftarrows C_2O_4^{2-} + H^+$	1.5×10^{-4}	3.82
硝酸	$HNO_3 \rightleftarrows NO_3^- + H^+$	28	-1.45
スルファミン酸	$H_2NSO_3H \rightleftarrows H_2NSO_3^- + H^+$	1.03×10^{-1}	0.987
セレン化水素酸	$H_2Se \rightleftarrows HSe^- + H^+$	1.0×10^{-4}	4.00
炭酸	$H_2CO_3 \rightleftarrows HCO_3^- + H^+$	4.5×10^{-7}	6.35
	$HCO_3^- \rightleftarrows CO_3^{2-} + H^+$	4.7×10^{-11}	10.33
チオシアン酸	$HSCN \rightleftarrows SCN^- + H^+$	7.4	-0.87
トリクロロ酢酸	$Cl_3CCOOH \rightleftarrows Cl_3CCOO^- + H^+$	0.22	0.66

表 B・8（つづき）

酸	電離平衡	K_a	pK_a
乳酸	$CH_3CH(OH)COOH \rightleftharpoons CH_3CH(OH)COO^- + H^+$	2.19×10^{-4}	3.66
ヒ酸	$H_3AsO_4 \rightleftharpoons H_2AsO_4^- + H^+$	6.0×10^{-3}	2.22
	$H_2AsO_4^- \rightleftharpoons HAsO_4^{2-} + H^+$	1.0×10^{-7}	7.00
	$HAsO_4^{2-} \rightleftharpoons AsO_4^{3-} + H^+$	3.0×10^{-12}	11.52
フェノール	$C_6H_5OH \rightleftharpoons C_6H_5O^- + H^+$	1.35×10^{-10}	9.87
フッ化水素酸	$HF \rightleftharpoons F^- + H^+$	7.2×10^{-4}	3.14
ホウ酸	$H_3BO_3 \rightleftharpoons H_2BO_3^- + H^+$	7.3×10^{-10}	9.14
水	$H_2O \rightleftharpoons OH^- + H^+$	1.0×10^{-14}	14.00
ヨウ化水素酸	$HI \rightleftharpoons I^- + H^+$	3×10^9	-9.5
ヨウ素酸	$HIO_3 \rightleftharpoons IO_3^- + H^+$	0.16	0.80
酪酸	$CH_3(CH_2)_2COOH \rightleftharpoons CH_3(CH_2)_2COO^- + H^+$	2.34×10^{-5}	4.63
硫化水素酸	$H_2S \rightleftharpoons HS^- + H^+$	1.0×10^{-7}	7.00
	$HS^- \rightleftharpoons S^{2-} + H^+$	1.26×10^{-14}	13.9
硫酸	$H_2SO_4 \rightleftharpoons HSO_4^- + H^+$	1×10^3	-3
	$HSO_4^- \rightleftharpoons SO_4^{2-} + H^+$	1.2×10^{-2}	1.92
リン酸	$H_3PO_4 \rightleftharpoons H_2PO_4^- + H^+$	7.1×10^{-3}	2.22
	$H_2PO_4^- \rightleftharpoons HPO_4^{2-} + H^+$	6.3×10^{-8}	7.20
	$HPO_4^{2-} \rightleftharpoons PO_4^{3-} + H^+$	4.2×10^{-13}	12.38

表 B・9 塩基解離定数（298.15 K）

塩基	電離平衡	K_b	pK_b
アニリン	$C_6H_5NH_2 + H_2O \rightleftharpoons C_6H_5NH_3^+ + OH^-$	4.0×10^{-10}	9.40
アンモニア	$NH_3 + H_2O \rightleftharpoons NH_4^+ + OH^-$	1.8×10^{-5}	4.74
エタノールアミン	$HOC_2H_4NH_2 + H_2O \rightleftharpoons HOC_2H_4NH_3^+ + OH^-$	3.3×10^{-5}	4.50
エチルアミン	$C_2H_5NH_2 + H_2O \rightleftharpoons C_2H_5NH_3^+ + OH^-$	4.4×10^{-4}	3.37
ジメチルアミン	$(CH_3)_2NH + H_2O \rightleftharpoons (CH_3)_2NH_2^+ + OH^-$	1.1×10^{-3}	2.98
トリメチルアミン	$(CH_3)_3N + H_2O \rightleftharpoons (CH_3)_3NH^+ + OH^-$	6.3×10^{-5}	4.20
ヒドラジン	$H_2NNH_2 + H_2O \rightleftharpoons H_2NNH_3^+ + OH^-$	1.2×10^{-6}	5.89
ヒドロキシルアミン	$HONH_2 + H_2O \rightleftharpoons HONH_3^+ + OH^-$	1.1×10^{-8}	7.97
ピリジン	$C_5H_5N + H_2O \rightleftharpoons C_5H_5NH^+ + OH^-$	1.7×10^{-9}	8.77
ブチルアミン	$CH_3(CH_2)_3NH_2 + H_2O \rightleftharpoons CH_3(CH_2)_3NH_3^+ + OH^-$	4.0×10^{-4}	3.40
メチルアミン	$CH_3NH_2 + H_2O \rightleftharpoons CH_3NH_3^+ + OH^-$	4.8×10^{-4}	3.32

表 B・10 溶解度積 (298.15 K)

化合物	K_{sp}	化合物	K_{sp}	化合物	K_{sp}
AgBr	5.0×10^{-13}	α-CoS	4.0×10^{-21}	$MnCO_3$	1.8×10^{-11}
AgCN	1.2×10^{-16}	β-CoS	2.0×10^{-25}	$Mn(OH)_2$	2×10^{-13}
Ag_2CO_3	8.1×10^{-12}	$Cr(OH)_3$	6.3×10^{-31}	MnS	3×10^{-13}
AgOH	2.0×10^{-8}	CuBr	5.3×10^{-9}	$NiCO_3$	6.6×10^{-9}
$AgC_2H_3O_2$	4.4×10^{-3}	CuCl	1.2×10^{-6}	NiC_2O_4	4×10^{-10}
$Ag_2C_2O_4$	3.4×10^{-11}	CuCN	3.2×10^{-20}	α-NiS	3.2×10^{-19}
AgCl	1.8×10^{-10}	$CuCrO_4$	3.6×10^{-6}	β-NiS	1.0×10^{-24}
Ag_2CrO_4	1.1×10^{-12}	$CuCO_3$	1.4×10^{-10}	γ-NiS	2.0×10^{-26}
AgI	8.3×10^{-17}	$Cu(OH)_2$	2.2×10^{-20}	$PbBr_2$	4.0×10^{-5}
Ag_2S	6.3×10^{-50}	CuI	1.1×10^{-13}	$PbCO_3$	7.4×10^{-14}
AgSCN	1.0×10^{-12}	Cu_2S	2.5×10^{-48}	PbC_2O_4	4.8×10^{-10}
Ag_2SO_4	1.4×10^{-5}	CuS	6.3×10^{-36}	$PbCl_2$	1.6×10^{-5}
$Al(OH)_3$	1.3×10^{-33}	CuSCN	4.8×10^{-15}	$PbCrO_4$	2.8×10^{-13}
AuCl	2.0×10^{-13}	$FeCO_3$	3.2×10^{-11}	PbF_2	2.7×10^{-8}
$AuCl_3$	3.2×10^{-23}	$Fe_2C_2O_4$	3.2×10^{-7}	$Pb(OH)_2$	1.2×10^{-15}
AuI	1.6×10^{-23}	$Fe(OH)_2$	8.0×10^{-16}	PbI_2	7.1×10^{-9}
AuI_3	5.5×10^{-46}	$Fe(OH)_3$	4×10^{-38}	PbS	8.0×10^{-28}
$BaCO_3$	5.1×10^{-9}	FeS	6.3×10^{-18}	$PbSO_4$	1.6×10^{-8}
BaC_2O_4	2.3×10^{-8}	Hg_2Br_2	5.6×10^{-23}	SnS	1.0×10^{-25}
$BaCrO_4$	1.2×10^{-10}	$Hg_2(CN)_2$	5×10^{-40}	$Sn(OH)_2$	1.4×10^{-28}
BaF_2	1.0×10^{-6}	Hg_2CO_3	8.9×10^{-17}	$Sn(OH)_4$	1×10^{-56}
$Ba(OH)_2$	5×10^{-3}	$Hg_2(OAc)_2$	3×10^{-11}	$SrCO_3$	1.1×10^{-10}
$BaSO_4$	1.1×10^{-10}	$Hg_2C_2O_4$	2.0×10^{-13}	SrC_2O_4	1.6×10^{-7}
Bi_2S_3	1×10^{-97}	HgC_2O_4	1×10^{-7}	$SrCrO_4$	2.2×10^{-5}
$CaCO_3$	2.8×10^{-9}	Hg_2Cl_2	1.3×10^{-18}	SrF_2	2.5×10^{-9}
CaC_2O_4	4×10^{-9}	Hg_2CrO_4	2.0×10^{-9}	$SrSO_4$	3.2×10^{-7}
$CaCrO_4$	7.1×10^{-4}	Hg_2I_2	4.5×10^{-29}	TlBr	3.4×10^{-6}
CaF_2	4.0×10^{-11}	Hg_2S	1.0×10^{-47}	TlCl	1.7×10^{-4}
$Ca(OH)_2$	5.5×10^{-6}	HgS	4×10^{-53}	TlI	6.5×10^{-8}
$CdCO_3$	5.2×10^{-12}	$K_2NaCo(NO_2)_6$	2.2×10^{-11}	$Zn(CN)_2$	2.6×10^{-13}
$Cd(CN)_2$	1.0×10^{-8}	$MgCO_3$	3.5×10^{-8}	$ZnCO_3$	1.4×10^{-11}
$Cd(OH)_2$	2.5×10^{-14}	MgC_2O_4	1×10^{-8}	ZnC_2O_4	2.7×10^{-8}
CdS	8×10^{-27}	MgF_2	6.5×10^{-9}	$Zn(OH)_2$	1.2×10^{-17}
$CoCO_3$	1.4×10^{-13}	$Mg(OH)_2$	1.8×10^{-11}	α-ZnS	1.6×10^{-24}
$Co(OH)_3$	1.6×10^{-44}	$MgNH_4PO_4$	2.5×10^{-13}	β-ZnS	2.5×10^{-22}

表 B・11 錯形成定数 (298.15 K)

錯形成平衡	K_f	錯形成平衡	K_f
$Ag^+ + 2\,Br^- \rightleftharpoons AgBr_2^-$	2.1×10^7	$Fe^{2+} + 6\,CN^- \rightleftharpoons Fe(CN)_6^{4-}$	1×10^{35}
$Ag^+ + 2\,Cl^- \rightleftharpoons AgCl_2^-$	1.1×10^5	$Fe^{3+} + 6\,CN^- \rightleftharpoons Fe(CN)_6^{3-}$	1×10^{42}
$Ag^+ + 2\,CN^- \rightleftharpoons Ag(CN)_2^-$	1.3×10^{21}	$Fe^{3+} + SCN^- \rightleftharpoons Fe(SCN)^{2+}$	8.9×10^2
$Ag^+ + 2\,I^- \rightleftharpoons AgI_2^-$	5.5×10^{11}	$Fe^{3+} + 2\,SCN^- \rightleftharpoons Fe(SCN)_2^+$	2.3×10^3
$Ag^+ + 2\,NH_3 \rightleftharpoons Ag(NH_3)_2^+$	1.1×10^7		
$Ag^+ + 2\,SCN^- \rightleftharpoons Ag(SCN)_2^-$	3.7×10^7	$Hg^{2+} + 4\,Br^- \rightleftharpoons HgBr_4^{2-}$	1×10^{21}
$Ag^+ + 2\,S_2O_3^{2-} \rightleftharpoons Ag(S_2O_3)_2^{3-}$	2.9×10^{13}	$Hg^{2+} + 4\,Cl^- \rightleftharpoons HgCl_4^{2-}$	1.2×10^{15}
		$Hg^{2+} + 4\,CN^- \rightleftharpoons Hg(CN)_4^{2-}$	3×10^{41}
$Al^{3+} + 6\,F^- \rightleftharpoons AlF_6^{3-}$	6.9×10^{19}	$Hg^{2-} + 4\,I^- \rightleftharpoons HgI_4^{2-}$	6.8×10^{29}
$Al^{3+} + 4\,OH^- \rightleftharpoons Al(OH)_4^-$	1.1×10^{33}		
		$I_2 + I^- \rightleftharpoons I_3^-$	7.8×10^2
$Cd^{2+} + 4\,Cl^- \rightleftharpoons CdCl_4^{2-}$	6.3×10^2		
$Cd^{2+} + 4\,CN^- \rightleftharpoons Cd(CN)_4^{2-}$	6.0×10^{18}	$Ni^{2+} + 4\,CN^- \rightleftharpoons Ni(CN)_4^{2-}$	2×10^{31}
$Cd^{2+} + 4\,I^- \rightleftharpoons CdI_4^{2-}$	2.6×10^5	$Ni^{2+} + 6\,NH_3 \rightleftharpoons Ni(NH_3)_6^{2+}$	5.5×10^8
$Cd^{2+} + 4\,OH^- \rightleftharpoons Cd(OH)_4^{2-}$	4.2×10^8		
$Cd^{2+} + 4\,NH_3 \rightleftharpoons Cd(NH_3)_4^{2+}$	1.3×10^7	$Pb^{2+} + 4\,Cl^- \rightleftharpoons PbCl_4^{2-}$	4×10^1
		$Pb^{2+} + 4\,I^- \rightleftharpoons PbI_4^{2-}$	3.0×10^4
$Co^{2+} + 6\,NH_3 \rightleftharpoons Co(NH_3)_6^{2+}$	1.3×10^5		
$Co^{3+} + 6\,NH_3 \rightleftharpoons Co(NH_3)_6^{3+}$	2×10^{35}	$Sb^{3+} + 4\,Cl^- \rightleftharpoons SbCl_4^-$	5.2×10^4
$Co^{2+} + 4\,SCN^- \rightleftharpoons Co(SCN)_4^{2-}$	1×10^3	$Sb^{3+} + 4\,OH^- \rightleftharpoons Sb(OH)_4^-$	2×10^{38}
$Cr^{3+} + 4\,OH^- \rightleftharpoons Cr(OH)_4^-$	8×10^{29}	$Sn^{2+} + 4\,Cl^- \rightleftharpoons SnCl_4^{2-}$	3.0×10^1
$Cu^{2+} + 4\,OH^- \rightleftharpoons Cu(OH)_4^{2-}$	3×10^{18}	$Zn^{2+} + 4\,CN^- \rightleftharpoons Zn(CN)_4^{2-}$	5×10^{16}
$Cu^{2+} + 4\,NH_3 \rightleftharpoons Cu(NH_3)_4^{2+}$	2.1×10^{13}	$Zn^{2+} + 4\,OH^- \rightleftharpoons Zn(OH)_4^{2-}$	4.6×10^{17}
		$Zn^{2+} + 4\,NH_3 \rightleftharpoons Zn(NH_3)_4^{2+}$	2.9×10^9

表B・12 標準電極電位 (298.15 K)

電子授受平衡	$E°(V)$
$Li^+ + e^- \rightleftharpoons Li$	-3.045
$Rb^+ + e^- \rightleftharpoons Rb$	-2.925
$K^+ + e^- \rightleftharpoons K$	-2.924
$Cs^+ + e^- \rightleftharpoons Cs$	-2.923
$Ba^{2+} + 2e^- \rightleftharpoons Ba$	-2.90
$Sr^{2+} + 2e^- \rightleftharpoons Sr$	-2.89
$Ca^{2+} + 2e^- \rightleftharpoons Ca$	-2.76
$Na^+ + e^- \rightleftharpoons Na$	-2.711
$Mg^{2+} + 2e^- \rightleftharpoons Mg$	-2.375
$H_2 + 2e^- \rightleftharpoons 2H^-$	-2.23
$Al^{3+} + 3e^- \rightleftharpoons Al$ (0.1 M NaOH)	-1.706
$Be^{2+} + 2e^- \rightleftharpoons Be$	-1.70
$Ti^{2+} + 2e^- \rightleftharpoons Ti$	-1.63
$Mn^{2+} + 2e^- \rightleftharpoons Mn$	-1.18
$Cr^{2+} + 2e^- \rightleftharpoons Cr$	-0.91
$TiO_2 + 4H^+ + 4e^- \rightleftharpoons Ti + 2H_2O$	-0.87
$2H_2O + 2e^- \rightleftharpoons H_2 + 2OH^-$	-0.828
$Zn^{2+} + 2e^- \rightleftharpoons Zn$	-0.762
$Cr^{3+} + 3e^- \rightleftharpoons Cr$	-0.74
$Ga^{3+} + 3e^- \rightleftharpoons Ga$	-0.560
$S + 2e^- \rightleftharpoons S^{2-}$	-0.508
$2CO_2 + 2H^+ + 2e^- \rightleftharpoons H_2C_2O_4$	-0.49
$Cr^{3+} + e^- \rightleftharpoons Cr^{2+}$	-0.41
$Fe^{2+} + 2e^- \rightleftharpoons Fe$	-0.409
$Cd^{2+} + 2e^- \rightleftharpoons Cd$	-0.403
$PbSO_4 + 2e^- \rightleftharpoons Pb + SO_4^{2-}$	-0.356
$In^{3+} + 3e^- \rightleftharpoons In$	-0.338
$Tl^+ + e^- \rightleftharpoons Tl$	-0.336
$Ag(CN)_2^- + e^- \rightleftharpoons Ag + 2CN^-$	-0.31
$Co^{2+} + 2e^- \rightleftharpoons Co$	-0.28
$H_3PO_4 + 2H^+ + 2e^- \rightleftharpoons H_3PO_3 + H_2O$	-0.276
$Ni^{2+} + 2e^- \rightleftharpoons Ni$	-0.23
$CO_2 + 2H^+ + 2e^- \rightleftharpoons HCOOH$	-0.20
$Sn^{2+} + 2e^- \rightleftharpoons Sn$	-0.136
$Pb^{2+} + 2e^- \rightleftharpoons Pb$	-0.126
$O_2 + H_2O + 2e^- \rightleftharpoons HOO^- + OH^-$	-0.076
$Fe^{3+} + 3e^- \rightleftharpoons Fe$	-0.036
$2H^+ + 2e^- \rightleftharpoons H_2$	0.000
$AgBr + e^- \rightleftharpoons Ag + Br^-$	0.071
$Sn^{4+} + 2e^- \rightleftharpoons Sn^{2+}$	0.15
$Cu^{2+} + 2e^- \rightleftharpoons Cu^+$	0.158
$AgCl + e^- \rightleftharpoons Ag + Cl^-$	0.222
$Hg_2Cl_2 + 2e^- \rightleftharpoons 2Hg + 2Cl^-$	0.268
$Cu^{2+} + 2e^- \rightleftharpoons Cu$	0.339
$O_2 + 2H_2O + 4e^- \rightleftharpoons 4OH^-$	0.401

付録B 物質の基礎データ

表B・12（つづき）

電子授受平衡	$E°$ (V)
$Cu^+ + e^- \rightleftharpoons Cu$	0.522
$I_3^- + 2\,e^- \rightleftharpoons 3\,I^-$	0.534
$I_2 + 2\,e^- \rightleftharpoons 2\,I^-$	0.535
$MnO_4^- + 2\,H_2O + 3\,e^- \rightleftharpoons MnO_2 + 4\,OH^-$	0.588
$O_2 + 2\,H^+ + 2\,e^- \rightleftharpoons H_2O_2$	0.682
$Fe^{3+} + e^- \rightleftharpoons Fe^{2+}$	0.770
$Hg_2^{2+} + 2\,e^- \rightleftharpoons 2\,Hg$	0.796
$Ag^+ + e^- \rightleftharpoons Ag$	0.799
$Hg^{2+} + 2\,e^- \rightleftharpoons Hg$	0.851
$H_2O_2 + 2\,e^- \rightleftharpoons 2\,OH^-$	0.88
$ClO^- + H_2O + 2\,e^- \rightleftharpoons Cl^- + 2\,OH^-$	0.89
$2\,Hg^{2+} + 2\,e^- \rightleftharpoons Hg_2^{2+}$	0.905
$NO_3^- + 3\,H^+ + 2\,e^- \rightleftharpoons HNO_2 + H_2O$	0.94
$NO_3^- + 4\,H^+ + 3\,e^- \rightleftharpoons NO + 2\,H_2O$	0.96
$Pd^{2+} + 2\,e^- \rightleftharpoons Pd$	0.987
$HNO_2 + H^+ + e^- \rightleftharpoons NO + H_2O$	0.99
$IO_3^- + 6\,H^+ + 6\,e^- \rightleftharpoons I^- + 3\,H_2O$	1.085
$Br_2 + 2\,e^- \rightleftharpoons 2\,Br^-$	1.087
$ClO_3^- + 2\,H^+ + 2\,e^- \rightleftharpoons ClO_2^- + H_2O$	1.15
$ClO_4^- + 2\,H^+ + 2\,e^- \rightleftharpoons ClO_3^- + H_2O$	1.19
$2\,IO_3^- + 12\,H^+ + 10\,e^- \rightleftharpoons I_2 + 6\,H_2O$	1.19
$HCrO_4^- + 7\,H^+ + 3\,e^- \rightleftharpoons Cr^{3+} + 4\,H_2O$	1.195
$Pt^{2+} + 2\,e^- \rightleftharpoons Pt$	1.2
$MnO_2 + 4\,H^+ + 2\,e^- \rightleftharpoons Mn^{2+} + 2\,H_2O$	1.208
$O_2 + 4\,H^+ + 4\,e^- \rightleftharpoons 2\,H_2O$	1.229
$O_3 + H_2O + 2\,e^- \rightleftharpoons O_2 + 2\,OH^-$	1.24
$Au^{3+} + 2\,e^- \rightleftharpoons Au^+$	1.29
$Cr_2O_7^{2-} + 14\,H^+ + 6\,e^- \rightleftharpoons 2\,Cr^{3+} + 7\,H_2O$	1.33
$Cl_2 + 2\,e^- \rightleftharpoons 2\,Cl^-$	1.358
$PbO_2 + 4\,H^+ + 2\,e^- \rightleftharpoons Pb^{2+} + 2\,H_2O$	1.467
$HClO + H^+ + 2\,e^- \rightleftharpoons Cl^- + H_2O$	1.49
$MnO_4^- + 8\,H^+ + 5\,e^- \rightleftharpoons Mn^{2+} + 4\,H_2O$	1.491
$Au^{3+} + 3\,e^- \rightleftharpoons Au$	1.52
$2\,NO + 2\,H^+ + 2\,e^- \rightleftharpoons N_2O + H_2O$	1.59
$2\,HClO_2 + 6\,H^+ + 6\,e^- \rightleftharpoons Cl_2 + 4\,H_2O$	1.63
$2\,HClO + 2\,H^+ + 2\,e^- \rightleftharpoons Cl_2 + 2\,H_2O$	1.63
$MnO_4^- + 4\,H^+ + 3\,e^- \rightleftharpoons MnO_2 + 2\,H_2O$	1.679
$PbO_2 + SO_4^{2-} + 4\,H^+ + 2\,e^- \rightleftharpoons PbSO_4 + 2\,H_2O$	1.685
$H_2O_2 + 2\,H^+ + 2\,e^- \rightleftharpoons 2\,H_2O$	1.776
$Au^+ + e^- \rightleftharpoons Au$	1.83
$Co^{3+} + e^- \rightleftharpoons Co^{2+}$	1.842
$S_2O_8^{2-} + 2\,e^- \rightleftharpoons 2\,SO_4^{2-}$	2.05
$O_3 + 2\,H^+ + 2\,e^- \rightleftharpoons O_2 + H_2O$	2.07
$F_2 + 2\,H^+ + 2\,e^- \rightleftharpoons 2\,HF$	3.03

表 B・13　標準原子結合エンタルピー ($\Delta_{ac}H°$)，標準原子結合ギブズエネルギー ($\Delta_{ac}G°$)，標準原子結合エントロピー ($\Delta_{ac}S°$)（298.15 K）

物質	$\Delta_{ac}H°$ (kJ/mol)	$\Delta_{ac}G°$ (kJ/mol)	$\Delta_{ac}S°$ [J/(mol·K)]	物質	$\Delta_{ac}H°$ (kJ/mol)	$\Delta_{ac}G°$ (kJ/mol)	$\Delta_{ac}S°$ [J/(mol·K)]
亜鉛				K^+(aq)	−341.62	−343.86	−57.8
Zn(s)	−130.729	−95.145	−119.35	KOH(s)	−980.82	−874.65	−357.2
Zn(g)	0	0	0	KCl(s)	−647.67	−575.41	−242.94
Zn^{2+}(aq)	−284.62	−242.21	−273.1	KNO_3(s)	−1804.08	−1606.27	−663.75
ZnO(s)	−728.18	−645.18	−278.40	$K_2Cr_2O_7$(s)	−4777.4	−4328.7	−1505.9
$ZnCl_2$(s)	−789.14	−675.90	−379.92	$KMnO_4$(s)	−2203.8	−1963.6	−806.50
ZnS(s)	−615.51	−534.69	−271.1	カルシウム			
$ZnSO_4$(s)	−2389.0	−2131.8	−862.5	Ca(s)	−178.2	−144.3	−113.46
アルミニウム				Ca(g)	0	0	0
Al(s)	−326.4	−285.7	−136.21	Ca^{2+}(aq)	−721.0	−697.9	−208.0
Al(g)	0	0	0	CaO(s)	−1062.5	−980.1	−276.19
Al^{3+}(aq)	−857	−771	−486.2	$Ca(OH)_2$(s)	−2097.9	−1912.7	−623.03
Al_2O_3(s)	−3076.0	−2848.9	−761.33	$CaCl_2$(s)	−1217.4	−1103.8	−380.7
$AlCl_3$(s)	−1395.6	−1231.5	−549.46	$CaSO_4$(s)	−2887.8	−2631.3	−860.3
$Al_2(SO_4)_3$(s)	−7920.1	−7166.9	−2525.9	$CaSO_4 \cdot 2H_2O$(s)	−4256.7	−4383.2	−1553.8
硫黄				$CaCO_3$(s)	−2849.3	−2639.5	−703.2
S_8(s)	−2230.440	−1906.00	−1310.77	$Ca_3(PO_4)_2$(s)	−7278.0	−6727.9	−1843.5
S_8(g)	−2128.14	−1856.37	−911.59	銀			
S(g)	0	0	0	Ag(s)	−284.55	−245.65	−130.42
S^{2-}(aq)	−245.7	−152.4	−182.4	Ag(g)	0	0	0
SO_2(g)	−1073.95	−1001.906	−241.71	Ag^+(aq)	−178.97	−168.54	−100.29
SO_3(s)	−1480.82	−1307.65	−580.3	$Ag(NH_3)_2^+$(aq)	−2647.15	−2393.51	−922.6
SO_3(l)	−1467.36	−1307.19	−537.2	Ag_2O(s)	−849.32	−734.23	−385.7
SO_3(g)	−1422.04	−1304.50	−394.23	AgCl(s)	−533.30	−461.12	−242.0
SO_4^{2-}(aq)	−2184.76	−1909.70	−791.9	AgBr(s)	−496.80	−424.95	−240.9
$SOCl_2$(g)	−983.8	−879.6	−349.50	AgI(s)	−453.23	−382.34	−238.3
H_2S(g)	−734.74	−678.30	−191.46	クロム			
H_2SO_3(aq)	−2070.43	−1877.75	−648.2	Cr(s)	−396.6	−351.8	−150.73
H_2SO_4(aq)	−2620.06	−2316.20	−1021.4	Cr(g)	0	0	0
SF_4(g)	−1369.66	−1217.2	−510.81	CrO_4^{2-}(aq)	−2274.4	−2006.47	−768.51
SF_6(g)	−1962	−1715.0	−828.53	Cr_2O_3(s)	−2680.4	−2456.89	−751.0
SCN^-(aq)	−1391.75	−1272.43	−334.9	$Cr_2O_7^{2-}$(aq)	−4027.7	−3626.8	−1214.5
塩素				ケイ素			
Cl_2(g)	−243.358	−211.360	−107.330	Si(s)	−455.6	−411.3	−149.14
Cl(g)	0	0	0	Si(g)	0	0	0
Cl^-(aq)	−288.838	−236.908	−108.7	SiO_2(s)	−1864.9	−1731.4	−448.24
ClO_2(g)	−517.5	−448.6	−230.47	SiH_4(g)	−1291.9	−1167.4	−422.20
Cl_2O(g)	−412.2	−345.2	−225.24	SiF_4(g)	−2386.5	−2231.6	−520.50
Cl_2O_7(l)	−1750	—	—	$SiCl_4$(l)	−1629.3	−1453.9	−589
HCl(g)	−431.64	−404.226	−93.003	$SiCl_4$(g)	−1599.3	−1451.0	−498.03
HCl(aq)	−506.49	−440.155	−223.4	コバルト			
ClF(g)	−255.28	−223.53	−106.06	Co(s)	−424.7	−380.3	−149.475
カリウム				Co(g)	0	0	0
K(s)	−89.24	−60.59	−96.16	Co^{2+}(aq)	−482.9	−434.7	−293
K(g)	0	0	0				

付録B 物質の基礎データ

表B・13（つづき）

物質	$\Delta_{ac}H°$ (kJ/mol)	$\Delta_{ac}G°$ (kJ/mol)	$\Delta_{ac}S°$ [J/(mol·K)]	物質	$\Delta_{ac}H°$ (kJ/mol)	$\Delta_{ac}G°$ (kJ/mol)	$\Delta_{ac}S°$ [J/(mol·K)]
コバルト（つづき）				炭 素			
Co^{3+}(aq)	−333	−246.3	−485	C(グラファイト)	−716.682	−671.257	−152.36
CoO(s)	−911.8	−826.2	−287.60	C(ダイヤモンド)	−714.787	−668.357	−155.719
酸 素				C(g)	0	0	0
O_2(g)	−498.340	−463.462	−116.972	CO(g)	−1076.377	−1040.156	−121.477
O(g)	0	0	0	CO_2(g)	−1608.531	−1529.078	−266.47
O_3(g)	−604.8	−532.0	−244.24	$COCl_2$(g)	−1428.0	−1318.9	−366.02
臭 素				CH_4(g)	−1662.09	−1534.997	−430.684
Br_2(l)	−223.768	−164.792	−197.813	HCHO(g)	−1509.72	−1412.01	−329.81
Br_2(g)	−192.86	−161.68	−104.58	H_2CO_3(aq)	−2599.14	−2396.02	−683.3
Br(g)	0	0	0	HCO_3^-(aq)	−2373.83	−2156.47	−664.8
HBr(g)	−365.93	−339.09	−91.040	CO_3^{2-}(aq)	−2141.33	−1894.26	−698.16
HBr(aq)	−451.08	−389.60	−207.3	CH_3OH(l)	−2075.11	−1882.25	−651.2
BrF(g)	−284.72	−253.49	−104.81	CH_3OH(g)	−2037.11	−1877.94	−538.19
BrF_3(g)	−604.45	−497.56	−358.75	CCl_4(l)	−1338.84	−1159.19	−602.49
BrF_5(g)	−935.73	−742.6	−648.60	CCl_4(g)	−1306.3	−1154.57	−509.04
水 銀				$CHCl_3$(l)	−1433.84	−1265.20	−567.3
Hg(l)	−61.317	−31.820	−98.94	$CHCl_3$(g)	−1402.51	−1261.88	−472.69
Hg(g)	0	0	0	CH_2Cl_2(l)	−1516.80	−1356.37	−540.1
Hg^{2+}(aq)	+109.8	+132.58	−207.2	CH_2Cl_2(g)	−1487.81	−1354.98	−447.69
HgO(s)	−401.32	−322.090	−265.73	CH_3Cl(g)	−1572.15	−1444.08	−432.9
$HgCl_2$(s)	−529.0	−421.8	−359.4	CS_2(l)	−1184.59	−1082.49	−342.40
Hg_2Cl_2(s)	−631.21	−485.745	−487.8	CS_2(g)	−1156.93	−1080.64	−255.90
HgS(s)	−398.3	−320.67	−260.4	HCN(g)	−1271.9	−1205.43	−224.33
水 素				CH_3NO_2(l)	−2453.77	−2214.51	−805.89
H_2(g)	−435.30	−406.494	−98.742	C_2H_2(g)	−1641.93	−1539.81	−344.68
H(g)	0	0	0	C_2H_4(g)	−2251.70	−2087.35	−555.48
H^+(aq)	−217.65	−203.247	−114.713	C_2H_6(g)	−2823.94	−2594.82	−774.87
OH^-(aq)	−696.81	−592.222	−286.52	CH_3CHO(l)	−2745.43	−2515.35	−775.9
H_2O(l)	−970.30	−875.354	−320.57	CH_3COOH(l)	−3286.8	−3008.86	−937.4
H_2O(g)	−926.29	−866.797	−202.23	CH_3COOH(g)	−3234.55	−2992.96	−814.7
H_2O_2(l)	−1121.42	−990.31	−441.9	CH_3COOH(aq)	−3288.06	−3015.42	−918.5
H_2O_2(aq)	−1124.81	−1003.99	−407.6	CH_3COO^-(aq)	−3070.66	−2785.03	−895.8
ス ズ				C_2H_5OH(l)	−3266.12	−2968.51	−1004.8
Sn(s)	−302.1	−267.3	−124.35	C_2H_5OH(g)	−3223.53	−2962.22	−882.82
Sn(g)	0	0	0	C_2H_5OH(aq)	−3276.7	−2975.37	−1017.0
SnO(s)	−837.1	−755.9	−273.0	C_6H_6(l)	−5556.96	−5122.52	−1464.1
SnO_2(s)	−1381.1	−1250.5	−438.3	C_6H_6(g)	−5523.07	−5117.36	−1367.7
$SnCl_2$(s)	−870.6	−	−	チタン			
$SnCl_4$(l)	−1300.1	−249.8	−570.7	Ti(s)	−469.9	−425.1	−149.6
$SnCl_4$(g)	−1260.3	−1122.2	−463.5	Ti(g)	0	0	0
タングステン				TiO(s)	−1238.8	−1151.8	−306.5
W(s)	−849.4	−807.1	−141.31	TiO_2(s)（ルチル）	−1913.0	−1778.1	−452.0
W(g)	0	0	0	$TiCl_4$(l)	−1760.8	−1585.0	−588.7
WO_3(s)	−2439.8	−2266.4	−581.22	$TiCl_4$(g)	−1719.8	−1574.6	−486.2

表 B・13 (つづき)

物質	$\Delta_{ac}H°$ (kJ/mol)	$\Delta_{ac}G°$ (kJ/mol)	$\Delta_{ac}S°$ [J/(mol·K)]	物質	$\Delta_{ac}H°$ (kJ/mol)	$\Delta_{ac}G°$ (kJ/mol)	$\Delta_{ac}S°$ [J/(mol·K)]
窒素				$Cu(NH_3)_4^{2+}(aq)$	−5189.4	−4671.13	−1882.5
$N_2(g)$	−945.408	−911.26	−114.99	ナトリウム			
$N(g)$	0	0	0	$Na(s)$	−107.32	−76.761	−102.50
$NO(g)$	−631.62	−600.81	−103.592	$Na(g)$	0	0	0
$NO_2(g)$	−937.86	−867.78	−235.35	$Na^+(aq)$	−347.45	−338.666	−94.7
$N_2O(g)$	−1112.53	−1038.79	−247.80	$NaH(s)$	−3811.25	−313.47	−228.409
$N_2O_3(g)$	−1609.20	−1466.99	−477.48	$NaOH(s)$	−999.75	−891.233	−365.025
$N_2O_4(g)$	−1932.93	−1740.29	−646.53	$NaOH(aq)$	−1044.25	−930.889	−381.4
$N_2O_5(g)$	−2179.91	−1954.8	−756.2	$NaCl(s)$	−640.15	−566.579	−246.78
$NO_3^-(aq)$	−1425.2	−1259.56	−490.1	$NaCl(g)$	−405.65	−379.10	−89.10
$NOCl(g)$	−791.84	−726.96	−217.86	$NaCl(aq)$	−636.27	−575.574	−203.4
$NO_2Cl(g)$	−1080.12	−970.4	−368.46	$NaNO_3(s)$	−1795.38	−1594.58	−673.66
$HNO_2(aq)$	−1307.9	−1172.9	−454.5	$Na_2SO_3(s)$	−2363.96	−2115.0	−803
$HNO_3(l)$	−1572.92	−1428.79	−484.80	$Na_2SO_4(s)$	−2877.20	−2588.86	−969.89
$HNO_3(aq)$	−1645.22	−1465.32	−604.8	$Na_2CO_3(s)$	−2809.51	−2564.41	−813.70
$NH_3(g)$	−1171.76	−1081.82	−304.99	$NaHCO_3(s)$	−2739.97	−2497.5	−808.0
$NH_3(aq)$	−1205.94	−1091.87	−386.1	$NaCH_3CO_2(s)$	−3400.78	−3099.66	−1013.2
$NH_4^+(aq)$	−1475.81	−1347.93	−498.8	鉛			
$NH_4NO_3(s)$	−2929.08	−2603.31	−1097.53	$Pb(s)$	−195.0	−161.9	−110.56
$NH_4NO_3(aq)$	−2903.39	−2610.00	−988.8	$Pb(g)$	0	0	0
$NH_4Cl(s)$	−1779.41	−1578.17	−682.7	$Pb^{2+}(aq)$	−196.7	−186.3	−164.9
$N_2H_4(l)$	−1765.38	−1574.91	−644.24	$PbO(s)$	−661.5	−581.5	−267.7
$N_2H_4(g)$	−1720.61	−1564.90	−526.98	$PbO_2(s)$	−970.7	−842.7	−428.9
$HN_3(g)$	−1341.7	−1242.0	−335.37	$PbCl_2(s)$	−797.8	−687.4	−369.8
鉄				$PbS(s)$	−574.2	−498.9	−252.0
$Fe(s)$	−416.3	−370.7	−153.21	$PbSO_4(s)$	−2390.4	−2140.2	−838.84
$Fe(g)$	0	0	0	$PbCO_3(s)$	−2358.3	−2153.8	−685.6
$Fe^{2+}(aq)$	−505.4	−449.6	−318.2	バリウム			
$Fe^{3+}(aq)$	−464.8	−375.4	−496.4	$Ba(s)$	−180	−146	−107.4
$Fe_2O_3(s)$	−2404.3	−2178.8	−756.75	$Ba(g)$	0	0	0
$Fe_3O_4(s)$	−3364.0	−3054.4	−1039.3	$Ba^{2+}(aq)$	−718	−707	−160.6
$Fe(OH)_2(s)$	−1918.9	−1727.2	−644	$Ba(OH)_2·8H_2O(s)$	−9931.6	−8915	−3469
$Fe(OH)_3(s)$	−2639.8	−2372.1	−901.1	$BaCl_2(s)$	−1282	−1168	−376.96
$FeCl_3(s)$	−1180.8	−1021.7	−533.8	$BaCl_2(aq)$	−1295	−1181	−378.04
$FeS_2(s)$	−1152.1	−1014.1	−463.2	$BaSO_4(s)$	−2929	−2673	−850.1
銅				ビスマス			
$Cu(s)$	−338.32	−298.58	−133.23	$Bi(s)$	−207.1	−168.2	−130.31
$Cu(g)$	0	0	0	$Bi(g)$	0	0	0
$Cu^+(aq)$	−266.65	−248.60	−125.8	$Bi_2O_3(s)$	−1735.6	−1525.3	−705.8
$Cu^{2+}(aq)$	−273.55	−233.09	−266.0	$Bi_2S_3(s)$	−1393.7	−1191.8	−677.2
$CuO(s)$	−744.8	−660.0	−284.81	フッ素			
$Cu_2O(s)$	−1094.4	−974.9	−400.68	$F_2(g)$	−157.98	−123.82	−114.73
$CuCl_2(s)$	−807.8	−685.6	−388.71	$F(g)$	0	0	0
$CuS(s)$	−670.2	−590.4	−267.7	$F^-(aq)$	−411.62	−340.70	−172.6
$Cu_2S(s)$	−1304.9	−921.6	−379.7	$HF(g)$	−567.7	−538.4	−99.688
$CuSO_4(s)$	−2385.17	−1530.44	−869				

表 B・13 (つづき)

物 質	$\Delta_{ac}H°$ (kJ/mol)	$\Delta_{ac}G°$ (kJ/mol)	$\Delta_{ac}S°$ [J/(mol·K)]	物 質	$\Delta_{ac}H°$ (kJ/mol)	$\Delta_{ac}G°$ (kJ/mol)	$\Delta_{ac}S°$ [J/(mol·K)]
フッ素 (つづき)				ヨウ素			
HF(aq)	−616.72	−561.98	−184.8	I_2(s)	−213.676	−141.00	−245.447
ベリリウム				I_2(g)	−151.238	−121.67	−100.89
Be(s)	−324.3	−286.6	−126.77	I(g)	0	0	0
Be(g)	0	0	0	HI(g)	−298.01	−272.05	−88.910
Be^{2+}(aq)	−707.1	−666.3	−266.0	IF(g)	−281.48	−250.92	−103.38
BeO(s)	−1183.1	−1026.6	−283.18	IF_5(g)	−1324.28	−1131.78	−646.9
ホウ素				IF_7(g)	−1603.7	−1322.17	−945.6
B(s)	−562.7	−518.8	−147.59	ICl(g)	−210.74	−181.64	−98.438
B(g)	0	0	0	IBr(g)	−177.88	−149.21	−97.040
B_2O_3(s)	−3145.7	−2926.4	−736.10	リチウム			
B_2H_6(g)	−2395.7	−2170.4	−763.07	Li(s)	−159.37	−126.66	−109.65
B_5H_9(l)	−4729.7	−4251.4	−1615.45	Li(g)	0	0	0
B_5H_9(g)	−4699.2	−4248.2	−1523.75	Li^+(aq)	−437.86	−419.97	−125.4
$B_{10}H_{14}$(s)	−8719.3	−7841.2	−2963.92	LiH(s)	−467.56	−398.26	−233.40
H_3BO_3(s)	−3057.5	−2792.7	−891.92	LiOH(s)	−1111.12	−1000.59	−371.74
BF_3(g)	−1936.7	−1824.9	−375.59	LiF(s)	−854.33	−784.28	−261.87
BCl_3(l)	−1354.9	−1223.2	−442.7	LiCl(s)	−689.66	−616.71	−244.64
マグネシウム				LiBr(s)	−622.48	−551.06	−239.52
Mg(s)	−147.70	−113.10	−115.97	LiI(s)	−536.62	−467.45	−232.78
Mg(g)	0	0	0	$LiAlH_4$(s)	−1472.7	−1270.0	−683.42
Mg^{2+}(aq)	−614.55	−567.9	−286.8	$LiBH_4$(s)	−1401.9	−1333.4	−675.21
MgO(s)	−998.57	−914.26	−282.76	リン			
MgH_2(s)	−658.3	−555.5	−346.99	P(白リン)	−314.64	−278.25	−122.10
$Mg(OH)_2$(s)	−2005.88	−1816.64	−637.01	P_4(g)	−1199.65	−1088.6	−372.79
$MgCl_2$(s)	−1032.38	−916.25	−389.43	P_2(g)	−485.0	−452.8	−108.257
$MgCO_3$(s)	−2707.7	−2491.7	−724.2	P(g)	0	0	0
$MgSO_4$(s)	−2708.1	−2448.9	−869.1	PH_3(g)	−962.2	−874.6	−297.10
マンガン				P_4O_{10}(s)	−6734.3	−6128.0	−2034.46
Mn(s)	−280.7	−238.5	−141.69	PO_4^{3-}(aq)	−2588.7	−2223.9	−1029
Mn(g)	0	0	0	PF_3(g)	−1470.4	−1361.5	−366.22
Mn^{2+}(aq)	−501.5	−466.6	−247.3	PCl_3(l)	−999.4	−867.6	−441.7
MnO(s)	−915.1	−833.1	−275.05	PCl_3(g)	−966.7	−863.1	−347.01
MnO_2(s)	−1299.1	−1167.1	−442.76	PCl_5(g)	−1297.9	−1111.6	−624.60
Mn_2O_3(s)	−2267.9	−2053.3	−720.1	H_3PO_4(s)	−3243.3	−2934.0	−1041.05
Mn_3O_4(s)	−3226.6	−2925.6	−1009.7	H_3PO_4(aq)	−3241.7	−2833.6	−1374
$KMnO_4$(s)	−2203.8	−1963.6	−806.50				

表 B・14　結合解離エンタルピー

単結合の解離エンタルピー (kJ/mol)

	As	B	Br	C	Cl	F	H	I	N	O	P	S	Si
As	180		255	200	310	485	300	180		330			
B		300	370		445	645			270	525			
Br			195	270	220	240	370	180	250		270	215	330
C				350	330	490	415	210	305	360	265	270	305
Cl					240	250	431	210	190	205	330	270	400
F						160	569		280	215	500	325	600
H							435	300	390	464	325	370	320
I								150		200	180		230
N									160	165			330
O										140	370	423	464
P											210		
S												260	
Si													225

二重結合と三重結合の解離エンタルピー (kJ/mol)

C=C	611	C=S	477
C≡C	837	N=N	418
C=O	745	N≡N	946
C≡O	1075	N=O	594
C=N	615	O=O	498
C≡N	891	S=O	523

表 B・15　1〜86番元素の電子配置

原子番号	元素記号	電子配置	原子番号	元素記号	電子配置
1	H	$1s^1$	44	Ru	$[Kr]5s^1 4d^7$
2	He	$1s^2 = [He]$	45	Rh	$[Kr]5s^1 4d^8$
3	Li	$[He]2s^1$	46	Pd	$[Kr]4d^{10}$
4	Be	$[He]2s^2$	47	Ag	$[Kr]5s^1 4d^{10}$
5	B	$[He]2s^2 2p^1$	48	Cd	$[Kr]5s^2 4d^{10}$
6	C	$[He]2s^2 2p^2$	49	In	$[Kr]5s^2 4d^{10} 5p^1$
7	N	$[He]2s^2 2p^3$	50	Sn	$[Kr]5s^2 4d^{10} 5p^2$
8	O	$[He]2s^2 2p^4$	51	Sb	$[Kr]5s^2 4d^{10} 5p^3$
9	F	$[He]2s^2 2p^5$	52	Te	$[Kr]5s^2 4d^{10} 5p^4$
10	Ne	$[He]2s^2 2p^6 = [Ne]$	53	I	$[Kr]5s^2 4d^{10} 5p^5$
11	Na	$[Ne]3s^1$	54	Xe	$[Kr]5s^2 4d^{10} 5p^6 = [Xe]$
12	Mg	$[Ne]3s^2$	55	Cs	$[Xe]6s^1$
13	Al	$[Ne]3s^2 3p^1$	56	Ba	$[Xe]6s^2$
14	Si	$[Ne]3s^2 3p^2$	57	La	$[Xe]6s^2 5d^1$
15	P	$[Ne]3s^2 3p^3$	58	Ce	$[Xe]6s^2 4f^1 5d^1$
16	S	$[Ne]3s^2 3p^4$	59	Pr	$[Xe]6s^2 4f^3$
17	Cl	$[Ne]3s^2 3p^5$	60	Nd	$[Xe]6s^2 4f^4$
18	Ar	$[Ne]3s^2 3p^6 = [Ar]$	61	Pm	$[Xe]6s^2 4f^5$
19	K	$[Ar]4s^1$	62	Sm	$[Xe]6s^2 4f^6$
20	Ca	$[Ar]4s^2$	63	Eu	$[Xe]6s^2 4f^7$
21	Sc	$[Ar]4s^2 3d^1$	64	Gd	$[Xe]6s^2 4f^7 5d^1$
22	Ti	$[Ar]4s^2 3d^2$	65	Tb	$[Xe]6s^2 4f^9$
23	V	$[Ar]4s^2 3d^3$	66	Dy	$[Xe]6s^2 4f^{10}$
24	Cr	$[Ar]4s^1 3d^5$	67	Ho	$[Xe]6s^2 4f^{11}$
25	Mn	$[Ar]4s^2 3d^5$	68	Er	$[Xe]6s^2 4f^{12}$
26	Fe	$[Ar]4s^2 3d^6$	69	Tm	$[Xe]6s^2 4f^{13}$
27	Co	$[Ar]4s^2 3d^7$	70	Yb	$[Xe]6s^2 4f^{14}$
28	Ni	$[Ar]4s^2 3d^8$	71	Lu	$[Xe]6s^2 4f^{14} 5d^1$
29	Cu	$[Ar]4s^1 3d^{10}$	72	Hf	$[Xe]6s^2 4f^{14} 5d^2$
30	Zn	$[Ar]4s^2 3d^{10}$	73	Ta	$[Xe]6s^2 4f^{14} 5d^3$
31	Ga	$[Ar]4s^2 3d^{10} 4p^1$	74	W	$[Xe]6s^2 4f^{14} 5d^4$
32	Ge	$[Ar]4s^2 3d^{10} 4p^2$	75	Re	$[Xe]6s^2 4f^{14} 5d^5$
33	As	$[Ar]4s^2 3d^{10} 4p^3$	76	Os	$[Xe]6s^2 4f^{14} 5d^6$
34	Se	$[Ar]4s^2 3d^{10} 4p^4$	77	Ir	$[Xe]6s^2 4f^{14} 5d^7$
35	Br	$[Ar]4s^2 3d^{10} 4p^5$	78	Pt	$[Xe]6s^1 4f^{14} 5d^9$
36	Kr	$[Ar]4s^2 3d^{10} 4p^6 = [Kr]$	79	Au	$[Xe]6s^1 4f^{14} 5d^{10}$
37	Rb	$[Kr]5s^1$	80	Hg	$[Xe]6s^2 4f^{14} 5d^{10}$
38	Sr	$[Kr]5s^2$	81	Tl	$[Xe]6s^2 4f^{14} 5d^{10} 6p^1$
39	Y	$[Kr]5s^2 4d^1$	82	Pb	$[Xe]6s^2 4f^{14} 5d^{10} 6p^2$
40	Zr	$[Kr]5s^2 4d^2$	83	Bi	$[Xe]6s^2 4f^{14} 5d^{10} 6p^3$
41	Nb	$[Kr]5s^1 4d^4$	84	Po	$[Xe]6s^2 4f^{14} 5d^{10} 6p^4$
42	Mo	$[Kr]5s^1 4d^5$	85	At	$[Xe]6s^2 4f^{14} 5d^{10} 6p^5$
43	Tc	$[Kr]5s^2 4d^5$	86	Rn	$[Xe]6s^2 4f^{14} 5d^{10} 6p^6$

表 B・16 標準生成エンタルピー ($\Delta_f H°$),標準生成ギブズエネルギー ($\Delta_f G°$),絶対エントロピー ($S°$) (298.15 K)

物　質	$\Delta_f H°$ (kJ/mol)	$\Delta_f G°$ (kJ/mol)	$S°$ [J/(mol·K)]	物　質	$\Delta_f H°$ (kJ/mol)	$\Delta_f G°$ (kJ/mol)	$S°$ [J/(mol·K)]
亜 鉛				$K^+(aq)$	−252.38	−283.27	102.5
$Zn(s)$	0	0	41.63	$KOH(s)$	−424.764	−379.08	78.9
$Zn(g)$	130.729	95.145	160.984	$KCl(s)$	−436.747	−409.14	82.59
$Zn^{2+}(aq)$	−153.89	−147.06	−112.1	$KNO_3(s)$	−494.63	−394.86	133.05
$ZnO(s)$	−348.28	−318.30	43.64	$K_2Cr_2O_7(s)$	−2061.5	−1881.8	291.2
$ZnCl_2(s)$	−415.05	−369.39	111.46	$KMnO_4(s)$	−837.2	−737.6	171.76
$ZnS(s)$	−205.98	−201.29	57.7	**カルシウム**			
$ZnSO_4(s)$	−982.8	−871.5	110.5	$Ca(s)$	0	0	41.42
アルミニウム				$Ca(g)$	178.2	144.3	154.884
$Al(s)$	0	0	28.33	$Ca^{2+}(aq)$	−542.83	−553.58	−53.1
$Al(g)$	326.4	285.7	164.54	$CaO(s)$	−635.09	−604.03	39.75
$Al^{3+}(aq)$	−531	−485	−321.7	$Ca(OH)_2(s)$	−986.09	−898.49	83.39
$Al_2O_3(s)$	−1675.7	−1582.3	50.92	$CaCl_2(s)$	−795.8	−748.1	104.6
$AlCl_3(s)$	−704.2	−628.8	110.67	$CaSO_4(s)$	−1434.11	−1321.79	106.7
$Al_2(SO_4)_3(s)$	−3440.84	−3099.94	239.3	$CaSO_4·2H_2O(s)$	−2022.63	−1797.28	194.1
硫 黄				$CaCO_3(s)$	−1206.92	−1128.79	92.9
$S_8(s)$	0	0	31.80	$Ca_3(PO_4)_2$	−4120.8	−3884.7	236.0
$S_8(g)$	102.30	49.63	430.98	**銀**			
$S(g)$	278.805	238.250	167.821	$Ag(s)$	0	0	42.55
$S^{2-}(aq)$	33.1	85.8	−14.6	$Ag(g)$	284.55	245.65	172.97
$SO_2(g)$	−296.830	−300.194	248.22	$Ag^+(aq)$	105.579	77.107	72.68
$SO_3(s)$	−454.51	−374.21	70.7	$Ag(NH_3)_2^+(aq)$	−111.29	−17.12	245.2
$SO_3(l)$	−441.04	−373.75	113.8	$Ag_2O(s)$	−31.05	−11.20	−121.3
$SO_3(g)$	−395.72	−371.06	256.76	$AgCl(s)$	−127.068	−109.789	96.2
$SO_4^{2-}(aq)$	−909.27	−744.53	20.1	$AgBr(s)$	−100.37	−96.90	107.1
$SOCl_2(g)$	−212.5	−198.3	309.77	$AgI(s)$	−61.84	−66.19	−115.5
$H_2S(g)$	−20.63	−33.56	205.79	**クロム**			
$H_2SO_3(aq)$	−608.81	−537.81	232.2	$Cr(s)$	0	0	23.77
$H_2SO_4(aq)$	−909.27	−744.53	20.1	$Cr(g)$	396.6	351.8	174.50
$SF_4(g)$	−774.9	−731.3	292.03	$CrO_4^{2-}(aq)$	−881.15	−727.75	50.21
$SF_6(g)$	−1209	−1105.3	291.82	$Cr_2O_3(s)$	−1139.7	−1058.1	81.2
$SCN^-(aq)$	76.44	92.71	144.3	$Cr_2O_7^{2-}(aq)$	−1490.3	−1301.1	261.9
塩 素				**ケイ素**			
$Cl_2(g)$	0	0	223.066	$Si(s)$	0	0	18.83
$Cl(g)$	121.679	105.680	165.198	$Si(g)$	455.6	411.3	167.97
$Cl^-(aq)$	−167.159	−131.228	56.5	$SiO_2(s)$	−910.94	−856.64	41.84
$ClO_2(g)$	102.5	120.5	256.84	$SiH_4(g)$	34.3	56.9	204.62
$Cl_2O(g)$	80.31	97.9	266.21	$SiF_4(g)$	−1614.94	−1572.65	282.49
$Cl_2O_7(l)$	238			$SiCl_4(l)$	−687.0	−619.9	239.7
$HCl(g)$	−92.307	−95.299	186.908	$SiCl_4(g)$	−657.01	−616.98	330.73
$HCl(aq)$	−167.159	−131.228	56.5	**コバルト**			
$ClF(g)$	−54.48	−55.94	217.89	$Co(s)$	0	0	30.04
カリウム				$Co(g)$	424.7	380.3	179.515
$K(s)$	0	0	64.18	$Co^{2+}(aq)$	−58.2	−54.4	−113
$K(g)$	89.24	60.59	160.336				

付録B 物質の基礎データ

表B・16 (つづき)

物 質	$\Delta_f H°$ (kJ/mol)	$\Delta_f G°$ (kJ/mol)	$S°$ [J/(mol·K)]	物 質	$\Delta_f H°$ (kJ/mol)	$\Delta_f G°$ (kJ/mol)	$S°$ [J/(mol·K)]
コバルト (つづき)				炭 素			
Co^{3+}(aq)	92	134	−305	C(グラファイト)	0	0	5.74
CoO(s)	−237.94	−214.20	52.97	C(ダイヤモンド)	1.895	2.900	2.377
酸 素				C(g)	716.682	671.257	158.096
O_2(g)	0	0	205.138	CO(g)	−110.525	−137.168	197.674
O(g)	249.170	231.731	161.055	CO_2(g)	−393.509	−394.359	213.74
O_3(g)	142.7	163.2	238.93	$COCl_2$(g)	−218.8	−204.6	283.53
臭 素				CH_4(g)	−74.81	−50.752	186.264
Br_2(l)	0	0	152.231	HCHO(g)	−108.57	−102.53	218.77
Br_2(g)	30.907	3.110	245.463	H_2CO_3(aq)	−699.65	−623.08	187.4
Br(g)	111.884	82.396	175.022	HCO_3^-(aq)	−691.99	−586.77	91.2
HBr(g)	−36.40	−53.45	198.695	CO_3^{2-}(aq)	−677.14	−527.81	−56.9
HBr(aq)	−121.55	−103.96	82.4	CH_3OH(l)	−238.66	−166.27	126.8
BrF(g)	−93.85	−109.18	228.97	CH_3OH(g)	−200.66	−161.96	239.81
BrF_3(g)	−255.60	−229.43	292.53	CCl_4(l)	−135.44	−65.21	216.40
BrF_5(g)	−428.9	−350.6	320.19	CCl_4(g)	−102.9	−60.59	309.85
水 銀				$CHCl_3$(l)	−134.47	−73.66	201.1
Hg(l)	0	0	76.02	$CHCl_3$(g)	−103.14	−70.34	295.71
Hg(g)	61.317	31.820	174.96	CH_2Cl_2(l)	−121.46	−67.26	177.8
Hg^{2+}(aq)	171.1	164.40	−32.2	CH_2Cl_2(g)	−92.47	−65.87	270.23
HgO(s)	−90.83	−58.539	70.29	CH_3Cl(g)	−80.84	−57.40	234.5
$HgCl_2$(s)	−224.3	−178.6	146.0	CS_2(l)	89.70	65.27	151.34
Hg_2Cl_2(s)	−265.22	−210.745	192.5	CS_2(g)	117.36	67.12	237.84
HgS(s)	−58.2	−50.6	82.4	HCN(g)	135.1	124.7	201.78
水 素				CH_3NO_2(l)	−113.09	−14.42	171.75
H_2(g)	0	0	130.684	C_2H_2(g)	226.73	209.20	200.94
H(g)	217.65	203.247	114.713	C_2H_4(g)	52.26	68.15	219.56
H^+(aq)	0	0	0	C_2H_6(g)	−84.68	−32.82	229.60
OH^-(aq)	−229.994	−157.244	−10.75	CH_3CHO(l)	−192.30	−128.12	160.2
H_2O(l)	−285.830	−237.129	69.91	CH_3COOH(l)	−484.5	−389.9	159.8
H_2O(g)	−241.818	−228.572	188.25	CH_3COOH(g)	−432.25	−374.0	282.5
H_2O_2(l)	−187.78	−120.35	109.6	CH_3COOH(aq)	−485.76	−396.46	178.7
H_2O_2(aq)	−191.17	−134.03	143.9	CH_3COO^-(aq)	−486.01	−369.31	86.6
ス ズ				C_2H_5OH(l)	−277.69	−174.78	160.7
Sn(s)	0	0	44.14	C_2H_5OH(g)	−235.10	−168.49	282.70
Sn(g)	302.1	267.3	168.486	C_2H_5OH(aq)	−288.3	−181.64	148.5
SnO(s)	−285.8	−256.9	56.5	C_6H_6(l)	49.028	124.50	172.8
SnO_2(s)	−580.7	−519.76	52.3	C_6H_6(g)	82.927	129.66	269.2
$SnCl_2$(s)	−325.1			チタン			
$SnCl_4$(l)	−511.3	−440.21	258.6	Ti(s)	0	0	30.63
$SnCl_4$(g)	−471.5	−432.2	365.8	Ti(g)	469.9	425.1	180.2
タングステン				TiO(s)	−519.7	−495.0	34.8
W(s)	0	0	32.64	TiO_2(s) (ルチル)	−944.8	−889.5	50.33
W(g)	849.4	807.1	173.950	$TiCl_4$(l)	−804.2	−737.2	252.3
WO_3(s)	−842.87	−764.083	75.90	$TiCl_4$(g)	−763.2	−726.8	354.8

表 B・16（つづき）

物 質	$\Delta_f H°$ (kJ/mol)	$\Delta_f G°$ (kJ/mol)	$S°$ [J/(mol·K)]	物 質	$\Delta_f H°$ (kJ/mol)	$\Delta_f G°$ (kJ/mol)	$S°$ [J/(mol·K)]
窒 素				$Cu(NH_3)_4^{2+}$(aq)	−348.5	−111.07	273.6
N_2(g)	0	0	191.61	ナトリウム			
N(g)	472.704	455.63	153.298	Na(s)	0	0	51.21
NO(g)	90.25	86.55	210.761	Na(g)	107.32	76.761	153.712
NO_2(g)	33.18	51.31	240.06	Na^+(aq)	−240.13	−261.905	59.0
N_2O(g)	82.05	104.20	219.85	NaH(s)	−56.275	−33.46	−40.016
N_2O_3(g)	83.72	139.46	312.28	NaOH(s)	−425.609	−379.494	64.455
N_2O_4(g)	9.16	97.89	304.29	NaOH(aq)	−470.114	−419.150	48.1
N_2O_5(g)	11.35	115.1	355.7	NaCl(s)	−411.153	−384.138	72.13
NO_3^-(aq)	−205.0	−108.74	146.4	NaCl(g)	−176.65	−196.66	229.81
NOCl(g)	51.71	66.08	261.69	NaCl(aq)	−407.27	−393.133	115.5
NO_2Cl(g)	12.6	54.4	272.15	$NaNO_3$(s)	−467.85	−367.00	116.52
HNO_2(aq)	−119.2	−50.6	135.6	Na_2SO_3(s)	−1123.0	−1028.0	155
HNO_3(g)	−135.06	−74.72	266.38	Na_2SO_4(s)	−1387.08	−1270.16	149.58
HNO_3(aq)	−207.36	−111.25	146.4	Na_2CO_3(s)	−1130.68	−1044.44	134.98
NH_3(g)	−46.11	−16.45	192.45	$NaHCO_3$(s)	−950.81	−851.0	101.7
NH_3(aq)	−80.29	−26.50	111.3	$NaCH_3CO_2$(s)	−708.81	−607.18	123.0
NH_4^+(aq)	−132.51	−79.31	113.4	鉛			
NH_4NO_3(s)	−365.56	−183.87	151.08	Pb(s)	0	0	64.81
NH_4NO_3(aq)	−339.87	−190.56	259.8	Pb(g)	195.0	161.9	175.373
NH_4Cl(s)	−314.43	−203.87	94.6	Pb^{2+}(aq)	−1.7	−24.43	10.5
N_2H_4(l)	50.63	149.34	121.21	PbO(s)	−217.32	−187.89	68.7
N_2H_4(g)	95.40	159.35	238.47	PbO_2(s)	−277.4	−217.33	68.6
HN_3(g)	294.1	328.1	238.97	$PbCl_2$(s)	−359.41	−314.10	136.0
鉄				PbS(s)	−100.4	−98.7	91.2
Fe(s)	0	0	27.28	$PbSO_4$(s)	−919.94	−813.14	148.57
Fe(g)	416.3	370.7	180.49	$PbCO_3$(s)	−699.1	−625.5	131.0
Fe^{2+}(aq)	−89.1	−78.90	−137.7	バリウム			
Fe^{3+}(aq)	−48.5	−4.7	−315.9	Ba(s)	0	0	62.8
Fe_2O_3(s)	−824.2	−742.2	87.40	Ba(g)	180	146	170.243
Fe_3O_4(s)	−1118.4	−1015.4	146.4	Ba^{2+}(aq)	−537.64	−560.77	9.6
$Fe(OH)_2$(s)	−569.0	−486.5	88	$Ba(OH)_2·8H_2O$(s)	−3342.2	−2792.8	427
$Fe(OH)_3$(s)	−823.0	−696.5	106.7	$BaCl_2$(s)	−858.6	−810.4	123.68
$FeCl_3$(s)	−399.49	−334.00	142.3	$BaCl_2$(aq)	−871.95	−823.21	122.6
FeS_2(s)	−178.2	−166.9	52.93	$BaSO_4$(s)	−1473.2	−1362.2	132.2
銅				ビスマス			
Cu(s)	0	0	33.150	Bi(s)	0	0	56.74
Cu(g)	338.32	298.58	166.38	Bi(g)	207.1	168.2	187.05
Cu^+(aq)	71.67	49.98	40.6	Bi_2O_3(s)	−573.88	−493.7	151.5
Cu^{2+}(aq)	64.77	65.49	−99.6	Bi_2S_3(s)	−143.1	−140.6	200.4
CuO(s)	−157.3	−129.7	42.63	フッ素			
Cu_2O(s)	−168.6	−146.0	93.14	F_2(g)	0	0	202.78
$CuCl_2$(s)	−220.1	−175.7	108.07	F(g)	78.99	61.91	158.754
CuS(s)	−53.1	−53.6	66.5	F^-(aq)	−332.63	−278.79	−13.8
Cu_2S(s)	−79.5	−86.2	120.9	HF(g)	−271.1	−273.2	173.779
$CuSO_4$(s)	−771.36	−66.69	109				

表 B・16 (つづき)

物質	$\Delta_f H°$ (kJ/mol)	$\Delta_f G°$ (kJ/mol)	$S°$ [J/(mol·K)]	物質	$\Delta_f H°$ (kJ/mol)	$\Delta_f G°$ (kJ/mol)	$S°$ [J/(mol·K)]
フッ素 (つづき)				ヨウ素			
HF(aq)	−320.08	−296.82	88.7	I_2(s)	0	0	116.135
ベリリウム				I_2(g)	62.438	19.327	260.69
Be(s)	0	0	9.50	I(g)	106.838	70.50	180.791
Be(g)	324.3	286.6	136.269	HI(g)	26.48	1.70	206.594
Be^{2+}(aq)	−382.8	−379.73	−129.7	IF(g)	−95.65	−118.51	236.17
BeO(s)	−609.6	−508.3	14.14	IF_5(g)	−822.49	−751.73	327.7
ホウ素				IF_7(g)	−943.9	−818.3	346.5
B(s)	0	0	5.86	ICl(g)	17.78	−5.46	247.551
B(g)	562.7	518.8	153.45	IBr(g)	40.84	3.69	258.773
B_2O_3(s)	−1272.77	−1193.65	53.97	リチウム			
B_2H_6(g)	35.6	86.7	232.11	Li(s)	0	0	29.12
B_5H_9(l)	42.68	171.82	184.22	Li(g)	159.37	126.66	138.77
B_5H_9(g)	73.2	175.0	275.92	Li^+(aq)	−278.49	−293.31	13.4
$B_{10}H_{14}$(s)	−45.2	192.3	176.56	LiH(s)	−90.54	−68.35	20.08
H_3BO_3(s)	−1094.33	−968.92	88.83	LiOH(s)	−484.93	−438.95	42.80
BF_3(g)	−1137.00	−1120.33	254.12	LiF(s)	−615.97	−587.71	35.65
BCl_3(l)	−427.2	−387.4	206.3	LiCl(s)	−408.61	−384.37	59.33
マグネシウム				LiBr(s)	−351.23	−342.00	74.27
Mg(s)	0	0	32.68	LiI(s)	−270.41	−270.29	86.78
Mg(g)	147.70	113.10	148.650	$LiAlH_4$(s)	−116.3	−44.7	78.74
Mg^{2+}(aq)	−466.85	−454.8	−138.1	$LiBH_4$(s)	−190.8	−125.0	75.86
MgO(s)	−601.70	−569.43	26.94	リン			
MgH_2(s)	−75.3	−35.9	31.09	P(白リン)	0	0	41.09
$Mg(OH)_2$(s)	−924.54	−833.58	63.18	P_4(g)	58.91	24.4	279.98
$MgCl_2$(s)	−641.32	−591.79	89.62	P_2(g)	144.3	103.7	218.129
$MgCO_3$(s)	−1095.8	−1012.1	65.7	P(g)	314.64	278.25	163.193
$MgSO_4$(s)	−1284.9	−1170.6	91.6	PH_3(g)	5.4	13.4	210.23
マンガン				P_4O_{10}(s)	−2984.0	−2697.7	228.86
Mn(s)	0	0	32.01	PO_4^{3-}(aq)	−1277.4	−1018.7	−222
Mn(g)	280.7	238.5	173.70	PF_3(g)	−918.8	−897.5	273.24
Mn^{2+}(aq)	−220.75	−228.1	−73.6	PCl_3(l)	−319.7	−272.3	217.1
MnO(s)	−385.22	−362.90	59.71	PCl_3(g)	−287.0	−267.8	311.78
MnO_2(s)	−520.03	−465.14	53.05	PCl_5(g)	−374.9	−305.0	364.58
Mn_2O_3(s)	−959.0	−881.1	110.5	H_3PO_4(s)	−1279.0	−1119.1	110.50
Mn_3O_4(s)	−1387.8	−1283.2	155.6	H_3PO_4(aq)	−1277.4	−1018.7	−222
$KMnO_4$(s)	−837.2	−737.6	171.76				

付録 C "チェック"の解答

10 章

- (p.361) N_2O_4 と NO_2 が共存する.
- (p.363) 表 10・1 より,トランス体とシス体の濃度比は $0.559 : 0.441 = 1.27$ となる.
- (p.366) 速度定数が大きくなって反応が速まる.
- (p.368) 反応の速度は速度定数と濃度の積だから,速度の大小と速度定数の大小に直接の関係はない.ふつう,逆反応の速度が正反応より大きいなら,生成物(逆反応にとっては反応物)の濃度が高いと考える.
- (p.370) 平衡定数は,正反応の速度定数を逆反応の速度定数で割った値とみてよいから,平衡定数は 2 になる.
- (p.376) 1 mol の PCl_3 と 1 mol の Cl_2 が反応し,1 mol の PCl_5 ができる.PCl_3 の濃度が 0.096 M 減れば,Cl_2 も同じだけ減って 0.04 M になり,PCl_5 の濃度は 0 から 0.96 M に増えている.
- (p.378) 例題 10・8 の結果から $K_c = 0.559/0.441 = 1.27$ が得られる.この値は問題文中の K_c 値(1.27)に一致する.
- (p.379) 反応に伴う濃度変化が,反応式の係数(化学量論)を反映する.
- (p.381) 平衡定数が 1 よりずっと小さければ ΔC は小さい.だから $K = 1.0 \times 10^{-5}$ と 1.0×10^{-10} が条件に合う.
- (p.388) P_2 を加えると,P_2 を消費する向きに平衡が動いて P_4 が増す.加圧の際は,圧力が減る(分子数が減る)$2 P_2 \longrightarrow P_4$ の向きに平衡が動いて P_4 が増す.

11 章

- (p.404) HNO_3 と CH_3COOH は水に溶けて H^+ イオンを出すからアレニウス酸.$Mg(OH)_2$ は水に溶けて OH^- イオンを出すからアレニウス塩基.
- (p.408) 1 段目の電離は $H_3PO_4(aq) + H_2O(l) \rightleftharpoons H_2PO_4^-(aq) + H_3O^+(aq)$ と書け

て，$H_2PO_4^-$ が共役塩基になる（2段目，3段目の電離は省略）．アニリンの電離は $C_6H_5NH_2(aq) + H_2O(l) \rightleftharpoons C_6H_5NH_3^+(aq) + OH^-(aq)$ と書けて，$C_6H_5NH_3^+$ が共役酸になる．

- (p.413) $K_w = 10^{-14}$ は常に成り立つ．加えた酸の H_3O^+ が OH^- と反応して[OH^-]を減らすため，[H_3O^+]と[OH^-]の積が一定にとどまる．
- (p.415) $pH = -\log_{10}[H_3O^+]$ だから，[H_3O^+]が増えるとpHは下がる．
- (p.418 上) 溶媒の水 H_2O は活量＝1とみるため，$K_a = K_w = [H_3O^+][OH^-]$ つまり K_a と K_w は同じになる．
- (p.418 下) 同じ濃度なら，K_a の大きい酸ほど電離度が高く，[H_3O^+]が大きいのでpHが低い．
- (p.424) 強い酸ほど共役塩基は弱いため，OBr^- の塩基性は OCl^- より弱い．
- (p.425) S原子はO原子より大きい．S−H結合はO−H結合より長くて（つまり弱くて）解離しやすいため，酸性は H_2S のほうが強い．
- (p.427) Clの電気陰性度はIより大きく，O−H結合の電子を引き寄せて結合を弱める（H^+ の解離を促す）力が強いため，酸性はHOClのほうが強い．
- (p.429) 強酸は完全解離するとみてよいため，溶かした濃度が[H_3O^+]に等しいとしてpHを計算できる．
- (p.432) 判定できない．判定するには K_a と濃度の値が必要．
- (p.434) 1.0 M の水溶液．
- (p.435) K_b の大きい塩基は，水との反応で生む OH^- が多いため，水溶液の塩基性が強い．
- (p.438) NO_2^- は HNO_2 の共役塩基だから $K_b = K_w/K_a$ が成り立ち，値はつぎのようになる．

$$K_b = (1.0 \times 10^{-14})/(5.1 \times 10^{-4}) = 2.0 \times 10^{-11}$$

- (p.445) 緩衝液に酸を加えるとpHはわずかに下がるが，同量の酸を純水に加えたときのpH変動よりずっと小さい．塩基を加えるとpHはわずかに上がるが，同量の塩基を純水に加えたときの変動よりずっと小さい．酸や塩基の添加量が多いほどpHの変動幅も大きい．
- (p.446) 生じた乳酸は HCO_3^- イオンとつぎのように反応する．

$$HC_3H_5O_3(aq) + HCO_3^-(aq) \rightleftharpoons C_3H_5O_3^-(aq) + H_2CO_3(aq)$$

- (p.454) 滴下量を増やすとpHは初めゆっくり上昇し，等量点あたりで数ポイント急上昇したあと，またゆっくりと上昇する．

12 章

- (p.466) ありえない．酸化で失われる電子は，必ず別の物質に移る（その物質を還元する）．
- (p.467) $Fe = +3$, $Cl = -1$; $C = -4$, $H = +1$; $O = 0$; $Mn = +7$, $O = -2$; $C = +2$, $H = +1$, $N = -3$.
- (p.473) アノードは負極（Zn），カソードは正極（Pt）．
- (p.475) Sn 原子が電子を失い，N 原子が電子を得るから，Sn が還元剤，HNO_3 が酸化剤になる．
- (p.476) 非自発変化の逆だから，自発的に進む．
- (p.493) 標準起電力は $[Cu^{2+}] = [Ni^{2+}] = 1\,M$ での値を表す．$[Cu^{2+}] = 1.5\,M$，$[Ni^{2+}] = 0.010\,M$ だと，標準状態よりも右向き変化の勢いが強まり，起電力は大きくなる．
- (p.504) 酸性水溶液中で進む反応なのに，OH^- を使って書いたところが誤り．

13 章

- (p.510) 食塩の溶解は吸熱変化でも，結晶粒子がバラバラになるとき乱雑さが増えるため，溶解は自発的に進む．
- (p.514) 系のエントロピーが減っても，それ以上に外界のエントロピーが増え，宇宙のエントロピーが増える変化なら自発的に進む．
- (p.516) 絶対零度に近づくと，分子・原子レベルの運動がゼロに近づくため．
- (p.518) シクロペンタン → ペンテン の変化と同じくブドウ糖（グルコース）も，鎖状構造になれば運動の自由度が増えるため，ΔS は正値となる．
- (p.520) どちらの分子も C 原子 4 個と H 原子 10 個から生じるが，イソブタンになるときのほうが運動の自由度低下が少し大きいため，$\Delta_{ac} S°$ 値がより負になる．
- (p.524) ΔS の符号は正．$\Delta H > 0$ の吸熱変化は，ΔS が十分に大きい正値で，$\Delta G (= \Delta H - T\Delta S)$ が負になるから自発的に進む．
- (p.526) 液状物 → 固体 の変化なので乱雑さは減る（$\Delta S < 0$）．セメントの固化は $\Delta G (= \Delta H - T\Delta S) < 0$ の自発変化だから，$\Delta S < 0$ を補う以上の $\Delta H < 0$（発熱）が進む．つまり，発熱せずに固まるセメントはありえない．
- (p.533) $Q_p > K_p$ は "生成物過剰" を意味するから，反応は左向きに進む．
- (p.539) $\ln K = (-\Delta H°/RT) + (\Delta S°/R)$ の関係（p.537）より，K の温度依存性は $\Delta H°$ の符号で決まる．$\Delta H° > 0$（吸熱）の場合，T が下がると右辺の "負の度合" が増し，平衡定数 K が小さくなるため，$\Delta S°$ 値が正でも負でも，平衡は左向きに動く．

14 章

- (p.545) ダイヤモンド ⟶ 黒鉛(グラファイト) の反応速度がほとんどゼロだから.
- (p.549 上) Δt が大きいと測定時間内に変化が進み，正しい瞬間速度が計算できない.
- (p.549 中) 変化が進むと PP の濃度 [PP] が減り，反応速度 ($k \times$ [PP]) が減少していく.
- (p.549 下) 反応速度は反応物の消費速度を意味し，速度定数は速度式の比例係数を意味する．通常，反応速度は時間とともに減るが，速度定数は時間にも濃度にも関係ない定数となる.
- (p.550) k の単位は $1/(\text{M}\cdot\text{s}) = \text{L}/(\text{mol}\cdot\text{s})$.
- (p.551) HI の消失速度は，H_2 の生成速度の 2 倍になる.
- (p.558) ゼロ次反応の速度は濃度に関係せず，一次反応の速度は濃度に比例する．そのため，ゼロ次反応の速度は時間的に一定だが，一次反応の速度は時間とともに落ちる.
- (p.560 上) 実験 2 と実験 3 では [NH_4^+] と [NO_2^-] の両方が変わるため，方程式に 2 個の未知数 (m と n) が残ってしまい，速度式は決まらない．どちらかの濃度が共通の組を使えば，m か n を相殺できる．実験 1 と実験 2 は，NH_4^+ の濃度が等しいので，NH_4^+ の反応次数は決まらない (NO_2^- の濃度が異なるため，速度の変化は NO_2^- の影響を表す).
- (p.560 下) 実験 1 のデータは，[NH_4^+] $= 5.00 \times 10^{-2}$ M, [NO_2^-] $= 2.00 \times 10^{-2}$ M, $m = 1$, $n = 1$, 速度 $= 2.70 \times 10^{-7}$ M s^{-1} だから，速度定数は $k = 2.70 \times 10^{-4}$ M^{-1} s^{-1} と計算される.
- (p.562) 半減期は，速度定数の小さい ^{15}O のほうが長い.
- (p.563) ゼロ次反応だと，2 回目の半減期は 1 回目の 2 倍になる．一次反応なら，1 回目も 2 回目も半減期は同じ．二次反応の場合，2 回目の半減期は 1 回目の半分になる.
- (p.569) 吸熱反応（下図）だと，活性化エネルギーの大小は発熱反応の逆になり，

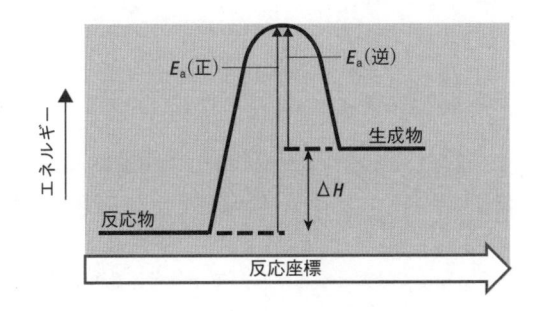

- (p.572) E_a 項は負号つきの指数だから，E_a が大きいほど k は小さい．k が小さいと反応は遅い．触媒は E_a 値を下げるため，k が大きくなって反応が速まる．
- (p.573) 高山は気圧が低いため，水は 100℃ より低い温度で沸騰する．卵をゆでるときは化学反応が進む．沸騰温度が低いから，アレニウス式により，反応の速度定数が小さくて時間がかかる．

15 章

- (p.583) 質量数（陽子＋中性子の総数）が変わらないため．
- (p.585) 硫黄の原子番号（＝陽子数）は 16 で，天然の硫黄原子（原子量 32.07）は大半（約 95％）が中性子 16 個の ^{32}S だから，^{35}S（陽子 16 個＋中性子 19 個）は中性子過剰だといえる．

16 章

- (p.617) ［最初の組］最初の分子ではメチル基（CH$_3$）が 2 番と 3 番の C 原子に結合し，つぎの分子ではメチル基が 2 個とも 2 番の C 原子に結合している．つまり両分子は異性体どうし．［2 番目の組］どちらの分子でも，メチル基は 2 番と 3 番の C 原子に結合し，結合の向きだけが違う．C−C 単結合は自由に回転でき，両者に差はないため，同じ分子になる．

17 章

- (p.667) LLL の濃度は，純正油より疑惑油のほうがずっと高い．また OOO の濃度は，純正油より疑惑油のほうがずっと低い．
- (p.669)

- (p.674) T は A と，G は C と結合するため，相手になる断片は AAGC.
- (p.676) 高い準位に電子をもつ ② と ③ が励起状態の Zn 原子（① は基底状態の Zn 原子）．
- (p.679) 吸光度は 575 nm で最大となるから，モル吸光係数も 575 nm で最大となる．

- (p.681) NO も NO_2 も電子が奇数個のラジカルで，NO は N＝O 構造に描ける．NO_2 は，N−O 単結合 1 個と，N＝O 結合をもつルイス構造に描けるが，実際は共鳴しているため，単結合と二重結合の中間的な姿にある．つまり N−O 結合は NO のほうが強い．表 17・3 をみると，同じ原子間結合なら，単結合より二重結合のほうが，二重結合より三重結合のほうが，長い波長（低い振動数，小さい波数）に IR 吸収を示す．そのため，NO より NO_2 のほうが，長い波長（低い振動数，小さい波数）に IR 吸収を示す．
- (p.687) アセトンは，6 個の H 原子がみな同じ環境にあるから，ピークは 1 本だけ現れる．かたや酢酸は，C 原子に結合した等価な H 原子 3 個と，O 原子に結合した H 原子 1 個では環境が異なるから，2 本のピークを示す．

掲載写真出典

10～17章	章頭：Issay Kobayashi	
10 章	p. 360： Ken Karp/Wiley Archive	
	p. 373： Ken Karp/Wiley Archive	
	p. 390： Courtesy of BASF SE，Photo：BASF Corporate Archives Ludwigshafen.	
	p. 394： Herve Berthoule/Photo Researchers, Inc.	
11 章	p. 416： Michael Watson	
	p. 429： Ken Karp/Wiley Archive	
	p. 433： 株式会社 ミツカングループ本社 提供	
	p. 434： 健栄製薬株式会社 提供	
	p. 445： 東亜ディーケーケー株式会社 提供	
12 章	p. 476： Ken Karp/Wiley Archive	
	p. 480： Charles D. Winters/Photo Researchers, Inc.	
	p. 483： Ken Karp/Wiley Archive	
	p. 488： Andrew Lambert Photography/Photo Researchers, Inc.	
	p. 499： Ken Karp/Omni-Photo Communications, Inc.	
13 章	p. 537： Ken Karp/Omni-Photo Communications, Inc.	
14 章	p. 544： Ken Karp/Wiley Archive	
	p. 546： Michael Watson	
	p. 555： Wiley Archive	
	p. 573： SPL/Photo Researchers, Inc.	
15 章	p. 578： Science Source/Photo Researchers, Inc.	
	p. 593： John Reader/Photo Researchers, Inc.	
	p. 603： SPL/Photo Researchers, Inc.	
	p. 609： Courtesy of NASA	
17 章	p. 675： From R. Saferstein, 'DNA Fingerprinting', *ChemMatters*, 9, 12 (1991).	

索引*

あ, い

IR(赤外分光) 680
IR スペクトル
　アセトンの—— 682
　エタノールの—— 682
　酢酸の—— 683
　2-プロパノールの—— 682
アイレム 607
アインシュタイン(Albert Einstein) 62
　——の光化学当量則 74
亜塩素酸 191
アキシアル位 133
アキラル 657
アクチニウム系列 599
アセトン 643
亜酸化窒素 216
亜硝酸 191
アスコルビン酸 613
アストン(Francis Aston) 580
アスピリン 632
アスファルト 626
アセチルサリチル酸 632
アセチレン 622
アセトアミド 631
アセトアミノフェン 632
アセトアルデヒド 631, 643
アセトン 631, 643, 687
　——の IR スペクトル 682
亜炭 628
圧縮比 197

圧力 198
アドビル 632
アニオン 473
アニソール 624
アニリン 624
アノード 473
アボガドロ(Amedeo Avogadro) 208
　——の仮説 209, 222
アボガドロ数 27
アボガドロ定数 27
アミド 631, 653
アミン 631, 635, 650
アモルファス 355
アモルファス固体 318
アモントン(Guillaume Amontons) 204
　——の法則 204, 209, 221
亜硫酸 191
RS 表示 660
RFLP(制限酵素断片長多型) 674
r 過程 608
アルカリ 403
アルカリ乾電池 485
アルカリ金属 158
アルカリ土類金属 159
アルカロイド 651
アルカロイド系薬剤 652
アルカン 613, 631, 635
　——のハロゲン化 637
　——の命名法 618
アルキルリチウム 635
アルキン 622, 631, 635
　——の系統名 622

アルケン 620, 622, 631, 635
　——の系統名 621
アルコキシド 641
アルコキシドイオン 645
アルコール 296, 631, 635, 639
アルコール検知 40
アルコールデヒドロゲナーゼ 640
R 体 661
アルデヒド 631, 635, 642
RBE(生物学的効果比) 596
α 壊変 581
α 線 579
α 粒子 578
亜歴青炭 628
アレニウス(Svante Arrhenius) 301, 403, 571
アレニウス塩基 404
アレニウス酸 404
アレニウス式 571
安息香酸 624
安定同位体比 11
アントラセン 625
アンモニアの合成 390

イオン 13
　——のサイズ計算 343
イオン液体 272
イオン化 594
イオン化エネルギー 704
　第一—— 68
　第二—— 98
　第三—— 98
　第四—— 98

---

* 立体の数字は上巻の, 斜体の数字は下巻のページ数を表す.

索　引

イオン化合物　4, 160, 174
　――の化学式　164
　――の構造　169
　――の名称　189
イオン間力　257
イオン結合　168, 173, 175, 282, 319
イオン固体　335
イオン積　397
イオン-双極子相互作用　294
イオン半径　95, 97, 702
異性化反応　361
異性体　111, 263, 615
イソオクタン　620, 626, 627
イソブタン　615, 654
イソプロピルアミン　650
イソプロピルアルコール　639
イソペンタン　616
E 体　655
位置エネルギー　233
一塩基酸　406, 456
一酸塩基　406
一次電池　484
一次反応　552
　――の速度式の積分　576
1 価の酸　406, 456
一酸化二窒素　216
ED モデル　130
移動相　664
イブプロフェン　611, 632
違法ドラッグ　651
陰イオン　14
　――の名称　189
陰　極　473
インゴルド（Christopher Ingold）　550

う～お

ウィスキー・リル（Whisky Lil）　592
ヴィルヘルミー（Ludwig Wilhelmy）　546
ヴェーラー（Friedrich Wöhler）　612
右旋性　659
ウラン系列　599
ウンデカン　615

運動エネルギー　220, 233
英国単位系　8
エイコサン　615
エイベルソン（Philip Abelson）　600
エイラー　671
AA（原子吸光分析）　688
液化天然ガス　625
液　晶　195
液　体　272
　――の粒子運動論　283
エクアトリアル位　133
SI（国際単位系）　8, 691
SI 基本単位　691
SI 組立単位　691
SHE（標準水素電極）　478
SADMH（サリチルアルデヒドジメチルヒドラゾン）　669, 671
　――の質量スペクトル　670
SNG（合成天然ガス）　629
s 過程　608
SC（単純立方）　327
S 体　661
STP（標準状態）　210
エステル　631, 649
A～H 線　660
エタナール　643
エタノール　631, 635, 639, 640
　――の IR スペクトル　682
　――の ^{13}C NMR スペクトル　686
　――の ^{1}H NMR スペクトル　686
枝分れ　263
枝分れ構造　615
エタン　614, 615, 621, 634, 637
エタン酸　648
エタン酸エチル　649
エチルアルコール　639
エチルメチルアミン　650
エチルメチルケトン　644
4-エチル-2-メチルヘプタン　620
エチレン　621, 634
X 線　578
エッジ・オン型　151

HCP（六方最密充填）　327
HPLC（高速液体クロマトグラフィー）　664
エーテル　631, 635, 641
エテン　621, 634
エナンチオマー　658, 661
NSAID（非ステロイド性抗炎症剤）　632
NMR（核磁気共鳴）　685
NO$_x$　557
n 型半導体　351
エネルギー　232
エネルギー吸収変化　524
エネルギー担体　500
エネルギー放出変化　524
AVEE（平均価電子エネルギー）　100
FCC（面心立方）　327
MS（質量分析）　669
MOX 燃料　605
LSD（リゼルギン酸ジエチルアミド）　652
LC-MS　669
LPG（液化天然ガス）　625
塩　160
塩化アシル　631, 649
塩化アセチル　631
塩化セシウム　169, 335
塩化チオニル　649
塩化物　161
塩化メチル　672
塩　基　403
　――の pH 計算　434
塩基解離定数　418, 709
塩基性　415
塩基性緩衝液　444
塩　橋　472
塩　酸　191
塩酸プソイドエフェドリン　651
炎色反応　67
延　性　326
塩素酸　191
エンタルピー　245
　系の――　247
　原子化――　256
　原子結合――　256, 259, 263
　状態量としての――　252
　反応――　249, 255
　標準反応――　254

索引　733

エントロピー　510
塩ビ　320
円偏光　660

オキサロ酢酸　648
オキシダニウムイオン　405
オキソ酸　426
オキソニウムイオン　405
オクタン　615, 672
オクタン価　232, 626, 627
オクテット則　104
　　──の例外　113
オッペンハイマー(Robert Oppenheimer)　606
親イオン　669
親核種　581
親物質核　603
オリーブ油　666
オレイン酸　647, 665, 666
折れ線　135
オレフィン　620
温度　194, 236
　　──と平衡定数　384

か, き

ガイガー(Hans Geiger)　56
外界　236
回転　195, 519
壊変系列　599
過塩素酸　191
化学エネルギー　234
化学式　4
　　イオン化合物の──　164
　　化合物の──　33
化学シフト　686
科学的記数法　9
化学熱力学　509
化学熱力学の基本式　532, 533
化学反応式　20, 37
化学分析　663
化学量論　40
殻　84
核医学　609
角運動量子数　83
拡散　223
核子　587

──の結合エネルギー　587
核磁気共鳴　685
核種　581
核スピン　684
核分裂　589, 602
殻モデル　70
核融合　589, 605
化合物　3, 172
重なり形　618
過酸化物　167
華氏温度　194
過剰試薬　42
価数　14
ガスクロマトグラフィー　667
カソード　473
ガソリン　232, 626
カチオン　473
活性　156
活性化エネルギー　568
褐炭　628
活量　393
過電圧　498
価電子　73, 104
価電子帯　350
価標　107
カフェイン　652, 653
カプリル酸　647
カプリン酸　647
カプロン酸　647
貨幣金属　157
加法混色　66
カマリーン=オンネス(Heike Kamerlingh Onnes)　339
過マンガン酸　191
ガモフ(George Gamow)　607
ガラス　354
ガラスセラミックス　356
カラム　664
カリウム-アルゴン年代測定法　593
ガルバニ電池　472
カルボニル　631
カルボン酸　631, 635, 646
カルボン酸イオン　646
カルボン酸エステル　650
カロリー(cal)　238
岩塩　169, 335
還元　187, 465, 467
還元剤　474
還元体　475

換算係数　8
緩衝　440
環状アルカン　618
緩衝液　439
緩衝作用(生体内の)　446
緩衝能　443
官能基　630, 681
γ壊変　583
γ線　579
γ線放出　583
慣用名　188
顔料　164
気圧計　201
擬一次反応　566
貴ガス　91
希ガス　91
機器分析　663
記号の世界　18
ギ酸　643, 647, 648
基質　574
希釈　49
気体　272
　　──の性質　197
気体定数　210
気体反応
　　──の衝突理論　366
気体反応の法則　208
気体分子運動論　196, 219
　　──と気体の法則　221
基底状態　676
起電力
　　電池の──　484
軌道　83
軌道図　92
キニーネ　652
ギブズ(Willard Gibbs)　523
ギブズエネルギー　477, 523
基本単位　691
基本物理定数　701
逆相 HPLC　664
逆反応　556
キャピラリーカラム　667
吸エルゴン変化　524
求核試薬　645
吸光度　676
吸収　676
吸収線量　596
求電子試薬　645
吸熱反応　249

索引

吸熱変化 510
キュリー(Ci) 590
キュリー(Marie Curie) 578
キュリー(Pierre Curie) 595
キュリー(Frédéric Joliot-Curie) 599
キュリー(Irène Joliot-Curie) 599
強塩基 308, 419
境界 236
凝固点 288
凝固点降下 316
強酸 308, 416
——の pH 計算 428
凝集 286
凝縮 284
鏡像異性体 658
共通イオン効果 399, 412
強電解質 304
共鳴 623
共鳴混成体 118, 623
共役塩基 407
共役系
　π電子の—— 547
共役酸 407
共有化合物
　極性の—— 175
共有結合 107, 173, 175, 282, 319
　極性の—— 122
共有結合化合物 173
　——の名称 190
共有結合半径 94
共有結合分子 107
供与体 406
局在化 170
極性
　——の共有結合 122
　——の共有結合化合物 175
極性結合 140, 275
極性分子 140
極性溶媒 293
巨大分子固体 322
キラリティー 657, 660
キラル 657
キルヒホッフ(Gustav Kirchhoff) 60
金属 16, 155, 325, 349
　——の構造 327
　——の構造と配位数 331

——の性質 326
金属化合物 173
金属間化合物 333
金属結合 171, 175, 282, 319, 325
金属(結合)半径 93

く～こ

空孔 346
クエン酸 648
クエン酸回路 470
屈折 676
組立単位 691
クラッキング 627
グラフ処理
　測定データの—— 696
グラファイト 323
グリセリン 665
グリセロール 665
クリプトスピロレピン
　——の ^{1}H NMR スペクトル 687
グレアム(Thomas Graham) 223
　——の拡散則 224
　——の噴散則 224
グレイ(Gy) 596
クロマトグラフィー 664
クロム酸 192
クロロホルム 637
クロロメタン 637
クーロン引力 168

系 236
形式電荷 125, 184
ケイ砂 355
係数合わせ
　酸化還元反応の—— 502
系統誤差 693
桂皮酸アルデヒド 644
ケクレ(Friedrich Kekulé) 623
ケクレ構造 623
桁を表す接頭語 692
結合エネルギー
　核子の—— 587
結合解離エンタルピー 28

結合角 138
結合次数 152
結合性分子軌道 149
結合タイプ三角形 176
結合電子 110
結合ドメイン 110
結合の長さ 116
結晶化ガラス 356
結晶性固体 318
ケトン 631, 643
ゲーリュサック(Joseph Gay-Lussac) 207
ゲルラッハ(Walter Gerlach) 87
ケロシン 626
けん化 298
原子 3
　——が実在する証拠 6
　——のサイズ計算 343
原子価 104
原子化エンタルピー 256
原子価殻電子対反発モデル 130
原子核 10, 56
原子価結合理論 143
原子吸光分析 688
原子結合エンタルピー 256, 259, 263
　結合の長さと—— 266
原子質量 19
原子質量単位 12
原子世界 17
原子爆弾 603
原子半径 702
原子番号 10
原子モデル
　ラザフォードの—— 55
検出器 665
原子量 19
原子炉 603
元素 3
　——の起源 607
　——の電子配置 719
　AVEE 値と——の金属性 102
元素記号 3
元素分析 34
減法混色 66
原油 626
検量線 678

索　引

735

コア電荷　71
光学活性　659
合　金　346
光　子　62
格子エネルギー　336
格子間不純物　346
格子点　170, 332
合成アルカロイド　652
合成ガス　268, 629
合成天然ガス　629
酵　素　570, 573, 574
構造異性体　616, 654
構造解析　663
高速液体クロマトグラフィー
　　　　　　　　　　664
光電子分光　74
光路長　678
コカイン　633, 652
国際単位系　8, 691
コークス　626
誤　差
　測定の——　693
固　体　272
　——の分類　318
　——の分類と性質　338
　——の溶解　300, 391
固定相　664
コニイン　651, 652
コハク酸　648, 671
固溶体　46, 333, 346
混合物　3
混成軌道　144
　——と二重結合　147
混成原子軌道　145
混成体　623
コンホメーション　618
コーン油　666

さ，し

最密充填構造　329
錯形成定数　711
酢　酸　191, 631, 635, 643,
　　　647, 648, 672, 687
　——のIRスペクトル　683
酢酸イソアミル　650
酢酸エチル　649
酢酸メチル　631

鎖状炭化水素　263
左旋性　659
サフロール　632
サリチルアルデヒド　671
サリチルアルデヒドジメチルヒ
　　ドラゾン　669, 671
サリチル酸メチル　650
酸　403
　——の名称　191
三塩基酸　456
酸塩基指示薬　415
酸　化　187, 465, 467
酸解離定数　417, 708
酸化還元　634
　塩基性水溶液中の——　506
　酸化水溶液中の——　502
　有機分子の——　507
酸化還元反応　187, 464
　——の係数合わせ　502
　——の進む向き　481
酸化剤　474
酸化状態　181, 465
酸化数　181, 184, 465, 466,
　　　　　　　　　　634
酸化体　475
酸化チタン　169
三角形　132
3価の酸　456
酸化物　162
三重水素　606
酸　性　415
酸性緩衝液　444
三方形　135
三方両錐　133
残余エントロピー　515

次亜塩素酸　191
ジアステレオマー　658
ジエステル　649
ジエチルエーテル　641
シェルモデル　70
ジエン　622
四塩化炭素　637
紫外・可視分光　677
四角錐　137
ジカルボン酸　648
示強性　240
示強性変数　240
式　量　31
磁気量子数　83

σ（シグマ）軌道　149
σ結合　143
σ*（シグマ・スター）分子軌道
　　　　　　　　　　149
σ分子軌道　149
シクロアルカン　618
シクロヘキサン　627
ジクロロメタン　637
仕　事　243
GC（ガスクロマトグラフィー）
　　　　　　　　　　667
GC-MS　669
CCP（立方最密充填）　327
指示薬　448
　——の変色域　449
^{13}C NMRスペクトル
　エタノールの——　686
^{14}C年代測定法　562, 592
指数表現　9, 695, 696
シス体　654
シス-トランス異性体　654
シスプラチン　129
自然放射能　598
シーソー　136
実　験　3
実験式　34
実在気体　227
湿式法　663
湿　度　286
実用電池　484
質量欠損　587
質量数　10
質量スペクトル
　SADNHの——　670
質量パーセント　32
質量分析　669
質量保存則　20
質量モル濃度　313
シトロネロール　639
自発核分裂　583
自発変化　509, 523
2,3-ジブロモブタン　630
2,3-ジブロモ-3-メチルペンタン
　　　　　　　　　　630
シーベルト（Sv）　596
脂肪酸　298, 647, 665
脂肪族炭化水素　613
シーボーグ（Glenn Seaborg）
　　　　　　　　　　601
ジメチルエーテル　631

3,7-ジメチルオクト-6-エン-1-
　　オール 640
3,5-ジメチル-2-ヘキセン 622
2,3-ジメチルペンタン 619
四面体 133
弱酸 417
　──のpH計算 429
弱電解質 304
シャルル (Jacques Charles)
　　　206
　──の法則 206, 209, 221
臭化水素 635
臭化水素酸デキストロメトル
　　　ファン 651
臭化物 161
臭化メチル 631
周期 16
周期表 15, 90, 91, 97
シュウ酸 648
重水素 606
ジュウテリウム 606
終点 450
充填カラム 667
充満帯 350
重量分析 663
酒石酸 648
シュテルン (Otto Stern) 87
主要族元素 15, 81, 158, 601
受容体 406
主量子数 83
ジュール (J) 238
シュレーディンガー (Erwin
　　　Schrodinger) 82
準安定核種 583
潤滑油 626
瞬間速度 365, 548
順相HPLC 664
昇華 320
笑気 216
蒸気圧 212, 285
硝酸 191
常磁性 153
照射線量 596
状態 195, 240
状態関数 240
状態図 290
状態量 240
衝突理論 367, 553
　気体反応の── 366
蒸発エンタルピー 283

初期速度 548
触媒 569
食用油 665, 666
ショックレー (William
　　　Schockley) 352
ジョリオ=キュリー (Frédéric
　　　Joliot-Curie) 599
ジョリオ=キュリー (Irène
　　　Joliot-Curie) 599
示量性 240
示量変数 240
人工放射性核種 599
刃状転位 347
親水性 297
振動 195, 519
振動数 57
侵入型固溶体 334
振幅 58

す～そ

水蒸気圧 212
水性ガス 374, 629
水性ガスシフト反応 374, 629
水素 500
水素イオン供与体 406
水素イオン受容体 406
水素化アルミニウムリチウム
　　→テトラヒドロアルミン酸
　　　リチウム
水素化物 162
水素化物イオン 645
水素化ホウ素ナトリウム→テ
　　トラヒドロホウ酸ナトリウム
水素結合 278, 291
水素爆弾 606
水平化効果 424
水溶液 21, 46
ステアリン酸 647, 665, 666
ストイキオメトリー 40
ストリキニーネ 651, 652
スピン 87, 108
スピン量子数 88
スペクトル 59

正確さ 694
正極 473
制限酵素断片長多型 674

制限試薬 42
正孔 352
青酸 191
生成エンタルピー 269
生成物 20, 574
静電引力 168
正反応 556
正比例 697
生物学的効果比 596
精密さ (精度) 694
生命力 612
赤外分光 680
析出硬化 333
石炭 628
石炭ガス 622
石炭酸 640
石油 625
絶縁体 323, 349
せっけん 297, 298
セッケン 298
摂氏温度 194
接触改質 627
接触分解 627
絶対エントロピー 540, 720
絶対温度 195, 205
絶対値 9
絶対零度 205
Z体 655
セラミックス 356
セーレンセン (Søren
　　　Sørenson) 413
ゼロ次反応 552, 557
　──の速度式の積分 576
閃亜鉛鉱 169, 335
遷移 65
遷移金属 81, 163
　──イオンの色 164
遷移元素 81, 163, 601
線源線量 595
旋光計 659
洗剤 297
選択的沈殿 402
双極子-双極子相互作用 275,
　　　　278
双極子モーメント 140, 275
双極子-誘起双極子相互作用
　　　　275
相互作用 274
増殖炉 605

索引

相　図　290
相対湿度　286
相対質量　12
相対値　9
族　15
束一的性質　310
測定データのグラフ処理　696
速　度　57, 364, 546
　　反応の――　545
速度式　366, 549
　　――の積分　576
　　――の積分形　560
速度定数　366, 549
速度論支配　545
速度論の領域　367
族番号　15
疎水性　296
ソディ（Frederick Soddy）
　　　　　　　　　　　579
素反応　555

た　行

第一イオン化エネルギー　68
第一級アミン　650
第一級アルコール　640
大気圧　200
第三イオン化エネルギー　98
第三級アミン　650
第三級アルコール　640
第三級ブチルアルコール　640
対掌性　657, 660
体心立方　169
体心立方充塡　329
体心立方単位格子　332
対　数　413
大豆油　666
体積モル濃度　47
第二イオン化エネルギー　98
第二級アミン　650
第二級アルコール　640
ダイヤモンド　322
第四イオン化エネルギー　98
タイレノール　632
ダウンズ法　496
多塩基酸　456
多価の塩基　459
多価の酸　456

タキソール　129
多結晶固体　318
多原子イオン　14
　　――の名称　190
多原子陰イオン
ダニエル（John Daniell）　488
ダニエル電池　484
ダミノジッド　671
単位格子　169, 332
　　――の決めかた　342
単位の換算　693, 701
段階的電離　457
炭化水素　296, 613, 615, 621
単結合の回転　617
単原子イオン　14
炭　酸　191
単純立方　169
単純立方充塡　327
単純立方単位格子　332
単色光　677
弾性衝突　220
炭素14年代測定法　592
単　体　3, 172
単分子反応　551

力　199
置換型固溶体　334
置換型不純物　346
チタン酸カルシウム　169
窒化物　162
チャドウィック（James
　　　　　　Chadwick）　580
中間体　556
中　性　415
中性子　8
中性子過剰　585
中性子不足　585
中性子捕獲断面積　609
中和反応　408
超アクチノイド元素　602
超ウラン元素　600
長鎖カルボン酸　665
超酸化物　167
超伝導磁石　339
超伝導体　339, 349
直鎖炭化水素　615
直　線　131
直留ガソリン　626
沈　殿　392
沈殿反応　305

ツヴェート（Mikhail Tsvet）
　　　　　　　　　　　664

定　圧　244
DNA　672
DNA型鑑定　675
TMS（トリメチルシラン）　686
TLC（薄層クロマトグラフィー）
　　　　　　　　　　　665
T-型　136
定性分析　663
定　積　243
ディーゼル油　626
デイビー（Humphry Davy）
　　　　　　　　　　　216
定量分析　663
デオキシリボ核酸　672
テオフィリン　652, 653
テオブロミン　652, 653
デカン　615
滴　定　448
滴定曲線　452
テトラエチル鉛　626
テトラサイクリン　633
テトラヒドロアルミン酸リチウ
　　ム　646
テトラヒドロホウ酸ナトリウム
　　　　　　　　　　　646
テラー（Edward Teller）　606
テルミット反応　157, 544
転　位　346
電　解　493
　　NaCl水溶液の――　497
　　NaCl溶融塩の――　496
　　食塩水の――　498
　　水の――　499
電気陰性度　121, 161, 707
電気泳動　674
電気化学反応　493
電気素量　9
電気抵抗率　349
電気分解　493
典型元素　15, 81, 158, 601
点欠陥　346
電　子　8
電子式　107
電子親和力　706
電子ドメインモデル　130
電磁波　57
電子配置　77

738　　　　　　索　引

——の予測　88
電子(β^-)放出　582
電子捕獲　582
展　性　326
電　池　484
　——の起電力　484
伝導帯　171, 350
天然ガス　625, 626
天然原子炉　605
電　離　594
電離定数
　水の——　411
電離平衡
　水の——　410
電離放射　594
　——の生体影響　595

同位体　11, 581
透過率　676
同重体　581
同素体　323
同中性子体　581
等電子的　97, 158
導電率　349
灯　油　626
等量点　450
毒性アルカロイド　652
α-トコフェロール　672
都市ガス　629
ドデカン　615
トムソン(J.J.Thomson)　55, 580
ドメイン　110
トランジスター　352
トランス体　654
トリアコンタン　615
トリウム系列　599
トリエステル　650
トリエン　622
トリカルボン酸　648
トリグリセリド　665
トリチウム　606
トリチェリ(Evangelista Torricelli)　201
　——の実験　201
トリメチルアミン　650
トリメチルシラン　686
2,2,4-トリメチルペンタン
　　　　619, 626, 627
塗　料　164

土　類　159
トルエン　624, 627
ドルトン(John Dalton)　7, 208
　——の分圧の法則　210, 222
トロプシュ(Hans Tropsch)　629

な　行

内部エネルギー　242
ナトリウムエトキシド　641
ナトリウムメトキシド　641
ナフタレン　625
鉛ガラス　356
鉛蓄電池　485
波　57
二塩基酸　456
2価の酸　456
二元化合物　177
ニコチン　651, 652
ニコル(William Nicol)　659
ニコルプリズム　659
二酸化炭素　635
二次反応　552
　——の速度式の積分　576
二重結合
　——と混成軌道　147
ニッカド電池　486
ニッケル水素化物電池　487
二分子反応　551
尿　素　612

ネオペンタン　616
ねじれ形　618
熱　236
熱運動論　237
熱化学方程式　250
熱改質　627
熱核反応　606
熱中性子　600
熱伝導　352
熱伝導率　352
ネットワーク共有結合固体　322
熱分解　627
熱膨張　353
熱容量　237

熱力学　234
熱力学支配　545
熱力学第一法則　241, 512
熱力学第二法則　512
熱力学第三法則　515
熱量計　247
ネプツニウム系列　599
ネルンスト(Hermann Nernst)　490
　——の式　490
燃焼エンタルピー　255
粘　性　354
年代測定　592
燃料電池　487

濃　度　47
　溶媒の——　411
ノーベル(Alfred Nobel)　198
ノッキング　626
NO_x　557
ノナン　615
ノボカイン　633
ノルマル(n)　616

は〜ふ

配位数　328
π(パイ)軌道　150
π結合　143
ハイゼンベルク(Werner Heisenberg)　82
排他原理　88
π電子
　——の共役系　547
バイメタル　354
パイレックス　356
パウリ(Wolfgang Pauli)　88
　——の排他原理　88
薄層クロマトグラフィー　665
波　数　681
パスカル(Pa)　202
八面体　134
波　長　58
発エルゴン変化　524
バックミンスターフラーレン　324
発光スペクトル　60
パッシェン系列　65

索　　引

発熱反応　249
発熱変化　509
ハッブル(Edwin Hubble)　607, 352
バーディーン(John Bardeen)　352
バニリン　644
ハーバー法　390
パラ　624
パラジクロロベンゼン　624
パラフィン系炭化水素　613
バルマー(Johann Balmer)　60
バルマー系列　65
パルミチン酸　647, 665, 666
パルミトレイン酸　647
ハロゲン　160, 637
ハロゲン化アルキル　631, 635
ハロゲン化物　161
半金属　16, 156, 334
反結合性分子軌道　149
半減期　562, 590
反磁性　153
反　射　676
バンド　349
半導体　178, 334, 349, 351
反　応
　——の瞬間速度　548
　——の速度　545
反応エンタルピー　249, 255
反応機構　555
反応ギブズエネルギー　526
反応式　37
反応次数　552
　——の決定　558
反応商　373, 530
反応性　156
反応速度　364
反応速度論　364, 545
反応物　20
半反応　465

PES(光電子分光)　74
非SI単位　692
pH　413
　——の計算(塩基)　434
　——の計算(強酸)　428
　——の計算(弱酸)　429
pH滴定曲線　448
pHメーター　415, 445
ビオ(Jean Baptiste Biot)　659
pOH　413

p型半導体　352
非局在化　170
非極性溶媒　293
非金属　16, 155
pK_a　419
非結合電子　110
非結合ドメイン　110
pK_b　419
BCC(体心立方)　327
非自発変化　523
非ステロイド性抗炎症剤　632
比旋光度　659
非対称ジメチルヒドラジン　671
ビタミンC　613
ビタミンE　672
非弾性衝突　220
ビーティー(Owen Beattie)　689
非電解質　304
非電離放射　594
ヒドロニウムイオン　405
ピーナッツ油　666
比　熱　237
比熱容量　237
非プロトン性　642
標準エントロピー　540
標準起電力　472, 491
標準原子結合エンタルピー　515, 714
標準原子結合エントロピー　515, 714
標準原子結合ギブズエネルギー　527, 714
標準状態　210, 255, 514, 531
標準水素電極　478
標準生成エンタルピー　269, 720
標準生成ギブズエネルギー　540, 720
標準電極電位　478, 480, 712
標準反応エンタルピー　254
標準反応エントロピー　514
標準反応ギブズエネルギー　524, 527
標準沸点　288
表面張力　286
ファインマン(Richard Feynman)　193

ファヤンス(Kasimir Fajans)　580
ファラデー(Michael Faraday)　494, 622
　——の法則　494
ファンデルワールス(Johannes van der Waals)　227
　——の状態方程式　228
ファンデルワールス気体　229
ファンデルワールス定数　228
ファンデルワールス力　274
ファントホッフ(Jacobus van 't Hoff)　317, 657
VSEPR(原子価殻電子対反発)モデル　130
フィッシャー(Franz Fischer)　629
フィッシャー-トロプシュ法　629
フェナントレン　625
o-フェニルフェノール　641
フェノール　624, 640, 641
フェノールフタレイン　546
フェルミ(Enrico Fermi)　584, 606
負　極　473
副　殻　76, 84
複合体　574
腐　食　464
不斉炭素　658
ブタ-1-エン　621
ブタ-2-エン　621
1,3-ブタジエン　622
1-ブタノール　641
ブタン　614, 615, 627, 654
ブチルアルコール　640
1-ブチン　622
不対電子　87
フッ化物　161
物　質　3
物質-反物質対消滅　582
沸　点　279, 288
沸点上昇　313
沸　騰　274, 288
1-ブテン　621
2-ブテン　621
cis-2-ブテン　654, 656
$trans$-2-ブテン　654, 656
部分電荷　123, 184
不飽和脂肪酸　647

不飽和炭化水素　*621*
フマル酸　*648*
フラウンホーファー（Joseph
　　von Fraunhofer）　*660*
ブラケット系列　*65*
ブラック（Joseph Black）　*237*
ブラッグ（William Bragg）
　　　　　　　　　　　341
　　──の式　*341*
フラックス　*355*
ブラッテン（Walter Brattain）
　　　　　　　　　　　352
ブラベ（Auguste Bravais）　*169*
フラーレン　*324*
プランク（Max Planck）　*62*
プランク定数　*62*
プランテ（Gaston Plante）
　　　　　　　　　　　485
フリーラジカル　*595, 637*
ブレンステッド（Johannes
　　Brønsted）　*404*
ブレンステッド塩基　*406*
ブレンステッド酸　*406*
プロカイン　*633*
^{1}H NMR スペクトル
　　エタノールの──　*686*
　　クリプトスピロレピンの──
　　　　　　　　　　　687
プロトン供与体　*406*
プロトン受容体　*406*
プロトン性　*642*
2-プロパノール　*639, 640*
　　──の IR スペクトル　*682*
2-プロパノン　*644*
プロパン　*614, 615, 621, 631*
プロパン酸　*648*
プロピオン酸　*647*
プロピレン　*621*
プロピン　*631*
プロペン　*621, 631*
(S)-2-ブロモブタン　*661*
(S)-(-)-2-ブロモブタン
　　　　　　　　　　　662
3-ブロモプロパナール　*644*
2-ブロモ-2-メチルブタン
　　　　　　　　　　　658
1-ブロモ-2-メチルブタン
　　　　　　　　　　　658
分　圧　*210, 528*
分光法　*676*

噴　散　*224*
分散力　*276*
分　子　*3*
──の相対速度　*222*
分　枝　*263*
分子運動論　*236*
分子化合物　*4*
分子間力　*257, 273, 274, 282*
──の強さ　*279*
分子軌道　*148*
分子軌道理論　*148*
分枝構造　*615*
分子固体　*320*
分子骨格　*110*
分子式　*34*
分子内結合　*273*
分子量　*30*
ブンゼン（Robert Bunsen）　*60*
フント（Friedrich Hund）　*92*
──の規則　*92*
プント系列　*65*

へ，ほ

平均運動エネルギー　*220*
平均価電子エネルギー　*100*
平均電気陰性度　*176*
平　衡　*285, 360, 623*
──の判定　*372*
平衡計算　*378, 382*
平衡定数　*363, 369, 491, 528*
　　──と温度　*384, 536*
平衡定数の表式　*363, 369*
　　──を書くルール　*370*
平衡の領域　*367*
並　進　*195, 518*
平面四角形　*138*
平面偏光　*659, 660*
ヘキサン　*615, 627*
ヘキス-4-エン-2-アミン　*651*
4-ヘキセン-1-イン　*622*
ベクレル（Bq）　*590*
ベクレル（Henri Becquerel）
　　　　　　　　　　　578
ヘス（Henri Hess）　*267*
──の法則　*267*
β 壊変　*582*
β 線　*579*

β 粒子　*579*
ヘッド・オン型　*151*
ベドノルツ（Georg Bednorz）
　　　　　　　　　　　339
ヘプタン　*615, 626, 627*
1-ヘプテン　*627*
ヘ　ム　*678*
ヘモグロビン　*128, 678*
ベルセリウス（Jöns Berzelius）
　　　　　　　　　　　262
ヘロイン　*652*
ペロブスカイト　*169, 335*
偏光子　*659*
変色域
　　指示薬の──　*449*
ベンズアルデヒド　*644*
ベンゼン　*622, 623, 627*
ヘンダーソン-ハッセルバルヒ
　　の式　*443*
ペンタン　*615, 616, 627, 672*
2-ペンチン　*622*
1-ペンテン　*627, 654*
2-ペンテン　*654*
cis-2-ペンテン　*655*
trans-2-ペンテン　*655*

ボーア（Niels Bohr）　*63*
──のモデル　*63*
ボイル（Robert Boyle）　*203*
──の実験　*203*
──の法則　*204, 209, 221*
方位量子数　*83*
芳香族アルデヒド　*644*
芳香族化合物　*623*
ホウ酸　*191*
放射壊変
　　──の種類　*581*
　　──の速度論　*589*
放射性　*578*
放射線　*578*
放射能　*578, 590, 595*
ホウ素中性子捕捉療法　*609*
膨張仕事　*243*
飽和カルボン酸　*647*
飽和脂肪酸　*647*
飽和炭化水素　*613*
飽和溶液　*306, 392*
保持時間　*665*
蛍　石　*169, 335*
ポテンシャルエネルギー　*233*

索　引

ポリ塩化ビニル　320
ポーリング（Linus Pauling）
　　　121
ボルツマン（Ludwig Boltzman）
　　　510
ボルツマン因子　571
ボルツマン定数　510
ホルマリン　644
ホルムアルデヒド　643, 644

ま　行

マクスウェル（James Maxwell）
　　　59
マクミラン（Edwin McMillan）
　　　600
マクロ世界　17
マースデン（Ernest Marsden）
　　　56
魔法数　598
マレイン酸　648
マロン酸　648

ミカエリス（Leonor Michaelis）
　　　573
ミカエリス定数　575
ミカエリス-メンテンの式
　　　575
水　409
　　——の異常性　291
　　——の蒸気圧　701
　　——の電解　499
　　——の電離定数　411
　　——の電離平衡　410
ミッシュメタル　487
ミッチェルリッヒ（Eilhardt Mitscherlich）　622
密度　44
ミュラー（Alex Mucller）　339
ミリカン（Robert Millikan）　27
ミリスチン酸　647, 665, 666

無煙炭　628
無機物　612
無機物質　612
娘核種　582

命名法　188

メタ　624
メタノール　643
メタノール　634, 639, 640
メタロイド　17, 334
メタン　613, 615
メタン酸　648
メチルアミン　631, 635
メチルアルコール　639
2-メチルヘキサン　627
2-メチルヘプタン　627
5-メチル-2-ヘプテン　622
2-メチルペンタン　619
3-メチル-2-ペンテン　655
メチルラジカル　638
メートル法　8
綿実油　666
面心立方　169
面心立方単位格子　333
面積　199
メンデレーエフ（Dmitri Mendeléeff）　2, 15
メンテン（Maud Menten）　573

木精　640
MOX燃料　605
モデル　2
モル　25
モル吸光係数　678
モル凝固点降下定数　316
モル質量　26
モル熱容量　238
モル比　32, 38
モルヒネ　652
モル沸点上昇定数　314
モル分率　310

や　行

融解　274
融解エンタルピー　284, 321
有機化学　612
有機化合物　612
誘起双極子-誘起双極子相互作用　276
有機物　612
有効数字　11, 695
融剤　355
融点　279, 288

誘導核分裂　602
誘導放射能　599
遊離塩基　651
油脂　665
UDMH（非対称ジメチルヒドラジン）　671
UV-Vis（紫外・可視分光）　677
陽イオン　13
　　——の名称　189
溶液　46
溶解
　　固体の——　300, 391
溶解度　306, 392
　　——と溶解度積　394
溶解度積　393, 710
溶解平衡　303
ヨウ化物　161
陽極　473
陽子　8
溶質　46
溶体　46
陽電子（β^+）放出　582
陽電子捕獲　582
溶媒　46
　　——の濃度　411
溶離液　665
容量分析　663
4n壊変系列　599
4n+1壊変系列　599
4n+2壊変系列　599
4n+3壊変系列　599

ら　行

ライマン系列　65
ラウエ（Max von Laue）　341
ラウリン酸　647
ラウール（François-Marie Raoult）　311
　　——の法則　311
酪酸　647, 648
酪酸イソアミル　650
酪酸エチル　650
ラザフォード（Ernest Rutherford）　55, 578
　　——の原子モデル　55
ラジカル　638

索引

ラド (rad) 596
ラボアジエ (Antoine Lavoisier) 2, 20
乱雑さ 510
ランダム誤差 694
ランベルト (Johann Lambert) 205
ランベルト-ベールの式 688
ランベルト-ベールの法則 678

リスター (Joseph Lister) 640
リゼルギン酸ジエチルアミド 652
理想気体の状態方程式 209
理想溶液 311
リチウムイオン電池 487
律速段階 554
立体異性体 654
立体化学 656
立体中心 656
立体中心原子 656
立体配座 618
立方最密充填 330
リドカイン 633
リノール酸 647, 665, 666

リノレン酸 647
リビー (Willard Libby) 592
硫化亜鉛 169
硫化物 162
硫酸 191
硫酸ジメチル 649
粒子 57
粒子運動論
　液体の—— 283
リュードベリ定数 61
量子化 64
量子数 83
量子力学モデル 64
臨界量 603
リンゴ酸 648
リン酸 191
リン酸トリエチル 650

ルイス (Gilbert Lewis) 104
　——の描きかた 111
ルイス塩基 645
ルイス構造 107
ルイス酸 645
ルクランシェ (Georges Leclanche) 484

ルシャトリエ (Henry-Louis Le Châtelier) 385
　——の法則 385
ルチル 169, 335
ルベル (Joseph Le Bel) 657

励起 594
励起状態 676
歴青炭 628
レドックス反応 187, 464
レム (rem) 596
連鎖開始 637
連鎖成長 638
連鎖停止 638
連鎖反応 637
レントゲン (R) 596
レントゲン (Wilhelm Röntgen) 578

六方最密充填 330
ローリー (Martin Lowry) 404
ローレンス (Ernest Lawrence) 606
ロンドン (Fritz London) 276
ロンドン力 276

渡辺 正
1948 年 鳥取県に生まれる
1976 年 東京大学大学院工学系研究科博士課程 修了
東京大学名誉教授
専攻 生体機能化学，環境科学
工 学 博 士

第1版 第1刷 2012年3月26日 発行
第3刷 2021年8月10日 発行

スペンサー 基 礎 化 学
物質の成り立ちと変わりかた（下）
（原著第5版）

ⓒ 2012

訳　者　　渡　辺　　正
発 行 者　　住　田　六　連
発　　行　　株式会社 東京化学同人
東京都文京区千石 3-36-7（〒112-0011）
電話 03（3946）5311・FAX 03（3946）5317
URL: http://www.tkd-pbl.com/

印　刷　　大日本印刷株式会社
製　本　　株式会社 松岳社

ISBN 978-4-8079-0768-7
Printed in Japan

無断転載および複製物（コピー，電子データなど）の無断配布，配信を禁じます．

4桁の原子量表（2021）

（質量数 12 の炭素（^{12}C）を 12 とし，これに対する相対値）

IUPAC発表の最新値を日本化学会の原子量専門委員会が独自の表形式にまとめた．元素の同位体比が自然変動や測定誤差に左右されるため，原子量の有効数字は元素ごとに変わる（表の値を使う際は注意したい）．原子量は有効数字の 4 桁目が ±1 以内（亜鉛は ±2 以内）で正しい．安定同位体がなく，天然の同位体比を定義できない元素では，代表的な放射性同位体の質量数を（ ）内に示した（原子量ではないのに注意）．市販のリチウム化合物でリチウムの原子量は 6.938〜6.997 の範囲にある．

原子番号	元素名	元素記号	原子量	原子番号	元素名	元素記号	原子量
1	水素	H	1.008	60	ネオジム	Nd	144.2
2	ヘリウム	He	4.003	61	プロメチウム	Pm	(145)
3	リチウム	Li	6.941	62	サマリウム	Sm	150.4
4	ベリリウム	Be	9.012	63	ユウロピウム	Eu	152.0
5	ホウ素	B	10.81	64	ガドリニウム	Gd	157.3
6	炭素	C	12.01	65	テルビウム	Tb	158.9
7	窒素	N	14.01	66	ジスプロシウム	Dy	162.5
8	酸素	O	16.00	67	ホルミウム	Ho	164.9
9	フッ素	F	19.00	68	エルビウム	Er	167.3
10	ネオン	Ne	20.18	69	ツリウム	Tm	168.9
11	ナトリウム	Na	22.99	70	イッテルビウム	Yb	173.0
12	マグネシウム	Mg	24.31	71	ルテチウム	Lu	175.0
13	アルミニウム	Al	26.98	72	ハフニウム	Hf	178.5
14	ケイ素	Si	28.09	73	タンタル	Ta	180.9
15	リン	P	30.97	74	タングステン	W	183.8
16	硫黄	S	32.07	75	レニウム	Re	186.2
17	塩素	Cl	35.45	76	オスミウム	Os	190.2
18	アルゴン	Ar	39.95	77	イリジウム	Ir	192.2
19	カリウム	K	39.10	78	白金	Pt	195.1
20	カルシウム	Ca	40.08	79	金	Au	197.0
21	スカンジウム	Sc	44.96	80	水銀	Hg	200.6
22	チタン	Ti	47.87	81	タリウム	Tl	204.4
23	バナジウム	V	50.94	82	鉛	Pb	207.2
24	クロム	Cr	52.00	83	ビスマス	Bi	209.0
25	マンガン	Mn	54.94	84	ポロニウム	Po	(210)
26	鉄	Fe	55.85	85	アスタチン	At	(210)
27	コバルト	Co	58.93	86	ラドン	Rn	(222)
28	ニッケル	Ni	58.69	87	フランシウム	Fr	(223)
29	銅	Cu	63.55	88	ラジウム	Ra	(226)
30	亜鉛	Zn	65.38	89	アクチニウム	Ac	(227)
31	ガリウム	Ga	69.72	90	トリウム	Th	232.0
32	ゲルマニウム	Ge	72.63	91	プロトアクチニウム	Pa	231.0
33	ヒ素	As	74.92	92	ウラン	U	238.0
34	セレン	Se	78.97	93	ネプツニウム	Np	(237)
35	臭素	Br	79.90	94	プルトニウム	Pu	(239)
36	クリプトン	Kr	83.80	95	アメリシウム	Am	(243)
37	ルビジウム	Rb	85.47	96	キュリウム	Cm	(247)
38	ストロンチウム	Sr	87.62	97	バークリウム	Bk	(247)
39	イットリウム	Y	88.91	98	カリホルニウム	Cf	(252)
40	ジルコニウム	Zr	91.22	99	アインスタイニウム	Es	(252)
41	ニオブ	Nb	92.91	100	フェルミウム	Fm	(257)
42	モリブデン	Mo	95.95	101	メンデレビウム	Md	(258)
43	テクネチウム	Tc	(99)	102	ノーベリウム	No	(259)
44	ルテニウム	Ru	101.1	103	ローレンシウム	Lr	(262)
45	ロジウム	Rh	102.9	104	ラザホージウム	Rf	(267)
46	パラジウム	Pd	106.4	105	ドブニウム	Db	(268)
47	銀	Ag	107.9	106	シーボーギウム	Sg	(271)
48	カドミウム	Cd	112.4	107	ボーリウム	Bh	(272)
49	インジウム	In	114.8	108	ハッシウム	Hs	(277)
50	スズ	Sn	118.7	109	マイトネリウム	Mt	(276)
51	アンチモン	Sb	121.8	110	ダームスタチウム	Ds	(281)
52	テルル	Te	127.6	111	レントゲニウム	Rg	(280)
53	ヨウ素	I	126.9	112	コペルニシウム	Cn	(285)
54	キセノン	Xe	131.3	113	ニホニウム	Nh	(278)
55	セシウム	Cs	132.9	114	フレロビウム	Fl	(289)
56	バリウム	Ba	137.3	115	モスコビウム	Mc	(289)
57	ランタン	La	138.9	116	リバモリウム	Lv	(293)
58	セリウム	Ce	140.1	117	テネシン	Ts	(293)
59	プラセオジム	Pr	140.9	118	オガネソン	Og	(294)

© 2021 日本化学会 原子量専門委員会

元素の電気陰性度

																	H 2.30	He 4.16
H 2.30																		
Li 0.91	Be 1.58											B 2.05	C 2.54	N 3.07	O 3.61	F 4.19	Ne 4.79
Na 0.87	Mg 1.29											Al 1.61	Si 1.92	P 2.25	S 2.59	Cl 2.87	Ar 3.24
K 0.73	Ca 1.03	Sc 1.15	Ti 1.25	V 1.37	Cr 1.45	Mn 1.55	Fe 1.67	Co 1.76	Ni 1.86	Cu 1.83	Zn 1.59	Ga 1.76	Ge 1.99	As 2.21	Se 2.42	Br 2.69	Kr 2.97
Rb 0.71	Sr 0.96	Y 1.00	Zr 1.12	Nb 1.25	Mo 1.39	Tc 1.52	Ru 1.66	Rh 1.79	Pd 1.91	Ag 1.98	Cd 1.52	In 1.66	Sn 1.82	Sb 1.98	Te 2.16	I 2.36	Xe 2.58
Cs 0.66	Ba 0.88										Hg 1.76						